新能源科技译丛

太阳能能源工程

工艺与系统（第2版）

（上册）

（塞浦路斯） 索特里斯 A. 卡鲁赫罗 编著
鞠成涛 译

中国三峡出版传媒
中国三峡出版社

图书在版编目（CIP）数据

太阳能能源工程工艺与系统：全2册：第2版/（塞浦）索特里斯 A. 卡鲁赫罗编著；鞠成涛译．—北京：中国三峡出版社，2018.1

书名原文：Solay energy engineering processes and systems（second edition）

ISBN 978-7-5206-0002-6

Ⅰ.①太… Ⅱ.①索… ②鞠… Ⅲ.①太阳能技术-研究 Ⅳ.①TK51

中国版本图书馆 CIP 数据核字（2017）第217792号

责任编辑：赵静蕊

中国三峡出版社出版发行

（北京市西城区西廊下胡同51号　100034）

电话：（010）57082645　57082655

http：//www. zgsxcbs. cn

E-mail：sanxiaz@ sina. com

北京环球画中画印刷有限公司印刷　新华书店经销

2018年1月第1版　2018年1月第1次印刷

开本：787×1092毫米　1/16　印张：26

字数：496千字

ISBN 978-7-5206-0002-6　定价：168.00元（上、下册）

序

太阳能是人类起源和发展的基础。维持地球生物生命的最基本过程均依赖于太阳能，如光合作用和降雨循环。从人类史初期起，人类就意识到充分利用太阳能可以为自己带来利益。尽管如此，人类在最近40年才开始在特殊设备上使用太阳能。太阳能容易获取且不会对环境造成破坏，因此成为了一种替代能源。

我在《能量与燃烧科学》杂志发表了几篇评论文章后，便萌生了写这本书的想法。这本书的目的是帮助本科生、研究生和工程师了解太阳能系统与过程的基本原理和应用。本书适用于二学期制大三或大四学生的太阳能热力系统工程课程。在第一个学期中，教师可在介绍太阳能或可再生能源的课程中教授本书的通用章节。教师可仅选择各个章节的描述部分，而省略大部分数学计算细节。这些详细的数学计算可在研究生课程中讲解。在进行第二学期学习前，学生们应至少完成热力学与传热学的基础入门课程。本书也可作为工程师的参考指南，帮助其了解太阳能系统的工作方式和设计方法。因为本书内含很多解决案例，所以也适用于爱好者自学。此外，本书中仅使用国际单位制（SI）。

本书涵盖了多种太阳能技术的相关资料。这些技术通过转换太阳能，实现热水、供暖、制冷、烘干、脱盐和发电等多种用途。本书的绪论主要对能源环保问题和气候现状进行了综述。同时，对太阳能的发展进程和早期应用分别进行了简要介绍和详细说明。本章结尾部分还对书中没有涵盖的可再生能源技术进行了综述。

第2章给出了太阳几何结构的分析、计算阴影效应的方法并对太阳辐射-热传递的基本原则进行了说明。本章结尾部分还对太阳辐射测定仪器和典型气象年的构建方法进行了综述。

在第3章中，由于太阳能集热器是所有太阳能系统的主要组成部分，故在介绍了各种类型的集热器后，对平板型集热器和集中式集热器进行了光学和热分析。对于平板型集热器的分析包括对水和空气式系统的分析，而对于集中式集热器，则分析了复合抛物面集热器和抛物面槽式集热器。本章中还对太阳能热系统的热力学第二定律进行了分析。

第4章主要介绍了检测太阳能集热器性能的实验方法。本章对于多种用于检测太阳能集热器热效率的测试进行了概括。同时，还对集热器入射角修正系数、集热器时间常数和集中式集热器的接收角的测定方法以及动态测试方法进行了介绍。此外，本章还对性能测试的欧洲标准以及太阳能 Solar Keymark 认证的质量检测方法和细节进行了综述。最后对数据采集系统的特性进行了介绍。

第5章对太阳能热水系统进行了讨论。本章中详细介绍了被动式太阳能系统和主动式系统，以及描述了水系统和空气式系统的蓄热系统的特性并对其进行了热分析。在这之后，介绍了微分温控器的模块和阵列设计方法及特性。最后，介绍了热水需求的计算方法，也就是测定太阳能热水系统性能的国际标准。本章还对太阳能热水系统安装的简易模型和注意事项进行了说明。

第6章主要介绍了太阳能供暖和制冷系统。首先，本章描述了建筑物热负荷的估测方法。之后，对被动空间和主动空间设计的一般特性进行了说明。其中，主动系统包括水系统和空气系统。太阳能制冷系统则包括吸附系统和吸收系统。后者又分为溴化锂水系统和氨水系统。最后，还描述了太阳能吸收制冷系统的特性。

第7章主要介绍了工业生产过程热系统。首先，本章对一般设计要素进行了描述，其中包括太阳能工业空气系统和水系统的检测。之后，对太阳能蒸汽生产方法的特性以及太阳能的化学应用进行了说明，后者则包括了燃料和燃料电池的改进。本章还介绍了主动式和被动式太阳能干燥装置以及温室。

第8章主要介绍了太阳能海水淡化（脱盐）系统。首先，本章对水和能源的关系、水需求量和消耗量以及能源和海水淡化的关系进行了分析。之后，描述了海水淡化过程的火用分析，接着对直接和间接海水淡化系统进行了综述。本章还对利用可再生能源的海水淡化系统和选择淡化方式所需要考虑的参数进行了综述。

在第9章中，尽管本书主要与太阳能热系统有关，但还是介绍了太阳能光电系统的相关信息。首先，对本章半导体的一般特性以及之后的光伏电池板和相关设备进行了介绍。接着，对太阳能光电（PV）系统的可能应用和设计方法进行了综述。最后，还介绍了集中式太阳能光电和混合式太阳能光电/热（PV/T）系统。

第10章主要介绍了太阳能热发电系统。首先，本章对系统的一般设计要素，以及三种基本的技术——抛物面槽、发电塔和碟式系统进行了描述。之后，对太阳能热发电厂的基本循环进行了热分析。最后，对太阳能池进行了介绍。太阳能热发电系统是一种可用于太阳能发电的大型太阳能集热器和存储系统。

第11章主要介绍了太阳能系统的设计和建模方法。这些方法包括*f*-chart方法和程序、可用性分析法，以及Φ、*f*-chart方法。本章还对多种可用于太阳能系统建模和仿真的程序，以及用于可再生能源系统建模、性能预测和控制的人工智能技术分别作了介绍和简要说明。在本章结尾时，还对仿真的局限性进行了分析。

本书的最后章节对太阳能系统进行了经济分析，从而完整地呈现了太阳能系统的设计。经济分析的内容包括太阳能系统的寿命周期分析和货币的时间价值分析。通过一系列实例，对寿命周期分析进行了说明，包括系统优化和投资回收期。之后，对P_1、P_2法进行了描述。本章结尾部分还对经济分析的不确定性进行了分析。

附录给出了术语表、定义表、多个太阳图表、地面光谱照度数据、材料的热物理学属性、饱和水和蒸汽的曲线拟合、复合抛物面集热器曲线方程、多地的气象数据和现值系数表。

本书中所使用的资料在该领域均具有25余年的实践经验，并且具备可靠的信息来源。其中，主要的信息来源就是一类学术期刊，比如《太阳能》和《可再生能源》和该领域一年两次的主要会议的会议记录，如国际太阳能学会（ISES）、欧洲太阳能展览会（Eurosun）和世界可再生能源大会，以及多个学会的报告。同时，书中还使用了大量的国际标准（ISO），特别是与集热器性能测定（第4章）和完整系统测试（第5章）相关的标准。

本书所引用的实例中，有很多都建议使用电子表格程序。这样便于变更实例中的输入参数。因此，推荐学生尝试用电子表格程序制作必需的表单文件。

最后，我想要感谢在本书漫长的写作过程中一直耐心陪伴我的家人——我的妻子Rena、儿子Andreas和女儿Anna。

索特里斯 A. 卡鲁赫罗
塞浦路斯理工大学

第二版序

我对本书的新版内容进行了大量的修正工作。其中，包括自第一版出版以来已确认的多项小错误和笔误。在第1章中，将1.4节的气候状况的引用资料更新为2011年。在新版中，修正了关于风能的章节(1.6.1)，现在书中只对风能进行简要的发展介绍，并将风能系统作为独立的一章。同样更新的章节还包括：1.6.2节关于生物质的内容、1.6.3节关于地热能的内容（对地源热泵进行了详细说明）、1.6.4节关于氢能的内容（对电解作用进行了更详细的介绍）以及1.6.5节关于海洋能的内容（丰富了大量的内容）。

在第2章中，完善了热辐射章节（2.3.2）和表面间的辐射交换章节(2.3.4)。在2.3.9节中，对太阳辐射测定设备进行了更多介绍。此外，还加入了新的章节2.4.3，对第三版典型气象年进行了详细说明。本章中的一些图表也得到了完善。其中，对读者用于获得有效数据的部分进行了横向打印处理，且字体更大、更方便阅读。本书中其他章节的图标也进行了同样的处理。

在第3章中，完善了关于平板型集热器的部分，主要是加入了更多关于选择性涂层的内容，并将太阳能蒸发集热器加入到了空气集热器类别。3.1.2节加入了一种新型非对称的集热器设计，新增加的3.3.5节主要是关于蛇形集热器的热分析，而3.3.6节则主要是关于未装配玻璃盖板的集热器的热损失。此外，本章完善了3.4节关于空气集热器的热分析，其中新增加了空气集热器的吸热板和玻璃层之间的空气流动的分析。在3.6.4节中，关于抛物面槽式集热器的热分析，新增加了利用环形真空空间的部分。

在第4章中，新添加了4.6小节，其中对转换效率参数进行了介绍，以及新的4.7节，太阳能集热器测试的不确定性评估。此外，本章还对所使用的多项国际标准列表以及这些标准的描述和现状也进行了更新。

在第5章中，完善了5.1.1节中关于热虹吸系统分析的部分。同样还改进了5.1.2节中关于集成集热器存储系统的内容，并在其中增加了降低夜间热损失的方法。在5.4.2节中，完善了阵列阴影分析、各种管道损失的相关内容，并且加入了有关部分阴影遮挡集热器的内容。此外，本章还更新了5.7节中的多项国际标准。最后，还增加了两个新的练习。

在第6章中，对6.2.1节的建筑构造进行了修正，新版还包括了相变材料的介绍。完善了6.2.3节中关于热绝缘的内容，并增加了关于隔热材料的特性以及外部隔热和内部隔热的优缺点等内容。

在第7章中，7.3.2节对燃料电池进行了说明，并介绍了不同类型的燃料电池。7.4节关于太阳能干燥机的内容中增加了不同种类的干燥机的更多细节和干燥过程的一般注解。

新版的第8章对海水淡化系统进行了更详细的分析。特别是这一章给出了单斜面太阳能蒸馏器的示意图以及8.4.1节中的多级闪蒸过程、8.4.2节中的多效沸腾过程、8.4.3节中的蒸汽压缩过程和8.4.4节中的逆向渗透的相关设计方程。

在新版的第9章中，我对文章结构作了大量的调整。特别是进一步完善了9.2.2节关于太阳能光电技术类型、9.3.2节逆变器、9.3.4节峰值功率追踪器的内容以及在9.4.5节中关于应用类型，增加了新的数据。其中，后者还加入了光伏建筑一体化（BIPV）的内容。9.6节关于斜面和输出的内容也是新加入的，其中主要讲述了固定斜面集热器、追踪器、集热器阴影-倾斜-间距的相关注意事项。更新了9.7节太阳能光电的内容。在9.8节中，关于混合太阳能光电/光热（PV/T）系统的内容，加入了水-热回收和空气-热回收的设计，以及水热和空气热光伏建筑一体化/光热（BIPV/T）系统的相关内容。

在第10章中，修正了10.2节抛物面槽式集热器系统和10.3节发电塔系统的相关内容，新增的10.6节主要介绍太阳能塔热气流发电系统，包括初始步骤、首个示范性工厂和热分析。此外，还完善了10.7节关于太阳能池的内容，主要是新增加了排热方式、两个实验性太阳能池的描述。最后关于应用的章节也加入了一些成本数据进行完善。

在第 11 章中，新加入了 11.1.4 节，其内容主要是关于设计热虹吸太阳水热系统的 *f*-chart 方法修正。11.5.1 节中加入了 TRNSYS 17、TESS 和 STEC 库的详细内容。第 12 章相对于第一版几乎没有改动。

最后，第二版中将风能系统作为新的独立章节。在这一章中，从风的特性分析、风力涡轮机的一维模型、风力涡轮机的特性研究、经济问题和风能的开采利用问题切入，对风能系统进行了详细介绍。

在此，非常感谢告知我第一版中出现的错误和笔误的读者们。特别要感谢 Benjamin Figgis 为本书第 9 章的写作提供的帮助，感谢 Vassilis Belessiotis 和 Emanuel Mathioulakis 对于太阳能集热器测试的不确定性分析部分的修订工作，以及 George Florides 对于地源热泵部分的修订工作。

索特里斯 A. 卡鲁赫罗

塞浦路斯理工大学

目　录

上　册

第1章 绪 论

1.1 可再生能源技术概述

在我们生活的太阳系中，只存在一颗恒星，那就是位于正中心的太阳。地球以及其他行星围绕着太阳运行。太阳以辐射的形式传播能量，并为地球上所有生物光合作用提供支持，同时也支配着地球的气候和天气。

太阳中大约有74%都是氢，25%是氦，剩下的部分则由微量的重元素组成。太阳的表面温度约5500K，因而整体为白色，不过由于大气层的散射作用，使其呈现黄色。太阳通过氢原子核转变为氦原子的核聚变反应来产生能量。太阳光是地球表面的主要能量来源，并参与地球上各种各样的自然与合成过程。其中，最重要的就是光合作用。植物可以通过光合作用捕捉太阳辐射能量，并将其转换为化学能。一般来说，光合作用就是利用太阳光、二氧化碳和水来合成葡萄糖，同时附带产生氧气的过程。它可能是地球上已知的最重要的生化过程，几乎所有地球生命都离不开它。

基本上，世界上已知的所有形式的能源均来自于太阳能。石油、煤炭、天然气和木头这些能源都是最先经过光合作用，再发生一系列复杂的化学反应，从而使得植被在高温高压下腐败，历经很长的一段时间才形成的。甚至是风能和潮汐能也是由地球上不同地区的温差而形成的，因此它们的起源同样与太阳能有关。

早在史前，人类就利用太阳来晒干和保存自己的食物，以及蒸发海水来制造盐。随着人类开始思考，他们就开始意识到太阳是一切自然现象的推动力。这也是很多史前人类部落将其视为神的原因。不少古埃及时期的手稿都显示人类最伟大的工程成就之一——大金字塔，就是为通往太阳而建造的阶梯（Anderson，1977）。

从史前时期开始，人类就意识到可以利用太阳能为自己带来便利。古希腊历史学家色诺芬（Xenophon）在其著作《回忆苏格拉底》中就记录了希腊哲学家苏格拉底（470－399 BC）教导人们根据房屋朝向来使屋内冬暖夏凉。

与其他形式的能源相比，太阳能的最大优点就在于其清洁性。我们在利用太阳能时，不会造成任何环境污染。由于化石燃料的成本要低很多，且与可替代能源相比，它的开采利用也更为便利，故在过去的一个世纪中，我们所使用的能源绝大部分都来自化石燃料。直到最近，环境污染问题才引起了人们的警惕。

1973 年 10 月 12 日，浩浩荡荡的埃及军队穿过苏伊士运河，在这之后，燃料和能源之间的经济关系从此被改变。在阿拉伯战略的一部分——“石油武器”的威胁下，第一次国际石油危机就此爆发。石油输出国组织（OPEC）的 6 个海湾成员国在科威特召开会议，他们迅速地将石油价格作为自己的政治武器，并达成共识，放弃与石油公司之间的任何价格协商，同时宣称将原油价格抬高 70%。

19 世纪 50 年代和 60 年代期间，中东和北非的石油开采成本降低，使得石油产量上升，这也是石油需求快速增长的主要原因。对于石油消费国来说，相比起在本土利用固态燃料产生能量，进口石油反而更便宜。

根据调查显示，世界石油探明储量为 13410 亿桶（2009），世界探明煤炭储量为 9480×10^{8}t（2008），而世界探明天然气储量则为 178.3×10^{12} m^3（2009）。同时，目前石油的生产率为 8740 万桶每天，煤炭为 2190×10^{4}t/天，而天然气则为 90.5×10^{8} m^3/天。因此，当前的主要问题在于，按照现在的消耗速率，已探明的石油和天然气储量分别只能够满足人类未来 42 年和 54 年的需求。相比之下，煤炭的储量要稍微乐观一些，能够满足人类未来至少 120 年的需求。

有限的能源储量的背后意味着，随着储量的减少，燃料价格会加速上涨。考虑到石油价格是一切燃料价格的领头者，我们可以得出能源价格会在接下来的十年间持续上涨的结论。此外，燃烧化石燃料所带来的环境污染问题日益严重，这也渐渐引起了人们的关注。关于该问题，我们将在 1.3 节中进行讨论。

从种植食物到晾干衣服，在过去数千年间，自然界和人类一直享受着太阳能所带来的益处。同时，人类也学会了将其应用于众多其他领域。我们利用太阳能，可以为建筑物供暖和制冷（主动形式和被动形式），还可以加热家庭用水和工业用水以及游泳池，此外，太阳能可以为冰箱供能、运行发动机和水泵、将海水淡化用于饮用、为化学应用提供电能等许多工作。本书意在展示多种利用太阳能的系统类型、工程细节和设计过程，以及一些相关的实例和研究案例。

1.2 能源需求和可再生能源

除了化石燃料，我们还有许多替代能源可以选择。至于应该选择利用哪种类型的能源，我们要在经济、环境和安全方面的基础上进行具体分析。由于太阳能在环境和安全方面的优秀表现，且其能够在持续提供能量的同时不损害环境，得到了人们的普遍认可。

如果世界经济按照全球各国的预期扩张，能源需求很可能会上升，这样一来，就算是努力提高能源使用效率也无济于事。现在，人们相信可再生能源技术能够在满足大部分不断增长的需求的同时，还能保持与传统能源的预期相等或更低的价格。在21世纪中期，可再生能源将占据全球电力市场五分之三的份额，而直接使用燃料的能源则占剩下的五分之二。① 除此之外，向可再生能源密集型经济转型还能带来环保以及其他好处，但这些好处并不在常规的经济学范畴内。根据设想，如果能够达到预期的能源效率并广泛采用可再生能源，到2050年全球二氧化碳排放量将降低至1985年相应水平的75%。另外，可再生能源本就被认为具有竞争性，因而通过可再生能源获得的益处并不需要付出额外的成本（Johanson 等人，1993）。

可再生能源的前景展望也反映了过去20年间显著的科技进步。在这期间，随着电子工业、生物技术、材料科学以及其他领域的发展，可再生能源系统也受益良多。比如，燃料电池一开始是应用于航空项目的，如今为氢作为一种交通运输上使用的清洁能源打开了一扇门。

除此之外，由于大多数可再生能源设备的体积都比较小，故可再生能源技术能够比传统能源技术发展得更为迅速。大型能源设施的安装需要占用较多的土地，而大多数可再生能源设备能够直接建设在工厂里，因此也更方便应用现代制造技术，进而降低成本。降低成本并提升组装成品的可靠性，这也是可再生能源工厂建设必须要考虑的决定性因素。同时，小规模的设备也缩短了产品从初期设计到投入使用的时间。因此，任何改进都能被很方便地识别出，并被迅速地整合进修正设计或过程中。

根据可再生能源密集型方案，截至21世纪中期，间歇性可再生能源的贡献率最高为30%（Johanson 等人，1993）。人们对高级天然气涡轮机发电系统的关注有助于提高间歇性可再生能源（无能量储存）的市场占有率。这种发电系统具有投资成本低、热力学效率高以及电力输出灵活的特点，能够以极低的成本提供间歇性可再生能源，且几乎不需要（如果需要也极其有限）能量储存设备。

---

① 该结论根据可再生能源密集型方案得出。在该方案中，到21世纪中期时，全球经济产出将增长8倍，但凭借可再生能源仍能满足其相应的能源需求。按照该方案的设想，尽管能源效率得到了迅速提升，全球能源需求仍在不断上涨。

可再生能源密集型未来发展的关键因素很可能具有如下特点（Johanson 等人，1993）：

（1）能源多元化，且其相对丰度会随地区变化。比如，电力供应可以来自水力发电、间歇性可再生能源（如风能、太阳热电和光伏（PV））、生物质能①和地热能的多种组合。燃料供应可以来自甲醇、乙醇、氢和来自生物质的甲烷（沼气），以及由间歇性可再生能源电解产生的氢。

（2）学者会将研究重点放在可再生能源和传统能源混合供应的效率上。要实现这个目的，可以引入如甲醇和氢气等能量载体。此外，也可以通过水力发电和生物质这种可再生能源释放出更多有效能来实现，但这会受到周围环境或土地利用的限制。绝大多数甲醇都来自于撒哈拉沙漠以南的非洲和拉丁美洲，那里有广阔的退化土壤区，适用于不作为耕地使用的植被恢复工作。在这样的土地上培育生物质来制造甲醇或氢气也是重建这些区域的强有力的经济驱动力。太阳能电解制氢则适用于北非和中东这样有足够日射量的地区。

（3）生物质将被广泛使用。生物质具有可持续生长的特性，且利用现代技术能够将其高效地转换为电能、液态燃料和气态燃料，而无需砍伐森林。

（4）间歇性可再生能源能够满足总电能需求的很大一部分。此外，它还具有成本效益高、无需额外的电力储存技术的优点。

（5）天然气在可再生能源工业的发展中起到主要的支持作用。燃气（天然气）涡轮机具有投资成本低以及电力输出响应快速的特点，且可以为电力网络供应中的间歇性可再生能源提供强有力的支持作用。同时，天然气还能为基于生物质的甲醇工业建设起到一定的协助作用。

（6）可再生能源密集型在未来将会为能源市场提供新的选择和竞争力。随着可再生燃料和天然气的贸易增长，能源供应商和交易产品的混合更为多元化。这也会激化能源市场的相互竞争，从而降低价格急剧波动和供应中断的可能性。最终，供应商将面临新的机遇，从而使得世界能源价格逐渐趋于稳定。

（7）大多数由可再生能源制造的电能都会被并入大型电网，并由电气行业进行市场分配，而无需电力储存设备。

从技术上来看，可再生能源密集型具有可行性。几年内，与传统能源相比，众

---

① 生物质一词指的是任何直接作为燃料使用或转化为液态燃料或转化为电能的植物。生物质的原料来源多种多样，如农业废料、林产品以及木头、甘蔗和其他专门种植的能源作物。

多可再生能源技术也会更具竞争力，因而其前景也非常乐观。然而，要使可再生能源达到预期的渗透程度，能源市场的现状也需要做出相应改变。如果下面这些问题没有得到妥善处理，可再生能源进入市场的速度就会相对放缓：

（1）私营公司不太会对可再生能源技术的发展进行足够的投资，因为其回本周期较长，而且不易盈利。

（2）私营企业不会对商业化可再生能源技术进行大量投资，因为与传统能源相比，可再生能源的成本通常不会有显著降低。

（3）私营部门不会对商业化可再生能源技术进行投资，因为其外部效益需要广泛的部署。

幸运的是，以提升能源效率和扩张可再生能源市场为目标的政策，与经济领域中鼓励创新和生产率增长的计划是完全一致的。只要有合适的政策环境，全世界其他主要制造业在竞争压力的驱使下会开始复兴，而能源产业也因此会接受创新。电气行业已经由保护垄断、享受大型发电厂的规模经济的状态，转变为了结合了多项技术的投资证券组合的管理者，由先进的生产、传输、分配和存储设备，转变为了以客服为前提的高能效设施。

要激发可再生能源的潜力，就需要新政策的刺激。下列政策方案是由 Johanson 等人（1993）提出来的，意在鼓励可再生能源技术领域的创新和投资：

（1）对于故意降低燃料价格与可再生能源竞争的行为，停止对这类技术的补贴，或是为可再生能源技术提供类似的补贴。

（2）税务、规章和其他政策机构应当确保消费决策是建立在能量的全部成本上的，即包括市场价格中没有体现的环境和其他外部成本。

（3）政府应当加大对可再生能源技术的研究、开发和论证的支持，以突出可再生能源技术在满足能量需求和保护环境方面的重要性。

（4）政府应当仔细修订电气行业的相关规章制度，以确保对新型发电设备的投资与可再生能源密集型未来相一致，以及确保电气行业被包含在新型可再生能源技术的示范计划内。

（5）为鼓励生物燃料产业的发展而制定的政策，必须与自然农业发展计划和修复退化土地的进程相协调。

（6）应设立相关国家机构对其进行监督，或加强可再生能源计划的实施力度。

（7）分拨给能源部门的国际发展基金应加大对可再生能源的直接投入。

（8）应设立一个强有力的国际机构，以协助或协调加强利用可再生能源的国家和地区计划，并对能源方案选择进行评估，以及支持在可再生能源的特定研究领域有所建树的研究中心。

不过，致力于提升可持续性发展的能源政策才是所有这些政策方案的整合性主题。如果以环境友好型的方式持续目前的能源利用模式，并且还要在满足能源供应的同时，为世界贫困地区带来良好的生活标准或是维持工业化国家的经济福利水平，这是不可能的。要建设成为可持续发展的社会，就要使用更高效的能源，并向多种可再生能源转换。通常来说，在接下来的几十年间，政策制定者的主要挑战就在于要制定出能够同时满足社会经济发展需求和环保需求的经济政策。

这样的政策应当以多种方式实施。对于不同的计划层级（地方、全国或国际）和地区层级，也应采取相对应的政治手段。对于地区层级，可再生能源的禀赋差异、经济发展的阶段和文化特性都会影响到能源的选择。这里所提到的地区也可以指整个洲。其中，欧盟（EU）就是很好的例子。欧盟声明会提升可再生能源的使用率，而实际上，它也是为了借此确保欧洲能够达到其在京都议定书中所承诺的气候变化目标。因此，欧盟在 2000 年采取了主要行动，即启动欧洲气候变化计划。在这样的前提条件下，欧盟、成员国以及利益相关者确立并制定了一系列具有成本效益的措施来降低排放量。

迄今为止，欧盟委员会已经设立了 35 项措施并付诸实践，其中包括欧盟排污权交易制度和立法创制权，以促进利用可再生能源来发电、扩大陆路运输中生物燃料的使用比例，以及提升建筑的能效。在这之前，欧盟委员会提出了一个整合计划，为欧洲设立一个新型的能源政策。这项政策能够促进抗击气候变化的相关举措的落实，并提升能源的安全性和竞争力。该提议使得欧盟正式踏上了通往低碳型经济的道路。该计划旨在 2020 年前达成一系列宏伟的目标，其中包括将能源效率提升 20%、将可再生能源的市场份额提升至 20%，以及将运输燃料中的生物燃料份额提升至 10%。在温室气体（GHG）排放方面，欧盟委员会提议，作为防止气候变化接近危险程度的新型全球协定的一部分，发达国家应该降低其排放量，而且平均下来应使其达到 1990 年水平的 30%。作为实现减排目标的第一步，欧盟独立做出了坚定的承诺，即在全球协定的期限之前将其排放量降低至少 20%。

很多方案都描述了未来可再生能源的发展前景。在可再生能源密集型方案的设定中，到 2050 年，全球可再生能源的消耗水平相当于每年消耗 318 EJ（$E = 10^{18}$）的化石燃料，这个值是根据 1985 年世界总能量消耗的 323 EJ 相比较得出的。尽管这个数字看上去很巨大，而实际上，这仅仅只是每年到达地球表面的太阳能

（3800EJ/a）的0.01%还不到。由间歇性可再生能源所产生的总电能（34 EJ/a）还没有达到入射至陆地的太阳能的0.003%，也不到风能的0.1%。到2050年，用于恢复土地所产生的生物质能的量将会达到206 EJ/a，这个数字与植物将太阳能转换为生物质的3800 EJ/a相比，仍然是很小的。因此，生产水平就不太会受到资源可利用情况的限制了。不过，其他很多实用性的考虑则确实会对能够被利用的可再生能源产生限制作用。在再生能源密集型方案中，生物质可以被持续生产，而不用通过在原始森林中收割获得。大约有60%的生物质供应来自建立在退化土地或额外农业用地上的种植园，剩下的部分则来自农业或林业工作的残留物。最后，风能、太阳热能和光电能源的部分对于电力需求模式和天气状况都极为敏感，可以在经济上与电力生产系统进行一体化处理。随着这些间歇性电力来源在总电力市场所占份额的提升，其边际价值通常会下降。

通过提高能源使用效率和可再生能源技术的使用率，那么在21世纪就有望获得充足的石油燃料供应。不过，由于能源限制，化石燃料的生产可能会出现部分区域性降低。在可再生能源密集型方案下，中东以外地区的石油生产的衰减速度较低。因此，到2050年，预计最终会有三分之一的可回收传统能源保留在地下。在该方案的影响下，全球传统石油资源总量将由1988年的约9900 EJ降低至2050年的约4300 EJ。尽管剩下的传统天然气资源与传统石油资源相差无几，并且在建设管道和其他基础设施方面具有充足的投资，但是天然气将会在很多年内被作为主要能源。

下一节中将介绍使用传统形式的能源对环境产生的最为重要的一些影响。之后，还将评述一些本书没有涵盖的可再生能源技术。

1.3 能源相关的环境问题

能源被视为财富生产的主要媒介和经济发展的重要因素。在经济发展过程中，人们普遍认为能源具有重要作用，而且历史资料也证实了能源供应和经济活动之间的紧密联系。尽管在19世纪70年代初期，即第一次石油危机过后，人们关注的重点在于能源的成本，不过在过去20年间，环境退化的风险和现实问题则显得更为突出。由于世界人口和能源消耗的增长以及工业活动的扩大，使得人类活动对环境的影响急剧增大。在由此产生的多种因素的综合影响下，才逐渐形成了我们所看到的环境问题。要解决人类目前所面临的环境问题，只能靠长期的可持续发展的潜移默化。因此，使用可再生能源似乎是最为有效的途径。

在几年前，大多数环境分析和法规防治机构都将焦点放在传统的环境污染物如二氧化硫（SO_2）、氮氧化合物（NO_x）、微粒和一氧化碳（CO）上。不过最近，环境问题的关注范围则扩大到了对于有害空气污染物以及其他全球性的重要污染物（如 CO_2）的防治。其中，有害空气污染物通常指的是有毒的化学物质，这种物质即使剂量很小，但仍然具有一定的危害性。此外，工业生产过程和产业结构的发展也引发了新的环境问题。作为温室气体的重要一员，二氧化碳对于全球变暖有着莫大的影响。有研究表明，温室效应的加剧有三分之二的根源都与二氧化碳有关。大气中二氧化碳含量的增加，主要还是燃烧了大量的化石燃料所导致的（EPA，2007）。

1992 年 6 月，人们在巴西里约热内卢召开的联合国环境与发展会议（UNCED）上提出了实现全球性可持续发展的议题。如果没有对世界能量系统做出重大改变，可持续发展的目标是不可能实现的。因此，UNCED 通过了《21 世纪议程》。该议程号召“世界各国应酌情实施新型能源政策或计划，广泛应用环境无害技术和清洁生产方式，加快建设更具成本效益的能源系统，特别是新型能源和可再生能源，实现污染更少且更具效率的能量生产、传输、分配和使用方式”。

联合国经济和社会事务部将可持续发展将可持续发展定义为“在保护环境的条件下既满足当代人的需求，又以不损害后代人的需求为前瞻的发展模式”。有 178 个国家政府就《21 世纪议程》和《里约热内卢环境与发展宣言》达成一致。这是一次由联合国系统、国家政府和凡是环境受人类活动影响的世界各地的主要团体在全球、全国和地方全面展开的整体规划行动。有很多因素可以帮助我们实现可持续发展。如今，必须考虑的主要因素之一就是能源，而最为重要的议题之一则是实现完全可持续化发展的能源供应体系（Rosen，1996；Dincer 和 Rosen，1998）。通常情况下，一个有保障的能源供应是一个可持续发展社会的必要条件，但这并不是充分条件。一个社会要想实现可持续发展，其可持续的能源供应和有效且高效的能源资源利用都必须有保障。从长期考虑，这样的供应模式要求成本合理、可持续且能够适用于所有需要的任务而没有任何社会负面影响。这也是可再生能源和可持续发展之间有着千丝万缕的联系的原因。

除了上文中提到的定义，可持续发展还可以被认为是一种必定没有任何破坏性隐患的发展模式，如果其存在隐患，那就不能被称为可持续发展。可持续性这一概念起源于渔业和林业管理。在这些行业中，曾经有过较为流行的管理模式，比如过度捕捞和单物种培养。这些做法在一定时间内会有作用，但是随着时间的推移，其产量会逐渐缩减，最终甚至威胁到了资源本身。因此，可持续管理模式不应该执着于在短期内实现最大产量，而应该着眼于长期内可持续的较小产量。

环境污染取决于能源消耗。在2011年，世界石油日消耗量达到了8740万桶。尽管存在众所周知的石油燃料燃烧导致的环境污染问题，到2025年，这个数字仍预期会达到每天1.23亿桶（Worldwatch，2007）。有众多因素对未来能源消耗和生产水平均有着重要影响，包括人口增长、经济表现、消费者爱好和技术发展。此外，在世界能源市场上，政府关于能源和发展的政策必然会对未来能源生产和消耗水平产生决定性影响。

在1984年，总能量供应中有70%是由仅占世界人口25%的人群所消耗，而其他75%的世界人口只消耗剩下30%的能量。如果全球人口的人均耗能和经济合作与发展组织的成员国的平均值相等，那么在1984年，世界能量需求会由原来的10 TW（兆，$T = 10^{12}$）激增至约30 TW。保持这样的人均耗能水平，那么随着世界总人口由1984年的47亿增长至2020年的82亿，能量需求则会达到50 TW。

全球总基础能源需求由1971年的5536 GTOE① 增长至2007年的11, 235 GTOE，也就是说其年平均增长率为2%。不过，需要格外注意的是，由2001年到2004年的全球年平均增长率为3.7%，其中，由2003年到2004年的年增长率为4.3%。年增长率之所以变大，主要是因为亚太地区能源需求的大幅增长，在2001年到2004年间该地区的年平均增长率为8.6%。

基础能源应用的领域包括电能、交通运输、供暖和工业。国际能源署的数据显示，从1971年到2002年，全球电力需求几乎增长了三倍。究其原因，还是因为电能是一种非常方便运输和利用的能源形式。尽管各个领域对于基础能源的需求均有所上升，但是除了交通运输和电能外，其他领域的相对份额都减少了。由于电能这种能源形式得到了各个行业的青睐，全球电能生产的相对份额由1971年的20%上升到了2002年的30%。

由于中国和印度对于燃料需求的高速增长，至少在未来数年间，世界能源消耗应该都会保持3%到5%的增长速率。然而，这种高速增长不能持续太久。就算是每年只增长2%，到2037年，基础能源需求就会在2002年的基础上翻倍，而到了2057年，则是三倍。这样的大量能量需求预计今后还将持续50年，因此，寻求所有可能的策略来满足未来的能源需求，尤其是电能和交通运输的需求，就显得尤为重要。

---

① TOE = 吨油当量 = 41.868 GJ（$G = 10^9$）

目前，在交通运输行业，95%的能源都来自石油。因此，可用的石油资源、石油产率和石油价格都会对未来的交通运输行业产生巨大的影响。较为突出的石油替代品应为生物燃料，比如乙醇、甲醇、生物柴油和沼气。氢气也是石油的另一个替代品。不过，这得建立在能够利用可再生能源经济地制造出氢气的基础上。如果可以实现这一目标，氢气就能成为未来社会中清洁的交通运输能源。

天然气的使用率将快速增长，以弥补石油生产的短缺。然而，在这样的高速消耗下，天然气本身也无法比石油持续更长的时间。煤炭是最大的可利用化石能源，但是其对环境造成的污染也是最为严重的。由于中国、印度、澳大利亚和其他国家的高能源消耗增长速率，煤炭使用量的增长也是不可避免的。可是这样一来，从环保角度看，除非使用碳封存的清洁煤技术，否则消耗煤炭资源就不能称之为可持续了。

另一个需要考虑的因素就是世界人口了。到21世纪中期，世界人口预计会翻一番，而且随着必然的经济持续增长，全球能量需求预计会继续提升。比如，身为世界上人口最多的国家，中国的基础能源需求在2003年到2004年间增长了15%。如今，更多证据表明，如果人类继续这样破坏环境，不仅地球的未来会受到负面影响，我们的后代也会面临困境。目前，有三个国际性的环境问题，它们分别是：酸性降水、平流层臭氧空洞和全球气候变化。这些问题在接下来的子章节中会有更详细的分析。

1.3.1 酸雨

酸雨是一种污染形式。燃烧化石燃料所产生的SO_2和NO_x能够在大气中传播相当长的距离，并与水分子相互作用形成酸性沉降，再以降水的形式回到地球表面，而地球的生态系统极易受过酸物质的影响，从而造成相当程度的损害。因此，要解决酸雨沉降的问题，就需要对SO_2和NO_x污染物的量加以控制。这些污染物会导致区域性和跨境酸性降水问题。最近，其他污染物也引起了人们的注意，比如挥发性有机化合物（VOCs）、氯化物、臭氧和微量金属。这些物质会参与到大气中一系列复杂的化学转换过程，从而产生酸性降水和其他区域性空气污染物。

众所周知，一些和能源相关的活动才是酸性降水的主要成因。此外，挥发性有机化合物具有多种来源，且包含众多异种化合物。显然，我们消耗的能源越多，产生的酸性降水也就越多。因此，要减少酸性降水，最为便捷的途径还是降低能源消耗。

1.3.2 臭氧层耗竭

臭氧层位于平流层，其高度在12～25km之间，并通过吸收紫外（UV）辐射（240～320nm）和红外辐射（Dincer，1998）来维持自然平衡。目前，平流层臭氧层的消耗已成为了一个全球性的环境问题，其主要成因就是氯氟化碳（CFCs）、哈龙类物质（经过氯化或溴化处理的有机化合物）和NO_x的释放。臭氧消耗会导致到达地面的有害紫外辐射水平的上升，从而增大人类皮肤癌的患病率，同时还会对眼睛造成损害，此外，还有其他许多物种会受其影响。需要注意的是，能源相关活动只是导致（直接或非直接）平流层臭氧损耗的部分原因。臭氧损耗最为重要的原因还是在于氯氟化碳和NO_x的排放。其中，前者在空调和制冷设备中被用作制冷剂，而后者则是由化石燃料和生物质的燃烧、自然脱氮作用以及氮肥肥料的使用而产生的。

在1998年，南极洲上方的臭氧层空洞的大小为$2500 \times 10^4 km^2$，到了2012年，空洞大小则缩减为$1800 \times 10^4 km^2$，而在1993年，这个数字仅为$300 \times 10^4 km^2$（Worldwatch，2007）。研究人员预期在未来10～20年间，南极洲的臭氧层空洞的形势不容乐观，之后会以缓慢的速度修复。这个修复过程将持续到2050年才会完成。不过，修复速度会受到气候变化的影响（Dincer，1999）。

1.3.3 全球气候变化

温室效应一词通常指的是用于保持地球表面温暖的整个大气（主要是水蒸气和云层）。不过，最近这个词与CO_2排放之间的联系尤为密切。据估计，CO_2排放占据了人为温室效应的50%。此外，在工业和民用活动中产生的其他几种气体，如CH_4、氯氟化碳（CFCs）、哈龙类物质、N_2O、臭氧和过氧乙酰硝酸酯（也被称为*GHGs*）也是温室效应形成原因之一。大气中GHG浓度的升高让更多的热量无法散发出去（即降低了地球表面发出的热量），从而使得地球表面的温度升高。根据Colonbo（1992）的研究，地球表面温度在过去的一百年间提升了约0.6℃，这也导致了海平面也预计可能升高了约20cm。这些变化会对全球人类活动产生大范围的影响。Dincer和Rosen（1998）对多种GHGs的作用进行了总结。

欧盟表示气候正在持续变化。全球变暖的主要原因在于人类活动释放的二氧化碳和其他GHG，而在人类活动中，化石燃料的燃烧和砍伐森林又占很大一部分。在世界前沿气候科学家中，持有这一论调的人群占据了压倒性优势。

近期，科学家们利用南极洲的东方站冰芯的数据对过去的420,000年间的气候变化进行了还原。所谓东方站冰芯，是取自南极洲的冰芯样本。在那里，冰雪经过了多年的积累并再结晶，将这期间的气泡封存在了冰芯中。冰芯中的成分，尤其是其中的氢氧同位素，为当时的气候环境提供了蓝本。冰芯中的数据对温度和大气成分进行了持续记录。其中，最为相关的两个参数就是大气中的CO_2浓度和温度。图1.1中将1950年作为参考年，对这些数据进行了展示。由该表可以看出，这两个参数具有相似的变化趋势，其周期性约为100,000年。不过，目前（2012年12月）CO_2的浓度为392.92 ppm①（www.co2now.org），这也是历年来最高的水平。考虑到这一点，我们就能明白这对地球温度意味着什么。

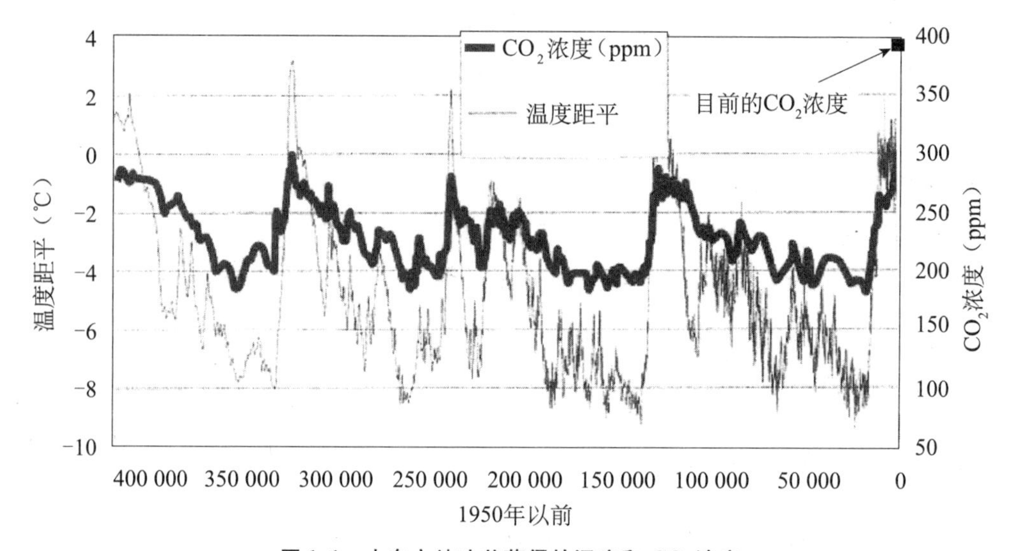

图1.1　由东方站冰芯获得的温度和CO_2浓度

经过多年的人类经济和其他活动，才导致了大气中多种GHG浓度的上升。比如，燃烧化石燃料所释放的CO_2、频繁的人类活动所释放的沼气，再加上释放的CFC，在这些因素共同作用下产生了温室效应。有预测表明，如果大气中GHG（主要由燃烧化石燃料所产生）的浓度仍以目前的速率持续增长，到22世纪，地球温度会再次增长2～4℃。如果预测成真，在21世纪结束前，海平面也会上升30～60cm（Colonbo，1992）。这种程度的海平面增长所带来的影响也是显而易见的，包括沿海居住地被淹没、农用耕作土地需迁移至更高纬度、用于灌溉和其他实际用途的淡水量的减少。由此可见，这样的变化会使整个人类都陷入生存危机。

① 1 ppm = 10^{-6}。

1.3.4 核能

尽管核能也是一种无污染能源，但是在其生产阶段存在很多潜在危害，其中，最主要的就是放射性废弃物的处理。核能对于环境中的空气、水、地面和生物圈（人、植物和动物）均有影响。目前，在很多国家，均有相关法律管理核能发电站的放射性废弃物的处理。本节中对一些与核能发电相关的最为突出的环境问题进行了介绍。这些问题只涉及与核能相关的影响，而不讨论正常热力循环中所排放的其他物质。

首先需要考虑的就是支持反应堆冷却系统的系统可能释放的放射性气体的问题。研究人员将这部分气体将压缩处理再储存起来，并对其进行周期性的取样检测。只有当其放射性小于确定标准所要求的可接受水平时才会将其释放。通常情况下，所有将放射性材料释放到环境中的可能途径均会受到辐射监测仪的监控（Virtual Nuclear Tourist，2007）。

核电站所排出的液流均具有轻微的放射性。反应堆冷却系统到蒸汽发电机的第二冷却系统中可能存在有极低的泄露，这是可以接受的。不过，对于任何可能泄露到环境中的放射性水，则必须将其储存起来，并通过离子交换过程对其进行处理，使其放射性被降低至规定水平以下。

在核电站内部，有很多系统都可能包含放射性液流。这些液流必须经过储存、净化、取样，且被确认其放射性低于可接受水平时才会被释放。对于气体释放的情况，如果气体的放射水平超过预设值时，辐射监测仪将对所有释放气体的途径进行监控，并将其隔离（闭合阀门）（Virtual Nuclear Tourist，2007）。

与核能相关的采矿过程所造成的影响则与其他工业活动相似，包括尾料的产生和水污染。铀矿开采过程自然会产生放射性材料。而直到对这些地区进行强力清理时，放射性空气排放物和当地土地污染才会在严格的环境标准下体现出来。

和其他工业一样，运行核电站也会产生废弃物。不过，其中有部分是有放射性的。固态放射性物质离开核电站有两种方式：

（1）放射性废弃物（比如衣服、布和木头）会被压缩并放置于桶中。这些桶必须经过完全脱水处理。并通常在接收点由监管机构进行检查。需使用特殊填埋方式处理。

（2）废离子交换树脂可能具有极大的放射性，会由专门设计的容器装载并运输。

通常情况下，废弃物可以分为两种类别：低放射性废物（LLW）和高放射性废物（HLW）。低放射性废物包括受污染的衣服、废弃的树脂和其他不能被再利用或循环的物质等固态废弃物。大多数抗污染服会被清洗并再使用。不过，和其他普通衣服一样，抗污染服最终也会磨损而废弃。在一些情况下，可以通过焚化或超级压缩来减少需要进行特殊填埋处理的废弃物。

高放射性废物则包括燃料组件、燃料棒和乏燃料与反应堆分离后的废弃物。目前，乏燃料被储存在核电站所在地的存储池或大型金属桶中。要运送这些乏燃料，则需要使用专门设计并经过检测的运输桶。

最初，人们就想要对乏燃料进行再加工处理，并进行相关设计。该设计使用具有较低的长期腐蚀性或降解周期的金属包裹玻璃棒，再将一定量的高放射性废物（HLW）放置于玻璃棒中。之后，将这些玻璃棒放置于专门设计的储存室中。在那里，放射性物质会在一开始的50到100年间逐渐恢复，之后直到10，000年才无法再恢复。在地下有很多地点可用于建造储存室，比如盐丘、花岗岩结构和玄武岩结构。这些地点在地质学上均极为稳定，且不太可能被地下水入侵。该设计利用恢复钚和未使用的铀燃料作为混合氧化物燃料，并将其再次应用于增殖反应堆或热反应堆。目前，这项技术在法国、英国和日本均有应用（Virtual Nuclear Tourist，2007）。

1.3.5 可再生能源技术

可再生能源技术能够将自然现象转换为可用的能量形式，从而生产市场化的能源。这些技术利用太阳能及其对于地球的直接和间接效应（太阳辐射、风、瀑布和各种植物即生物质）、万有引力（潮汐）、地核热能等资源来产生能量。这些资源具有巨大的能源潜力。不过，它们通常较为分散，且不便于开采。其中大多数都是间歇性的，具有明显的地区差异。这些特性加大了这些资源的利用难度，但是可以通过技术和经济方式解决。目前，我们的重要进展主要集中在提升收集和转换效率、降低初始化和维护成本并加强可再生能源系统的可靠性和适用性等方面。

在过去20年间，全球对于可再生能源和系统领域的研究和发展的工作也已经行动起来。与高油耗的项目相比，基于可再生能源技术的能量转换系统似乎是最具经济效益。此外，可再生能源系统对于世界环境、经济和政治问题都具有良性促进。在2001年末，可再生能源系统的总装机量占据了总电力生产的9%（Sayigh，2001）。正如之前所提到的，通过实施可再生能源密集型方案，到2050年全球可再生能源的能量产出将达到318 EJ（Johanson等人，1993）。

安装和运行可再生能源系统所带来的好处可以大致分为三种：节约能量、创造新的工作岗位和降低环境污染。

节约能源方面主要体现在电能消耗和用于提供能量的传统能源柴油的使用量的减少。根据相应的产量或所减少的购买进口化石燃料的资本支出，可以将这些好处直接转换为货币单位进行衡量。

对于很多国家来说，可再生能源的另一个好处显得格外重要，即可再生能源技术能够创造新的工作岗位。新技术的注入使得新的生产活动得以发展，这对于生产、市场分布和相关设备的经营均有裨益。就太阳能集热器而言，工作岗位主要与集热器的建造和安装有关。其中，每一个建筑和消费个体均需要进行设备的安装，因而是一个分散化的工作。

可再生能源系统最为重要的好处就在于能够降低环境污染。利用该系统来替代电力和传统燃料，可以减少空气污染物的排放，进而达到降低环境污染的目的。空气污染物对于人类和自然环境的最主要的影响体现在公共健康、农业和生态系统方面。其中，和贸易商品相关联时，如农作物，其经济影响就比较方便测定，而和非贸易商品相关联时，比如人类健康和生态系统，要衡量其影响就较为复杂了。需要注意的是环境影响水平很大程度上取决于排放源的地理位置，因而社会污染成本也是如此。与传统的空气污染物相反，每个单元的 CO_2 对于气候变化的影响及其相应成本都是均等的，故其社会成本不会受到排放源的地理位置的影响。

所有可再生能源加起来也只占 22.5% 的全球电力生产份额（2010），而其中，水力发电又占了近 90%。不过，随着可再生能源技术逐渐成熟，且其成本竞争力也越来越突出，可再生能源自然会替代大部分的化石燃料来生产电能。因此，实现利用可再生能源替代化石燃料正是降低 CO_2 在大气中的排放量以及防治全球气候变化策略的重要组成部分。

在本书中，我们将重点放在了太阳热系统上。太阳热系统不会对环境造成污染，对于环境具有重要的保护作用。利用太阳能所带来的最大优点就在于温室气体的减少。因此，未来要实现可持续发展，太阳热系统是必不可少的。

可再生能源系统的益处可概括如下（Johanson 等人，1993）：

（1）社会和经济发展。可再生能源特别是生物质的生产能够促进经济发展并提供就业机会，这对于在经济增长机会比较受限的农村地区更有意义。因此，可再生能源可以减少农村地区的贫困，从而降低农村人口向城市流动的压力。

（2）土壤改良。在农业和林业活动中，已退化的土地几乎没有任何作用，而利用其收集生物质能够为土地恢复提供刺激作用和经济支持。尽管用于生产能源的土地不会再用于其本来的用途，这些恢复的土地在生产生物质时仍具有支持农村发展、防治土地侵蚀，并为野生动植物提供更好的栖息环境等诸多益处。

（3）降低空气污染。诸如甲醇和用于燃料电池车的氢这种可再生能源技术在使用过程中几乎不会有导致城市空气污染和酸性降水的污染物排放，因而无需额外的控制成本。

（4）缓解全球变暖。可再生能源在使用过程中不会产生二氧化碳和其他导致全球变暖的温室气体。对于生物质燃料，其在生产时使用的植物所吸收的二氧化碳的量，与在使用该燃料时所释放的二氧化碳的量相等，因此也不会加剧全球变暖。

（5）燃料供应多样化。在可再生能源密集型未来，将会有众多能源载体和供应商进行大量的地区间能源贸易。未来，能源进口商可以在更多的制造商和燃料种类中进行选择，从而方便人们更好地应对垄断价格操纵和能源突然中断供应这类情况。这样的竞争能够减少能源价格的大幅波动，从而最终使石油价格稳定下来。世界能源贸易的增加，尤其是我们预期出现的由生物质和氢气制得的酒精燃料（如甲醇）的贸易活动，也会为能源供应商带来新的商机。

（6）降低核武器扩散的风险。利用核能需要建造大型的基础设施，而可再生能源则更具竞争力。各国对于核能的生产、运输以及钚和其他放射性物质的储存的大量投入可能导致核武器的扩散，其中放射性物质更是可以被直接用于核武器的制造，而利用可再生能源刚好可以防止这一点。

相比起利用传统能源，诸如太阳热系统和光伏发电系统这种太阳能系统能够为环境带来不少好处。太阳能系统的安装和使用所带来的好处主要可以分为两类：环保类和社会经济类。

从环保角度来看，利用太阳能技术的好处有（Abu-Zour 和 Riffat，2006）：

（1）降低温室气体（主要是 CO_2 和 NO_x）和有毒气体（SO_2，微粒）的排放；

（2）恢复已退化的土地；

（3）降低对于电网中的输电线路的需求；

（4）提升水源的水质。

从社会经济学角度看，利用太阳能技术的好处有：

（1）提升地区和国家能源的独立性；

（2）创造就业机会；

（3）利用新技术和新能源生产活动对能源市场进行重组；

（4）提升能源供给的多样性和安全性（稳定性）；

（5）加速偏远地区的农村社区的电气化；

（6）节约外汇。

值得注意的是，只要是人造工程，对环境多多少少都有些影响。太阳能系统对于环境的负面影响有：

（1）太阳能系统的生产、安装、维护和拆除所带来的环境污染；

（2）太阳能系统在建造时所产生的噪音；

（3）土地置换；

（4）视觉侵扰。

从技术角度看，这些负面影响虽然解决起来较为麻烦，但还是可以克服的。

太阳光持续到达地球大气层的量为 1.75×10^5TW。若大气云层的透射率为60%，则持续到达地球表面的太阳光的量为 1.05×10^5TW。若地球表面上只有1%的辐照度能够被转换为电能，且转换效率为10%，则其所能提供的资源基础为105 TW，而到2050年，全球总能量需求预期约为25 ~30TW。目前太阳能技术的现状为：单太阳能电池的效率可超过20%，聚光光伏发电系统的效率约为40%，而太阳热能系统的效率为40% ~60%。

在过去30年间，太阳能电池板的成本已经由约30美元/W降低到了约0.8美元/W。太阳能电池板成本按0.8美元/W算时，则系统总成本约为2.5 ~5美元/W（取决于整个装置的大小），这对于一般消费者而言其成本还是太高了。不过，太阳能光伏发电系统在很多离网应用中已具有不错的成本效益。再加上净计量和政府鼓励，比如上网电价补贴及其他政策，甚至是如建筑整合光伏发电系统这种与电网相连的应用都变得划算了。因此，在过去5年间，全球光伏发电平均每年都会增长逾30%。

利用聚光式太阳能集热器的太阳热能发电技术首次展现了太阳能技术的电网供电潜力。位于加利福尼亚的总装机量为354 MWe的太阳热能发电厂自1985年持续运行至今。在那之后，由于政策乏力和研发经费短缺，太阳热能发电技术一直止步不前。不过在过去5年，这个领域又逐渐有了起色，人们在全球范围内建造了大量的太阳热能发电厂，而且还有更多的正在建造中。目前，这种发电厂的发电成本在0.12 ~0.16美元/kWh之间，而随着大众市场的开拓和扩张，其成本可以降低至0.05美元/kWh。太阳热能发电技术的好处之一在于热能比较方便被储存，而且还可以利用诸如天然气或沼气这种燃料作为系统持续运行的保障。

1.4　气候状况

美国国家气候数据中心在2011年发布的报告是理想的气候信息来源，它总结全球和地方的气候状况并将其记录在具体的历史环境下（Blunden 和 Arndt，2012）。检查的参数为全球温度和大气中发现的各种气体。

1.4.1 全球温度

根据美国国家海洋大气管理局和美国国家气候数据中心的记录可知，自 1901 年以来，全球温度以每世纪 0.71 ~ 0.77℃的速度上升。到 1971 年，全球温度上升速率变为了每 10 年上升 0.14 ~ 0.17℃。数据显示，自 1979 年以来，2011 年是第 9 个最热年，比 1981—2010 年的平均温度高出 0.13℃，而 1979 年到 2011 年年间，每 10 年温度就上升 0.12℃。2011 年，许多地区都出现了异常高温现象，其中最明显的是俄罗斯。但是也有一些地方出现了异常的低温，比如澳大利亚的部分地区，美国的西北部和亚洲的东南部。2011 年全球平均温度比 1981—2010 年的平均温度高 0.20 ~ 0.29℃，根据数据设定的选择，排名从第 5 个最热年到第 10。

尽管有两个阶段的拉尼娜现象（第一段强，第二阶段较弱），全年的全球海洋表面平均温度仍然高于平均温度，记录上排名要么是第 11 个最热年，要么是第 12 个最热年。根据数据库选择，2011 年全球海面温度比 1981—2010 平均温度高 0.02 ~ 0.09℃。年平均海面温度比大西洋，印度洋和西太平洋的平均温度高，比太平洋东部和赤道海域，大西洋南部海域和南大洋部分海域的海面平均温度高。

过去 10 年是历史上最热的 10 年，图 1.2 是 1850 年到 2006 年的全球温度，以及 5 年的平均值。从图中可以看出温度逐渐上升的趋势，且 20 世纪 70 年代之后这种趋势更为明显。

1.4.2 二氧化碳

自然和人为排放（例如，化石燃料的燃烧）的二氧化碳，根据空间被划分三个部分：大气、海洋和陆地生物圈。化石燃料燃烧增加的结果就是，大气中的二氧化碳量从工业革命开始的 280ppm（百万分之几，在干燥空气中的浓度）上升到 2012 年 12 月的 392.9 ppm（参见图 1.3），实际上，自 2010 年以来，二氧化碳增加了 2.10 ppm，并且是自仪器记录以来首次超过 390 ppm。排放的 CO_2 大约一半仍残留在大气中，其余的进入另两个空间：海洋和陆地生物圈（其中包括植物和土壤中的碳）。

2010 年，大气中全球人为碳排放量已经超过 9.1 ± 0.5Pg/a（加速度表，P = 10^{15}），全球碳排放量的增加主要是因为中国的碳排放量增加了 10%，中国是世界上化石燃料燃烧排放二氧化碳量最大的国家。20 世纪 90 年代其间，海洋净吸收二氧化碳量大约为1.7±0.5Pg/a，大陆生物圈净吸收量为1.4±0.7Pg/a。大气—海洋和大气—陆地生物圈总通量近似100Pg/a。大气中二氧化碳增加的年际变化不是由于化石燃料燃烧排放量的变化而是由于净通量的一些小变化。许多人尝试解释大气中二氧化碳增加的年际变化，他们的关注点都集中在短期的气候波动（例如，厄尔尼诺—南方涛动现象和皮纳图博火山冷却），而对其中的机制，尤其是大陆生物圈的作用知之甚少。到目前为止，已经有大约5%的常规化石燃料被燃烧。如果今天开始停止燃烧化石燃料，那么几百年之后大气中总碳排放量仍有15%，其余的都被海洋吸收。

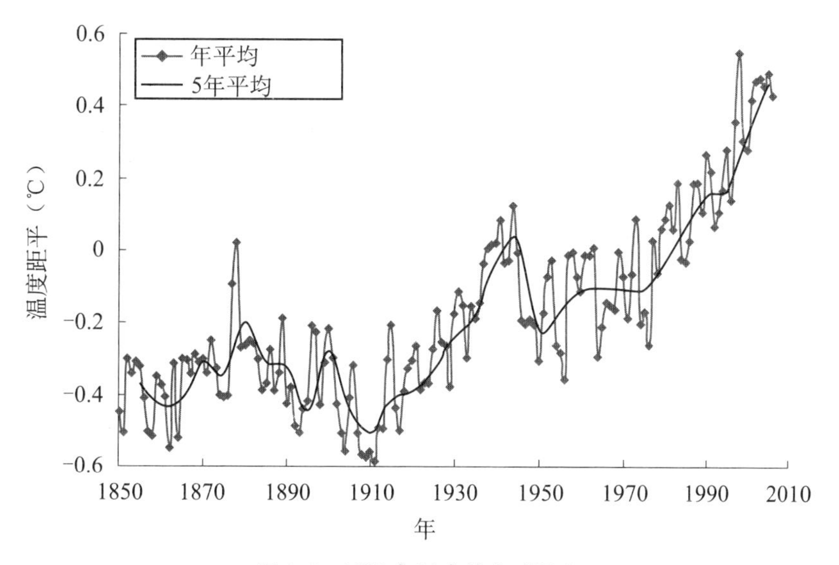

图1.2　1850年以来的全球温度

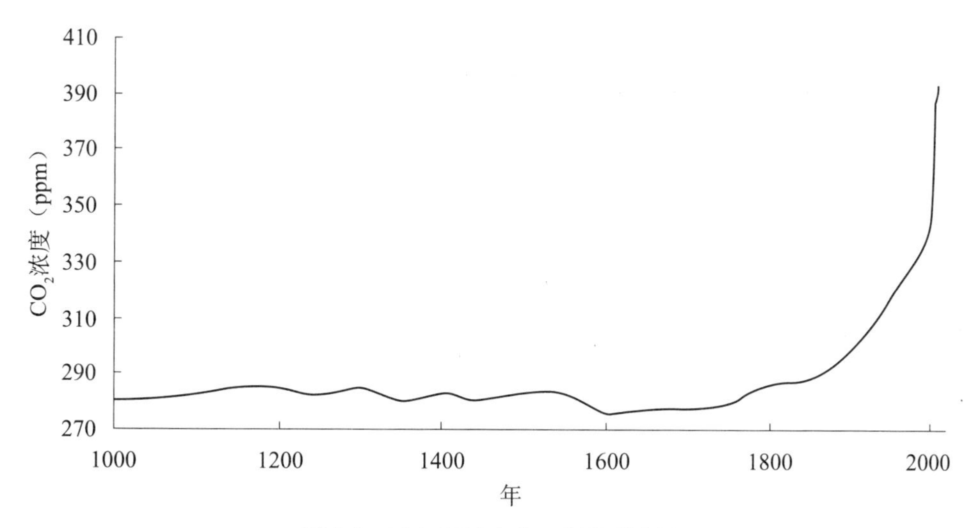

图1.3　过去1000年的二氧化碳水平

2011 年，大气中全球平均二氧化碳量是 390.4ppm，距 2010 年仅增加了 2.1 ± 0.09ppm。这比 2000 年到 2010 年平均增加量 1.96 ± 0.36ppm/a 略大。2012 年二氧化碳浓度记录（392.92ppm）仍然维持大气中二氧化碳的上升趋势，并且自工业革命时代之前（280ppm）就一直保持着这个趋势。这使大量而持久的温室气体继续稳定增加。自 20 世纪以来，大气中的二氧化碳增加了 94ppm（132%），而自 21 世纪以来，年平均增长量达到 4.55ppm。

1.4.3 沼气

沼气（甲烷）对大气中辐射强迫的影响，包括直接（约 70%）和间接（约 30%）的影响，总计约为 0.7 W/m^2，或者说大约是二氧化碳的一半，甲烷的变化反馈到大气化学中，会影响羟基和臭氧的浓度。甲烷含量在工业化革命前就增加了，这也导致对流层臭氧大约增加了一半。需要注意，羟基的浓度变化会影响其他温室气体的寿命，比如含氢氯氟烃和氢氟碳化物。沼气的全球增温潜能为 25，这意味着，以每 100 年为时间幅度，一个给定的甲烷排放量的辐射强迫大约比等量的二氧化碳形成的辐射强迫大 25 倍。

2011 年，甲烷增加了约 5 ± 2ppb①（在干燥空气中的浓度），并且甲烷的增加主要在北半球。2011 年，全球平均沼气（甲烷）浓度为 1,803ppb。

2012 年，南极洲平流层臭氧达到了 139 个多布森单位，全球平流层臭氧平均约为 300 个多布森单位。多布森单位是臭氧研究中用到的最基本的测量单位。该单位是以 G. M. B. Dobson 的名字命名。他是第一批研究大气臭氧的科学家之一。他设计的多布森分光计，是用来测量地面臭氧的标准仪器。多布森分光计可以测量四个波段的太阳紫外线辐射强度，其中，两个波段的紫外线会被臭氧吸收而另外两个不会。一个多布森单位代表在 STP（标准温度和压强，即 0℃，1 个大气压）下千分之一厘米厚度的臭氧层。例如，一个地区上所有的臭氧都被压缩到标准温度和大气压条件下的圆柱中，然后再将其平均地分布在这个地区并形成 3mm 厚的一层，那么该地区的臭氧层密度为 300 个多布森单位。

1.4.4 一氧化碳

与二氧化碳和甲烷不同，一氧化碳并不能很好地通过吸收地面的红外线辐射来

---

① $1ppb = 10^{-9}$。

影响气候，而是通过它的化学性质来影响气候。一氧化碳的化学作用会影响羟基（会影响甲烷和氢氟碳化物的寿命）和对流层臭氧（本身是一种温室气体），所以一氧化碳的排放可以认为相当于甲烷的排放。从10年的时间刻度上来看，目前的一氧化碳排放对辐射强迫的作用比人为氧化亚氮排放的作用更大。

因为一氧化碳的寿命相对较短（几个月），大气中一氧化碳含量增加水平异常的现象很快会消失并且很快回到1997年以前的水平。2011年一氧化碳水平与21世纪00年代初期的水平相当。2011年全球一氧化碳平均浓度约为80.5ppb，比2010年稍低。自1991年以来，就没再观察出全球一氧化碳平均含量的变化趋势。

1.4.5 氧化亚氮和六氟化硫

大气中的氧化亚氮和六氟化硫比二氧化碳的浓度低，但是它们的辐射强迫远远大于二氧化碳。氧化亚氮是第三强的温室气体，而一个六氟化硫分子吸收紫外线的能力比一个二氧化碳分子强23,900倍，而且在大气中的寿命是500到3200年。

这两者的浓度都是以一个线性速率增长，氧化亚氮自1978年以来的增长速率是0.76ppb/a（每年0.25%），六氟化硫自1996年以来的增长速率是每年（约5%/a）0.22ppt[①]（在干燥空气中的浓度）。2011年氧化亚氮浓度约为324.3ppb，工业革命前氧化亚氮的浓度约为270ppb，2011年氧化亚氮的辐射强迫比工业革命前增加了约0.17W/m^2。2011年的值比2010年的值增加了1.1ppb，增长速率大于上述的平均速增长率0.76ppb/a。大气中的氧化亚氮也是平流层一氧化氮的一个重要来源。一氧化氮这一化合物有助于催化破坏平流层臭氧。大气中SF_6的浓度在增长是因为它作为电绝缘体用于全世界的电力传输。2011年年底，它的全球平均浓度为7.31ppt，比2010年增长了0.28ppt。尽管从工业革命前到如今，六氟化硫的全球总辐射强迫相对较小，但是它具有较长的大气寿命，高增长率和高温室效应潜能值都是需要担忧的问题。

1.4.6 卤化碳

人们对于平流层臭氧消耗的担忧限制或者消除了许多卤代烃的生产。1987年的《蒙特利尔议定书》使人工生产的卤代烃逐步淘汰。由于人们做的这些努力，近几年地球表面臭氧-消耗气体的混合比例一直在降低，这种下降趋势在2011年仍然维持着。

---

① $1ppt = 10^{-12}$。

全世界许多测量卤代烃的实验报告都表明氟利昂－12 的对流层混合比在过去几年达到峰值，氟利昂是大气寿命最长最丰富的人为产生的臭氧消耗气体。这些测量实验也表明全球卤化气体的混合比在继续增加，其中含氢氯氟烃和氢氟碳化物增长最快，这些化学物质常用来代替氟利昂，哈龙和其他消耗臭氧的气体。含氢氯氟烃中含有氯，消耗臭氧的作用没有氟利昂那么强，而氢氟碳化物则不参加破坏臭氧的反应。

大气中长寿命卤化碳的直接辐射影响变化可以通过观察到的大气混合比变化和微量气体辐射效率的知识估算得出。这一分析表明，2011 年这些气体的直接辐射强迫仍然在增加，尽管它的增长速率比 1970 年到 1990 年观察到的速率慢很多。

1.4.7 海平面

1993—2011 年全球平均海平面变化速率为 3.2 ±0.4mm/a。与这个长期趋势相比，2010 年年中全球海平面明显下降，并在 2011 年达到当地最低水平。这一下降趋势与 2010—2011 年普遍的强拉尼娜现象有关。2011 年下半年全球海平面急剧上升，比 1995 年值高出 50mm，最大的正异常在南美的赤道太平洋。除东印度洋的强负异常之外，热带印度洋年海平面一般都很高。大西洋海平面偏差表明仅赤道以北的南大西洋和副极地北大西洋的海平面带较高。

1.5 太阳能发展简史

太阳能是人类最早利用的能源。在古代文明时期，人们更是将太阳视为一个强大的神来崇拜。最初，太阳能的实际用处就是干燥并储存食物（Kalogirou，2004）。

我们所知道的人类最早的一次大规模运用太阳能，也许是希腊数学家和哲学家阿基米德（287-212 BC）在锡拉丘兹湾用镜子反射太阳光烧掉了罗马舰队。关于这件事，科学家们讨论了几个世纪。尽管后来有人批判说这仅是一个神话，因为当时还没有能制造镜子的技术（Delyannis，1967），但是从公元前 100 年到公元 1100 年，许多学者仍然一直将这件事作为参考。实际上，一个基本的问题是，阿基米德是否有足够的光学知识来设计出一个简单的方法将太阳光凝聚于船上一点，致使远处的船队能够燃烧。而且，所谓的阿基米德写过的一本书——《论燃烧镜》（On Burning Mirrors）（Meinel 和 Meinel，1976），我们也只是从一些文章的引用中见到过，而并没有任何原著版本流传下来。

但是，希腊历史学家普鲁塔克（46-120 AD）提到过这一事件，他说罗马人以为他们是在与上帝作战，因为这就像一个匪夷所思的恶作剧，在他们完全搞不清楚状况时，有一种无形的力量将他们击溃。

波兰数学家 Vitelio，在他的《光学》一书中详细地描述了罗马舰队燃烧事件（Delyannis 和 Belessiotis，2000；Delyannis，1967）："阿基米德燃烧镜由 24 面镜子组成，它们将光线会聚于同一个焦点，产生巨大的热量。"拜占庭时期，希腊数学家普罗克鲁斯重复了阿基米德的实验，并点燃了在君士坦丁堡围攻拜占庭的敌军军舰（Delyannis，1967）。

阿基米德之后又过了 1800 年，阿塔纳斯·珂雪（1601—1680）也展开了一些类似的实验，用相同的方法尝试点燃远距离的木柴堆，想以此证明阿基米德的故事是否真的具有科学依据，可惜，他的实验报告并没有留存下来（Meinel 和 Meinel，1976）。

然而，许多历史学家认为阿基米德用的不是镜子而是士兵的盾牌，所有盾牌呈大抛物线排列，将太阳光线共同会聚于船舰上一点。无论是哪种说法，这件事实际上证明了太阳的辐射是一种强大的能量来源。后来，又过了好几个世纪，科学家们终于再次将太阳辐射视为一种能源，并试图将它转化为一种可以直接运用的形式。

令人惊奇的是，人类第一次运用太阳能就涉及聚焦型集热器。根据这种集热器的性质（准确的形态结构），它们必须跟着太阳转动，所以运用起来更"困难"。18 世纪期间，人们用抛光铁，玻璃镜片和镜子做成了太阳炉，它可以熔化铁，铜和其他金属。整个欧洲和中东都使用了这种太阳炉。其中，第一次大规模运用的太阳炉，是法国著名化学家拉瓦锡制造的。大约在 1774 年，他制造出一些透镜，能有效地聚焦太阳辐射（参见图 1.4），并且温度能达到 1750℃。这种太阳炉通过利用一个 1.32m 长的透镜再加上一个 0.2m 长的二级透镜，才达到了这样高的温度。这是 100 年来达到的最高温度。这一世纪还有过一次太阳能应用，是法国博物学家 Boufon（1747—1748）实施的。他用各种不同的镜片进行聚光燃烧实验，并将其形容为"远距离的热镜燃烧"（Delyannis，2003）。

图 1.4 拉瓦锡于 1774 年使用的太阳炉

到了 19 世纪，低压蒸汽的产生也使蒸汽机应运而生，受到这件事的启发，人们开始尝试将太阳能转化为其他形式的能量。1864 年至 1878 年，August Mouchot 率先在欧洲和北非创造出太阳能蒸汽机并成功运行。August Mouchot 也因此成为了这一领域的奠基人。这种蒸汽机在 1878 年的巴黎国际博览会上出现过（参见图 1.5），用集热器集聚太阳能来产生蒸汽，然后用蒸汽驱动印刷机（Mouchot，1878，1880）。另一个太阳能蒸汽机则建在非洲的阿尔及利亚。1875 年，Mouchot 在太阳能集热器的设计上做了巨大改进，将其做成一个截锥体形式的反射器，这使太阳能集热器的制造取得了显著进展。Mouchot 制造的集热器由镀银金属板组成，直径 5.4m，集热面积 18.6m^2，可移动部件重达 1400kg。

图 1.5　1878 年巴黎博览会上驱动印刷机的抛物面集热器

与 Mouchot 处于同一时代的 AbelPifre 也制造出了太阳能发动机（Meineland 和 Meinel，1976；Kreider 和 Kreith，1977）。Pifre 的太阳能集热器是由一些小镜子组成的抛物面形反射器。从形状上看与 Mouchot 的截锥体形反射器十分相似。

在太阳能领域，美国也持续不断地努力研究。终于，美国工程师约翰·埃里克森开发了第一个直接利用太阳能驱动的蒸汽机。埃里克森用抛物槽做了 8 个集热系统，用水或空气作为系统工质（Jordan 和 Ibele，1956）。

1901 年，A. G. Eneas 在一个加利福尼亚农场的抽水设备中装入一个直径 10m 的聚光集热器装置。该装置呈大型伞状结构，开口和倒置的角度使 1788 面镜子反射太阳光的效果达到最佳。太阳的光线被会聚于锅炉所在的一处焦点。锅炉里的水被加热从而产生蒸汽，蒸汽继而又被用来驱动常规的复合式发动机和离心泵（Kreith 和 Kreider，1978）。

后来，一葡萄牙牧师——Himalaya 神父于 1904 年建造了一个大型的太阳炉。这个太阳炉在圣路易斯世界博览会上被展出，结构非常现代化，是一个大型的离轴抛物面集热器（Meinel 和 Meinel，1976）。

1912 年，Frank Shuman 与 C. V. Boys 合作，在埃及的 Meadi 城制造世界上最大的泵站，并于 1913 年利用太阳能集热系统作为泵站运行的驱动力，它利用抛物线形长圆柱将光线会聚于一个长吸收管上。每个圆柱长 62m，堆积圆柱的总面积达 1200m^2。该太阳能发动机连续工作 5h 产生的功率能达到 37 ~ 45KW（Kreith 和 Kreider，1978）。泵站虽然成功建成，但后来又因第一次世界大战爆发和燃料价格下降于 1915 年全部停止运行。

过去 50 年间，太阳能集热器的设计和构造发生了许多变化，聚光集热器用来加热传热物质或者液体介质，并进而驱动机械设备。其中运用到的两个主要的太阳能技术是中央接收器和分布式接收器，它们利用不同的焦点和线聚焦光学来会聚太阳光。中央接收器系统涉及定日镜（双轴跟踪转镜）领域，利用定日镜将太阳的辐射能量会聚到一个单塔接收器上（SERI，1987）。分布式接收器技术包括抛物面碟式聚光系统、菲涅尔透镜、抛物面槽式聚光系统和特殊碗状系统。抛物面碟式系统采用双轴转动跟踪光源，用镜面将太阳辐射能量会聚于一个焦点处的聚光接收器上。槽式系统和碗状系统都是线聚焦跟踪反射器，将光线沿着焦线会聚于接收管上。这些接收器的温度跨度较大，从 100℃的低温槽到接近 1500℃的碟式系统和中央接收器系统（SERI，1987）。

现在，许多大型太阳能发电站都是以兆瓦级功率的能量输出发电或者转换为热能。第一个商业太阳能发电站于 1979 年在新墨西哥的阿尔伯克基市建成。它由 220 个定日境组成，输出电功率达 5MW。第二个商业太阳能发电站则建在加利福尼亚州的巴斯托市，总热功率达 35MW。大多数太阳能发电站发电或者转换为热能是用于工业，它们在 673K 的温度条件下能产生过热蒸汽。因此，它们可以通过发电或产生蒸汽来提供电能或热能以驱动小容量的常规海水淡化泵。

20 世纪 30 年代中期，人们将注意力转向了太阳能热水和供暖。但是直到 20 世纪 40 年代下半叶才真正实现了这种应用。在此之前，上百万户的住宅都是靠燃煤锅炉来提供暖气，原理是先将水加热，再让热水通过已安装的散热系统来供暖。

太阳能热水器的生产始于 20 世纪 60 年代初期，随后，太阳能热水器产业在许多国家迅速发展起来。其中，很多太阳能热水器的类型是典型的虹吸式，由两个太阳能集热板组成，吸收太阳光的面积大约有 3 ~ 4m^2，存储罐的容量有 150 ~ 180L，人们将这些装置都安装在一起构成一个整体。作为辅助设备的浸没式电加热器或热转换器，可以通过集中辅助加热的方式来产生热水，通常在太阳光较弱的冬季使用。

太阳能热水器的另一种重要类型是强制循环式热水器。这种强制循环太阳能热水系统中，只有太阳能板安装在屋顶，热水存储罐则安装在室内的一个厂房里。该系统还包括管道，水泵和恒温器。显然，无论是从建筑学因素还是从美学因素上来看，这种类型的太阳能热水器都更具有吸引力，但同时安装起来也更昂贵，尤其是小规模的安装（Kalogirou，1997）。关于这些系统的更多细节内容将在第 5 章详述。

1.5.1 光伏发电

自 1839 年贝克勒尔在硒元素中发现了光生伏特效应后，光伏发电技术开始发展。到 1958 年，“新型”太阳能硅电池的转换效率已经达到 11%。尽管代价高昂（1000 美元/W），人们却并没有望而止步。太阳能电池的首次实际应用在太空中实现，彼时，成本问题也不能成为阻碍，而且当时还没有其他可用的能源。到了 20 世纪 60 年代，有研究结果发现了其他光伏材料——砷化镓（GaAs）等。这些材料比硅更耐高温，但是也更加昂贵。随着这些技术的不断发展，光伏发电系统也开始在全球范围内陆续安装，到 2011 年年底，光伏发电系统的全球装机量已达到 67 GWp（Photon，2012）。光伏电池由各种半导体材料组成，这些材料都有适度良好的导电性。其中最常用的材料有硅（Si）和硫化镉（CdS）、铜硫化物（CU_2S），以及砷化镓（GaAs）等化合物。

非晶硅电池是由硅原子组成的均匀薄层而不是晶体结构。与晶体硅相比，非晶硅能更有效地吸收太阳光，所以可以用更薄的非晶硅电池。正因如此，非晶硅也被称为薄膜光伏技术。非晶硅可以沉积在各种刚性或柔性衬底材料上，这使它能适用于曲面和“折叠”模块。尽管非晶硅电池比晶体硅电池的转换效率低，大约只有 6%，但它们更易制造且生产成本更低。低成本使它们适于多种对效率要求不高但重视低成本的应用。

非晶硅（a-Si）是一种硅和氢气（约 10%）组成的玻璃态合金。由于以下几个属性使它成为制作太阳能薄膜电池的良好材料：

（1）硅含量丰富且环保。

（2）非晶硅吸收太阳光的效果非常好，它只有一层非常薄的活性太阳能电池板（约 1 μm，而晶体硅太阳能电池的厚度约 100 μm），从而大大减少了太阳能电池对材料的要求。

（3）非晶硅薄膜可以直接在廉价衬底材料上沉积，如玻璃、薄钢板或塑料铝箔。

目前还有许多其他的理想材料正用于光伏模块，例如碲化镉（CdTe）和铜铟硒

(CIS)。相比晶体硅技术而言，这些技术的吸引力在于它们可以通过成本较低的工业过程而制得，但它们通常也会提供更高的组件转换效率。

装入组件中的光伏电池在照明时产生特定电压和电流。光伏组件通过串联或并联来产生较大的电压或电流。光伏发电系统可以独立使用也可与其他电力能源搭配使用。光伏发电系统可以应用的范围包括通讯（地球或太空均可）、远程电力传输、远程监控、照明、抽水和电池充电。

光伏发电的两种基本应用类型是独立光伏发电系统和并网光伏发电系统。独立光伏发电系统用于边远地区或享受不到市电电网的地区。一个独立光伏发电系统是不接入电网的，产生的能量通常被存储在电池中。一个典型的独立光伏发电系统的组成包括单个光伏组件或多个组件、蓄电池和控制器，同时还需要配置交流逆变器。交流逆变器可以将光伏组件产生的直流电（DC）转换为常规电器所需的交流电(AC)。

在另一种并网应用类型中，并网光伏发电系统接入当地的电网。这意味着光伏系统所产生的电力在白天可直接运用（通常为办公室和其他商业大厦所使用的系统）或卖给一家电力供应公司（这在国内电网系统比较常见，因为居住者可能在白天外出）。到了晚上，当太阳能系统无法供电时，电能又可以从电网中购回。实际上，电网可作为能源存储系统，这就意味着光伏发电系统并不需要电池蓄电。

当光伏发电系统在20年前开始大规模地用于商业应用时，它们的效率还远低于10%。而如今，它们的效率已增至约15%。实验室或实验单位的效率可超过30%，但这些还尚未被商业化。虽然20年前光伏发电系统被认为是非常昂贵的太阳能系统，但是现在它的成本费用已经减少到大约2500~5000美元/kW（取决于安装规模），并且在未来几年很有可能进一步减少。有关光伏发电系统的更多详细信息在本书第9章中讲述。

1.5.2 太阳能海水淡化

水资源匮乏一直是一个与人类息息相关的难题。正因如此，在最早期的探索中，利用太阳能进行海水淡化的相关设备研究就占据了一席之地。人们对于太阳能海水淡化技术已经实践了很长一段时间了（Kalogirou，2005)。

早在公元前4世纪，亚里士多德就提出了让不干净的水蒸发后再冷凝，从而得到可饮用的水的方法。图1.6中描绘的可能就是历史上第一个海水淡化的实际应用。随着人们开始具备远航的能力，在船上制造淡水的需求也逐渐产生。来自古希腊城的阿佛洛狄西亚的 Alexander（公元 200 年）对这幅图进行了说明，即水手将海水煮沸，并在煮沸所用的黄铜器皿口放置一块海绵，使其吸收海水煮沸后的水蒸气。在图中，水手们把海绵中的水分离出来，就得到了淡水（Kalogirou，2005）。

太阳能海水淡化的实践历史较为悠久。根据 Malik 等人（1985）的研究，最早的有记录的海水淡化实践是由 15 世纪时的一位阿拉伯炼金术士进行的。Mouchot 的报告（1869）声称这位阿拉伯炼金术士是利用抛光的大马士革镜来进行太阳能海水淡化操作的。

直到中世纪之前都没有出现太阳能海水淡化的相关重要应用。在这个时期，太阳能只是被用于加热蒸馏器来浓缩稀释的酒精溶液或提取草本物质，以及生产酒和香料精油。这类用途的蒸馏器是由一位名叫 Cleopatra 的古希腊炼金术士发明的（Bittel，1959）。图 1.7 所展示的即为其中一种（Kalogirou，2005）。其中，壶的头部被称为“*ambix*”，这个词在希腊语意思是指“蒸馏头”，不过这个词也常出现在整个蒸馏过程中。在公元 7 世纪，阿拉伯人在科学领域特别是炼金术的研究上颇有建树，他们将这种工具命名为 Al-Ambiq，这也是蒸馏器（alembic）这一单词的由来。

图 1.6　水手通过淡化海水来制得淡水

著名的法国科学家 Mouchot（1879）对太阳能进行了大量研究。Mouchot 在他的众多著作中提到了在 15 世纪，阿拉伯炼金术士就使用抛光的大马士革凹透镜将太阳辐射集中至装有海水的玻璃容器来制造淡水。同时，他还记述了利用自己发明的带有线性焦点的金属透镜装置进行的太阳能实验。在该装置中，锅炉被放置在焦线上，从而利用太阳能来蒸发提取酒精。

之后，在文艺复兴时期，当时最著名的科学家 Giovani Batista Della Porta（1535—1615）有很多相关的著作被翻译成了法语、意大利语和德语，广为流传。他在1558年出版的著作《自然的奇术（Magiae Naturalis）》一书中提到了三种海水淡化系统（Delyannis，2003）。1589年，他发行了该书的第二版，并在与蒸馏相关的部分中提到了7种海水淡化系统。其中，最为重要的就是能够将淡盐水转换为淡水的太阳能蒸馏装置。这个装置使用了大量的广口砂锅，这些砂锅被暴露在强烈的太阳光线下来使水蒸发，之后再利用埋在地下的瓶子收集冷凝水（Nebbia 和 Nebbia-Menozzi，1966）。他还介绍了从空气中获得淡水的方法（现在我们一般称之为增湿-去湿方法）。

大约在1774年，伟大的法国化学家拉瓦锡利用一个具有复杂支撑结构的大型玻璃透镜组，使太阳能聚光至蒸馏烧瓶中。Mouchot 也对这种通过镀银或铝的玻璃来集中太阳能进行蒸馏的反射器作了相关记述。

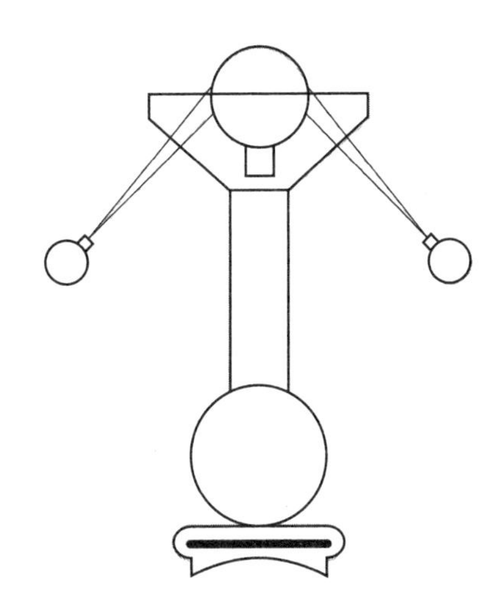

图1.7 Cleopatra 的蒸馏器

1870年，Wheeler 和 Evans 的实验工作获得了首个关于太阳能蒸馏的美国专利。在这项专利中，提到了几乎所有我们知道的太阳能蒸馏的基本操作和相应的腐蚀问题。发明者描述了温室效应，详细分析了顶盖冷凝和再蒸发过程，并讨论了暗面吸收效应和侵蚀问题的可能性。此外，他们还介绍了运行所需要的高温，以及让蒸馏器能够跟随太阳入射辐射旋转的方法（Wheeler 和 Evans，1870）。

两年后，即1872年，一位来自瑞典的工程师 Carlos Wilson 在智利的 Las Salinas

设计并建造了第一个大型太阳能蒸馏厂（Harding，1883），因此，太阳能也是第一个被用于大量制造蒸馏水的能源。这个蒸馏厂是为了给硝盐矿和附近银矿的工人及其家属提供淡水而建造的。硝盐矿废水的含盐度很高（140，000 ppm），可以作为蒸馏所需的补充水。该蒸馏厂为木框架结构建造，上面覆盖有一层玻璃。它由64个盘形蒸馏器组成，总表面积达4450m^2且总占地面积为7896m^2。其每天可以生产22.70 m^3的淡水（约为4.9 l/m^2）。这个蒸馏厂运行了40年，直到当地安装运送淡水的管道才停止运作。

在1955年11月召开的第一次世界太阳能应用研讨会上，Maria Telkes在其报告中对这个已持续运行了36年的Las Salinas太阳能蒸馏厂进行了相关介绍（Telkes，1956a）。

在1928年，Louis Pasteur将太阳能集中器用在了太阳能蒸馏中，即利用集中器来使太阳光线聚焦在一个装有水的铜质锅炉中。之后，锅炉中的水被蒸发为蒸汽，再通过管道输送至传统的水冷式冷凝器中，从而得到蒸馏水。

第一次世界大战后，人们又重新开始关注太阳能蒸馏领域，并发明了一些新型设备，比如顶棚式、倾斜芯式、倾斜盘式以及充气式太阳能蒸馏器。

在第二次世界大战之前，只有极少数太阳能蒸馏系统在运行。其中运行的一台蒸馏系统由C. G. Abbot设计，它与Mouchot的太阳能蒸馏设备相似（Abbot，1930、1938）。同时期，苏联也进行了太阳能蒸馏的相关研究（Trofimov，1930；Tekutchev，1938）。在1930—1940年之间，加利福尼亚州的干旱引发了当地对于海水淡化的关注，由此也开展了一些相关计划。不过由于当时经济低迷，任何研究或实际应用工作都无法进行。在第二次世界大战期间，驻扎在北非、太平洋岛屿和其他偏僻地区的联军饱受饮用水匮乏之苦，因而人们又逐渐燃起了对于太阳能蒸馏技术的兴趣。随后，一支来自麻省理工学院（MIT）由Maria Telkes率领的研究小组对太阳能蒸馏技术展开了实验（Telkes，1943）。同时期，美国国家研究国防委员会赞助了海水脱盐的相关研究，并用于海上的军事用途。其中，研发用于救生船和救生筏上的小型塑料太阳能蒸馏装置获得了多项专利（Delano，1946a，b；Delano和Meisner，1946）。该装置在充气后可以浮在海水上，在战争期间被美国海军广泛使用（Telkes，1945）。Telkes继续对不同配置的太阳能蒸馏器进行研究，包括玻璃覆盖和多重效应太阳能蒸馏器（Telkes，1951，1953，1956b）。

第二次世界大战后，随着城市人口的爆发式增长和工业的急速膨胀，优质水资源的匮乏问题也再次成为焦点。在1952年7月，咸水淡化处（OSW）在美国成立了，其主要目标是资助海水淡化的基础研究。OSW 意图通过相关研究推行海水淡化应用。在建造的5个示范性工厂中，位于佛罗里达州代托纳比奇的一家太阳能蒸馏厂对多种不同种类和配置的太阳能蒸馏器（美国和其他国家）进行了测试（Talbert 等人，1970）。G. O. G. Loef 在20世纪50年代是 OSW 的一名顾问，也在这个位于代托纳比奇的 OSW 实验站对太阳能蒸馏器进行了很多实验，比如盆式蒸馏器（顶棚式蒸馏器）、利用外置冷凝器进行太阳能蒸发的装置和多效蒸馏器（Loef，1954）。

随后几年，加拿大麦吉尔大学在加勒比群岛建立了很多小规模装机容量的太阳能蒸馏厂。来自加州伯克利大学海水转换实验室的 Everett D. Howe 也是一名太阳能蒸馏领域的工程师，他对太阳能蒸馏展开了很多相关研究（Kalogirou，2005）。

位于印度新德里的国家物理实验室和位于印度包纳加尔的中央盐及海洋化学研究所都进行了关于太阳能蒸馏的实验工作。在澳大利亚墨尔本，联邦科学与工业研究组织（CSIRO）也对太阳能蒸馏进行了大量研究。在1963年，盘形蒸馏器原型研制成功，该蒸馏器采用了玻璃覆盖和黑色聚乙烯板材装饰（CSIRO，1960）。在澳大利亚沙漠中建造的太阳能蒸馏厂就使用了这个蒸馏器原型，它能够将井盐水转换为淡水提供给人类和家畜使用。同时期，苏联的 V. A. Baum 也在对太阳能蒸馏器进行相关实验（Baum，1960，1961；Baum 和 Bairamov，1966）。

1965到1970年间，人们在希腊的4个岛上建造了太阳能蒸馏厂，为一些小型社区提供淡水（Delyannis，1968）。这些蒸馏器的设计由国立雅典理工大学完成，蒸馏器采用了非对称的铝制框架玻璃温室结构，将海水作为其补充水，并覆盖有一层玻璃。它们的装机容量为2044～8640 m^3/天。实际上，建在帕特莫斯岛上的太阳能蒸馏厂是迄今为止最大的，而另外三个太阳能蒸馏厂则分别建在其他三个希腊岛屿上。这三个蒸馏厂的装机容量分别为2886、388和377 m^3/天，能够满足基督教青年会夏天的淡水需求。

在葡萄牙的圣港岛、马德拉群岛和印度的岛屿上，也建造有一些太阳能蒸馏厂，但是更详细的信息就无法得知了。如今，大部分的蒸馏厂都已停止运行。尽管大量关于太阳能蒸馏器的研究仍在进行，但是近年来人们一直没有再建造大装机容量的太阳能蒸馏厂了。

在中东很多地方建造有大量的整合了传统淡化水系统的太阳能海水淡化厂。其中大部分都只是实验性质或示范性质。关于这些简易的以及其他更为复杂的蒸馏水生产方式的研究在第8章中有介绍。

1.5.3 太阳能干燥

太阳能的另一项应用是太阳能干燥。太阳能干燥器主要用于农业，目的是干燥农产品中的水分从而在一段时间内防止产品腐坏，使产品有一个安全贮藏期。干燥是一个双重过程：热量传递给产品，使产品内部的水分汽化扩散到产品表面，然后再蒸发到空气中。许多世纪以来，农民干燥农作物都是将其放在室外太阳下曝晒。但是近几年太阳能干燥器已经开始运用于干燥农产品，它干燥的效果更佳且更高效。

其实，通过直接在阳光下曝晒来进行干燥是最古老的太阳能使用方法，可以用于保存许多食物，如蔬菜、水果和鱼类和肉类产品。从史前时代人类就将太阳能辐射作为唯一可用的热能来干燥和保存所有必须食物，到后来他们又用太阳能来干燥砖土建筑自己的家园和晾干兽皮制作衣物。

第一个已知的干燥设备位于法国南部，并且可以追溯到公元前8000年左右。该设备其实就是在铺好的石面上干燥农作物。利用微风或自然风速以及太阳辐射从而加快干燥过程（Kroll 和 Kast，1989 年）。

大约在公元前7000年到公元前3000年间，世界各地都出现了各种各样的干燥设备。其中就有各种组合干燥设备，它们结合了太阳能辐射和自然的空气流通并主要用于干燥食物。在美索不达米亚地区，人们也发现了各种设备遗址，这些设备利用太阳能和空气干燥有色纺织品材料和用于书写的黏土板。第一个仅用空气干燥农作物的设备在印度河流域被发现，其使用时间大约可追溯到公元前2600年（Kroll 和 Kast，1989 年）。

著名的古希腊哲学家、医师亚里士多德（公元前384—322年）首次对干燥现象做出了理论解释。后来，人们用生物质和木材作燃料的火炉干燥一些建筑材料，如砖和瓦，而食物干燥仍只是直接使用太阳光曝晒（Belessiotis 和 Delyannis，2011 年）。常规的干燥行业大约始于18世纪，尽管已经开发出许多现代化的干燥方法，但干燥少量农产品时，世界各地的人们仍然采用直接曝晒法。

干燥器的目的在于给产品提供比环境条件下更多的热量，充分增加农作物表面的蒸汽压，从而加快农作物内部的水分汽化扩散到农作物表面并大大减少干燥空气介质的相对湿度，增加空气携带水分的能力，并确保农作物水分和干燥介质水分较少且保持平衡。

在用太阳能进行干燥的过程中，太阳能既可以作为单独的加热源也可作为补充能源，空气流既可以由人工产生也可以由自然对流产生。加热过程可以是通过预热产品周围的空气来达到干燥效果，也可以是直接在阳光下曝晒，或者二者相结合。干燥条件主要有：在环境温度高于产品温度的条件下通过空气对流和热传导将热量传递给产品，或主要通过太阳辐射和一定的热环境界面辐射将热量传递给产品，或者还可以通过加热界面来进行热传导。更多有关太阳能干燥器的详细信息将在第7章讲述。

1.5.4 被动式太阳能建筑

最后，太阳能运用的另一个领域是被动式太阳能建筑。应用于建筑物中的被动式系统作为建筑的组成部分，包括容纳、吸收、存储和释放太阳能等组件，因而减少了对辅助舒适加热能源的需求。这些组件与建筑物方位、门窗尺寸、其他遮阳设备、绝热体和蓄热体的使用等有关。

在机械加热和冷却出现之前，被动式太阳能建筑设计几千年来一直是提供舒适的室内环境和保护居民免受极端天气影响的一种方式。当时在设计时，人们会考虑一些因素，例如太阳方位、蓄热体和居民住房的通风条件，而这些主要通过经验获得的知识又代代相传保留至今。第一个太阳能建筑和城市规划方法是希腊和中国同时开发的。这些方法指出，建筑物朝南能获得较好的采光和温度。根据1.1节中提到的色诺芬的回忆录，其中记录苏格拉底说道：“现在，假设房子有一面朝南，在冬天，阳光可以通过阳台照进来，而在夏天，当太阳照射在我们头顶时，屋顶又能为我们适当遮阳，难道不是吗?”这些概念以及前文提到的其他一些概念都被当下流行的生物气候建筑引进。这些概念将在本书第6章讨论。

1.6 其他可再生能源系统

本节简要回顾了其他可再生能源系统。除风能外，多数都不包含在本书内。这些系统的相关说明可在其他出版物中查询。

1.6.1 风能

风是由空气流动，太阳辐射热引起的。据统计到达地球表面的总太阳能约为175,000 TW，其中仅约1200TW（0.7%）被用于驱动大气压系统。这种动力每7.4天会产生750EJ的能量储存库（Soerensen，1979年），此转换过程主要发生在大气层以上约12km的高度（“急流”区）。如果假设大气最底层可获取4.6%的能量，世界上潜在的风能约为55TW。因此，不考虑供应和需求间的错配，从理论上讲，可得出以下结论：风可提供的电能相当于目前全世界电力的总需求量。

由于风速和风力（和风能）之间的立方（3 次方）关系，在使用平均风速数据（m/s）导出风力数据（W/m^2）时应特别注意。当地地理环境可能会产生比最常用的风速频率分布（瑞利分布）计算出的能值结果更高的中尺度风结构。风速随高度的变化而增加，它遵循可用能量规律，即在风力最大区 25m 时，根据约 1.2 $MWh/m^2/a$ 的风力到 5 $MWh/m^2/a$ 而异。如果利用丘陵地带或盛行风按当地地形呈漏斗式穿过山谷可获取较高的能量水平。

风能简史

在产能方面，风能是使用最广泛的可再生能源。如今，存在许多发电风电场。事实上，风能是太阳的间接活动。风能的使用可追溯到公元前 4000 年。那时人们对风能的崇拜就像太阳和神一样。对于希腊人来说，风就是神“埃俄洛斯（Aeolos）”，由于风神的这个称呼，风能后来也被称为埃俄洛斯能源（Delyannis，2003）。

约 4000 多年前，风能最初被应用于驱动帆船。古代，在地中海盆地和其他海域，风能是唯一可用于驱动船只的能源，直到现在，风能仍被用于驱动小型船只。大概在同一时期，出现了主要用于研磨各类作物的风车（Kalogirou，2005）。

虽无确凿证据，但有人认为风车起源于西藏的祈祷轮。最古老最原始的风车发现于伊朗东部，与阿富汗交界处的 Neh（Major，1990 年）。在波斯、印度、苏门答腊岛和大夏发现了大量风车。据相关人士称，一般情况下，多数风车是由移居亚洲的希腊人，亚历山大大帝的军队建成（Delyannis，2003 年）。有关风车的最早的文字记载在公元前 400 年的印度教书籍——《Arthasastra of Kantilys》上出现，其中记录了利用风车泵水的提议（Soerensen，1995）。在这之后，即公元 1 世纪，为人所知的记录来自亚历山大希罗（Hero of Alexandria）。12 世纪期间，在西欧，风车第一次出现在书面参考资料中，公元 1040 年至 1180 年间（Merriam，1980 年）。12 世纪，立杆式风车装置被安装在桅杆上，以便朝向风转动，14 世纪末，塔式风车，只有风车顶部带轮才可以旋转（Sorensen，2009a）。工业革命和蒸汽机的出现，结束了风车的使用。

风力发电的新应用与水泵的发明相关，最初美国农民广泛使用，随后在世界各地流传开来。这种风车被称为加利福尼亚式风泵，它具有镀锌钢叶片的转子，是典型的晶格金属塔式风泵（Sorensen，2009a）。

瑞士著名的数学家，欧拉，他的风轮理论及相关方程，至今为止，仍是汽轮发电运用最重要的原则。如今的垂直轴风力发电机的前身是由 Darrieus（1931）制造的，直到20世纪70年代，这一发明花了近50年时间才得以商业化。丹麦科学家在第二次世界大战期间首次安装了风力发电机组以提高其电网的电力容量。他们安装的200kW的Gedser磨涡轮机，一直持续运作到20世纪60年代（Dodge和Thresler，1989年）。

风力发电系统技术

如今，广泛运用不同尺寸和类型的机器开发风能，会产生一系列不同的经济表现。目前，投入使用的风机在约300KW的小型机器到兆瓦级大容量型机器之间（参见图1.8）。

目前，风力涡轮发电机技术的应用只有25年之久，但至今为止，与其他能源相比，对风能的投资相对较小。几乎所有的工业制造的风力发电机组都是水平轴型风机，而且大部分都为三叶片转子。然而，近些年来，为延长机器的使用寿命并降低成本，风机都采用两片转子。

2011年，欧洲安装了9,616 MW的风力发电机组，与2010年的安装水平相比增加了11%。欧洲风能协会年度统计数据显示，2011年，欧洲市场风能发电量突破新纪录。欧盟累计风力发电量增加到了93,957MW，风力发电平均每年可达190TWh，相当于欧盟总耗电量的6.3%。到2011年年底，全球风力发电机组装机量为238GW，与2010年相比，增加了40.5GW。这些风力发电机组每年可发电500TWh，大约相当于世界总用电量的3%。2005—2010年期间，风力发电机组装机量平均增幅为27.6%。

德国和西班牙仍是安装风力发电机的主要国家，其装机容量分别为29,060和21,674MW。然而，该技术在欧洲发展的健康趋势则较少依赖于德国和西班牙，除斯洛文尼亚和马耳以外的欧盟国家，他们都正在对这一技术进行投资。2011年，除德国和西班牙之外，欧洲风电装机容量为6,480MW。其他安装风电装机的国家有，法国6,800MW，意大利6,747MW，英国6,540MW。

图1.8 风电场

很明显，这项投资主要受到了 2011 年通过的《欧盟可再生电力指令》的强烈影响，刺激了欧洲委员会和议会推出的确保欧洲可再生能源发电法律的稳定性保障措施。这些数字证明，针对具体部门的法规是提高可再生能源电力生产的最有效方式。

2011 年，德国装机容量为 2,086MW，比 2010 年增加了 39%，几乎接近总风电装机记录 30,000MW。西班牙为第二大风电市场，其装机容量为 1,050MW（2010 年为 1,463MW，降低了 28%），而 2011 年英国装机 1,293MW，位居第三，比 2010 年增加了 29%。2011 年，意大利装机新容量为 950MW，法国装机容量 830MW，瑞典装机容量 763MW。无风能发电记录的塞浦路斯，目前装机容量为 134MW。2011 年，新欧盟 12 国的风能达到了 4,287MW。欧盟 14 个国家风电装机容量现已超过了 1,000MW 的门槛。

发展到这样水平的投资使得人们稳步积累了现场经验并展开组织学习。综合来看，许多小型工程得以改进，更好地运作和维护实践提升了风能的发展前景，其他各种持续改进也稳步降低了成本。

技术进步会继续降低成本。例如，电子控制成本的下降可能会使电子系统取代机械频率控制。此外，现代计算机技术有可能持续改进叶片和其他部件的设计。

风电值取决于它并入的公共电力系统特性以及区域的风力条件。某些地区，尤其是温暖的沿海地区，当地的季节风和日常模式风与需求相关，而另一些地区则并非如此。根据研究人员在英国展开的分析，丹麦和荷兰明确表示，如果将多数发电站连接起来，风能系统具有更大的价值，因为这样的风力系统其风能波动比其他单独的站点要小。

第 13 章将对风能系统做更详细的介绍。

1.6.2 生物质

生物质能是有机物能源的统称，可分为两大类：

（1）木质生物质。森林木材、残留物和联产品，采用疏伐和透光伐的林木（称为林业副产品），未经处理的木材和一些能源作物，如柳树、短期轮作的小灌木林里和芒草（大象草）。

（2）非木质生物质。动物粪便，工业和能生物降解的市加工食品和一些高能作物，如油菜、甘蔗和玉米。

生物质能主要以工业和农业残留物的形式存在，多年来用于为常规蒸汽涡轮发电机供电。美国目前拥有的生物质燃料发电量超过 8,000 MWe。现有的汽轮机转换技术在可使用低成本生物质燃料的地区是一种成本优势，但是相比较而言，这些技术在用于小规模生物质能发电时效率并不高。

最初为了煤而开发的先进生物质气化技术可以大大提高生物质发电系统的性能。生物质是比煤炭更具吸引力的气化原料，它容易气化且硫含量极低，所以不需要昂贵的脱硫设备。20 世纪 90 年代初，商用的生物质综合气化发电系统的效率超过了 40%。这些系统在适当规模内有着高效率和低成本的优势，可以完成 100 MWe 或更少的基本发电量，因此，即使采用相对昂贵的生物质做原料也可以与燃煤电厂竞争。

另一种与农业有关的能源形式是沼气。动物粪便通常用于沼气发电。在这些系统中，动物粪便经过收集和处理用产生甲烷，可以直接驱动柴油机发电机发电。这可以通过两个过程来完成：好氧消化和厌氧消化。好氧消化是在有氧气的条件下发生的，而厌氧消化指的是一种无氧条件下发生的特殊消化过程。所有的动物粪便都是宝贵的生物能源。他们通常通过好氧消化来处理。而厌氧消化则用于控制和加快存储粪便的自然降解过程。厌氧消化池是一个完全封闭的系统，使存储粪便中气味难闻的有机中间体更加彻底地消化为气味较少的化合物（Wilkie，2005 年）。好氧消化也有相似的好处，但其操作成本及复杂性大于厌氧消化系统。而且，好氧消化方法会消耗能量并产生大量需要处理的污泥，相比之下，厌氧过程中产生的污泥要少得多。虽然从工艺学的角度来看，厌氧消化相对比较简单，但是其所涉及的生化过程是非常复杂的（Wilkie，2005 年）。厌氧消化可以在室温（15 ~ 25 ℃）、中温（30 ~ 40 ℃）或高温（50 ~ 60 ℃）下进行，而农场沼气池通常在中温下操作。为了使这些系统具有可行性，必须使用大型农场或联合农场团体。此外，该方法还解决了粪便处理的问题，而副产物污泥可以作为很好的肥料。下面的小节中只分析生物质和生物燃料。

生物质能的可持续生产

根据 1.2 节所述，到 21 世纪下半叶，在全球可再生的能源密集型的情景中，生物质能人工林占地总面积应该达到 4 亿公顷。如果生物质能使用达到这种规模，那么由此引发的问题有：净能量平衡是否能有利于充分证明人们所做的努力是正确的，生物质是否能在广泛的区域和较长的时间内保持高产量，以及这种人工林是否环保（Johanson 等人，1993 年）。

实现人工林的高生物产量需要能量输入，尤其需要施肥和收割并运输生物质。

但是收获的生物质能量通常比输入的能量多10~15倍。

然而，是否每年都可以达到如此高的产量还有待商榷。因为每个人工林在收获时都会带走一些必需的营养元素，如果这些元素得不到补充，随着时间的推移，土壤肥力和产量将会不断下降。幸运的是，只要管理得当，这些元素都是可以补充的。植物的树枝和树叶往往是养分比较集中的地方，收割时应该留在人工种植园中，这样一来，其中的矿质营养在能量转换设备中形成草木灰肥料回到土壤中。氮素损失可以通过施肥来补充，选择能有效运用营养物质的树种可以使弥补需求维持在较低的水平。另外，人工林可以通过种植固氮树种来保持自身氮素充足，或许还可以与其他树种混合种植。将来，通过将养分供应与植物周期摄取需求相匹配的方法可以减少营养物质输入。

集约化种植和收割活动还会加剧土壤侵蚀，导致生产力下降。一年生能源作物的土壤侵蚀风险与那些一年生的粮食作物类似，所以应该避免将这种作物栽培在易受侵蚀的土地上。对于树木和多年生牧草等作物来说，土壤平均侵蚀率较低，因为种植这种植物很罕见，通常每10~20年种植一次。

人工林的一个环境缺陷在于它们能种植的树种比天然森林里少得多。因此，这里要提出的建议是，人工林不能种植在天然森林地区，如果是发展中国家则应该种植在森林遭到砍伐或者退化的土地上，如果是工业化国家则种植在过度开垦的农业用地上。此外，一定比例的土地应保持其自然状态，用以作为鸟类和其他动物的栖息之所，这样有助于控制害虫的数量。总之，人工林实际上可以改善生物多样性的现状。

生物燃料

蒸馏和混合技术的最新进展被广泛认为可以引起生物燃料在全球的大量使用。关于生物燃料的想法并不新鲜；事实上，早在19世纪，鲁道夫柴油机的发明已经预言了生物燃料的重要性，正如鲁道夫所言，“在发动机燃料中加入植物油在今天看来微不足道。但总有一天，这种油会像现在的石油和煤焦油产品一样重要”（Cowman，2007）。

鲁道夫柴油机的首个压燃式发动机在巴黎世界博览会上是用花生油驱动的。随着含碳燃料的可持续使用成为问题，我们需要寻找其他物质来代替世界上许多石油产品中含有的甲基叔丁基醚（MTBE），而利用可再生产品产生的能源的多样性优势也正推动着生物燃料的广泛使用。由于甲基叔丁基醚造成了世界性的环境问题，研究人员开始想办法去除燃料中含有的该类物质成分。

自然而然，乙醇成为被公认的MTBE的代替物，并且在石油产品中添加乙醇现在也成为一个全球性的要求。在利用乙醇作为燃料这一方面，巴西长期以来居于世界领先地位，但美国正试图通过快速增长的乙醇燃料产量超过巴西和西半球的其他国家。在这方面，欧洲法律也为未来的几年设立了实质性的目标。欧盟指令2003/30/EC设立了一个目标，到2010年，生物燃料的使用要达到5.75%。这一指令旨在推广生物燃料在交通运输中的使用。为了继续推广使用可再生能源，指令2009/28/EC要求，到2020年，每一个欧盟成员国使用这种能源的比例必须上升到不少于10%。从生物燃料在欧盟应用比例的不断扩大来看，该指令旨在确保只使用可持续生物燃料的情况下，产生洁净的温室气体，而不会对生物多样性和土地的使用产生负面影响。关于生物燃料的标准已经基本建立，未稀释的基础产品是指B100（100%生物柴油）和E100（100%乙醇）。然后将两者混合，这个数值就会改变。比如，80%的汽油和20%的乙醇形成的混合物，可表示为E20；或95%的柴油和5%的生物柴油的混合物，可表示为B5（Cowman，2007）。

生物柴油可以与任何浓度的以石油为基础的柴油燃料混合使用，并且很少或不需要对现有的柴油发动机进行改造。生物柴油是用于柴油发动机的可再生燃料，它来自植物油和动物油，包括已经被使用过的动植物油。大豆油是在美国生产的主要植物油，也是生产生物柴油的主要原料。生物柴油与生植物油不一样；相反，它是通过一个化学过程，将甘油转化成甲基酯而制成的。

利用目前的石油分销基础设施时，混合过程通常是在储油罐或装料站中进行。最常见的混合场所是储油罐，装载架头或者装载臂，装载臂是最有效的。此过程中最重要的一个要求是每个产品的体积测量必须准确。这一点可以通过连续混合或比率混合来实现，但是最有益的还是利用侧流混合技术。

虽然含MTBE的石油产品能在炼油厂中混合并通过管道或者气动车输送到装运车上，但是乙醇混合燃料中的特性给这一过程带来了困难。乙醇的性质使它能够与输送路线中或储油罐中的水以任何比例混溶。如果这种情况发生在乙醇含量为10%的混合物中，那么水在混合燃料中的浓度就会达到0.4%。这种浓度差的精确值取决于乙醇所占的百分比、增加量和温度。如果产生这种浓度差，乙醇就会与水结合并从燃料中分离，落到储油罐的底部。由此产生的混合就超出了规格要求，因此只能将被污染的乙醇送回生产厂。

这个问题的解决办法是将乙醇保持在一个干净且干燥的环境中，在装载到运输车和储油罐中时将乙醇和石油混合。将混合场所移到装运场所中，可以最小化燃料被水污染的危险。

在一般的生物柴油处理过程中，动植物油或石油经过脱胶后与醇反应，比如甲醇，在催化剂的作用下产生甘油和甲酯（生物柴油）。甲醇过量有助于该反应快速进行，而甲醇未使用的部分就被回收和再利用。这个过程中通常使用的催化剂是氢氧化钠或氢氧化钾，它们在反应前已经与甲醇混合（Cowman，2007）。

虽然农业生产的燃料只是对如今的气候有一些边际效用，但是使用生物燃料则有政治，环境，法律和经济方面的利益。随着油价居高不下，对生物燃料的需求将继续上升，并为投资者和设备制造商带来喜人的增长前景。

1.6.3 地热能

测量数值表明，在一定深度下，土地温度在全年相对保持不变。由于土壤的热惰性较高，土地温度的变化幅度会随其深度的增加而减小。

地热能源有不同类型。依据测量温度，地热能源可被划分为低温（<100℃）、中温（100~150 ℃）和高温（>150℃）。在地下，每 1000 米深的热梯度范围在15℃到75℃之间。然而，热通量在不同陆地区域也不尽相同。地热能的电力成本通常也颇具竞争力，即0.6~2.8 美分/ MJ（约2~10 美分/ kWh）。2000 年全球地热能发电量占全球电能总量的0.3%，即1775 亿 MJ /年（约 493×10^8kWh /年）（Baldacci 等人，1998）。

基于当前的热液技术，地热能对于世界上一些具有资源优势的地方可能具有十分重要的意义。20 世纪 90 年代早期，约有 6GWe 的地热能产出，在今后的 10 年中，或许会 15 GWe 的产出增加。如果干热岩地热技术研发成功，那么全球地热将具有更大的潜能。

深层地热发电厂凭借单孔或双孔系统运作。由于钻孔费用高昂，阻碍了人们运用这种方法来获取地热能。运用原油或天然气探测期间制成的单孔喷射系统或目前的单孔系统可以降低资本费用。在单孔系统中，孔在一个垂直的交换器内部，这个交换器还带有一个双套管热交换器，地热水的萃取就是通过它的内部管道进行的。依据不同体积通量的地热水中的萃取水和注入水的温度差异，可以对获得的地热能通量进行评估。通常来说，双层系统和双孔系统比单孔系统的益处更多。地热系统中有关脱盐作用的更多细节会在第 8 章进行阐述。

地源热泵系统

在这些系统中，地下换热器（GHE）与地面交换热量（参见第 8 章，8.5.6

节)。地面能够产生能量、消耗能量、储存能量（Eckert，1976)。在能源系统中，为了有效利用地面资源，我们必须了解地面温度以及其他的热特性。研究表明，地面温度随其深度变化而变化。土地表面一般受短期天气变化的影响，随着深度的增加，土壤会受到季节性变化的影响。而深层土壤的地温可在一整年中恒定不变。通常，在寒冷的月份中，深层土壤温度高于空气温度；在和暖的月份中，温度低于空气温度（Florides 和 Kalogirou，2008)。因此，我们可将土地分为三个区域：

（1）表层区域，地温随时发生变化；

（2）浅层区域，地温随季节变化而变化；

（3）深层区域，地温常年恒定不变。

在这三个区域中，土地的结构和物理性质都对地温产生影响。地温是土地导热系数、比热容、密度、地温梯度、含水量及水流量的一个函数。在塞浦路斯（典型地中海气候）不同地点开展的研究表明：依据土地的形成原理，表层区域深度为0.5m，浅层区域可深入地下 7m 至 8m 的距离，而后便是深层区域。而且，该岛的深层地温范围在 18 ℃到 23 ℃间不等（Florides 和 Kalogirou，2008)。

地下换热器和地面换热器（EHE）用于开发土地热容量及空气和土地的温差。地下换热器由大量水平或垂直安装于地下的管道阵列组成。当埋管以供热模式运行时，土地提供热量；而以冷却模式运行时，土地消耗热量。整个过程凭借流体向地面吸收或释放热量实现，流体包括空气、水、防冻剂与水的混合液。埋管有助于一定空间内的空气调节，提升水暖效果与热泵的工作效率。

土壤源热泵系统（GCHP)，或地源热泵系统将热泵与地下换热器合二为一进行热交换，有效提高热泵效率。土壤源热泵系统大体可分为两类：地源系统（闭合回路）和地下水系统（开放回路)。运用该系统时，可依据土地热特性、安装可用土地、地下水温度及可用性进行选择。

普通热泵通常由电力压缩机驱动，通过压缩制冷剂、加压，进而达到所需温度。当加热达到沸点时，制冷剂会从液态转化为气态。在加热模式中，普通热泵的制冷剂从环境中吸收热量而变为气态，而后，气体经机械压缩升温。高温高压下的气态制冷剂通过冷凝器时，经低温媒介进行热交换，为空调空间供暖。随后，通过膨胀阀低温低压作用，制冷剂温度下降，回归液态。整个过程中，制冷剂首先从环境中吸收热量，最终经蒸发器降温冷却，回环往复。

土壤源热泵系统的热交换对象为土地，并非空气。在热交换过程中，地面换热器与液体循环泵仅起到辅助作用，并不包含在普通热泵之内。通过冷凝器与蒸发器交替工作，热泵可实现建筑物内部的供暖与散热。热泵性能在供热模式中的性能用性能系数（COP）表示，在制冷模式下表现为能源转化效率。性能系数是特定条件下，相同单位的净热量输出与总能量输入的比值。能源转化效率即压缩机单位时间内的制冷量。有时，性能以周期性性能因素的形式表现，即供热和制冷期间泵的平均效能。制冷时的周期性能效比，即常规年度使用周期内，它是指空调总制冷输出量除以同期总电能输入量所得的数值。由于地温常年稳定不变，夏季低于空气温度，冬季高于空气温度。通常情况下，土壤源热泵系统的性能系数与能源转化效率高于普通热泵，周期性能因素表现尤其显著（Florides 等人，2011）。

开放回路与闭合回路两种地下换热器的工作过程均无污染物产生，二者对地面的影响也甚是微小，仅会造成钻孔四周一定范围内土地温度小幅升高或降低。土壤源热泵系统效能的高低取决于冷源（T_C）和热源（T_H）的温度。当冷源值相同时，热源值越低，制冷机的工作效率越高。热源与冷源差越小，性能系数越大。在卡诺循环可逆的理想条件下，性能系数（COP）的方程为：

$$\mathrm{COP} = \frac{T_C}{T_H - T_C} \tag{1.1}$$

以计算一个理想空调装置的热力学性能系数为例。将装置放置于环境温度为35℃，室内温度为20℃，膨胀温度为5℃，压缩温度为60℃的环境中工作，我们便可以得出性能系数值5.05［=278/（333－278）］。需要注意的是，在真实装置中，这个数值约为3.7。若保持以上变量不变，让地源制冷机与22℃的土地进行热交换，将压缩温度从60℃降至35℃，性能系数则增加至9.26［=278/（308－278）］，电力消耗会明显下降。在这种条件下，实际装置的性能系数约为7.7。由此可知，土壤源热泵系统是在普通水冷热泵基础上，进一步完善的产物。

1.6.4 氢

尽管氢是宇宙中最常见的元素，可是在地球上却没有纯净形式的氢，只能通过由水电解或从天然气中分离的方法来获得，而这两种方法都属于能量密集型，会释放温室气体。常常有人误解的氢是一种燃料，其实它属于能量载体。利用风能或直接太阳能可以电解产生氢，将这项技术应用于燃料电池车中，就能实现交通运输零排放。和其他燃料一样，我们也需要考虑其相应的安全措施。虽然氢与其他目前广泛使用的各种碳氢燃料的危险性不同，但是也并没有比其他燃料的危险性更大。

因此，研究人员遇到的基本问题就在于怎样以清洁高效的方式制造氢。虽然可以利用天然气、煤炭或甚至是核能来制造氢，但这种方式在诸多方面都与以氢作为未来能源的目标相悖。在前两种情况中，制造氢的同时还会释放温室气体，而在最后一种情况中，则产生了核废料。

在为交通工具、家庭和工厂提供能源的分布式能源设施的建设方面，氢作为一种近乎理想状态的能量载体，扮演着重要的角色。然而，利用化石燃料能源制造氢的过程中也会排放相当量的温室气体。尽管氢元素是宇宙中最丰富的元素，但是它主要被包含在了生物质、水和化石燃料中，必须将其释放出来才能作为能量载体。在未来，我们的关键性议题就在于怎样提升风能转化为电能的效率，从而进一步利用电能来制造氢。

我们将氢从水中释放出来的过程称之为电解，即利用电流对元素进行分离。电解过程中的电化学反应需要能量驱动，这部分能量则由外部能源提供，比如风能或燃烧化石燃料所产生的能量。电解槽本身利用直流电源供电将水分解为其组成部分，即氢和氧。而其附属组件，比如水泵、阀门和控制元件，则利用公用交流电源供电。水被“分离”后，离子通过电解质进行传输。所分离出的氢集中在阴极，而氧则集中在阳极。该过程需要使用纯净水。水的电解是将水（H_2O）分解为氧气（O_2）和氢气（H_2）的过程。在这个过程中，需要向水中通电才能达到目的。

如图 1.9 所示，将直流电源与两个电极相连接，这里电极通常做成平板形式来增大表面积，且一般采用惰性金属（铂或者不锈钢）材质。这样，氢就会出现在阴极，即带负电荷的电极处，而氧则会出现在阳极，即带正电荷的电极处。在理想条件下，所产生的氢摩尔数是氧摩尔数的两倍。

电解纯净水需要消耗更多的能量，否则整个过程会非常缓慢。相比之下，向其中加入电解质，如盐、酸或基底，可以提升电解效率。在对纯净水进行电解操作时，H^+阳离子会聚集在阳极，而氢氧基 OH^- 阴离子则聚集在阴极。受整体电导率的影响，除非有非常大的电势差，不然纯净水的电解过程会相当缓慢。

然而，如果向纯净水中加入可溶于水的电解质，则会大大提升其电导率。电解质会分离为阳离子和阴离子。其中，阴离子向阳极移动，从而中和逐渐积累的带正电荷的 H^+ 离子。同时，阳离子则向阴极移动，从而中和逐渐积累的带负电荷的 OH^- 离子。

工业用电解槽的构造与图 1.9 中所展示的基本单元非常相似。它使用铂质片状或蜂窝状电极，以试图增大电极的表面积。

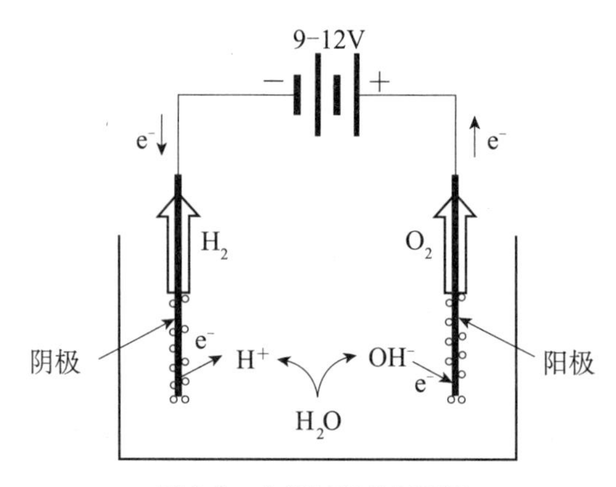

图 1.9　电解过程的示意图

基本电解过程的两种变化分别为高压电解和高温电解。在高压电解中，氢被压缩至 120～200bar。通过对电解槽中的氢加压，整个过程不需要外部氢压缩器，而内部压缩的平均能量消耗也非常小，仅为约 3%。高温电解也被称为蒸汽电解，其将电解过程与热机相结合。高温能够提高电解反应的效率，且由于加热所需的热能一般比电能要便宜，故整个过程的成本效益也比较高。

尽管氢具有相当大的吸引力，但是利用化石燃料所产生的电力来电解制氢也有显著的缺陷，那就是使用化石燃料会有相应的温室气体排放。这样一来，如果在发展氢经济时反而增加了对化石燃料所提供电力的需求，那使用氢燃料所能缓解的温室气体排放就非常有限了。而另一方面，以清洁方式生产的氢才能从根本上改变我们与自然环境之间的关系。

欧洲、南亚、东亚、北非和美国的西南部等地区可能对电解制氢较为青睐。这些地区往往由于人口密度较高或是水资源匮乏，为生物质燃料衍生燃料的勘探带来了困难。与生物质燃料相比，不论是风能还是直接太阳能，它们对土地的需求都比较小。此外，利用风力发电来制造氢所占用的土地，恰好还能用作放牧或耕作等其他用途。在荒漠区，土地很便宜并且日射量充足，则比较适用于光电-氢系统。同时，该系统电解所需水量很少，相当于每年集热器上 2～3cm 的降雨量，仅占该地区总降雨量的一小部分。即使是在干旱地区，这种程度的需求也能够满足了。

电解制氢的成本可能不太会低。如果利用风力或光电产生的电能来电解制氢，在消费者使用前，与压缩生物质生成的甲烷的成本相比，对氢进行压缩的成本约为它的两倍。此外，由于氢贮存系统的附加成本，氢燃料电池车也比甲烷燃料电池车成本更高。尽管存在这些额外的开销，氢燃料电池车的寿命周期成本与使用电池驱动的电力车接近，仍然要比烧汽油的内燃机车稍高。

利用生物质来制造氢，或许能够实现主要以氢为能源的经济的转型。使用与生产甲烷相同的气化炉技术，可以通过热化学效应来利用生物质制造氢。虽然其中的下游气体处理技术与生产甲烷中所用到的有所不同，但是这两种情况的相应技术都已经较为完备。因此，从技术层面上来看，利用生物质制造氢并不比制造甲烷要难。生物质所制造的氢通过运输部门传输至消费者，因而相应的成本也仅为利用风能或光电能制造氢的一半。

或许，利用氢的最好方式还是燃料电池。燃料电池是一种电化学能量转换装置，可以将氢转换为电能。燃料电池通常是利用外部供给的燃料（位于阳极）和氧化剂（位于阴极）来产生电能。这些相关反应均在电解质中进行。一般情况下，反应物会流入且反应产物会流出，而电解质则停留在电池中。只要保持有必需的流入流出，燃料电池就能够持续运行。氢燃料电池使用氢气和氧气分别作为其燃料和氧化剂。燃料电池与蓄电池的区别就在于，燃料电池需要消耗反应物，且消耗的部分需要重新添加，而蓄电池则是以化学方法将电能存储在一个闭合系统中。此外，蓄电池内部的电极在电池被充电或放电时均为发生相应的反应和变化，而燃料电池的电极则起的是催化作用，因而相对稳定。关于燃料电池的更多详情参见第7章。

1.6.5 海洋能

海洋能具有多种形式，且非常丰富，但是往往与消费者的居所相隔甚远。全球海洋具有提供廉价能量的能力。不过就目前来看，海洋能发电厂的数量屈指可数，而且规模大多都很小。

海洋能的利用有三种基本途径（Energy Quest，2007）：

（1）利用海洋的波浪（波浪能的转换）；

（2）利用海洋的涨潮、退潮和潮汐流（潮汐能的转换）；

（3）利用海水的温度差（海洋热能的转换（OTEC））。

与其他可再生能源不同，海洋能并不依赖复杂的技术和先进的材料，比如光伏发电系统（PV）。大多数海洋可再生能源系统是用混凝土和钢铁建造的，因此其本身就比较简单。此外，海洋系统大多依赖于较为成熟的技术，比如液压油缸、低架式水力发电涡轮机和叶轮。海洋能源非常丰富，且方便开采。海浪和海流都在深海中流动，经过长距离运动后仍能保持各自的特性。因此，即使是提前超过48h，我们还是能够很方便地对海洋的状态做出精确的预测。在这方面，相比起风能和太阳能，海洋能明显更具优势。因此，尽管波浪能也和其他所有可再生能源一样较为多变，但与风能和太阳能相比，其可预测性还是要更高的。同样，由于潮汐和海岸的相互作用，我们也可以利用潮汐流，其可预测性很高，通常也比风能和太阳能更为稳定。此外，水的高密度方便聚集资源，因而移动的水能够承载很多能量（Katofsky，2008）。海洋系统的缺点就在于其机械系统必须足够牢固，要能够经受得起严酷的海洋环境。

在波浪能转换系统中，系统将波浪的动能转换为机械能，从而直接驱动位于一个特殊结构中的发电机来产生电能。在这个结构中，波浪的振荡能够被转换为气压。整个系统按这个顺序运行，并利用特殊风力涡轮机来产生电能。显而易见，波浪的相对高度越大，整个系统的运行效果越好。同时，这样的波浪必须能够在一年中多数时间出现。

潮汐能系统同样也是利用特殊涡轮机或位于水下的螺旋桨来运行。涡轮机将被潮汐带动的海水的动能转化为机械能，从而驱动发电机来产生电能。潮汐是月亮围绕地球旋转以及当地海床和海岸线的地形所共同作用的结果。该系统适用于当地潮汐的影响能够波及数百米范围的地区。其最大优点就在于潮汐的可预测性很高。

最后，海洋热能转换系统则是利用表面海水和深层海水的温度差来产生能量。在海洋热能转换系统中，应用最广的热循环就是利用低压涡轮的朗肯循环。不论是闭式循环发动机，还是开式循环发动机，均可以应用于该系统中。闭式循环发动机使用制冷剂（氨或 R-134a）作为工质，而开式循环发动机则使用海水产生的蒸汽本身作为工质。海洋热能转换系统在运行过程中还会产生冷水这一副产品，恰好可以用于空气调节和制冷。

这些海洋能量系统会在接下来的章节中进行简要介绍。

波浪能

波浪能是海洋表面波浪运动所传输的能量，利用波浪能可以进行发电和海水淡化等有实际用处的工作。用于开发波浪能的设备，我们称之为波浪能转换器（WEC）。

海洋波浪的移动所承载的动能（运动）可用于驱动涡轮机。基本上，这种系统都是通过捕捉波浪的垂直振荡或直线运动，进而将波浪的动能转换为电能。单个设备的规格大约在 100 kW 到 2 MW（Katofsky，2008）之间。在图 1.10 所展示的简易模型中，波浪升起后进入腔内，而随着腔内水位的升高，其中的空气会被逐渐挤出腔外。之后，空气的运动会带动涡轮，进而驱动发电机。当波浪下降时，空气会穿过涡轮，再通过平时是闭合的门回到腔内。

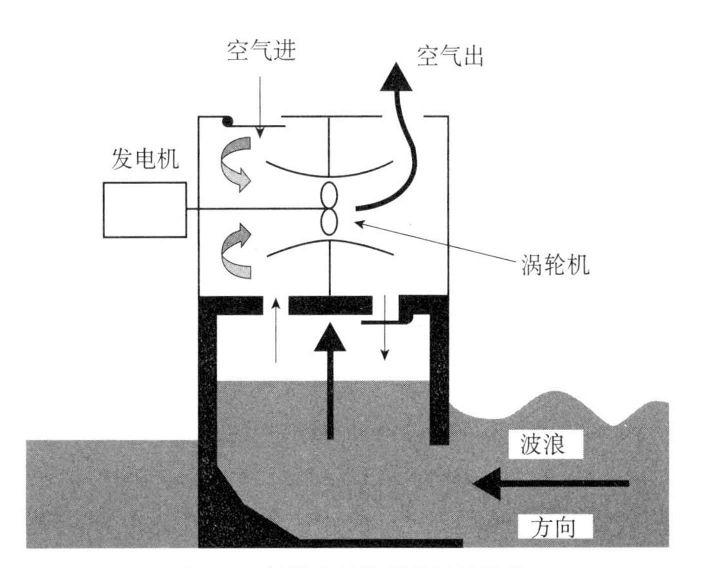

图1.10 波浪能转换器的运行原理

这里介绍的只是波浪能系统的一种。其他形式的波浪能系统实际上是利用波浪的上下移动使活塞在圆筒中上下运动，从而带动发电机的运行。大多数波浪能系统就很小，而且主要用于为预警浮标和小型灯塔供能。

尽管波浪能具有巨大的潜能，但是就目前来看，利用波浪能发电在商业上仍未被广泛采用。对于该能量应用的首次尝试可以追溯到1890年。在2008年时，第一个试验波浪能发电场（Aguçadoura Wave Farm）在葡萄牙设立。波浪是海风刮过海水表面所形成的。当波浪的速度比风速要慢时，在两者的交界处就会产生由风到波浪的能量转换。波浪高度取决于风速、海床的深度和地势以及海风的持续时间。通常情况下，波浪越大，其承载的能量越大。不过，波浪能的大小也与水的密度以及波浪的速度和长度有关。需要注意的是，波浪也有其实际极限，且不管怎样变化时间或距离也不能产生更大的波浪，因此当达到这个极限时，波浪就已经完全成形了。

大约在1910年，Bochaux-Praceique利用波浪能为其位于法国波尔多附近的沿海小城的房子提供电能，这也是将波浪能应用于实际生活的最早案例之一。Bochaux-Praceique设计出了首个振荡水柱式波浪能转换器。之后，关于波浪能较为重要的研究则是在20世纪40年代由Yoshio Masuda进行的。他对多种概念的波浪能设备在海中为航行灯供电进行了测试。

关于波浪能研究的又一次兴起则是在20世纪70年代。当时受到第一次石油危机的影响，大量的研究人员对利用海洋中的波浪能产生有效能的可能性再次进行了研究，并且涌现了一些重要的发明，比如1974年Stephen Salters所研发的“索尔特鸭”（也称爱丁堡鸭）。该装置的鸭式弧形凸轮形状能够阻挡90%的波浪运动，并将其中90%的能量转换为有效电能，从而实现了显著的性能提升，其效率高达81%。而在较近的时期，则是由于气候变化问题，让人们又对波浪能这一可再生能源系统产生了兴趣。

波浪能设备的种类划分主要根据其捕捉波浪能的方法（点式波能吸收器或浮子式、振荡水柱式、锥形通道式、振荡摆式）和地点（海岸线、近岸水域和海上）以及能量传输系统（橡胶软管泵、向海岸传输的泵、水力发电涡轮机、液压油缸和空气涡轮）。抛物线形或锥形通道的反射器能够提高波浪的高度，并且形成水源结构，这样就可以用于驱动传统的低架式水力涡轮机（Sorensen，2009b）。还有一种设计则利用了波浪的移动动作与钟摆相似，使用一种可以振动的摆，从而通过液压油缸将波浪能转换为电能（Sorensen，2009b）。一旦波浪能被捕捉并被转换为电能，就需要将其传输至用户网点或连接至电网。波浪能转换器的几种重要应用如下所示：

（1）*Protean* 波浪能转换器。将这种波浪能转换器部署完毕后，位于海洋表面的该系统会将静止海床与漂浮浮标之间的相对运动转换为能量。

（2）海蛇式波浪能转换器。该系统由一系列半水下圆柱单元与铰缝连接组成。随着波浪沿着转换器的长边流动，圆柱单元会相对于彼此运动，而这些单元的波浪诱导运动会受到液压油缸的阻挡，从而将其中的高压油泵送至液压马达。最后，液压马达带动发电机来产生电能。

（3）波浪龙能量转换器。在波浪龙能量转换器中，大型翼式反射器将波浪抬高，再通过斜道将其集中至海面上的蓄水池。之后，海水由于重力作用流回海洋中，从而驱动水力发电机工作。

尽管波浪能转换器的开发仍处于早期阶段，不太可能描绘出其成本的真实图景，但经过初步估计，其成本约为0.06～0.12欧元/kW·h（Sorensen，2009b）。

潮汐能

海洋能系统的另一种应用形式就是潮汐能。这是一种能够将潮汐的能量转换为电能的水力发电系统。当涨潮时，潮汐到达海岸后，水坝后的蓄水池能够将其留住。之后，当退潮时，水坝后面留住的海水就能够流出，从而形成一个普通的水力发电流程。潮汐能技术能够作用于由流水驱动的水下涡轮机或螺旋桨。该技术也可以应用于溪流和河流中。

潮汐能的使用历史可以追溯到11世纪。当时，人们在海口和小溪附近建造了小型水坝。这些水坝所留下的潮汐被用于驱动水车来碾磨谷物。在少数地区，潮汐坝系统也被商业化使用。不过，潮汐坝系统对大型河口的封堵对环境也产生了一定的影响，因而这些商业化系统的前景堪忧（Katofsky，2008）。

潮汐的波动越大，潮汐能系统的性能就更好，而且高潮和低潮之间的高度差至少要有5m才行。在整个地球上，只有少数地区能够满足这样的潮汐变化需求。

有些发电厂已经在利用这个原理工作了。法国的La Ranee发电站（240 MW）能够利用潮汐能为240,000户家庭提供充足的生活用电。该发电站从1996年开始运行，其发电功率相当于一个正常规格的核电站或火力发电站的五分之一。下一个全球最大规模的潮汐能发电站是位于加拿大的Annapolis发电站（17 MW）。与之相比，La Ranee发电站的功率足足是它的十多倍。

尽管目前潮汐能并没有被广泛采用，但它仍可能在不远的将来为我们提供大量的电力。与其他可再生能源系统如风能和太阳能相比，这种系统的最大优点就在于潮汐的可预测性更高。然而，该系统的成本相对也比较高，而且具有高潮汐差的选址也非常有限。不过，近期在该系统和涡轮设计方面有不少技术进展，在采用新型的轴和错流涡轮机后，能够大幅降低该系统产生电力的成本。

潮汐力是在天体的万有引力的周期性变化下形成的。同样，地球上海洋的运动和海流也是由此产生的。潮汐运动的强度主要与地球的自转、月亮的位置和太阳相对于地球的位置以及当地的海床和海岸线的地形有关。其中，地月系统的轨道特点对其影响最大，其次就是地日系统。由于地球的潮汐和海流是在地球的自转与月亮和太阳的万有引力的共同作用下形成的，故这种形式的能源是可再生的，且几乎不会枯竭。此外，也有海流是因为地温梯度形成的。

潮汐海流的能量转换与风的动能的能量转换相似。因此，目前所提出的利用潮汐能的设计与风力涡轮机也较为类似。由于水的密度远大于空气，故水能够承载的能量也大得多，因此系统的海流流速和涡轮直径也更小。

潮汐能发电机将潮汐和海流的能量转换为有用的电能。因此，潮汐的变化越大、流速越高，当地利用潮汐能发电的功率也就越大。潮汐能发电可以分为三种形式：

（1）潮汐流发电。潮汐流发电机利用海水运动的动能来驱动涡轮机进行发电，这与风力涡轮机利用风的原理相似。

（2）潮汐水坝发电。潮汐水坝利用高潮和低潮时的静水高度差所产生的势能进行发电。水坝实际上就建在横跨潮汐海口的位置（见图1.11）。

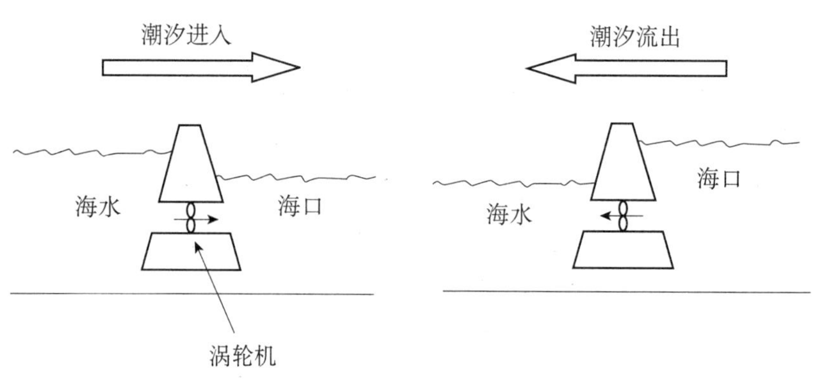

图1.11　潮汐坝系统的运行原理图

（3）动态潮汐发电。动态潮汐发电目前还没有实际应用。从理论上来看，它利用的是一种能够将潮汐流或海流的动能转换为有效电能的技术。该系统可以建设在海洋中，而不需要围绕在陆地周围。为此，可以在水下使用风力类型的涡轮机。

水平轴涡轮机包含两个或两个以上叶片的螺旋桨。这种涡轮机可以安装在与海床固定的塔上，这样更适用于浅水域，也可以放置在浮动支撑的下面，这样就可以用于深水域。为了提升水平轴涡轮机的效率，可以使用护罩来控制涡轮机附近的水流。不过，这种设计属于大型水下建筑，因此，为了杜绝隐患，需要禁止当地的船运路线和渔业（Sorensen，2009b）。

海洋热能转换

海洋热能转换系统是利用表面海水和深层海水之间的温度差来产生能量。这个理念并不是最近提出来的，其最早可以追溯到1881年。当时，一位名叫Jacques D'Arsonval的法国工程师首次提出了海洋热能转换（OTEC）的概念。海水距离表面越远，其温度就越低，深层次海水的温度可以达到极低的程度。表面海水因为有阳光的照射，所以会较为温暖。

利用海水的温度差，我们可以建造发电厂来产生能量。为此，温暖的表面海水和寒冷的深层海水之间的温度差至少应达到21℃。利用这种形式的能源的海洋热能转换系统在夏威夷已有实际应用。

海洋热能转换系统是根据热力学原理运行的，即利用热源和冷源可以用于驱动热力发动机。由热力学定律可知，温差越大时，热力发动机的效率越高。在海洋中，表面海水和深层海水之间的温度差很低，仅为20～25℃左右。因此，海洋热能转换系统的主要技术挑战在于怎样在如此小的温差下高效地产生大量的能量。在热带地区，表层海水和深层海水之间的温度差最大，这样也为建设海洋热能转换系统提供了最大的可能性。热带海洋的表层海水温度约为24℃到33℃之间，而海面下500m处的海水温度会下降到约5℃到9℃之间（Sorensen，2009b）。Rajagopalan 和 Nihous（2013）根据资源的量级绘制了相应的世界地图。海水温差在20℃左右时，热力学效率约为6.7%，但是当考虑到泵送能量时，必须对海洋热能转换系统的循环进行补偿，也就是每秒海水流速每兆瓦净电能产出就需要补偿数立方米，因此这个值也就降到了约3%。比如，每生产1 MW的电能，海洋热能转换发电厂就需要用到4 m^3/s的温海水和2 m^3/s的冷海水。一个100 MW的发电厂则需要一根直径为11m的输送管道（Sorensen，2009b）。这种系统能够提供大量的能量，且海水热源温差每改变1℃，就会相应带来15%的净能量输出变化（Rajagopalan 和 Nihous，2013）。不过，海洋热能转换发电厂能够持续运行，从而保证电力的基本负载供应。

1930年，在古巴建设了第一座海洋热能转换系统并投入使用，其功率为22 KW。在海洋热能转换系统中，应用最广的热循环就是利用低压涡轮的朗肯循环。不论是闭式循环发动机，还是开式循环发动机，均可以应用于该系统中。闭式循环发动机使用制冷剂（氨或R-134a）作为工质，而开式循环发动机则使用海水产生的蒸汽本身作为工作液流。海洋热能转换系统在运行过程中还会产生一些有用的副产品，比如大量的冷水和由海水蒸馏而来的淡水。前者可用于空气调节和制冷，后者可用于淡水供应。此外，丰富的深层海水可以用于多种生物研究过程。图1.12即为海洋热能转换系统的多种可能应用的相关示意图。

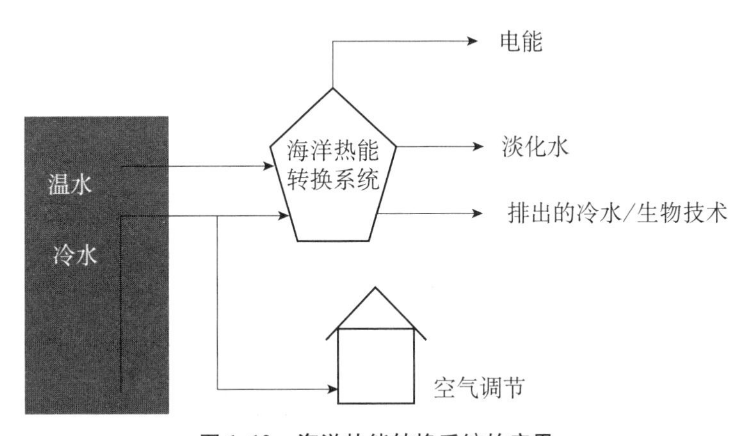

图1.12 海洋热能转换系统的应用

有三种热力学循环可以用于海洋热能转换系统，它们分别是：开式、闭式和混合式。循环的主要问题之一就在于怎样将深海中的冷水泵送至海洋表面。我们可以通过普通的抽吸作用和淡化处理来解决这个问题。其中，对海床处的海水进行淡化处理能够降低其密度，从而推动其升至海面。此外，还可以选择成本较高的输送管道来将冷水输送至海面。它通过将汽化了的低沸点液流泵送至目标深度，从而降低抽吸量并相应节约成本。不管是哪种海洋热能转换发电厂，均需要用到一种长度约为1km或更长的大口径进水管将冷水传输至海面。

开式循环海洋热能转换系统能够利用温暖的表面海水直接产生电能。它将温暖的表面海水泵送至低压容器中并使其沸腾，之后所产生的膨胀蒸汽带动低压涡轮机组或发电机组。以这种方式产生的蒸汽是纯净淡水，因此最后会利用深层海水的低温对其进行冷凝。这种方法的额外好处就在于其在制造电能时还能产生淡水。

闭式循环系统利用如氨或者其他制冷剂这种低沸点液流的膨胀效果带动涡轮机，从而产生电能。为此，需要将温暖的表面海水泵送至热交换器，再通过热交换器使挥发性液流蒸发。同时，冷水也被泵送至另一个热交换器来使蒸汽冷凝，如此在系统中反复循环。

混合式循环组合了闭式循环系统和开式循环系统的特点。在这种系统中，温暖的海水进入到真空腔中并在此迅速蒸发（和在开式循环中一样）。此时，在蒸发器另一边的闭式循环中，所产生的温暖蒸汽使工质（通常为氨）汽化。之后，汽化的工质带动涡轮机/发电机单元，同时蒸汽在热交换器中经过冷凝处理，从而形成淡化水。

海洋热能转换系统具有提供大量电力的潜能。为此，也演化出了多种多样的系统。它们通常可以分为三种类型：基于陆地的、基于陆架的和浮动式的。

与位于水中的设备相比，基于陆地或近岸的设备具有大量优势。它们不需要对位置进行精准复杂的测定，也不用很长的电力电缆，并且与位于公海的系统相比，它们只需要简单的维护。这种系统可以被安置在掩蔽区从而免于风暴和气候的影响。此外，其所有产品，包括电力、淡化水和冷水都可以很方便的输送至电网和水网中。

基于陆架的海洋热能转换发电厂可以被安置在海水中深达100m的陆架上，这样既可以免受湍流区的影响，还能更靠近冷水源。这种类型的发电厂可以像近海石油钻塔一样固定在海床上。由于在深水和公海中运行海洋热能转换发电厂所面临的环境问题，与基于陆地的系统相比，相关的花费更大。同时，还存在运输所产生的电能和淡水的相关问题。实际上，受发电厂与海岸之间的距离的影响，所产生的电能的传输需要用到很长的水下电缆，这也使得这种基于陆架的发电厂不那么具有吸引力。

浮动式海洋热能转换发电厂位于离岸的特殊平台上。尽管可以用于大型电力系统，这种形式的发电厂仍然面临许多困难，比如使用电缆将平台和海床连接以及能量传输的相关问题。其中，后者与基于陆架的系统所面临的情况相似，只不过与浮动平台相连接的电缆更容易损坏，尤其是碰到暴风雨气候时。

练习

按照行业和燃料的种类划分，对能量消耗的现状以及你所在国家的可再生能源的使用现状进行综述。建议使用来自国家的统计机构和互联网的数据进行说明。并为提升可再生能源的利用率给出多方面的建议。

参考文献

[1] Abbot，C. G.，1930. Title unknown. Smithsonian Inst. Mish. Coll. Publ. No. 3530 98（5）.

[2] Abbot，C. G.，December 27，1938. Solar distilling apparatus. U. S. Patent No. 2，141. 330.

[3] Abu-Zour，A.，Riffat，S.，2006. Environmental and economic impact of a new type of solar louver thermal collector. Int. J. Low Carbon Technol. 1（3），217－227.

[4] Anderson，B.，1977. Solar Energy：Fundamentals in Building Design. McGraw-Hill，New York.

[5] Baldacci，A.，Burgassi，P. D.，Dickson，M. H.，Fanelli，M.，1998. Non-electric utilization of geothermal energy in Italy. In：Proceedings of World Renewable Energy Congress V，Part I，September 20－25，Florence，Italy. Pergamon，UK，p. 2795.

[6] Baum，V. A.，1960. Technical characteristics of solar stills of the greenhouse type（in Russian）. In：Thermal Power Engineering，Utilization of Solar Energy，vol. 2. Academy of Science，USSR Moscow，pp. 122－132.

[7] Baum，V. A.，1961. Solar distillers，UN Conference on New Sources of Energy. Paper 35/S/119：43，United Nations，New York.

[8] Baum，V. A.，Bairamov，R.，1966. Prospects of solar stills in Turkmenia. Sol. Energy 10（1），38－40.

[9] Belessiotis，V.，Delyannis，E.，2011. Solar drying. Sol. Energy 85（8），1665－1691.

[10] Bittel，A.，1959. Zur Geschichte multiplikativer Trennverfahren. Chem. Ing.

Tech. 31 (6), 365 - 124.

[11] State of the climate in 2011. In: Blunden, J., Arndt, D. S. (Eds.), Bull. Am. Meteorol. Soc. 93 (7), S1 - S264.

[12] Colonbo, U., 1992. Development and the global environment. In: Hollander, J. M. (Ed.), The Energy-Environment Connection. Island Press, Washington, DC, pp. 3 - 14.

[13] Cowman, T., January-February 2007. Biofuels focus. Refocus, 48 - 53.

[14] CSIRO, 1960. An improved diffusion still. Australian Patent No. 65. 270/60.

[15] Darrieus, G. I. M., 1931. U. S. Patent 1. 850. 018.

[16] Delano, W. R. P., June 25, 1946a. Process and apparatus for distilling liquids. U. S. Patent 2. 402. 737.

[17] Delano, W. R. P., December 24, 1946b. Solar still with no fogging window. U. S. Patent 2. 413. 101.

[18] Delano, W. R. P., Meisner, W. E., August 5, 1946. Solar distillation apparatus. U. S. Patent 2. 405. 118.

[19] Delyannis, A., 1967. Solar stills provide island inhabitants with water. Sun at Work 10 (1), 6 - 8.

[20] Delyannis, A., 1968. The Patmos solar distillation plant. Sol. Energy 11, 113 - 115.

[21] Delyannis, E., 2003. Historic background of desalination and renewable energies. Sol. Energy 75 (5), 357 - 366. Delyannis, E., Belessiotis, V., 2000. The history of renewable energies for water desalination. Desalination 128, 147 - 159.

[22] Dincer, I., 1998. Energy and environmental impacts: present and future perspectives. Energy Sources 20 (4 - 5), 427 - 453.

[23] Dincer, 1., 1999. Environmental impacts of energy. Energy Policy 27 (14), 845 - 854.

[24] Dincer, I., Rosen, M. A., 1998. A worldwide perspective on energy, environment and sustainable development. Int. J. Energy Res. 22 (15), 1305 -1321.

[25] Dodge, D. M., Thresler, R. W., 1989. Wind technology today. Adv. Sol. Energy 5, 306 - 395.

[26] Eckert, E., 1976. The ground used as energy source, energy sink, or for en-

ergy storage. Energy 1, 315 – 323.

[27] Energy Quest, 2007. Available at: www. energyquest. ca. gov/story/chapterl4. html.

[28] EPA, 2007. (Environmental Protection Agency) . Available at: www. epa. gov/globalwarming/index. html.

[29] Florides, G. , Kalogirou, S. A. , 2008. First in situ determination of the thermal performance of a U-pipe borehole heat exchanger in Cyprus. Appl. Therm. Eng. 28, 157 – 163.

[30] Florides, G. A. , Pouloupatis, P. D. , Kalogirou, S. A. , Messaritis, V. , Panayides, I. , Zomeni, Z. , Partasides, G. , Lizides, A. , Sophocleous, A. , Koutsoumpas, K. , 2011. The geothermal characteristics of the ground and the potential of using ground coupled heat pumps in Cyprus. Energy 36 (8), 5027 – 5036.

[31] Harding, J. , 1883. Apparatus for solar distillation. In: Proceedings of the Institution of Civil Engineers, London, vol. 73, pp. 284 – 288.

[32] Johanson, T. B. , Kelly, H. , Reddy, A. K. N. , Williams, R. H. , 1993. Renewable fuels and electricity for a growing world economy: defining and achieving the potential. In: Johanson, T. B. , Kelly, H. , Reddy, A. K. N. , Williams, R. H. (Eds.), Renewable Energy: Sources for Fuels and Electricity. Earthscan, Island Press, Washington, DC, pp. 1 – 71.

[33] Jordan, R. C. , Ibele, W. E. , 1956. Mechanical energy from solar energy. In: Proceedings of the World Symposium on Applied Solar Energy, pp. 81 – 101.

[34] Kalogirou, S. A. . 1997. Solar water heating in Cyprus—current status of technology and problems. Renewable Energy 10, 107 – 112.

[35] Kalogirou, S. A. , 2004. Solar thermal collectors and applications. Prog. Energy Combust. Sci. 30 (3), 231 – 295.

[36] Kalogirou, S. A. , 2005. Seawater desalination using renewable energy sources. Prog. Energy Combust. Sci. 31 (3), 242 – 281.

[37] Katofsky, R. , May-June 2008. Ocean energy: technology basics. Renewable Energy Focus, 34 – 36.

[38] Kreider, J. F. , Kreith, F. , 1977. Solar Heating and Cooling. McGraw-Hill,

New York.

[39] Kreith, F., Kreider, J. F., 1978. Principles of Solar Engineering. McGraw-Hill, New York.

[40] Kroll, K., Kast, W., 1989. Trocknen und trockner in der produktion. In: Geschichtliche Entwicklung der Trock- nungstechnik, vol. 3. Springer Verlag, Berlin, p. 574.

[41] Loef, G. O. G., 1954. Demineralization of saline water with solar energy. OSW Report No. 4, PB 161379, p. 80.

[42] Major, J. K., 1990. Water, wind and animal power. In: McNeil, J. (Ed.), An Encyclopaedia of the History of Technology. Rutledge, R. Clay Ltd, Bungay, UK, pp. 229 - 270.

[43] Malik, M. A. S., Tiwari, G. N., Kumar, A., Sodha, M. S., 1985. Solar Distillation. Pergamon Press, Oxford, UK.

[44] Meinel, A. B., Meinel, M. P., 1976. Appl. Solar Energ. —an Introduction. Addison-Wesley Publishing Company, Reading, MA.

[45] Merriam, M. F., 1980. Characteristics and uses of wind machines. In: Dicknson, W. C., Cheremisinoff, P. N. (Eds.), Solar Energy Technology Handbook, Part A, Engineering Fundamentals. Marcel Dekker, New York, pp. 665 - 718.

[46] Mouchot, A., 1878. Resultat des experiences faites en divers points de l' Algerie, pour l'emploi industrielle de la chaleur solaire [Results of some experiments in Algeria, for industrial use of solar energy J. C. R. Acad. Sci. 86, 1019 - 1021.

[47] Mouchot, A., 1879. La Chaleur Solaire et ses Applications Industrielles LSolar Heat and Its Industrial ApplicationsJ. Gauthier-Villars, Paris, pp. 238 and 233.

[48] Mouchot, A., 1880. Utilization industrielle de la chaleur solaire [Industrial utilization of solar energy]. C. R. Acad. Sci. 90, 1212 - 1213.

[49] Nebbia, G., Nebbia-Menozzi, G., April 18 - 19, 1966. A Short History of Water Desalination. Acqua Dolce dal Mare, 11 Inchiesta Inter., Milano, 129 - 172.

[50] Photon, 2012. 27. 7 GW of Grid-Connected PV Added in 2011, Photon, January 2012.

[51] Rajagopalan, K. , Nihous, G. C. , 2013. Estimates of global thermal energy conversion (OTEC) resources using an ocean general model. Renewable Energy 50, 532 - 540.

[52] Rosen, M. A. , 1996. The role of energy efficiency in sustainable development. Technol. Soc. 15 (4), 21 - 26.

[53] Sayigh, A. A. W. , 2001. Renewable energy: global progress and examples. Renewable Energy, WREN, 15 - 17.

[54] SERI, 1987. Power from the Sun: Principles of High Temperature Solar Thermal Technology.

[55] Sorensen, B. (Ed.), 2009. Renewable Energy Focus Handbook. Academic Press, Elsevier, pp. 435 - 444. ISBN: 978 - 0 - 12 - 374705 - 1. Wind power, (Chapter 9. 1) .

[56] Sorensen, B. (Ed.), 2009. Renewable Energy Focus Handbook. Academic Press, Elsevier, pp. 403 - 409. ISBN: 978 - 0 - 12 - 374705 - 1. Ocean power, (Chapter 7. 1) .

[57] Sorensen, B. , 1979. Renewable Energy. Academic Press, London.

[58] Sorensen, B. , 1995. History of, and recent progress in, wind energy utilization. Annu. Rev. Energy Environ. 20, 387 - 424.

[59] Talbert, S. G. , Eibling, J. A. , Loef, G. O. G. , 1970. Manual on solar distillation of saline water. R&D Progress Report No. 546. US Department of the Interior, Battelle Memorial Institute, Columbus, OH, p. 270.

[60] Telkes, M. , January 1943. Distilling water with solar energy. Report to Solar Energy Conversion Committee, MIT.

[61] Telkes, M. , 1945. Solar distiller for life rafts. U. S. Office Technical Service, Report No. 5225 MIT, OSRD, Final Report, to National Defense Research Communication, 11. 2, p. 24.

[62] Telkes, M. , 1951. Solar distillation produces fresh water from seawater. MIT Solar Energy Conversion Project, No. 22, p. 24.

[63] Telkes, M. , 1953. Fresh water from seawater by solar distillation. Ind. Eng.

Chem. 45 (5),1080 - 1114.

[64] Telkes, M., 1956a. Solar stills. In: Proceedings of World Symposium on Applied Solar Energy, pp. 73 - 79.

[65] Telkes, M., 1956b. Research for methods on solar distillation. OSW Report No. 13, PB 161388, p. 66.

[66] Tekutchev, A. N., 1938. Physical Basis for the Construction and Calculation of a Solar Still with Fluted Surface, vol. 2. Transactions of the Uzbekistan State University, Samarkand.

[67] Trofimov, K. G., 1930. The Use of Solar Energy in the National Economy. Uzbek SSR State Press, Tashkent.

[68] United Nations, 1992. Rio Declaration on Environment and Development. Available from: www. un. org/ documents/ga/conf 151/aconf 15126 - 1 annex 1. htm.

[69] Virtual Nuclear Tourist, 2007. Available from: www. nucleartourist. com.

[70] Wheeler, N. W., Evans, W. W., 1870. Evaporating and distilling with solar heat. U. S. Patent No. 102. 633.

[71] Wilkie, A. C., 2005. Anaerobic digestion of dairy manure: design and process considerations, Dairy Manure Management Conference, NRAES-176, pp. 301 - 312.

[72] Worldwatch, 2007. Available from: www. worldwatch. org.

第2章　环境特征

太阳是一个炽热的气态球体，直径为 1.39×10^{9} m（参考图 2.1）。太阳与地球间的距离为 1.5×10^{8} km，热辐射在真空中以光速传播（大约 300,000 km/s），因此太阳发出的光要经过 8 分 20 秒后才能到达地球。从地球上观察太阳盘面时，存在一个 32′的视角，这一角度对许多应用都十分重要，尤其是对聚光光学器件而言，因为在分析集热器的光学性能时，不能将太阳当作一个点光源处理。太阳的有效黑体温度为 5,760K，其中心区域的温度还要更高。实际上，太阳内部不断进行着氢聚合成氦的核聚变反应，其能量总输出为 3.8×10^{20} MW，相当于太阳表面每平方米输出 63 MW 的能源。太阳辐射沿着各个方向传播，地球接收到能量为 1.7×10^{14} kW。虽然这只是太阳总辐射量中极小的一部分，但据估计，地球在 84min 内接收到的太阳辐射就相当于全球一年的能耗量（约 900 EJ）。从地球上观察，太阳自转一周需要约为 4 个星期。

从地球上观察，太阳一年中在天空中运行的轨迹都是不同的。每天在相同时间点记下太阳的位置，持续一年得到的图形就叫作日行迹，它就像沿着南北轴的一个 8 字。从整年来看，太阳在一个 47°角（由于地球自转轴与黄道面成 23.5°夹角）的度范围内作摆动，这也是最明显的太阳位置的变化，它也被称为赤纬角（参见 2.2 节）。正是这种南北方向的明显角度摆动，造成了地球上一年四季的变化。

了解太阳在空中的轨迹才能计算出某一表面上接收到的太阳辐射与获得的热量，以及太阳能集热器正确的摆放位置。本章旨在描述太阳在空中相对地球所做的东西方向轨道上的运动，讨论在固定和移动表面上，太阳入射角度和获得太阳能的相对变化关系。整个太阳系的运行环境很大程度取决于是否有足够的太阳能，因此本章也将对此进行详细的分析。许多太阳能计算中需要当地的天气情况，这都将以 TMY（典型气象年）文件的形式提供（见本章最后一节）。

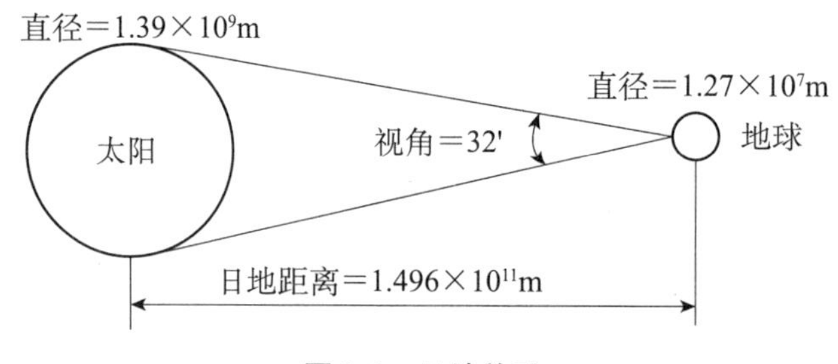

图 2.1　日地关系

2.1　时间的计算

在太阳能相关的数学计算中，通常需采用真太阳时（AST）来表示时间。真太阳时是一种基于太阳在空中的弧形轨道运动的时间测量方式。太阳经过观测者所在经线的时刻叫作当地太阳正午。通常，这个时间点与当地时钟上的 12 点并不完全一致。当地标准时间（LST）通常要经过两次校正才能得到真太阳时，分别是真平太阳时差的校正和经度差的校正，接下来的内容将对这两者进行分析讨论。

2.1.1　真太阳时与平太阳时的时差

由于地球绕太阳公转轨道相关的因素，地球的轨道速度并不是恒定的，因此真太阳时和钟表上看到的平太阳时会有微小的差异，这个时差就叫作真平太阳时差（ET）。从整年来看，一天的平均长度是 24h，但具体每一天的长度是不固定的，这是由于地球公转轨道的离心率和地球自转轴与公转轨道平面形成的夹角所造成的。地球公转轨道是椭圆形的，地球在 1 月 3 日离太阳最近，在 7 月 4 日离太阳最远。因此一年中有半年的时间地球公转速度比平均速度快（10 月到次年 3 月），还有半年比平均速度慢（4 月到 9 月）。

根据当天是一年中的第几天（N）就可以获得该天的真平太阳时差的值（ET），两者之间的函数关系如以下方程所示

$$\mathrm{ET} = 9.87\sin(2B) - 7.53\cos(B) - 1.5\sin(B)[\mathrm{min}] \tag{2.1}$$

和

$$B = (N - 81)\frac{360}{364} \tag{2.2}$$

图 2.2 是对方程 2.1 的图形化表示，从图中可以直接得到 ET 的值。

2.1.2 经度修正

标准时钟时间是根据时区中心附近的子午线，或者是格林威治本初子午线，即0度经线上的时间计算获得的。由于日光扫过两根相邻1度的经线需要4min，因此任意经线上的当地时间就应该是在当地标准时间的基础上加上或者减去一个由于经度差造成的偏移量，其值为4×（标准中央经线经度［SL］~当地经度［LL］）。在同一经线上该偏移量的值都是固定的，至于是加上还是减去这个偏移量则需参照以下规则。如果在0度经线的东面，那么这个偏移量应该加到标准时间上，如果在西面则减去。计算AST的通用方程为

$$AST = LST + ET \pm 4(SL - LL) - DS \tag{2.3}$$

其中，

LST = 当地标准时间；

ET = 时差；

SL = 标准中央经线经度；

LL = 当地经度；

DS = 夏令制时差（0或60min）。

若地处0度纬线东面，则2.3式取减号，若在西面则取加号。如果当地采用了夏令制（一般是3月底到10月底），则LST中还需扣除夏令制时差。该项通常被省略，只有在采用了夏令制的时间段才使用。

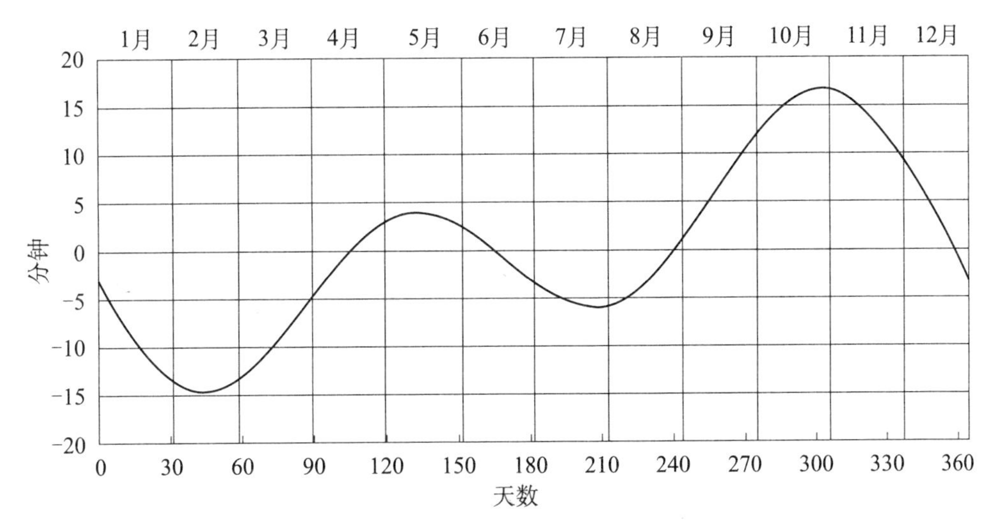

图2.2 真平太阳时差

例 2.1

计算塞浦路斯尼科西亚市的 AST 值

解答

塞浦路斯的当地时间是东经 30°标准经线上的时间，尼科西亚市的当地经度是格林尼治以东 33.33°，因此经度修正值就是：$4\times(30-33.33)=+13.32\text{min}$。

这样，等式（2.3）就可以写成：

$$AST = LST + ET + 13.32\ (\text{min})$$

2.2 太阳角度

地球每 24h 自转一周，约 365.25 天绕太阳公转一周。如图 2.3 所示，地球的公转轨道为椭圆形，太阳位于其中的一个焦点之上。地球公转轨道的离心率 e 等于 0.01673，由于这个值非常小，所以地球绕太阳公转的轨道非常接近圆形。在近日点（日地距离最近，1 月 3 日）和远日点（日地距离最远，7 月 4 日），记地球到太阳的距离为 R，其值由 Garg（1982）给出：

$$R = a(1 \pm e) \tag{2.4}$$

其中 a = 平均日地距离 $=149.5985\times10^6$ km

当地球位于远日点时等式（2.4）取加号，位于近日点时取减号。根据等式（2.4），地球到太阳的最远距离为 152.1×10^6 km，最近距离为 147.1×10^6 km，如图 2.3 所示。这两个距离只相差 3.3%。平均日地距离 a 等于远日点距离与近日点距离之和的一半。

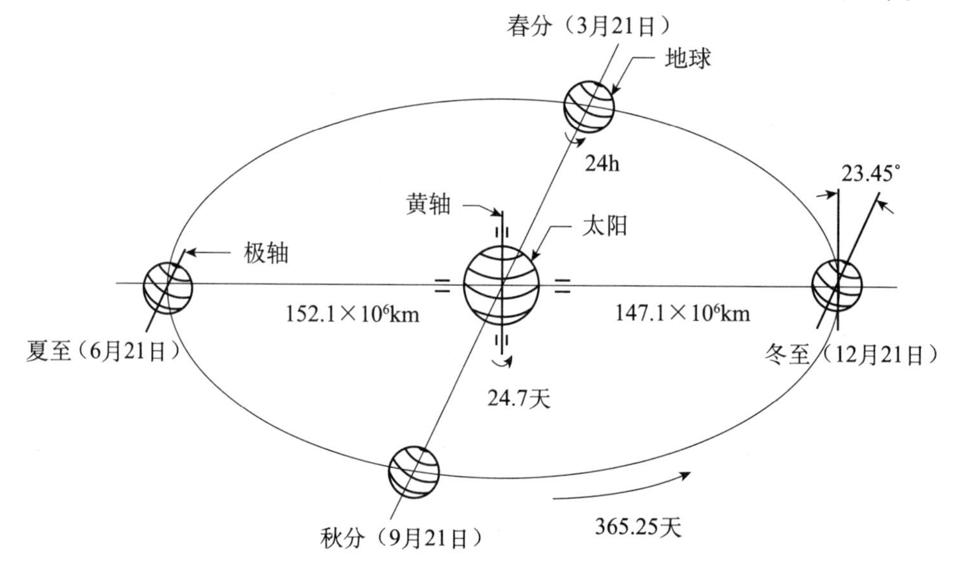

图 2.3 地球环绕太阳的周年运动示意图

太阳在天空中的位置每时每刻都在变化。众所周知相比冬天而言，夏天的时候太阳在天空中的位置显得更高。地球和太阳的相对运动位置关系虽然复杂却有迹可循。每一年，地球绕太阳沿着椭圆形轨道转一圈。与此同时，地球每24h绕地轴自转一圈。如图2.3所示地球赤道面与黄道面形成23° 27.14′（23.45°）的交角。

太阳每天在空中运行的轨迹为一道弧线，正午达到最高点。随着从冬季进入春季和夏季，地平线上观察到的日出点和日落点也在慢慢地向北移动。在北半球，随着太阳每天升起得越来越早落下得越来越晚，白天变得越来越长，太阳在空中的轨迹也变得越来越高。从地球上观察，在6月21日这一天太阳正好处相对于地球最北的位置。一年中这一天的白昼最长，我们称之为夏至。6个月后，即12月21日冬至这天，太阳处在最南端的位置上（参见图2.4），一年中这一天的白昼最短。这两个时间点的中间正好分别是3月21日和9月21日，这2天的昼夜长度相等，分别叫作春分和秋分。在南半球，夏至日为12月21日，冬至日为6月21日。需要注意的是，这些日期都不是完全固定的，每年都有几天的偏差。

为简化起见，在接下来的分析中，我们将采用托勒密体系的观点来考察太阳的运动。既然一切运动都是相对的，我们不妨把地球认为是固定的，以地球为原点建立坐标系，在这一坐标系内描述太阳的实际运动轨迹。

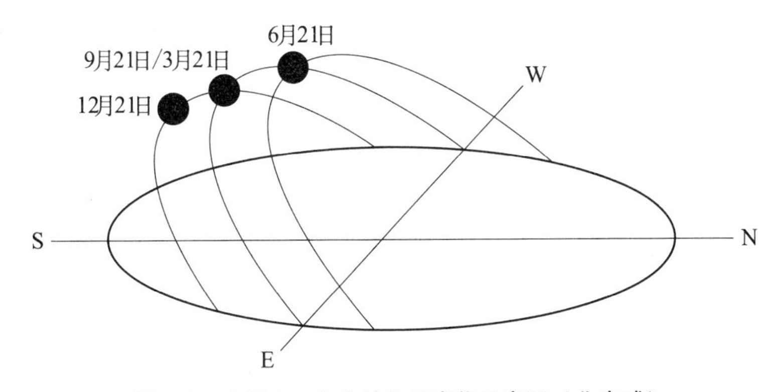

图2.4　太阳在一年中的位置变化示意图（北半球）

对大多数太阳能应用而言，给定具体的某年某天的某时刻，就需要能够相当精确地计算出此刻太阳在天空中的位置。按照托勒密体系的观点，太阳的运动轨迹被限定在了天球的垂直和水平这两个维度上，因此地球上的观测者用2个天文学角度值就可以表示太阳的位置。这两个值分别是太阳高度角（α）和太阳方位角（z）。接下来我们将对这两个角度进行描述并介绍它们的计算公式。我们也可以用太阳轨迹图形来计算这两个角度的近似值（参见2.2.2节）。

在介绍太阳高度角和太阳方位角的计算公式之前，首先要说明太阳赤纬和太阳时角，有了这两个才能计算其他角度。

赤纬角，δ

如图 2. 3 所示，黄道轴垂直于黄道面，地球自转轴与黄轴始终保持着 23. 45°的夹角。黄道面是地球绕太阳公转轨道所在平面。地球绕太阳公转的过程，就好像地轴在绕着太阳转。赤纬角就是太阳光线在赤道以北（或者以南）的角距离，赤道以北时角度为正。如图 2. 5 所示，太阳地球中心的连线和赤道平面形成的夹角就叫赤纬角。赤道以北赤纬角为正（此时北半球是夏天），以南为负。图 2. 6 展示了夏至、冬至、春分、秋分的赤纬角。春分夏至之间，赤纬角从 0 度变为 +23. 45°。秋分冬至之间，从 0 度变为 -23. 45°。

赤纬角在一年中的变化如图 2. 7 所示。根据下列等式可以计算出一年中任意一天的赤纬角（ASHRAE，2007）

$$\delta = 23.45\sin\left[\frac{360}{365}(284 + N)\right] \tag{2.5}$$

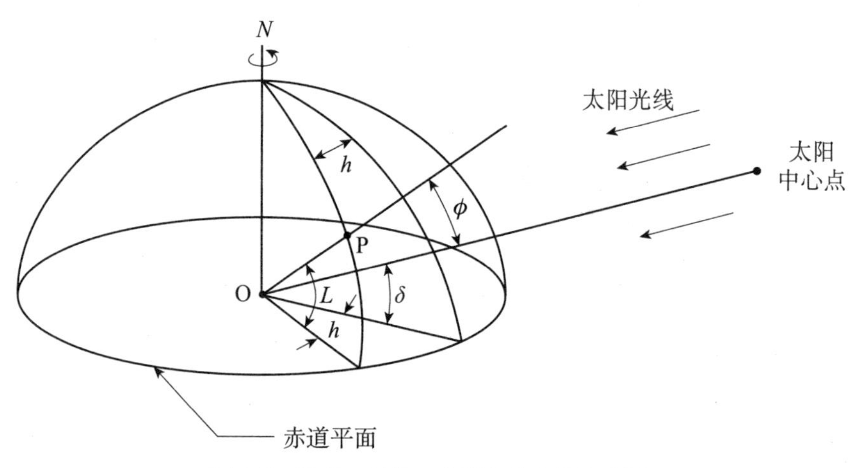

图 2. 5　纬度、时角、太阳赤纬角的示意图

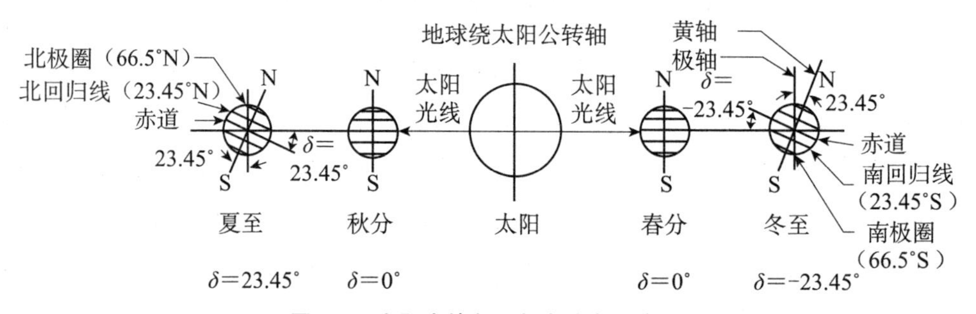

图 2. 6　太阳赤纬角一年中的变化情况

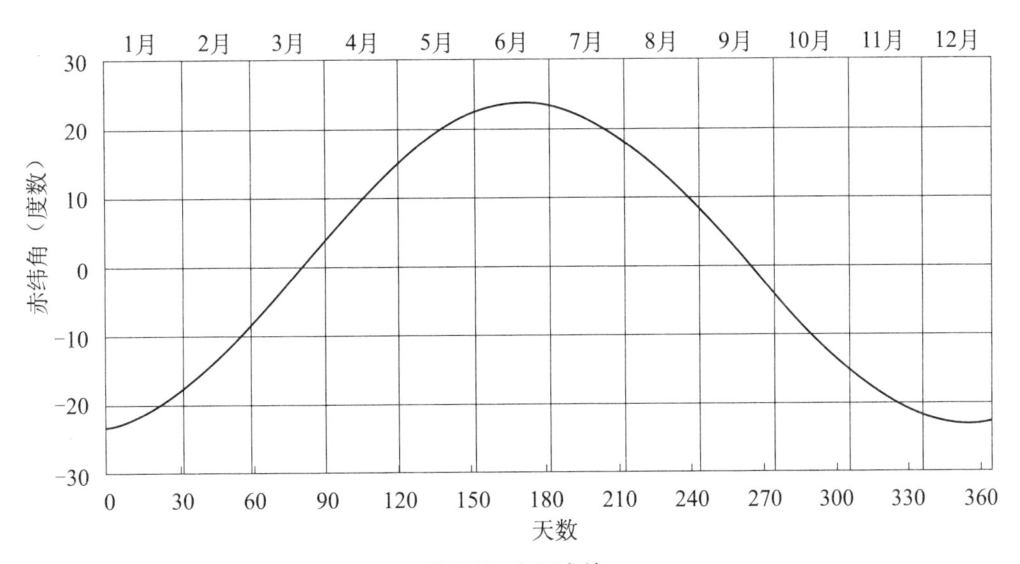

图2.7　太阳赤纬

通过斯宾塞公式可以计算出弧度制①的赤纬角（Spencer，1971）

$$\begin{aligned}\delta &= 0.006918 - 0.399912\cos(\Gamma) + 0.070257\sin(\Gamma)\\ &\quad - 0.006758\cos(2\Gamma) + 0.000907\sin(2\Gamma)\\ &\quad - 0.002697\cos(3\Gamma) + 0.00148\sin(3\Gamma)\end{aligned} \tag{2.6}$$

表2.1　每月的天数和建议的平均天数

月份	天数	月中的小时数	平均每个月中的天数		
			日期	N	δ（角度）
1月	i	k	17	17	-20.92
2月	$31+i$	$744+k$	16	47	-12.95
3月	$59+i$	$1416+k$	16	75	-2.42
4月	$90+i$	$2160+k$	15	105	9.41
5月	$120+i$	$2880+k$	15	135	18.79
6月	$151+i$	$3624+k$	11	162	23.09
7月	$181+i$	$4344+k$	17	198	21.18
8月	$212+i$	$5088+k$	16	228	13.45
9月	$243+i$	$5832+k$	15	258	2.22
10月	$273+i$	$6552+k$	15	288	-9.60
11月	$304+i$	$7296+k$	14	318	-18.91
12月	$334+i$	$8016+k$	10	344	-23.05

① 弧度乘以180再除以π即可得到对应角度制度数。

其中Γ称为天角度（弧度），计算公式为：

$$\Gamma = \frac{2\pi(N-1)}{365} \tag{2.7}$$

在工程计算中，任何一天的太阳赤纬角可以认为是固定的（Kreith 和 Kreider，1978；Duffle 和 Beckman，1991）。

如图2.6所示，在夏至和冬至日这两天，太阳分别直射北回归线（23.45°N）与南回归线（23.45°S），这时的太阳总是照在头顶。北极圈（66.5°N）和南极圈（66.5°S）这两个纬度也很重要。如图2.6所示，冬至这天北极圈以北所有的地方都处在完全的黑暗中，此时南极圈以南的所有地方处于持续的日照中。夏至的时候则相反。春分秋分时，南极北极到太阳的距离相等，因而它们的昼夜长短相等，都是12h。

在太阳几何学计算中常常要用到天数，当月的小时数，平均每个月的天数，可参考表2.1。

时角*h*

地球表面上一点的时角用 h 表示。图2.5显示了点 P 的时角，即点 P 在地球赤道平面上的投影 OP 和太阳与地球间中心连线投影之间的夹角。在当地太阳正午时的时角为零，每1h相当于360/24或15°，下午时间为正数。象征性地，可以将时角用度表示为：

$$h = \pm 0.25(\text{与当地太阳中午分钟差}) \tag{2.8}$$

当时下午时间时，为正数；早上时为负数。

时角也可以根据大西洋标准时间（AST）计算出来；修正的当地太阳时为：

$$h = (\text{AST} - 12)15 \tag{2.9}$$

在当地太阳中午时，AST = 12 和 $h = 0°$。因此，根据式（2.3），当地标准时间为（当地太阳中午是我们时钟上显示的时刻）：

$$\text{LST} = 12 - \text{ET} \mp 4(\text{SL} - \text{LL}) \tag{2.10}$$

例2.2

计算出尼科西亚塞浦路斯当地太阳正午时的标准时间。

解答

从例2.1可以得出：

$$\text{LST} = 12 - \text{ET} - 13.32(\text{min})$$

例2.3

计算出3月10日下午2：30希腊雅典（23°40′E）的视太阳时

解答

由方程（2.1）可计算出3月10日（$N=69$）的真平太阳时差ET，计算得出的参数B为：

$$B = 360/364(N - 81) = 360/364(69 - 81) = -11.87$$

$$\begin{aligned} ET &= 9.87\sin(2B) - 7.53\cos(B) - 1.5\sin(B) \\ &= 9.87\sin(-2 \times 11.87) - 7.53\cos(-11.87) - 1.5\sin(-11.87) \end{aligned}$$

因此

$$ET = -11.04\text{min} \approx -11\text{min}$$

雅典的标准经线是东经30°。因此，由方程（2.3）计算得出在当地下午2：30的AST为：

$$\begin{aligned} AST &= 14{:}30 - 4(30 - 23.66) - 0{:}11 = 14{:}30 - 0{:}25 - 0{:}11 \\ &= 13{:}54,\text{或} 1{:}54\text{pm} \end{aligned}$$

太阳高度角，α

如图2.8所示，太阳高度角是太阳入射光线和地平面的夹角。与太阳高度角相关的太阳天顶角Φ，它是太阳入射光线和天顶方向的夹角。因此，

$$\Phi + \alpha = \pi/2 = 90° \tag{2.11}$$

太阳高度角的数学表达式为：

$$\sin(\alpha) = \cos(\Phi) = \sin(L)\sin(\delta) + \cos(L)\cos(\delta)\cos(h) \tag{2.12}$$

其中：L = 当地纬度，定义为从地球中心与观察点之前连线和赤道平面之间的夹角。赤道以北为正，赤道以南为负。

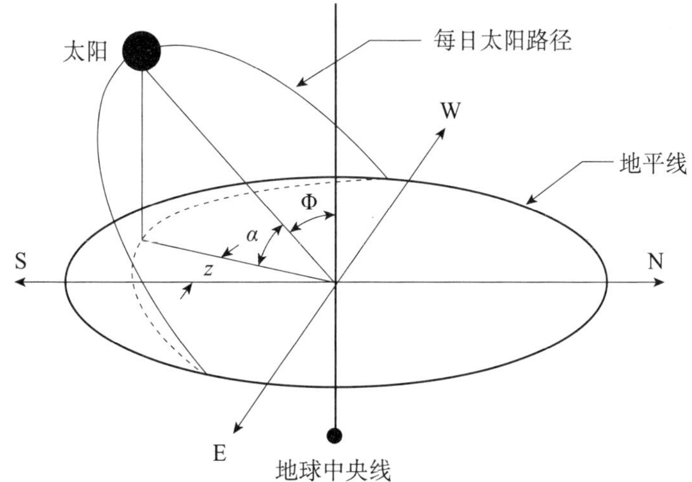

图2.8　从日出到日落，太阳每日在天空中的路径

太阳方位角，z

太阳方位角 z，是太阳入射光线在地平面投影与北半球正南方向（真南）或与南半球正北方向夹角，指向西方被定义为正数。太阳方位角的数学表达式为：

$$\sin(z) = \frac{\cos(\delta)\sin(h)}{\cos(\alpha)} \tag{2.13}$$

假设 $\cos(h) > \tan(\delta)/\tan(L)$（ASHRAE，1975），这个方程成立。反之，则意味着太阳在东西经线之后，如图 2.4 所示，早晨时间的方位角为 $-\pi+|z|$，下午的方位角为：$\pi-z$。

根据定义，太阳正午是指太阳是在回归线上（包括南北回归线）的最高点的时刻，因此太阳方位角是 0°，中午高度 α_n 是：

$$\alpha_n = 90° - L + \delta \tag{2.14}$$

例 2.4

在 40°纬度地方，中午时最大和最小高度角是多少？

解答

最大高度角角是在夏至日时，此时 δ 最大，即 23.5°，因此中午的最大高度角为 90° − 40° + 23.5° = 73.5°。

最小高度角是在冬至日时，此时 δ 是最小，即 −23.5°，因此中午最低高度角为 90° − 40° − 23.5° = 26.5°。

日出日落，以及一天的长度

日出及日落时的太阳高度角为 0，因此在日落时，太阳高度角 $\alpha=0°$ 时的，日落时角 h_{ss}，可以通过方程（2.12）求解 h 得到。

$$\sin(\alpha) = \sin(0) = 0 = \sin(L)\sin(\delta) + \cos(L)\cos(\delta)\cos(h_{ss})$$

或者

$$\cos(h_{ss}) = -\frac{\sin(L)\sin(\delta)}{\cos(L)\cos(\delta)}$$

上式可化简为：

$$\cos(h_{ss}) = -\tan(L)\tan(\delta) \tag{2.15}$$

此处，h_{ss} 在日落时取正数。

由于当地太阳正午时的时角为 0°，每隔 15°的经度相当于 1 h，日出日落时间用小时表示为：

$$H_{ss} = -H_{sr} = 1/15\cos^{-1}[-\tan(L)\tan(\delta)] \tag{2.16}$$

不同纬度的日出日落时角如附录3的图A3.1所示。

昼长是日落时间的2倍，由于中午太阳时是处于日出日落中间的时间。因此，昼长用小时表示为：

$$昼长 = 2/15\cos^{-1}[-\tan(L)\tan(\delta)] \tag{2.17}$$

例2.5

列出尼科西亚（塞浦路斯）的日落标准时间的表达式。

解答

由例2.1可知尼科西亚（塞浦路斯）日落时当地标准时间为：

$$日落标准时间 = H_{ss} - ET - 13.32\ (\text{min})$$

例2.6

有一座位于40°N的城市，求出在6月16日当地下午两点时该地的太阳高度角和太阳方位角。同时得出其日出和日落时间，以及昼长。

解答

由方程（2.5）可得6月16日该地赤纬为（$N = 167$）：

$$\delta = 23.45\sin\left[\frac{360}{365}(284 + 167)\right] = 23.35°$$

由方程（2.8）可得当地太阳正午两个小时候的时角为：

$$h = +0.25\ (120) = 30°$$

由方程（2.12）可得当地太阳高度角为：

$$\sin(\alpha) = \sin(40)\sin(23.35) + \cos(40)\cos(23.35)\cos(30) = 0.864$$

因此，

$$\alpha = 59.75°$$

由方程（2.13）可得当地太阳方位角为：

$$\sin(z) = \cos(23.35)\frac{\sin(30)}{\cos(59.75)} = 0.911$$

因此，

$$z = 65.67°$$

由方程（2.17）可得当地昼长为：

$$昼长 = 2/15\cos^{-1}[-\tan(40)\tan(23.35)] = 14.83(\text{h})$$

可知当地于12－7.4＝4.6＝4：36 am（太阳时）日出，于7.4＝7：24 pm（太阳时）日落。

入射角 θ

太阳入射角 θ 即为太阳入射光线和表面法线之间的夹角。水平面上，入射角 θ 等同于天顶角 Φ。其中图 2.9 中的角均与图 2.5 中的角度相关，入射角的一般表达式如下（Kreith 和 Kreider，1978；Duffle 和 Beckman，1991）：

$$\begin{aligned}\cos(\theta) = {} & \sin(L)\sin(\delta)\cos(\beta) - \cos(L)\sin(\delta)\sin(\beta)\cos(Z_s) \\ & + \cos(L)\cos(\delta)\cos(h)\cos(\beta) \\ & + \sin(L)\cos(\delta)\cos(h)\sin(\beta)\cos(Z_s) \\ & + \cos(\delta)\sin(h)\sin(\beta)\sin(Z_s)\end{aligned} \tag{2.18}$$

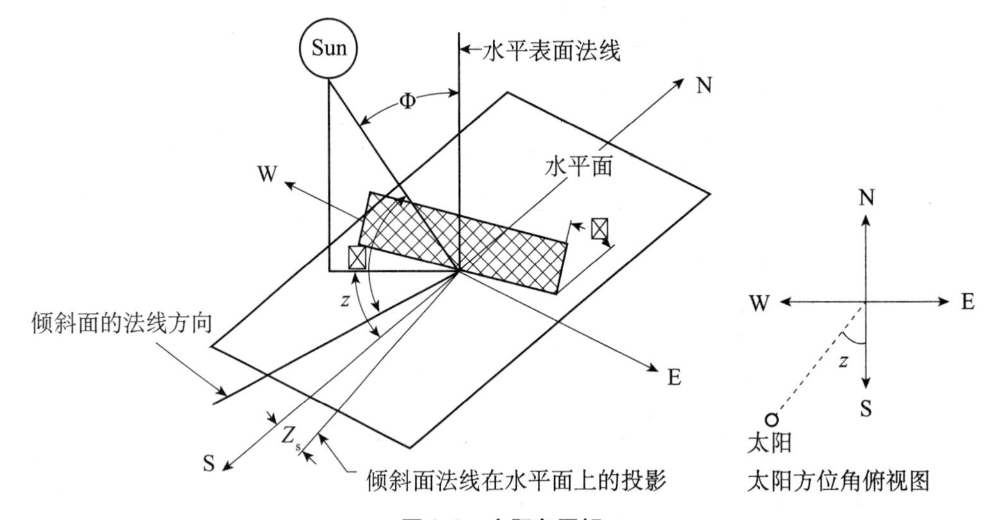

图 2.9　太阳角图解

此处，

β = 倾斜面与水平面的夹角；

Z_s = 倾斜面的方位角，即倾斜面法线和正南方向之间的夹角（指定西为正向）。

此处可将方程（2.18）简化：

- 对于水平面，$\beta = 0°$，$\theta = \Phi$，方程（2.18）可简化为方程（2.12）；
- 对于垂直面，$\beta = 90°$，方程（2.18）可转化为：

$$\cos(\theta) = -\cos(L)\sin(\delta)\cos(Z_s) + \sin(L)\cos(\delta)\cos(h)\cos(Z_s) + \cos(\delta)\sin(h)\sin(Z_s) \tag{2.19}$$

- 对于北半球朝南倾斜的表面，$Z_s = 0°$，方程（2.18）可简化为：

$$\begin{aligned}\cos(\theta) = {} & \sin(L)\sin(\delta)\cos(\beta) - \cos(L)\sin(\delta)\sin(\beta) \\ & + \cos(L)\cos(\delta)\cos(h)\cos(\beta) + \sin(L)\cos(\delta)\cos(h)\sin(\beta)\end{aligned}$$

可进一步简化为：

$$\cos(\theta) = \sin(L-\beta)\sin(\delta) + \cos(L-\beta)\cos(\delta)\cos(h) \tag{2.20}$$

- 对于位于南半球朝北倾斜的表面，$Z_s = 180°$，方程（2.18）可简化为：

$$\cos(\theta) = \sin(L+\beta)\sin(\delta) + \cos(L+\beta)\cos(\delta)\cos(h) \tag{2.21}$$

对于来自任何方向的表面上的入射角，方程（2.18）是关系的一般方程。如方程（2.19）~（2.21）所示，该方程可根据具体的情况进行简化。

例2.7

有一个位于35°N的表面，指向正南偏西10°，与水平面成45°角，计算6月16日当地下午两点时的入射角。

解答

由例2.6可得，$\delta = 23.35°$，时角 $= 30°$。由方程（2.18）可得太阳入射角 θ 为：

$$\begin{aligned}\cos(\theta) &= \sin(35)\sin(23.35)\cos(45) - \cos(35)\sin(23.35)\sin(45)\cos(10) \\ &\quad + \cos(35)\cos(23.35)\cos(30)\cos(45) + \sin(35)\cos(23.35)\cos(30)\sin(45)\cos(10) \\ &\quad + \cos(23.35)\sin(30)\sin(45)\sin(10) \\ &= 0.769\end{aligned}$$

因此，

$$\theta = 39.72°$$

2.2.1　移动表面的入射角

在集中式太阳能集热器的应用中，通常会采取一些追踪机制，以便让集热器跟随太阳的变动。如图2.10所示，追踪机制具有多种模式，且其精度也各不相同。

追踪系统按照其运动模式可分为单轴和双轴（图2.10（a））。单轴追踪模式具有多种运动方向，可与地轴线（图2.10（b））、北-南方向（图2.10（c））、东-西方向（图2.10（d））平行。由一般方程（2.18）可推出后面的表达式，并被应用于各种移动的平面。在35°N的春分、秋分、夏至、冬至时，研究者们对每种模式下的表面的每单位面积所吸收的能量大小进行了研究，并通过辐射模型进行分析。吸收能量的大小受入射角的影响，而每种模式的入射角均不同。此处所使用的辐射模型仅用于对照目的，因此其类型并不重要。

全程追踪机制

在双轴追踪机制中，表面在任何时候都朝向太阳（如图2.10（a）），其入射角

θ 等于：

$$\cos(\theta) = 1 \tag{2.22}$$

或 θ 等于0°，这取决于追踪机制的精确度。全程追踪机制能最大化吸收太阳能。标准条件下一天内该机制吸收辐射的量如图2.11所示。

表面的斜度 β 与太阳天顶角 Φ 相等，且表面方位角 Z_s 与太阳方位角 z 相等。

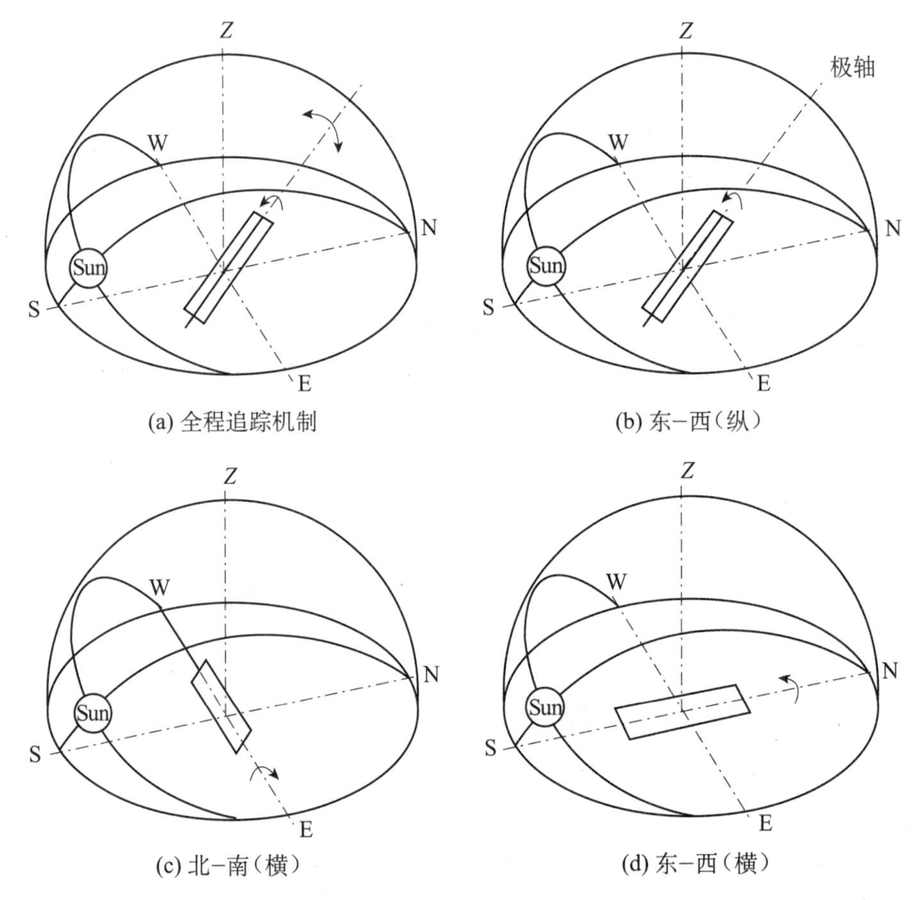

图2.10　不同追踪模式下，集热器的几何结构图

沿南北轴倾斜，每日调节的集热器

对于随着南北轴移动的日调节单轴式平面，其表面法线在每天中午与太阳光线重合，θ 等于（Meinel 和 Meinel，1976；Duffie 和 Beckman，1991）：

$$\cos(\theta) = \sin^2(\delta) + \cos^2(\delta)\cos(h) \tag{2.23}$$

对于这一跟踪模式，我们认为，阳光在中午的时候，因为小角 cos（4°）= 0.998 ~ 1，太阳光线与集热器表面法线有4°的偏差。图2.12表明了太阳在中午保持在4°“磁偏角窗口”的持续天数。如图2.12所示，近夏至或冬至时，绝大多数时候太阳总能在两个极之间快速移动。大约连续70天，太阳在极限位置4°以内；二分时刻，太阳仅有9天在4°窗口。这说明，季节性倾斜集热器只有偶尔需要调节。

所有这类集热器以及倾斜式集热器遇到的一个问题是，使用一个以上集热器时，前面集热器的影子会投射在邻近的集热器上。因此，从土地利用率的角度来看，如果考虑土地成本，这些集热器的部分效益会有所损失。这一跟踪模式的性能（见图2.13）表明这类装配常见的峰值曲线。

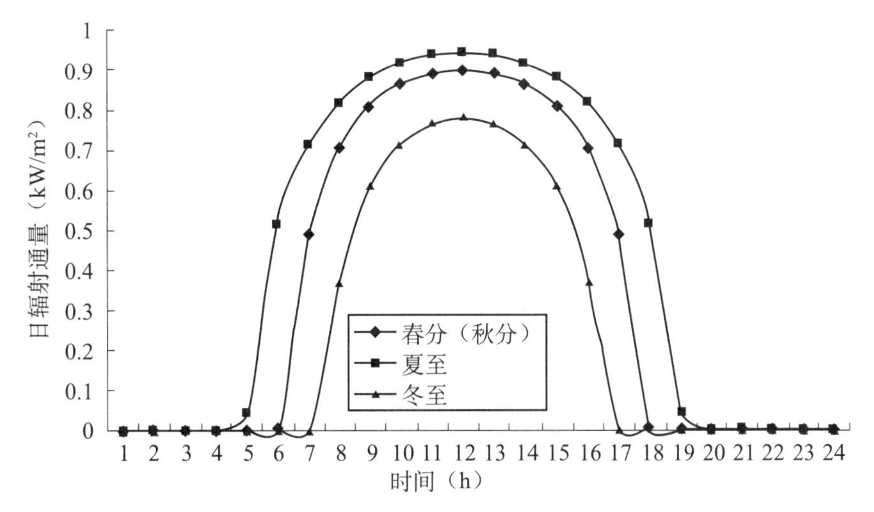

图2.11　全程跟踪系统的日辐射通量每日变化情况

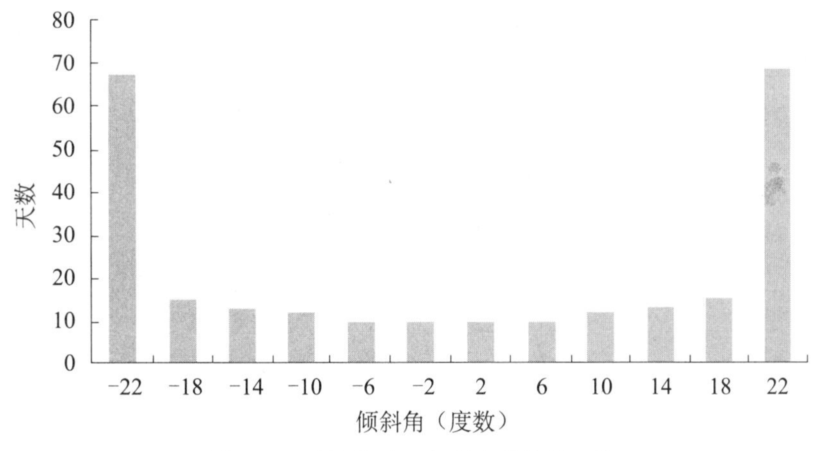

图2.12　太阳保持4°倾斜角的持续天数

沿南北极轴，朝东西方向跟踪的集热器

对于随着南北极轴旋转，并与地轴平行的平面，经过不断调节，θ 等于：

$$\cos(\theta) = \cos(\delta) \tag{2.24}$$

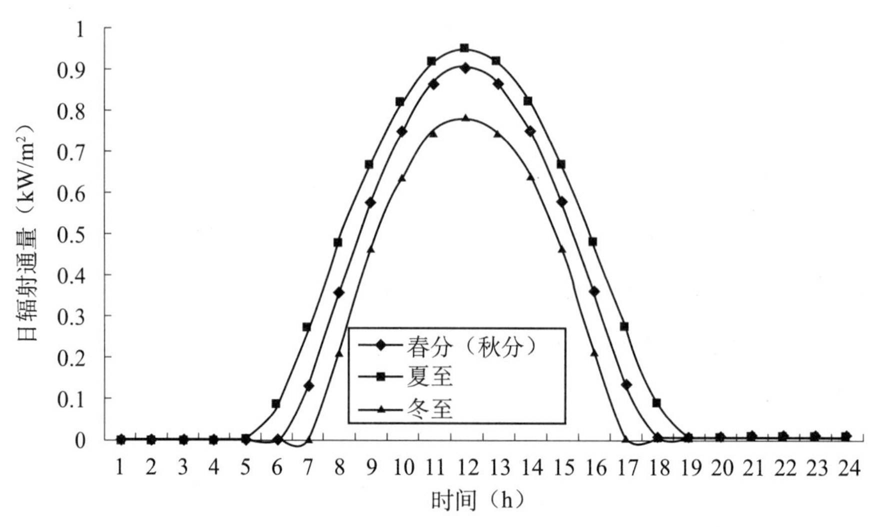

图 2.13　日辐射通量每日变化情况：沿南北轴倾斜，每日调节的集热器

这一配置见图 2.10（b）。如图所示，集热器轴沿着极轴倾斜，与当地纬度相同。对于这一布置，太阳在二分时刻（$\delta = 0°$）时正对集热器；在夏至和冬至时，余弦效应达到最大值。关于集热器倾斜和遮挡效应的解释也能应于之前的装置。这一装置的性能如图 2.14 所示。

从收集的太阳放射热看，二分时刻和夏至时期性能基本相当。也就是说，夏至日较小的气团抵消了微弱的的余弦投影效应。然而，由于这两种影响的结合，冬日中午这一数值有所下降。若想要在冬天提高其性能，则有必要让倾斜角高于当地纬度；但这种装置的物理高度可能会在无形中抵消着结构的成本效益。提高倾斜角的另一个负面影响是，多排安装的集热器容易将阴影投射到邻近的装置上。

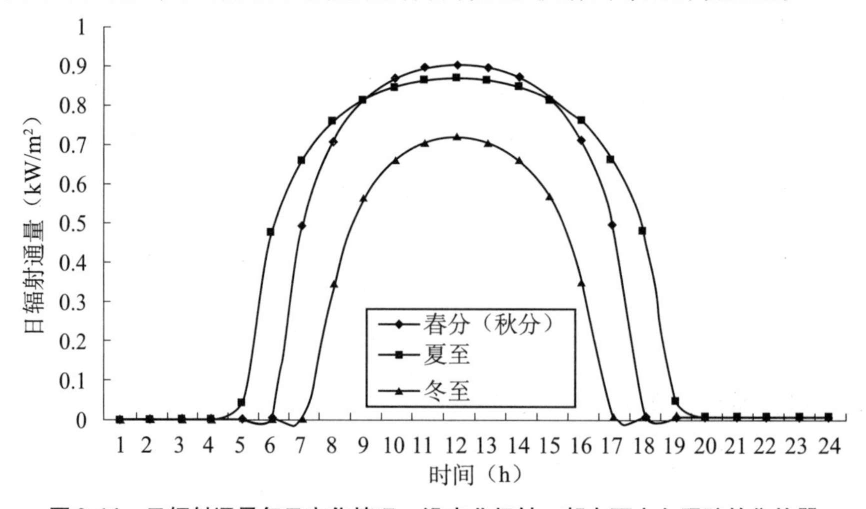

图 2.14　日辐射通量每日变化情况：沿南北极轴，朝东西方向跟踪的集热器

不断变化的表面斜率可表示为：

$$\tan(\beta) = \frac{\tan(L)}{\cos(Z_s)} \quad (2.25a)$$

表面方位角可表示为：

$$Z_s = \tan^{-1}\frac{\sin(\Phi)\sin(z)}{\cos(\theta')\sin(L)} + 180C_1C_2 \quad (2.25b)$$

其中，

$$\cos(\theta') = \cos(\Phi)\cos(L) + \sin(\Phi)\sin(L)\cos(z) \quad (2.25c)$$

$$C_1 = \begin{cases} 0 & 如果\left(\tan^{-1}\frac{\sin(\Phi)\sin(z)}{\cos(\theta')\sin(L)}\right)z \geqslant 0 \\ 1 & 否则 \end{cases} \quad (2.25d)$$

$$C_2 = \begin{cases} 1 & z \geqslant 0° \\ -1 & z < 0° \end{cases} \quad (2.25e)$$

东西水平方向放置，朝南北方向跟踪的集热器

对于沿东西向水平轴旋转的平面，经不断调节使入射角最小化，通过以下公式可得 θ 等于（Kreith 和 Kreider，1978；Duffie 和 Beckman，1991）：

$$\cos(\theta) = \sqrt{1 - \cos^2(\delta)\sin^2(h)} \quad (2.26a)$$

或通过以下公式（Meinel 和 Meinel，1976）：

$$\cos(\theta) = \sqrt{\sin^2(\delta) + \cos^2(\delta)\cos^2(h)} \quad (2.26b)$$

该装置的基本几何结构如图 2.10（c）所示，这一装置的遮挡效应比较小。冬至，集热器向南倾斜达到最大倾斜度是造成投影的主要原因。在这种情况下，太阳在北面朝集热器上投影。这一装置的优势在于夏天近似于全程跟踪集热器（见图 2.15），但在冬天余弦效应又会大大削弱其效果。这结构使太阳辐射热相当均匀，很适合矫平一天中的变化。然而，较夏天而言，该装置在冬天的性能则要逊色很多。

表面斜率为：

$$\tan(\beta) = \tan(\Phi)\left|\cos(z)\right| \quad (2.27a)$$

对于任一半球，若太阳方位角大于（或小于）90°，该跟踪模式的表面朝向在 0° 到 180°之间变化。

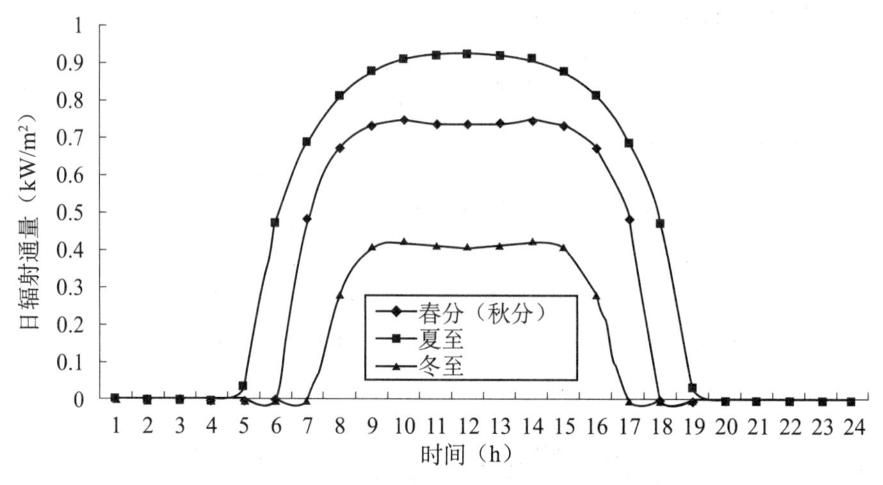

图 2.15　日辐射通量每日变化情况：沿东西向水平轴方向放置，朝南北方向跟踪的集热器

$$\text{如果}\ |z|<90°,\ Z_S=0°$$

$$\text{如果}\ |z|>90°,\ Z_S=180° \tag{2.27b}$$

沿南北水平轴方向，朝东西方向跟踪的集热器

对于沿南北向水平轴旋转的平面，不断的调节使入射角最小化，通过以下公式可得 θ 等于（Kreith 和 Kreider，1978；Duffie 和 Beckman，1991），

$$\cos(\theta)=\sqrt{\sin^2(\alpha)+\cos^2(\delta)\sin^2(h)} \tag{2.28a}$$

或通过以下公式（Meinel 和 Meinel，1976）

$$\cos(\theta)=\cos(\Phi)\cos(h)+\cos(\delta)\sin^2(h) \tag{2.28b}$$

这一装置的基本的几何结构如图 2.10（d）所示。它最大的优势在于，使用一个以上集热器时，遮挡效应会比较小，并且只在一天中最开始的几个小时和最后几个小时出现。在这种情况中，一天中收集到的太阳能的曲线图接近于余弦函数（见图 2.16）。

表面斜率可表示为：

$$\tan(\beta)=\tan(\Phi)\left|\cos(Z_s-z)\right| \tag{2.29a}$$

根据太阳方位角，该表面的方位角（Z_s）是 90°或 −90°：

$$\text{如果}\ z>0°,\ Z_s=90°$$

$$\text{如果}\ z<0°,\ Z_s=-90° \tag{2.29b}$$

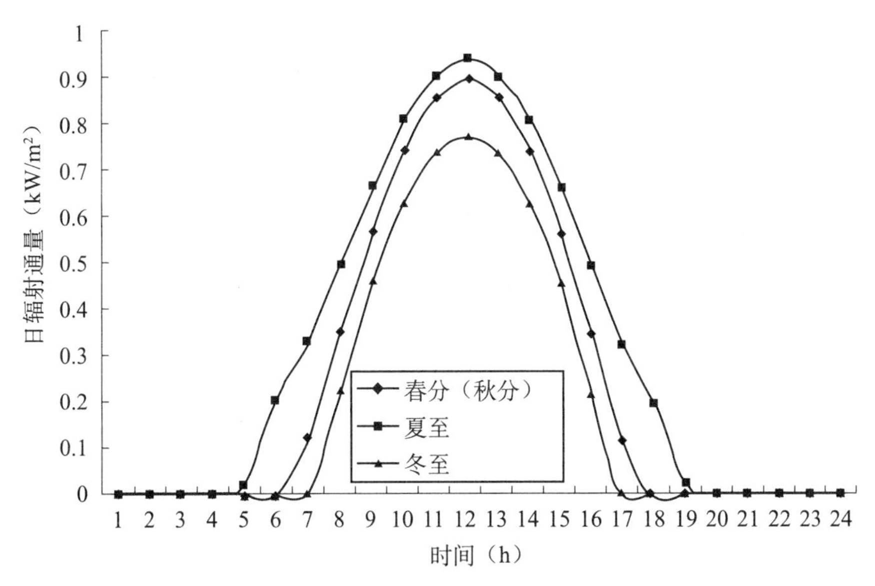

图 2.16　日辐射通量每日变化情况：沿南北方向的水平轴，朝东西方向跟踪的集热器

比较

跟踪模式会对集热器表面收集的太阳辐射量产生影响，并与入射角的余弦成比例。4 种跟踪模式在夏至、冬至和二分时刻，表面单位面积收集的太阳能量如表 2.2 所示。用来绘制本节的日辐射通量数据图模型仅用于比较。我们将多种模型与能收集到最多太阳能的全程跟踪模式进行了比较，并在表 2.2 中完全表示出来。从表格中可以明显看出，单轴式跟踪器最适合极轴和南北水平方向的模式，因为其性能非常接近于全程跟踪。

表 2.2　各种跟踪模式收集到的太阳比较

	收集的太阳能（kWh/m²）			占全程跟踪的比例		
跟踪模式	二分时刻	夏至	冬至	二分时刻	夏至	冬至
全程跟踪	8.43	10.60	5.70	100	100	100
东西极轴	8.43	9.73	5.23	100	91.7	91.7
南北水平方向	7.51	10.36	4.47	89.1	97.7	60.9
东西水平方向	6.22	7.85	4.91	73.8	74.0	86.2

2.2.2　太阳路径图

实际应用中，我们通常使用太阳路径图（即在地平面上标绘太阳的轨迹）来确定一年中任何时候太阳在天空中的位置。由方程（2.12）、（2.13）可知，太阳高度

角 α 和太阳方位角 z 是纬度 L、时角 h 和赤纬 δ 的函数。在平面坐标系中，只能存在两个变量，而其他变量则使用这两个变量来表示。因此我们在太阳路径图中，通常会标绘出不同纬度下的太阳轨迹，这样我们就能获得一年间时角和赤纬的完整变化情况。图 2.17 即为 35°N 下的太阳路径图。图中根据角度大小绘制赤纬的连续变化曲线，并明确标记出时角对应的点。此图需要结合图 2.7 或方程（2.5）—（2.7）来使用。选定一年中的某一天后，使用图 2.7 或上述方程估计出赤纬，再将其与日期代入方程（2.3）中得出太阳时，之后对照图 2.17 估计出太阳高度角和方位角。需要注意图 2.17 仅适用于北半球。赤纬在北半球为正，在南半球则为负。附录 3 中的图 A3.2 和 A3.4 分别为 30°、40°和 50°N 下的太阳路径图。

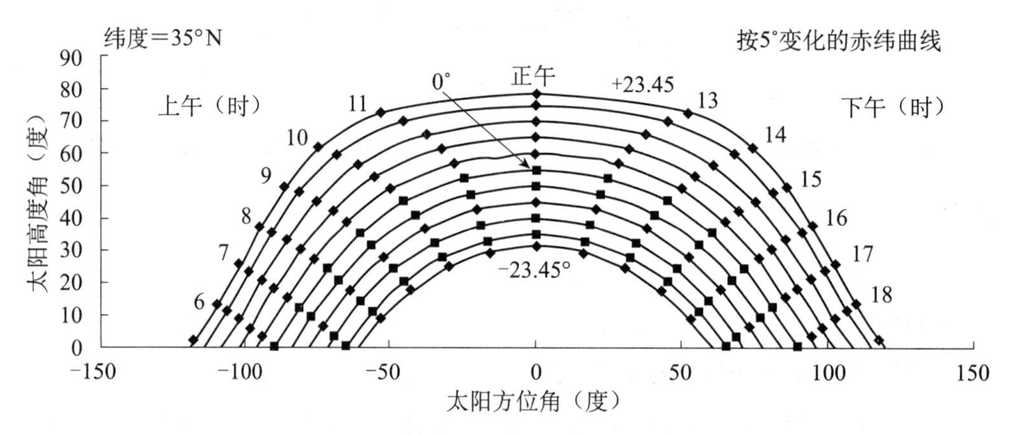

图 2.17　纬度为 35°N 时的太阳路径图

2.2.3　阴影遮挡的判断

很多太阳能系统在设计时，通常需要判断太阳能集热器或建筑物窗户是否会被周围物体的阴影遮挡。为了确定这一点，需要得到投影和一年中每一天的时刻之间的函数关系。虽然可以使用数学模型来解决，我们还是采用了更简单的图解法，这样在实际应用中更快捷。图解法效率比较高，而且我们的目的不是要估计出具体的阴影遮挡范围，而只是要判断某个地方是否适合安装集热器。

阴影遮挡的判断涉及一个与表面相关的太阳角，我们称为太阳侧视角（*solar profile angle*）。如图 2.18 所示，太阳侧视角 p 即为表面法线和太阳光线在与该表面垂直的平面上的投影之间的夹角。由太阳高度角 α、太阳方位角 z 和表面方位角 Z_s 可得，太阳侧视角 p 为：

$$\tan(p) = \frac{\tan(\alpha)}{\cos(z - Z_s)} \tag{2.30a}$$

当该表面朝向正南方时，即 $Z_s=0°$，上式可简化为：

$$\tan(p)=\frac{\tan(\alpha)}{\cos(z)} \tag{2.30b}$$

太阳投影会在一定的时间出现在相应的区域。据此，我们可以通过太阳路径图确定该投影处于一年的某个时期和一天的某个时刻。详细过程将在下面的例子中进行阐述。

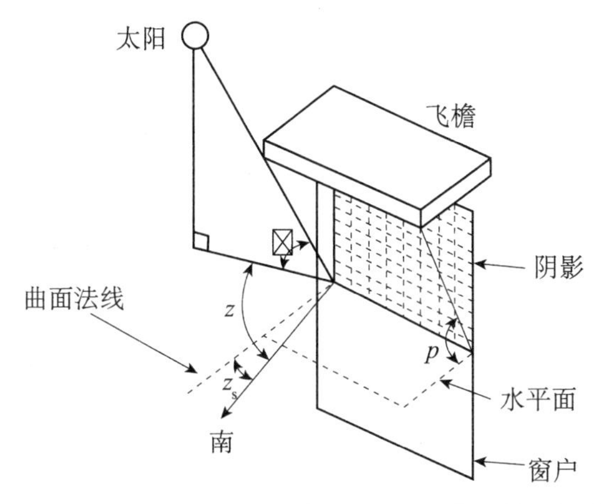

图 2.18　窗户和飞檐组合结构中，太阳侧视角 p 的几何结构图

例 2.8

有一栋位于 35°N 的目标建筑物，有一建筑位于其南偏东 15°方向。如图 2.19 所示，试求出目标建筑上的点 x 在一年中被投影遮挡的时间。

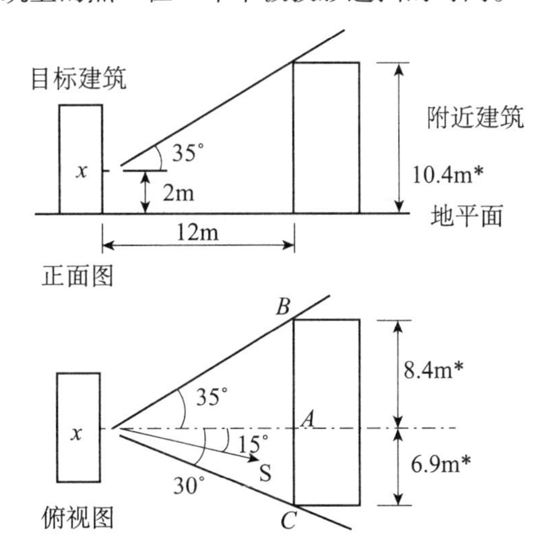

注：通过简单的三角法即可得出标有*的间距

图 2.19　建筑物投影（例 2.8）

解答

投影点 x 的侧面角最大值为正南偏西 15°（35°N），对应太阳路径图（图 2.20）中的点 A。此时，太阳侧视角即为太阳高度角。$x-B$ 的间距为 $(8.4^2+12^2)^{1/2}=14.6$ m，点 B 处太阳高度角为 $\tan(\alpha)=8.4/14.6\rightarrow\alpha=29.9°$。同样，$x-C$ 的间距为 $(6.9^2+12^2)^{1/2}=13.8$ m，点 C 处太阳高度角为 $\tan(\alpha)=8.4/13.8\rightarrow\alpha=31.3°$。这两个点均标记在太阳路径图（图 2.20）中。

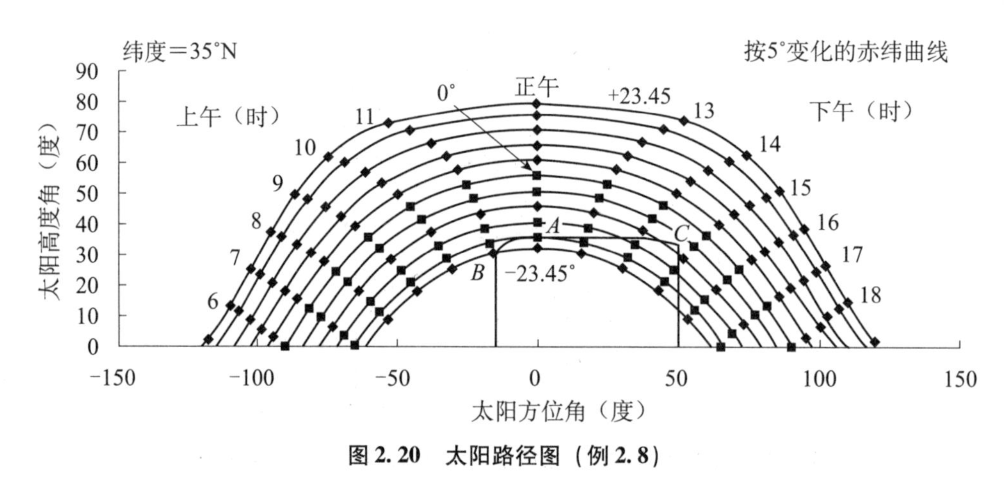

图 2.20　太阳路径图（例 2.8）

因此，图 2.20 中 BAC 曲线即表示目标建筑墙上的点 x 被阴影遮挡的时期。这样就能直接确定阴影遮挡发生在一天的某个时刻，不过要知道是一年中的某个时期还是需要靠赤纬来判断。

太阳能集热器通常按多行排列朝向正南方放置。因此，第二排及之后的集热器可能会被前排集热器的阴影遮挡。这种情况下，最大阴影会出现在当地的正午。由表达式（2.14）可得正午太阳高度角 α_n，进而判断最大阴影是否会遮挡后排集热器。角 θ_s 是前排集热器顶部和后排集热器底部连线与地平面的夹角（见图 5.25），通常只要太阳侧视角大于角 θ_s 就不会出现阴影遮挡。一旦太阳侧视角小于角 θ_s，则后排集热器有一部分会被遮挡，从而无法接收太阳辐射。

例 2.9

利用方程估计出窗板在窗户上的阴影。

解答

窗板和窗户组件结构见图 2.21。

已知三角形 ABC，$AB=D$，$BC=w$，$\angle A=z-Z_s$；

由 $w=D\tan(z-Z_s)$ 可估算出 w 的值。

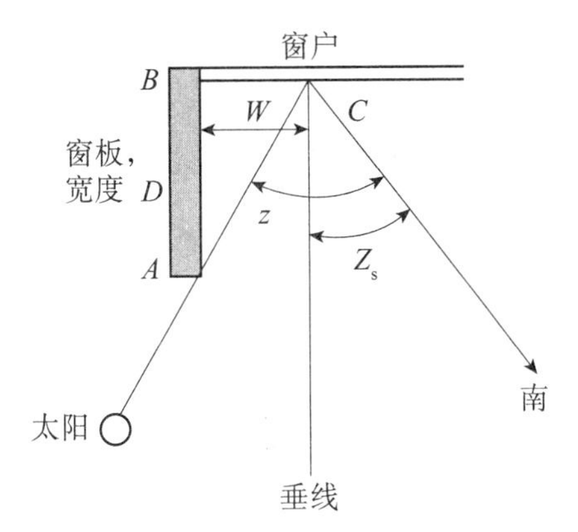

图2.21　例2.9中的窗板和窗户组件结构图

更多关于房檐阴影的计算见第6章6.2.5节。

2.3　太阳辐射

2.3.1　绪论

不论是固体、液体还是气体，只要是高于绝对零度的物质，都会以电磁波的形式释放能量。

与太阳能应用相关的辐射包括紫外辐射、可见光辐射和红外辐射，即辐射波长介于0.15～3.0μm之间。其中，可见光波长介于0.38～0.72 μm之间。

本节首先探讨了热辐射的相关问题，其中包括基本概念、真实表面的辐射和两个表面之间的辐射交换。之后分析了地外辐射、大气衰减、地面辐射和坡面接收的所有辐射的变化。最后，我们简单介绍了辐射测量仪器。

2.3.2　热辐射

热辐射是能量发射和传输的一种形式，且仅与辐射体表面的温度相关。与其他热传递方式（热传导和热对流）一样，热辐射不需要介质。实质上，热辐射是一种电磁波，能够以光速传播（真空下 $C \approx 300,000$ km/s）。热辐射的速度取决于其波长（λ）和频率（v），相关公式为：

$$C = \lambda \nu \tag{2.31}$$

当一束热辐射入射到物体表面时，有一部分会被表面反射，一部分会被表面吸收，还有一部分则会透过物体。这种现象涉及的辐射特性有：被反射的辐射的部分，即反射率（ρ）；被吸收的辐射的部分，即吸收率（α）；透过的辐射的部分，即透射率（τ）。这三个参数的关系公式为：

$$\rho + \alpha + \tau = 1 \tag{2.32}$$

需要注意这些辐射特性不只是由表面本身的性质决定，还与入射辐射的方向和波长相关。因此，公式（2.32）对于整个波长光谱的一般特性都是有效的，其特性之间的关系可表示为：

$$\rho_\lambda + \alpha_\lambda + \tau_\lambda = 1 \tag{2.33}$$

此处，

ρ_λ = 光谱反射率；

α_λ = 光谱吸收率；

τ_λ = 光谱透过率。

当入射角为 0～90°时，黑漆吸收率随角度的变化情况如表 2.3 所示。漫辐射吸收率约为 0.90（Löf 和 Tybout，1972）。

大部分固体都是不透明的，此时 $\tau = 0$ 且 $\rho + \alpha = 1$。不考虑入射辐射的光谱特性和方向性，如果物体吸收了所有入射的热辐射，即 $\tau = 0$、$\rho = 0$ 且 $\alpha = 1$，则该物体即为黑体。这只是一个理想化的假设，在现实生活中并不存在。

表 2.3　黑漆的吸收率随入射角度的变化情况

入射角度（°）	吸收率
0～30	0.96
30～40	0.95
40～50	0.93
50～60	0.91
60～70	0.88
70～80	0.81
80～90	0.66

经 ASME（美国机械工程师协会）授权转载自 Löf 和 Tybout（1972）

黑体不仅能完全吸收所有入射辐射，且同等条件下放射热辐射的能力最强。黑体放射的能量与其温度相关，且其辐射的波长范围分布不均。一定波长下，每单位面积所放射的能量比率被称为单色辐射出射度。根据量子理论，普朗克首次发现了黑体的单色辐射出射度与温度和波长之间的函数关系，其关系式（普朗克黑体辐射公式）为：

$$E_{b\lambda} = \frac{C_1}{\lambda^5 (e^{C_2/\lambda T} - 1)} \tag{2.34}$$

式中，

$E_{b\lambda}$ = 黑体的单色辐射出射度（$W/m^2 \mu m$）；

T = 表面绝对温度（K）；

λ = 波长（pm）；

C_1 = 第一辐射常数 = $2\pi h c_o^2$ = $3.74177 \times 10^8 W\ \mu m^4/m^2$；

C_2 = 第二辐射常数 = hc_o/k = $1.43878 \times 10^4 \mu m\ K$；

h = 普朗克常数 = $6.626069 \times 10^{-34} Js$；

c_o = 真空下光速 = $2.9979 \times 10^8 m/s$；

k = 玻尔兹曼常数 = $1.38065 \times 10^{-23} J/K$。

方程式（2.34）适用于真空和气体中的表面。对于其他介质，则需要将方程中的 C_1 替换为 C_1/n^2（n 为介质的折射率）。对方程（2.34）进行微分并使其等于 0，可得分布的极大值时对应的波长，即 $\lambda_{max} T = 2897.8\ \mu m\ K$。这就是著名的维恩位移定律。图 2.22 展示了三种温度下黑体辐射的光谱辐射分布。利用普朗克黑体辐射公式可绘制图中的曲线。

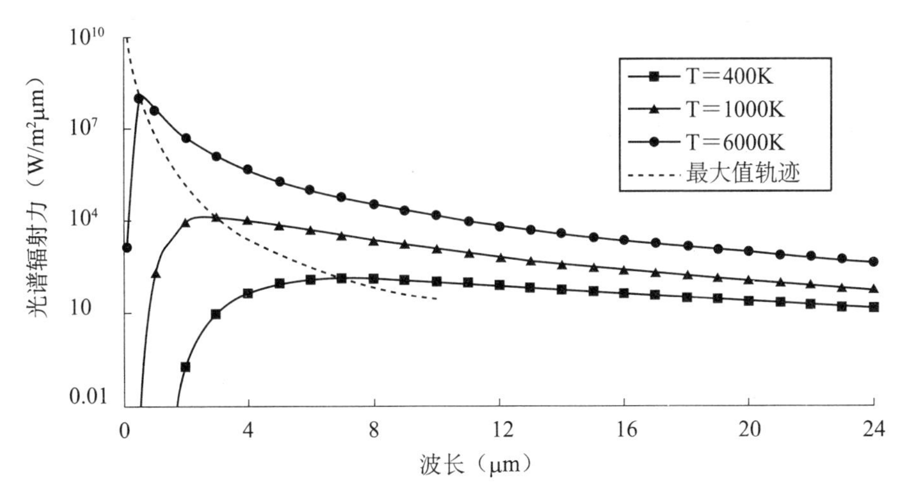

图 2.22　黑体辐射的光谱分布图

黑体的总辐射力 E_b 和单色辐射出射度 $E_{b\lambda}$ 的关系式为：

$$E_b = \int_0^\infty E_{b\lambda} d\lambda \tag{2.35}$$

将方程（2.34）代入（2.35），通过斯蒂芬-玻耳兹曼定律，可得：

$$E_b = \sigma T^4 \tag{2.36a}$$

式中 σ = 斯蒂芬-玻耳兹曼常数 $= 5.6697 \times 10^{-8} \mathrm{W/m^2K^4}$。

很多情况下，需要得知黑体在特定波长范围 $\lambda_1 \to \lambda_2$ 中发射的辐射量。由公式（2.35）可得：

$$E_b(0 \to \lambda) = \int_0^{\lambda} E_{b\lambda} \mathrm{d}\lambda \tag{2.36b}$$

由于 $E_{b\lambda}$ 的值同时取决于 λ 和 T，故应将这两个变量代入，可得：

$$E_b(0 \to \lambda T) = \int_0^{\lambda T} \frac{E_{b\lambda}}{T} \mathrm{d}\lambda T \tag{2.36c}$$

因此，在波长范围为 $\lambda_1 \to \lambda_2$ 中，有：

$$E_b(\lambda_1 T \to \lambda_2 T) = \int_{\lambda_1 T}^{\lambda_2 T} \frac{E_{b\lambda}}{T} \mathrm{d}\lambda T \tag{2.36d}$$

则有 E_b（$0 \to \lambda_1 T$）— E_b（$0 \to \lambda_2 T$）。表 2.4 为 λT 取不同值时，E_b（$0 \to \lambda T$）和总辐射力 $E_b = \sigma T^4$ 的比值，或是黑体在温度为 T（或特定的温度 $f_{0-\lambda T}$）、波长在 0 到 λ 范围内发射的辐射量。由于 Dunkle（1954）提出的这个原始表格中的 λT 是以微米兰氏度（μm°R）记录的，又在表 2.4 中被转化为了微米开氏度（μm K），因此表中的数据并没有取整数。

根据 Siegel 和 Howell（2002）的研究，波长 λ 等于 0 到 λ 之间、温度等于 T 时，计算机能以多项式形式解出黑体发射的辐射量，且经过大概 10 次求和的精确度较高，则：

$$f_{0-\lambda T} = \frac{15}{\pi^4} \sum_{n=1}^{\infty} \left[\frac{e^{-nw}}{n} \left(w^3 + \frac{3w^2}{n} + \frac{6w}{n^2} + \frac{6}{n^3} \right) \right] \tag{2.36e}$$

式中 $\omega = C_2/\lambda T$。

表 2.4　黑体辐射分数与 λT 的函数关系

λT(μm K)	$E_b(0 \to \lambda T)/\sigma T^4$	λT(μm K)	$E_b(0 \to \lambda T)/\sigma T^4$	λT(μm K)	$E_b(0 \to \lambda T)/\sigma T^4$
555.6	1.70E-08	4000.0	0.48085	7444.4	0.83166
666.7	7.56E-07	4111.1	0.50066	7555.6	0.83698
777.8	1.06E-05	4222.2	0.51974	7666.7	0.84209
888.9	7.38E-05	4333.3	0.53809	7777.8	0.84699
1000.0	3.21E-04	4444.4	0.55573	7888.9	0.85171
1111.1	0.00101	4555.6	0.57267	8000.0	0.85624

续表

λT(μm K)	$E_b(0\rightarrow\lambda T)/\sigma T^4$	λT(μm K)	$E_b(0\rightarrow\lambda T)/\sigma T^4$	λT(μm K)	$E_b(0\rightarrow\lambda T)/\sigma T^4$
1222. 2	0. 00252	4666. 7	0. 58891	8111. 1	0. 86059
1333. 3	0. 00531	4777. 8	0. 60449	8222. 2	0. 86477
1444. 4	0. 00983	4888. 9	0. 61941	8333. 3	0. 86880
1555. 6	0. 01643	5000. 0	0. 63371	8888. 9	0. 88677
1666. 7	0. 02537	5111. 1	0. 64740	9444. 4	0. 90168
1777. 8	0. 03677	5222. 2	0. 66051	10,000. 0	0. 91414
1888. 9	0. 05059	5333. 3	0. 67305	10. 555. 6	0. 92462
2000. 0	0. 06672	5444. 4	0. 68506	11,111. 1	0. 93349
2111. 1	0. 08496	5555. 6	0. 69655	11,666. 7	0. 94104
2222. 2	0. 10503	5666. 7	0. 70754	12,222. 2	0. 94751
2333. 3	0. 12665	5777. 8	0. 71806	12,777. 8	0. 95307
2444. 4	0. 14953	5888. 9	0. 72813	13,333. 3	0. 95788
2555. 5	0. 17337	6000. 0	0. 73777	13,888. 9	0. 96207
2666. 7	0. 19789	6111. 1	0. 74700	14,444. 4	0. 96572
2777. 8	0. 22285	6222. 1	0. 75583	15,000. 0	0. 96892
2888. 9	0. 24803	6333. 3	0. 76429	15,555. 6	0. 97174
3000. 0	0. 27322	6444. 4	0. 77238	16,111. 1	0. 97423
3111. 1	0. 29825	6555. 6	0. 78014	16,666. 7	0. 97644
3222. 2	0. 32300	6666. 7	0. 78757	22,222. 2	0. 98915
3333. 3	0. 34734	6777. 8	0. 79469	22,777. 8	0. 99414
3444. 4	0. 37118	6888. 9	0. 80152	33,333. 3	0. 99649
3555. 6	0. 39445	7000. 0	0. 80806	33,888. 9	0. 99773
3666. 7	0. 41708	7111. 1	0. 81433	44,444. 4	0. 99845
3777. 8	0. 43905	7222. 2	0. 82035	50,000. 0	0. 99889
3888. 9	0. 46031	7333. 3	0. 82612	55,555. 6	0. 99918

黑体同时也是理想的辐射发射体，故其在所有方向上的辐射强度 I_b 为一个常数，即：

$$E_b = \pi I_b \tag{2.37}$$

当然，真实物体表面的发射能力要低于相同温度下的黑体，真实物体表面总的辐射力 E 和黑体总的辐射力 Eb，之间的比即为真实物体表面的发射率（ε），即：

$$\varepsilon = \frac{E}{E_b} \tag{2.38}$$

物体表面的发射率不仅与表面温度相关，还受波长和方向的影响。实际上，公式（2.38）所得到的是全部波长范围及所有方向下的平均发射率，且常被作为总放射率或半放射率。与公式（2.38）相似，单色发射率或光谱发射率 ε_λ 被定义为在相同波长和温度下，实际表面的单色辐射力 E_λ 和黑体的单色辐射力 $E_{b\lambda}$ 之间的比值，即：

$$\varepsilon\lambda = \frac{E_\lambda}{E_{b\lambda}} \tag{2.39}$$

根据基尔霍夫定律，在热平衡条件下，单色辐射发射率等于单色辐射吸收率，即：

$$\varepsilon_\lambda(T) = \alpha_\lambda(T) \tag{2.40}$$

公式（2.40）中的温度（T）表明，此公式只适用于入射辐射源的温度和物体本身温度相同的情况。需要注意的是，常温下地球上的物体的发射率与太阳辐射（太阳温度 $T = 5,760$ K）不可能相等。公式（2.40）可被推广为：

$$\varepsilon(T) = \alpha(T) \tag{2.41}$$

公式（2.41）与整个波长范围下的总发射率和总吸收率相关。不过，推广后的公式适用的情况不仅要求表面温度均衡，还需要入射辐射和放射辐射具有相同的光谱分布。这种情况在现实生活中很罕见，因此为了简化辐射分析问题，通常需要假定所有波长的单色辐射特性恒定。具有这些特性的物体被称为灰体。

与公式（2.37）类似，实际情况下，离开表面的辐射能包括它本身发射和反射的能量。单位面积上离开物体表面的总辐射能的比率被称为辐射度（J），其公式为：

$$J = \varepsilon E_b + \rho H \tag{2.42}$$

式中，

E_b = 单位面积上的黑体辐射力（W/m^2）；

H = 单位面积上的入射辐射量（W/m^2）；

ε = 表面发射率；

ρ = 表面反射率。

反射辐射中有两种理想的极限状态：反射线与表面法向之间的夹角与入射角相等时，则称之为镜面反射；当投射到表面的光向各个方向反射时，则称之为漫反射。

没有表面只有是镜面反射或漫反射。不过，工程计算中通常将粗糙的工业材料表面视为漫反射表面。

真实物体表面既是漫发射器，也是漫反射器，并具有漫辐射度。即是说，在所有方向上从表面（I）发出辐射的辐射强度恒定。因此，应用于真实物体表面的辐射强度为：

$$J = \pi \times I \tag{2.43}$$

例 2.10

有一用于特定装置的玻璃，其透射率为0.92。该玻璃仅对波长为0.3和3.0μm的辐射透明，而对其他波长的辐射则是不透明的。不考虑大气衰减，假设太阳温度为5,760 K的黑体，求能透过玻璃的入射太阳能所占的比例。假设该装置内部是温度为373K的黑体，求其本身放射的辐射和透过玻璃的辐射之间的比率。

解答

对于入射的太阳辐射（5,760 K），有：

$$\lambda_1 T = 0.3 \times 5760 = 1728\mu\text{m K}$$

$$\lambda_2 T = 3 \times 5760 = 17280\mu\text{m K}$$

通过插值法，由表2.4可得：

$$\frac{E_b(0 \rightarrow \lambda_1 T)}{\sigma T^4} = 0.0317 = 3.17\%$$

$$\frac{E_b(0 \rightarrow \lambda_2 T)}{\sigma T^4} = 0.9778 = 97.78\%$$

因此，波长范围为0.3～3μm时，入射太阳辐射所占比率为：

$$\frac{E_b(\lambda_1 T \rightarrow \lambda_2 T)}{\sigma T^4} = 97.78 - 3.17 = 94.61\%$$

此外，透射过玻璃的辐射所占的比例为$0.92 \times 94.61 = 87.04\%$。

对于373K时发射的红外辐射，有：

$$\lambda_1 T = 0.3 \times 373 = 111.9\mu\text{m K}$$

$$\lambda_2 T = 3 \times 373 = 1119.0\mu\text{m K}$$

由表2.4，可得：

$$\frac{E_b(0 \rightarrow \lambda_1 T)}{\sigma T^4} = 0.0 = 0\%$$

$$\frac{E_b(0 \rightarrow \lambda_2 T)}{\sigma T^4} = 0.00101 = 0.1\%$$

波段为0.3~3μm、入射到玻璃的逸出红外辐射所占的比率为0.1%，而该辐射能透过玻璃的比率仅为0.92×0.1=0.092%。本例实际上证明了温室效应原则，即一旦太阳辐射能被物体内部吸收，则很难逸出。

例2.11

有一表面对波长小于1.5μm的光谱发射率为0.87，对波长在1.5μm到2.5μm的光谱发射率为0.65，对波长大于2.5μm的光谱发射率为0.4。如果表面温度为1,000K，求其全部波长的平均放射率，以及表面的总辐射力。

解答

由已知量可得：

$$\lambda_1 T = 1.5 \times 1000 = 1500 \mu m\ K$$

$$\lambda_2 T = 2.5 \times 1000 = 2500 \mu m\ K$$

由表2.4可得：

$$\frac{E_b(0 \to \lambda_1 T)}{\sigma T^4} = 0.01313$$

又

$$\frac{E_b(0 \to \lambda_2 T)}{\sigma T^4} = 0.16144$$

因此

$$\frac{E_b(\lambda_1 T \to \lambda_2 T)}{\sigma T^4} = 0.16144 - 0.01313 = 0.14831$$

且

$$\frac{E_b(\lambda_2 T \to \infty)}{\sigma T^4} = 1 - 0.16144 = 0.83856$$

可得全部波长的平均辐射力为：

$$\varepsilon = 0.87 \times 0.01313 + 0.65 \times 0.14831 + 0.4 \times 0.83856 = 0.4432$$

以及表面的总辐射力为：

$$E = \varepsilon \sigma T^4 = 0.4432 \times 5.67 \times 10^{-8} \times 1000^4 = 25129.4 W/m^2$$

如下例所示，通过基尔霍夫定律和方程（2.40）或（2.41）可得材料的其他特性。

例2.12

有一不透明表面，其光谱吸收率范围为0.2（波长为2 μm）到0.7（波长更大）。当辐射源的温度为2,500K时，估计表面对该辐射的平均吸收率和反射率。同时求温度为3,000 K的表面的平均放射率。

解答

温度为2,500K时，有：

$$\lambda_1 T = (2\mu m)(2500K) = 5000\mu m\ K$$

由表2.4可得：$\dfrac{E_b(0 \to \lambda_1 T)}{\sigma T^4} = f_{\lambda 1} = 0.63371$

表面的平均吸收率为：

$$\alpha(T) = \alpha_1 f_{\lambda 1} + \alpha_2(1 - f_{\lambda 1}) = (0.2)(0.63371) + (0.7)(1 - 0.63371) = 0.383$$

由于表面不透明，由方程（2.32）可得：

$$\alpha + \rho = 1, \rho = 1 - \alpha = 1 - 0.383 = 0.617$$

利用基尔霍夫定律，及方程（2.41）可知 $\varepsilon(T) = \alpha(T)$。因此，$T = 3,000$ K时，表面的平均发射率为：

$$\lambda_1 T = (2\mu m)(3000K) = 6000\mu m\ K$$

因此，由表2.4可得：$\dfrac{E_b(0 \to \lambda_1 T)}{\sigma T^4} = f_{\lambda 1} = 0.73777$

从而

$$\varepsilon(T) = \varepsilon_1 f_{\lambda 1} + \varepsilon_2(1 - f_{\lambda 1}) = (0.2)(0.73777) + (0.7)(1 - 0.73777) = 0.331$$

2.3.3　透明平板介质

如图2.23所示，当一束辐射以 θ_1 为入射角射入一透明平板介质时，一部分辐射会被反射，其余的则会在通过透明平板介质时发生折射，并形成折射角 θ_2。角 θ_1 和发生镜面反射所形成的辐射束与透明板表面法线之间的夹角相等。当辐射束通过的介质密度不同时，角 θ_1 和 θ_2 不相等。此外，如果平板的密度较高，则透射的光束会发生弯曲并靠近与平板垂直的方向。由斯涅尔定律可知这两个角之间的关系：

$$n = \frac{n_2}{n_1} = \frac{\sin\theta_1}{\sin\theta_2} \tag{2.44}$$

n_1 和 n_2 为折射率，n 为平板两侧的介质的折射率的比值。折射率是辐射束通过平板后所产生的反射损失的决定性因素。常用的折射率有：空气，1.000；玻璃，1.526；水，1.33。

由Fresnel推导的辐射束在光滑表面上的垂直分量和平行分量的公式为：

$$r_{\perp} = \frac{\sin^2(\theta_2 - \theta_1)}{\sin^2(\theta_2 + \theta_1)} \tag{2.45}$$

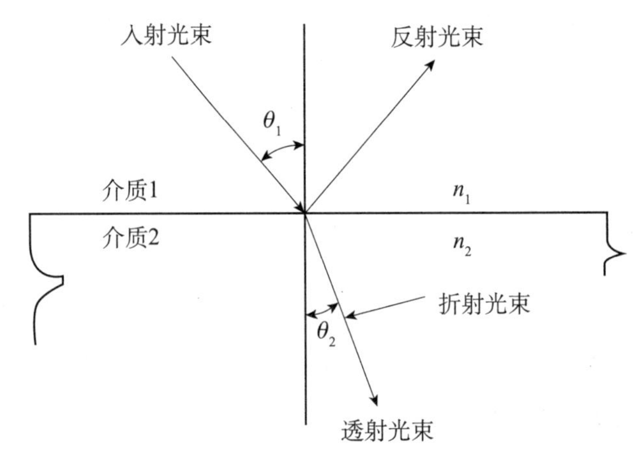

图 2.23　光线从折射率为 n_1 的介质射入折射率为 n_2 的介质所形成的入射角和反射角

$$r_{\parallel} = \frac{\tan^2(\theta_2 - \theta_1)}{\tan^2(\theta_2 + \theta_1)} \tag{2.46}$$

方程（2.45）为非偏振辐射的垂直分量，方程（2.46）为平行分量。需要注意的是，此处的平行和垂直的概念适用于由入射光和表面法线确定的平板。

计算这两个分量的平均值：

$$r = \frac{1}{2}(r_{\perp} + r_{\parallel}) \tag{2.47}$$

对于垂直射入的光线，入射角和折射角均为 0。综合方程（2.47）和（2.44）可得：

$$r_{(0)} = \left(\frac{n_1 - n_2}{n_1 + n_2}\right)^2 \tag{2.48}$$

如果有一个介质为空气，即 $n = 1.0$，则方程（2.48）可表示为：

$$r_{(0)} = \left(\frac{n - 1}{n + 1}\right)^2 \tag{2.49}$$

同样，如下所示，由这两个分量的平均透射率即可得出透射比 τ_r（下标 r 表明此处只考虑反射损失）：

$$\tau_r = \frac{1}{2}\left(\frac{1 - r_{\parallel}}{1 + r_{\parallel}} + \frac{1 - r_{\perp}}{1 + r_{\perp}}\right) \tag{2.50a}$$

对于全部玻璃覆盖材质的系统（折射率为 N），可得：

$$\tau_r = \frac{1}{2}\left[\frac{1 - r_{\parallel}}{1 + (2N - 1)r_{\parallel}} + \frac{1 - r_{\perp}}{1 + (2N - 1)r_{\perp}}\right] \tag{2.50b}$$

透射率 τ_α（下标 α 表明此处只考虑吸收损失）为：

$$\tau_\alpha = e^{\left(-\frac{KL}{\cos\theta_2}\right)} \tag{2.51}$$

式中，K 为消光系数，其值由 $4m^{-1}$（高品质玻璃）到 $32m^{-1}$（低品质玻璃）不等，L 为玻璃覆盖层的厚度。

同时考虑反射损失和吸收损失时，单覆盖层的透射率、反射率和吸收率可由下面的公式得出。这些公式不仅适用于偏振辐射的垂直分量，还可用于其水平分量：

$$\tau_\perp = \frac{\tau_\alpha(1-r_\perp)^2}{1-(r_\perp \tau_\alpha)^2} = \tau_\alpha \frac{1-r_\perp}{1+r_\perp}\left(\frac{1-r_\perp^2}{1-(r_\perp \tau_\alpha)^2}\right) \tag{2.52a}$$

$$\rho_\perp = r_\perp \frac{(1-r_\perp)^2\tau_\alpha^2 r_\perp}{1-(r_\perp \tau_\alpha)^2} = \tau_\perp (1+\tau_a \tau_\perp) \tag{2.52b}$$

$$\alpha_\perp = (1-\tau_\alpha)\left(\frac{1-\tau_\perp}{1-r_\perp \tau_\alpha}\right) \tag{2.52c}$$

实际中，集热器盖板的 τ_α 不会低于 0.9，且 r 约为 0.1。单层盖板的透射率为：

$$\tau \cong \tau_\alpha \tau_r \tag{2.53}$$

不考虑公式（2.52c）的最后一项，盖板的吸收率约为：

$$\alpha \cong 1-\tau_\alpha \tag{2.54}$$

且单层盖板的反射率为（记住 $p = 1-\alpha-\tau$）：

$$\rho \cong \tau_\alpha(1-\tau_r) = \tau_\alpha - \tau \tag{2.55}$$

对于不一定为同样材质的双层盖板的系统，则方程为（下标 1 表示外层，2 表示里层）：

$$\tau = \frac{1}{2}\left[\left(\frac{\tau_1\tau_2}{1-\rho_1\rho_2}\right)_\perp + \left(\frac{\tau_1\tau_2}{1-\rho_1\rho_2}\right)_\parallel\right] = \frac{1}{2}(\tau_\perp + \tau_\parallel) \tag{2.56}$$

$$\rho = \frac{1}{2}\left[\left(\rho_1 + \frac{\tau\rho_2\tau_1}{\tau_2}\right)_\perp + \left(\rho_1 + \frac{\tau\rho_2\tau_1}{\tau_2}\right)_\parallel\right] = \frac{1}{2}(\rho_\perp + \rho_\parallel) \tag{2.57}$$

例 2.13

某太阳能集热有一层 4 mm 厚的玻璃盖板。在可见光范围内，玻璃的折射率 n 为 1.526，消光系数 K 为 $32m^{-1}$。分别计算光线入射角为 60°和 0°时，玻璃盖板的反射率、透射率和吸收率。

解答

入射角 = 60°

由方程（2.44）可得折射角 θ_2 为：

$$\theta_2 = \sin^{-1}\left(\frac{\sin\theta_1}{n}\right) = \sin^{-1}\left(\frac{\sin(60)}{1.526}\right) = 34.6°$$

由方程（2.51）可得透射率为：

$$\tau_\alpha = e^{\left(-\frac{KL}{\cos(\theta_2)}\right)} = e^{\left(-\frac{32(0.004)}{\cos(34.6)}\right)} = 0.856$$

由方程（2.45）和（2.46）可得：

$$r_\perp = \frac{\sin^2(\theta_2 - \theta_1)}{\sin^2(\theta_2 + \theta_1)} = \frac{\sin^2(34.6 - 60)}{\sin^2(34.6 + 60)} = 0.185$$

$$r_\parallel = \frac{\tan^2(\theta_2 - \theta_1)}{\tan^2(\theta_2 + \theta_1)} = \frac{\tan^2(34.6 - 60)}{\tan^2(34.6 + 60)} = 0.001$$

由方程（2.52a）～（2.52c）可得：

$$\tau = \frac{\tau_\alpha}{2}\left\{\frac{1 - r_\perp}{1 + r_\perp}\left[\frac{1 - r_\perp^2}{1 - (r_\perp \tau_\alpha)^2}\right] + \frac{1 - r_\parallel}{1 + r_\parallel}\left[\frac{1 - r_\parallel^2}{1 - (r_\parallel \tau_\alpha)^2}\right]\right\} = \frac{\tau_\alpha}{2}[t_\perp + \tau_\parallel]$$

$$= \frac{0.856}{2}\left\{\frac{1 - 0.185}{1 + 0.185}\left[\frac{1 - 0.185^2}{1 - (0.185 \times 0.856)^2}\right] + \frac{1 - 0.001}{1 + 0.001}\left[\frac{1 - 0.001^2}{1 - (0.001 \times 0.856)^2}\right]\right\}$$

$$= 0.428(0.681 + 0.998) = 0.791$$

$$\rho = \frac{1}{2}[r_\perp(1 + \tau_\alpha\tau_\perp) + r_\parallel(1 + \tau_\alpha\tau_\parallel)]$$

$$= 0.5[0.185(1 + 0.856 \times 0.618) + 0.001(1 + 0.856 \times 0.998)] = 0.147$$

$$\alpha = \frac{(1 - \tau_\alpha)}{2}\left[\left(\frac{1 - r_\perp}{1 - r_\perp\tau_\alpha}\right) + \left(\frac{1 - r_\parallel}{1 - r_\parallel\tau_\alpha}\right)\right]$$

$$= \frac{(1 - 0.856)}{2}\left(\frac{1 - 0.185}{1 - 0.185 \times 0.856} + \frac{1 - 0.001}{1 - 0.001 \times 0.856}\right) = 0.142$$

垂直入射

垂直入射光线的 θ_1 和 θ_2 均为 0°。此处，τ_α 为 0.880。垂直入射光线无偏振，因此由方程（2.49）可得：

$$R_{(0)} = r_\perp = r_\parallel = \left(\frac{n - 1}{n + 1}\right)^2 = \left(\frac{1.526 - 1}{1.526 + 1}\right)^2 = 0.043$$

由方程（2.52a）—（2.52c）可得：

$$\tau = \tau_\alpha \frac{1 - r_{(0)}}{1 + \tau_{(0)}}\left[\frac{1 - r_{(0)}^2}{1 - (r_{(0)}\tau_\alpha)^2}\right] = 0.880\left\{\frac{1 - 0.043}{1 + 0.043}\left[\frac{1 - 0.043^2}{1 - (0.043 \times 0.880)^2}\right]\right\} = 0.807$$

$$\rho = r_{(0)}(1 + \tau_\alpha\tau_{(0)}) = 0.043(1 + 0.880 \times 0.807) = 0.074$$

$$\alpha = (1 - \tau_\alpha)\left(\frac{1 - r_{(0)}}{1 - r_{(0)}\tau_\alpha}\right) = (1 - 0.880)\left(\frac{1 - 0.043}{1 - 0.043 \times 0.880}\right) = 0.119$$

2.3.4 表面之间的辐射交换

在研究两个被不吸收介质分隔的表面的辐射能量交换时，不仅要考虑这两个表面的温度和特性，还需要考虑它们彼此之间的几何位置。为分析表面之间的几何位置对辐射能量交换的影响，我们将定义角系数 F_{12}，定义为离开表面 A_1 到达表面 A_2 的辐射分量。当两个表面都是黑色时，离开表面 A_1 到达表面 A_2 辐射为 $E_{b1}A_1F_{12}$，离开表面 A_2 到达表面 A_1 辐射为 $E_{b2}A_2F_{21}$。当两个表面都是黑色，且吸收所有入射辐射，则净辐射交换为：

$$Q_{12} = E_{b1}A_1F_{12} - E_{b2}A_2F_{21} \tag{2.58}$$

当两个表面温度相同时，即 $E_{b1} = E_{b2}$，$Q_{12}=0$。因此，

$$A_1F_{12} = A_2F_{21} \tag{2.59}$$

不考虑温度，需要注意方程（2.59）在本质上具有几何特征并适用于所有的漫发射体。因此，两个黑色表面之间的净辐射交换为：

$$Q_{12} = A_1F_{12}(E_{b1} - E_{b2}) = A_2F_{21}(E_{b1} - E_{b2}) \tag{2.60}$$

由公式（2.36a）且 $E_b=\sigma T^4$ 可将方程（2.60）转化为：

$$Q_{12} = A_1F_{12}\sigma(T_1^4 - T_2^4) = A_2F_{21}\sigma(T_1^4 - T_2^4) \tag{2.61}$$

式中，T_1 和 T_2 分别为表面 A_1 和 A_2 的温度。和电路类比的话，方程（2.60）中的（$E_{b1}-E_{b2}$）为导致热传递的“电势差”。同样，由于两个表面具有几何构型，$1/A_1F_{12}=1/A_2F_{21}$ 则代表“电阻”。

在辐射交换中，当表面不是黑色时，则需要考虑各个表面的多重反射，因此情况要复杂得多。如果两个表面均为不透明灰色表面，则 $\varepsilon=\alpha$，反射率 $\rho=1-\alpha=1-\varepsilon$，由方程（2.42）可得各个表面的辐射度为：

$$J = \varepsilon E_b + \rho H = \varepsilon E_b + (1-\varepsilon)H \tag{2.62}$$

通过计算离开表面的辐射度 J 和入射至表面的辐射 H 的差值，可得离开表面的净辐射能：

$$Q = A(J - H) \tag{2.63}$$

结合方程（2.62）和（2.63）可消掉辐射 H，可得：

$$Q = A\left(J - \frac{J-\varepsilon E_b}{1-\varepsilon}\right) = \frac{A\varepsilon}{1-\varepsilon}(E_b - J) = \frac{(E_b - J)}{R} \tag{2.64}$$

因此，计算离开灰色表面的净辐射能时，可将其看作等价电路中的电流。这个电路中，电势差为（E_b-J），电阻 $R=(1-\varepsilon)/A\varepsilon$。这里的“电阻”被称为表面阻抗，是由于作为发射器和吸收器的表面的瑕疵而产生的（相对于黑色表面而言）。

两个灰色表面 A_1 和 A_2 的辐射能交换时，离开表面 A_1 到达表面 A_2 的辐射为 $J_1A_1F_{12}$（J 为辐射度，由方程（2.42）可得）。同样，离开表面 A_2 到达表面 A_1 的辐射则

为 $J_2A_2F_{21}$。可得两个表面之间的净辐射交换为：

$$Q_{12} = J_1A_1F_{12} - J_2A_2F_{21} = A_1F_{12}(J_1 - J_2) = A_2F_{21}(J_1 - J_2) \quad (2.65)$$

因此，由于两个灰色表面的几何位置，在交换辐射时，电势 J_1 和 J_2 之中会产生一个阻力，称为空间位阻，其值为 $R = 1/A_1F_{12} = 1/A_2F_{21}$。

图 2.24 即为两个灰色表面的辐射交换的等价电路。结合每个表面的表面阻抗 $(1-\varepsilon)/A\varepsilon$ 和两个表面之间的空间位阻 $1/A_1F_{12} = 1/A_2F_{21}$，结合图 2.24 可知，$1/A_1F_{12} = 1/A_2F_{21}$，两个表面之间的净辐射交换率等于总电势差除以总电阻，即：

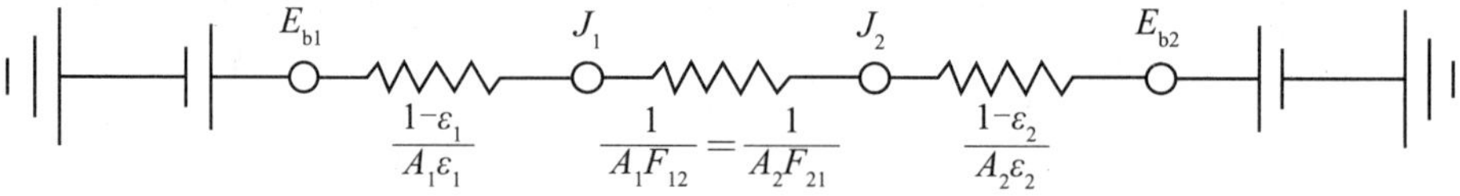

图 2.24　两个灰色表面的辐射交换的等价电路图

$$Q_{12} = \frac{E_{b1} - E_{b2}}{\left[\frac{(1-\varepsilon_1)}{A_1\varepsilon_1}\right] + \frac{1}{A_1F_{12}} + \left[\frac{1-\varepsilon_2}{A_2\varepsilon_2}\right]} = \frac{\sigma(T_1^4 - T_2^4)}{\left[\frac{(1-\varepsilon_1)}{A_1\varepsilon_1}\right] + \frac{1}{A_1F_{12}} + \left[\frac{(1-\varepsilon_2)}{A_2\varepsilon_2}\right]} \quad (2.66)$$

在太阳能应用中，如下为比较特殊的两个表面的几何构型：

A. 对于两个平行的无限大表面，则 $A_1 = A_2 = A$ 且 $F_{12} = 1$。方程（2.66）可转化为：

$$Q_{12} = \frac{A\sigma(T_1^4 - T_2^4)}{(1/\varepsilon_1) + (1/\varepsilon_2) - 1} \quad (2.67)$$

B. 对于两个同心圆柱体，则 $F_{12} = 1$。方程（2.66）可转化为：

$$Q_{12} = \frac{A_1\sigma(T_1^4 - T_2^4)}{(1/\varepsilon_1) + (A_1/A_2)[(1/\varepsilon_2) - 1]} \quad (2.68)$$

C. 对于一个被很大的凹面 A_2 完全包围的凸面 A_1，则 $A_1 << A_2$ 且 $F_{12} = 1$。方程（2.66）可转化为：

$$Q_{12} = A_1\varepsilon_1\sigma(T_1^4 - T_2^4) \quad (2.69)$$

最后一个方程也可应用于平板型集热器表面与周围环境进行辐射交换的场景。抛物面槽式集热器的接收管位于玻璃圆筒中，因此适用于情形 B。

由方程（2.67）~（2.69）可看出，表面间的辐射传热率取决于表面温度四次方的差值。然而，在工程计算中，会根据温度差，将热传导方程线性化。为此，需要使用以下等式：

$$T_1^4 - T_2^4 = (T_1^2 - T_2^2)(T_1^2 + T_2^2) = (T_1 - T_2)(T_1 + T_2)(T_1^2 + T_2^2) \tag{2.70}$$

因此，方程（2.66）可表示为：

$$Q_{12} = A_1 h_r (T_1 - T_2) \tag{2.71}$$

其中辐射热传递系数 h_r可表示为：

$$h_r = \frac{\sigma(T_1 + T_2)(T_1^2 + T_2^2)}{\frac{1-\varepsilon_1}{\varepsilon_1} + \frac{1}{F_{12}} + \frac{A_1}{A_2}\left(\frac{1-\varepsilon_2}{\varepsilon_2}\right)} \tag{2.72}$$

对于上文中提到的几种特殊情况，h_r可分别表示为：

情形 A：

$$h_r = \frac{\sigma(T_1 + T_2)(T_1^2 + T_2^2)}{\frac{1}{\varepsilon_1} + \frac{1}{\varepsilon_2} - 1} \tag{2.73}$$

情形 B：

$$h_r = \frac{\sigma(T_1 + T_2)(T_1^2 + T_2^2)}{\frac{1}{\varepsilon_1} + \frac{A_1}{A_2}(\frac{1}{\varepsilon_2} - 1)} \tag{2.74}$$

情形 C：

$$h_r = \varepsilon_1 \sigma(T_1 + T_2)(T_1^2 + T_2^2) \tag{2.75}$$

需要注意的是，这些关于 h_r的线性化辐射方程不仅适用于辐射问题，也可用于分析等价电路中的传导和（或）对流问题。辐射热传递系数 h_r等价于电路中的对流热传递系数 h_c。这样我们可以得到一个组合热传递系数，即：

$$h_{cr} = h_c + h_r \tag{2.76}$$

在式中，我们假设外界流体和外壳壁以及表面和外壳之间的线性温差相等。

例 2.14

有一 1m × 2 m 的太阳能平板玻璃集热器，温度为 80 ℃，发射率为 0.90。环境温度为 15 ℃。对流传热系数为 5.1 W/m^2K，计算对流和辐射热损失。

解答

以下计算中，下标 1 表示玻璃层，下标 2 表示环境。由方程（2.75）可得，辐射热传递系数为：

$$\begin{aligned} h_r &= \varepsilon_1 \sigma(T_1 + T_2)(T_1^2 + T_2^2) \\ &= 0.90 \times 5.67 \times 10^{-8}(353 + 288)(353^2 + 288^2) \\ &= 6.789 W/m^2K \end{aligned}$$

因此，由方程（2.76）可得：

$$h_{cr} = h_c + h_r = 5.1 + 6.789 = 11.889\text{W/m}^2\text{k}$$

最后：

$$Q_{12} = A_1 h_{er}(T_1 - T_2) = (1 \times 2)(11.889)(353 - 288) = 1545.6\text{W}$$

例 2.15

有两个相互平行的大型平板，其温度分别保持在900 K 和400 K。两个表面的发射率分别为0.3 和0.8。求这两个表面之间的辐射热传递。

解答

两个表面的面积没有给出，因此结果按表面的每单位面积计算。由于两个平板都很大且相互平行，由方程（2.67）可得：

$$\frac{Q_{12}}{A} = \frac{\sigma(T_1^4 - T_2^4)}{(\frac{1}{\varepsilon_1}) + (\frac{1}{\varepsilon_2}) - 1} = \frac{5.67 \times 10^{-8}(900^4 - 400^4)}{\frac{1}{0.3} + \frac{1}{0.8} - 1} = 9976.6\text{W/m}^2$$

例 2.16

有两个相当长的同心圆柱体，直径分别为 30cm 和 50cm，其温度分别保持在850 K 和450 K。这两个表面的发射率分别为0.9 和0.6。两个圆柱体中间的空隙为真空。求这两个圆柱体在每单位长度上的辐射热传递。

解答

对于同心圆柱体，由方程（2.68）可得：

$$Q_{12} = \frac{A_1\sigma(T_1^4 - T_2^4)}{(\frac{1}{\varepsilon_1}) + (\frac{A_1}{A_2})(\frac{1 - \varepsilon_2}{\varepsilon_2})} = \frac{\pi \times 0.3 \times 1 \times 5.67 \times 10^{-8}(850^4 - 450^4)}{\frac{1}{0.9} + (\frac{30}{50})(\frac{1 - 0.6}{0.6})} = 17\text{kW}$$

2.3.5 地外太阳辐射

在日地平均距离条件下，地球大气上界垂直于太阳光线的面上所接受的太阳辐射被称为太阳常数 G_{sc}。由于大气层的影响，太阳常数很难测定。1881 年，Langley（Garg，1982）首次测定了太阳常数，并用自己的名字作为该常数的单位，即 Langleys/min（cal/cm^2 · min）。后来，人们采用国际单位制将其单位改为瓦特/米^2（W/m^2）。

1 月 3 日时，太阳离地球最近，此时地球大气层外缘的太阳辐射热约为1400 W/m^2。7 月 4 日时,太阳离地球最远，此时辐射热约为 1330 W/m^2。

一年中第N天，垂直于辐射光线上的平面所接收的地外辐射记作G_{on}，其变化范围不超过3.3%（如图2.25），计算方式如下（Duffie和Beckman，1991；Hsieh，1986）：

$$G_{on} = G_{sc}\left[1 + 0.033\cos\left(\frac{360N}{365}\right)\right] \tag{2.77}$$

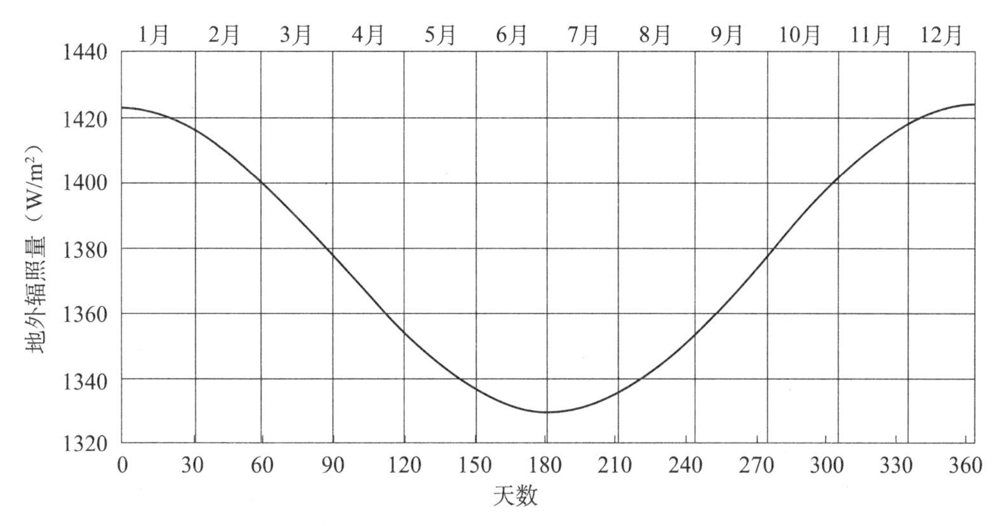

图2.25　一年中地外太阳辐射的变化

此处，

G_{on} = 一年中第N天，垂直于辐射光线上的平面所接收的地外辐射（W/m^2）；

G_{sc} = 太阳常数（W/m^2）。

最新测定的G_{sc}值为1366.1 W/m^2。美国试验材料学会（ASTM）于2000年采用了这个数据，该学会还开发了AMO参考光谱（ASTM E-490）。ASTM E-490气团起始阳光能光谱辐照标准是在卫星、航天飞机、高空飞机、火箭探测、地基太阳能望远镜和光谱辐照建模的数据上建立起来的。在日地平均距离条件下，地外太阳辐射的光谱分布如图2.26所示。该图中绘制的光谱曲线基于ASTM E-490中的一组数据（太阳光谱，2007）。

当一个表面平行于地面时，给定一年中的具体时间，则入射至该地外水平面上的太阳辐射率G_{oH}为：

$$G_{oH} = G_{on}\cos(\Phi) = G_{sc}\left[1 + 0.033\cos\left(\frac{360N}{365}\right)\right]\left[\cos(L)\cos(\delta)\cos(h) + \sin(L)\sin(\delta)\right] \tag{2.78}$$

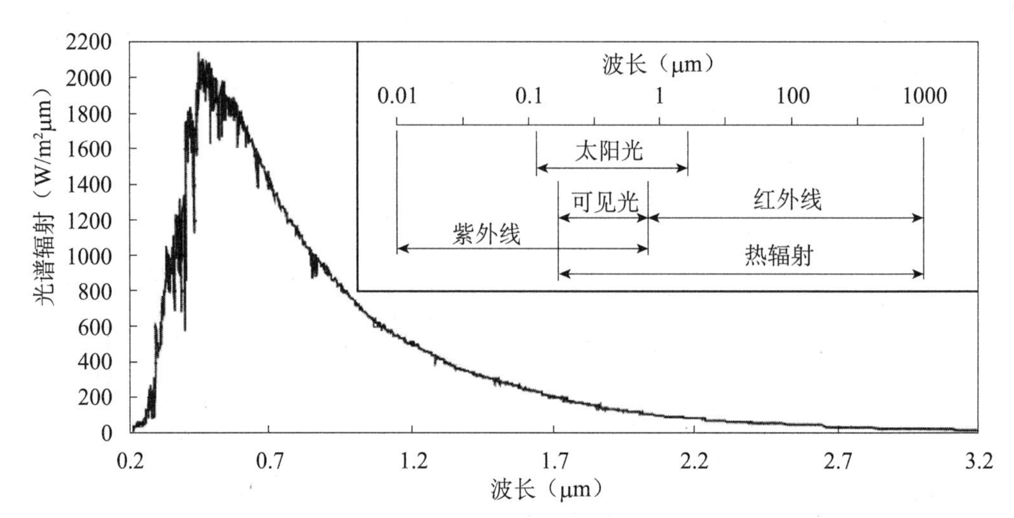

图 2.26　太阳常数为 1366.1 W/m²的标准曲线及其在电磁辐射光谱中的位置

对方程（2.78）（日出到日落时间）进行积分，可得一天中入射至地外水平面上的总辐射 H_0为：

$$H_o = \frac{24 \times 3600 G_{sc}}{\pi}\left[1 + 0.033\cos\left(\frac{360N}{365}\right)\right] \times \left[\cos(L)\cos(\delta)\sin(h_{ss}) + \left(\frac{\pi h_{ss}}{180}\right)\sin(L)\sin(\delta)\right] \tag{2.79}$$

式中，h_{ss}为用度数表示的日落时刻（由方程（2.15）得出）。方程（2.79）的单位为焦耳/米²（J/m²）。

为计算一小时中水平面上的地外辐射，需要对方程（2.78）在时角 h_1到 h_2（h_2较大）之间进行积分，可得：

$$\begin{aligned} I_o = {} & \frac{12 \times 3600 G_{sc}}{\pi}\left[1 + 0.033\cos\left(\frac{360N}{365}\right)\right] \\ & \times \left\{\cos(L)\cos(\delta)[\sin(h_2) - \sin(h_1)] + \left[\frac{\pi(h_2 - h_1)}{180}\right]\sin(L)\sin(\delta)\right\} \end{aligned} \tag{2.80}$$

需要注意界限 h_1和 h_2可定义的时间段不仅限于 1 h。

例 2.17

有一位于 35°N 的水平面，试确定在 3 月 10 日 2：00 pm（太阳时）时地外法向辐射和入射至表面上的地外辐射，以及一天中该地外水平表面上的总太阳辐射。

解答

由方程（2.5）可得 3 月 10 日（$N = 69$）的赤纬：

$$\delta = 23.45\sin\left[\frac{360}{365}(284 + 69)\right] = -4.8°$$

由方程（2.8）可得2：00 pm（太阳时）的时角：

$$h = 0.25(\text{当地太阳正午时的分钟数}) = 0.25(120) = 30°$$

由方程（2.15）可得日落时的时角：

$$h_{ss} = \cos^{-1}[-\tan(L)\tan(\delta)] = \cos^{-1}[-\tan(35)\tan(-4.8)] = 86.6°$$

由方程（2.77）可得地外法向辐射：

$$G_{on} = G_{sc}\left[1 + 0.033\cos\left(\frac{360N}{365}\right)\right] = 1366\left[1 + 0.033\cos\left(\frac{360 \times 69}{365}\right)\right] = 1383\ \mathrm{W/m^2}$$

由方程（2.78）可得水平面上的地外辐射：

$$G_{oH} = G_{on}\cos(\Phi) = G_{on}[\sin(L)\sin(\delta) + \cos(L)\cos(\delta)\cos(h)]$$
$$= 1383[\sin(35)\sin(-4.8) + \cos(35)\cos(-4.8)\cos(30)] = 911\mathrm{W/m^2}$$

由方程（2.79）可得地外水平面上的总辐射：

$$H_o = \frac{24 \times 3600G_{sc}}{\pi}\left[1 + 0.033\cos\left(\frac{360N}{365}\right)\right]\left[\cos(L)\cos(\delta)\sin(h_{ss}) + \left(\frac{\pi h_{ss}}{180}\right)\sin(L)\sin(\delta)\right]$$

$$= \frac{24 \times 3600 \times 1383}{\pi}[\cos(35)\cos(-4.8)\sin(86.6) + (\frac{\pi \times 86.6}{180})\sin(35)\sin(-4.8)] = 28.23\mathrm{MJ/m^2}$$

附录2为专业术语清单，其中收录了与太阳辐射相关的名词。读者应当了解这些术语，尤其是辐照度——表面单位面积的入射功率，其单位为瓦特/米^2（$\mathrm{W/m^2}$，符号：G）；辐照量——表面每单位面积的入射能量，通过对特定时段内的辐照度进行积分获得，其单位为焦耳/米^2（$\mathrm{J/m^2}$）。太阳辐照度可被称为日射量。本书中使用H表示一天的日射量，使用“/”表示每小时的日射量。G、H和I使用的下标含义为：B，直接辐射；D，漫反射；G，地面反射。

2.3.6　大气衰减

由于大部分太阳辐射会被散射、反射回宇宙空间以及被大气层吸收，所以实际到达地球表面的太阳热能会低于G_{on}。太阳辐射受到大气相互作用的影响，会使得一部分原本平行的辐射发生散射或变得不定向。这部分被散射到整个天穹的辐射有些最终会到达地球表面，被称为散射辐射。直接透过大气层到达地球的太阳热能则被称为直接辐射或直射辐射。地球表面所接收的日射量是散射辐射和直接辐射的垂直分量的总和。地球上任意一点所接收的太阳热能取决于：

（1）臭氧层厚度；

（2）穿透大气层到达该点的距离；

（3）空气中霾的量（尘粒、水蒸气等）；

（4）云量的大小。

地球上空覆盖的大气层包含有多种气态成分、浮尘、微小的固态和液态悬浮微粒以及云层。太阳辐射需要穿过大气层到达地球，因此那些波长很短的波，比如X射线和伽马射线，会被很高的电离层吸收。波长相对较长的波主要是在紫外区域，它们则会被位于地球表面上方约15～40 km的臭氧层（O_3）吸收。在更低的大气层中，红外区域的太阳辐射则会被水蒸气和二氧化碳吸收。在长波长区域，由于地外辐射很低且H_2O和CO_2的吸收能力很强，只有很少的太阳能会到达地球表面。

因此，太阳辐射在穿过大气层后就已经所剩无几。随着太阳天顶角的增加，其辐射强度会降低，且通常被认为会直接导致大气质量的增加（对于吸收和散射杂质，我们假定大气层是无层状的）。

太阳辐射在穿过地球大气层后的衰减程度取决于通过路径的长度和介质的特性。对太阳辐射进行计算时，有一个标准称为大气质量，即太阳在顶点时（观察点的正上方）辐射到达海平面的路径长度。大气质量与天顶角相关（图2.27），不考虑地球的曲率，大气质量可表示为：

$$m = \frac{AB}{BC} = \frac{1}{\cos(\Phi)} \tag{2.81}$$

因此，在海平面上，太阳位于正上方时，当$\Phi = 0°$，则$m = 1$（即大气质量1）；当$\Phi = 60°$，则$m = 2$（即大气质量2）。同样，地球大气层外的太阳辐射则为大气质量为零。附录4为大气质量为1.5时，地面上的直接辐照度（太阳光谱）图。

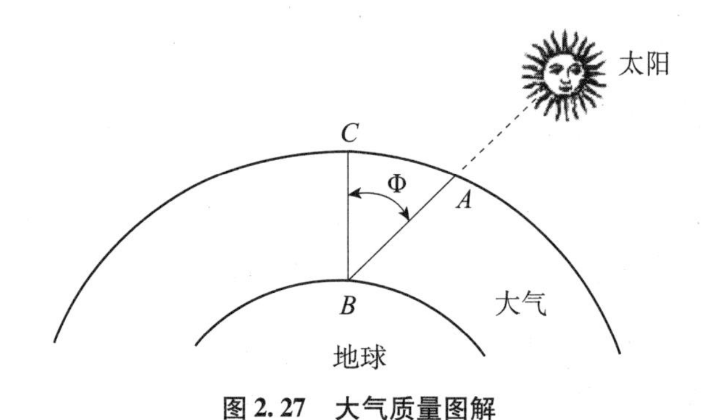

图2.27　大气质量图解

2.3.7　地面辐射

太阳能系统在设计时通常需要考虑其长期性能。因此，需要了解目标地点的长期月平均日射量。一年中每个月水平面上的日平均总太阳辐射（散射辐射和直接辐射的总和）可通过多种途径获得，如辐射分区图、国家气象服务（见本文 2.4 节）。从这些来源可获得多种数据及其相关参数，如 24 h 平均气温、水平面上的月平均日射量 $\overline{\mathrm{H}}$（$MJ/m^2 day$）、月平均晴空指数 $\bar{K}_T$，此处不进行详述[1]。月平均晴空指数 $\bar{K}_T$ 的方程为：

$$K_{\bar{T}} = \frac{\overline{H}}{H_{\bar{o}}} \tag{2.82a}$$

此处，

$\overline{H}$ = 地平面上的月平均每日总辐照量（$MJ/m^2 day$）；

$\overline{H}_o$ = 地外水平面上的月平均每日总辐照量（$MJ/m^2 day$）。

字母上的横线表示长期平均值。在给定的月份中选定某一特定日期，当天的地外总日射量与月平均值大致相等，进而通过方程（2.79）获得 $\overline{H}$ 的值。表 2.5 根据纬度给出了每个月 $\overline{H}_o$ 的值，以及每个月与平均值 $\overline{H}_o$ 接近的推荐日期。表 2.1 显示了推荐日期和当天的赤纬。附录 3 中的图 A3.5 则提供了纬度 $-60°$ 到 $+60°$ 之间，不同月份的同一天中水平面上的月平均地外日射量（$kWh/m^2/day$），由此我们可以很方便代入数据。

再者，对于方程（2.82a），日晴空指数 K_T 是指某一天的辐照量与该天的地外辐照量的比，即：

$$K_T = \frac{H}{H_o} \tag{2.82b}$$

同样，由以下方程可得小时晴空指数 k_T：

$$k_T = \frac{I}{I_o} \tag{2.82c}$$

使用总日射表测量水平面的总辐照量，可获得以上方程中 $\overline{H}$、H 和 I 的值（见 2.3.9 节）。

为预计太阳能系统的性能，需要得知小时晴空指数。由于大多数情况中这类数据都无法获得，所以可通过长期平均日辐射量来估计长期平均日辐射分布，因此需要使用经验关系式。Liu 和 Jordan 散射辐射关系式（1977），以及 Collares-Pereira 和 Rabl 总辐射关系式（1979）就是两个常用的经验关系式。

---

① 多地点的气象数据请见附录 7。

表 2.5　水平面上的月平均每日地外辐照量（MJ/m²）

纬度	1月17日	2月16日	3月16日	4月15日	5月15日	6月11日	7月17日	8月16日	9月15日	10月15日	11月14日	12月10日
60°S	41.1	31.9	21.2	10.9	4.4	2.1	3.1	7.8	16.7	28.1	38.4	43.6
55°S	41.7	33.7	23.8	13.8	7.1	4.5	5.6	10.7	19.5	30.2	39.4	43.9
50°S	42.4	35.3	26.3	16.8	10.0	7.2	8.4	13.6	22.2	32.1	40.3	44.2
45°S	42.9	36.8	28.6	19.6	12.9	10.0	11.2	16.5	24.7	33.8	41.1	44.4
40°S	43.1	37.9	30.7	22.3	15.8	12.9	14.1	19.3	27.1	35.3	41.6	44.4
35°S	43.2	38.8	32.5	24.8	18.6	15.8	17.0	22.0	29.2	36.5	41.9	44.2
30°S	43.0	39.5	34.1	27.2	21.4	18.7	19.8	24.5	31.1	37.5	41.9	43.7
25°S	42.5	39.9	35.4	29.4	24.1	21.5	22.5	26.9	32.8	38.1	41.6	43.0
20°S	41.5	39.9	36.5	31.3	26.6	24.2	25.1	29.1	34.2	38.5	41.1	42.0
15°S	40.8	39.7	37.2	33.1	28.9	26.8	27.6	31.1	35.4	38.7	40.3	40.8
10°S	39.5	39.3	37.7	34.6	31.1	29.2	29.9	32.8	36.3	38.5	39.3	39.3
5°S	38.0	38.5	38.0	35.8	33.0	31.4	32.0	34.4	36.9	38.1	37.9	37.6
0	36.2	37.4	37.9	36.8	34.8	33.5	33.9	35.7	37.2	37.3	36.4	35.6
5°N	34.2	36.1	37.5	37.5	36.3	35.3	35.6	36.7	37.3	36.3	34.5	33.5
10°N	32.0	34.6	36.9	37.9	37.5	37.0	37.1	37.5	37.0	35.1	32.5	31.1
15°N	29.5	32.7	35.9	38.0	38.5	38.4	38.3	38.0	36.5	33.5	30.2	28.5
20°N	26.9	30.7	34.7	37.9	39.3	39.5	39.3	38.2	35.7	31.8	27.7	25.7
25°N	24.1	28.4	33.3	37.5	39.8	40.4	40.0	38.2	34.7	29.8	25.1	22.9
30°N	21.3	26.0	31.6	36.8	40.0	41.1	40.4	37.9	33.4	27.5	22.3	19.9
35°N	18.3	23.3	29.6	35.8	39.9	41.5	40.6	37.3	31.8	25.1	19.4	16.8
40°N	15.2	20.5	27.4	34.6	39.7	41.7	40.6	36.5	30.0	22.5	16.4	13.7
45°N	12.1	17.6	25.0	33.1	39.2	41.7	40.4	35.4	27.9	19.8	13.4	10.7
50°N	9.1	14.6	22.5	31.4	38.4	41.5	40.0	34.1	25.7	16.9	10.4	7.7
55°N	6.1	11.6	19.7	29.5	37.6	41.3	39.4	32.7	23.2	13.9	7.4	4.8
60°N	3.4	8.5	16.8	27.4	36.6	41.0	38.8	31.0	20.6	10.9	4.5	2.3

Liu 和 Jordan 散射辐射关系式（1977）：

$$r_{d} = \left(\frac{\pi}{24}\right)\frac{\cos(h) - \cos(h_{ss})}{\sin(h_{ss}) - \left(\frac{2\pi h_{ss}}{360}\right)\cos(h_{ss})} \tag{2.83}$$

式中，

r_d = 小时散射辐射与日散射辐射的比（$=I_D/H_D$）；

h_{ss} = 日落时角（度）；

h = 每个小时中间点的时角（度）。

Collares-Pereira 和 Rabl 总辐射关系式：

$$r = \frac{\pi}{24}[\alpha + \beta\cos(h)]\frac{\cos(h) - \cos(h_{ss})}{\sin(h_{ss}) - (\frac{2\pi h_{ss}}{360})\cos(h_{ss})} \tag{2.84a}$$

式中，

r = 小时总辐照量与日总辐照量的比（$=I/H$）。

$$\alpha = 0.409 + 0.5016\sin(h_{ss} - 60) \tag{2.84b}$$

$$\beta = 0.6609 - 0.4767\sin(h_{ss} - 60) \tag{2.84c}$$

例 2.18

给定经验关系式：

$$\frac{\overline{H}_D}{\overline{H}} = 1.390 - 4.027\,\overline{K}_T + 5.531\,\overline{K}_T^2 - 3.108\,\overline{K}_T^3$$

式中，$\overline{H}_D$ 为水平表面上的月平均日散射辐射量（见方程（2.105a））。有一位于 35°N 的水平表面，试估计 7 月份时该表面在 11：00 am 到 12：00pm 之间的平均总辐射量和平均散射辐射量。已知在 7 月份时，位于该地点的水平表面上的月平均日总辐射量 $\overline{H}$ 为 23.14 MJ/m²day。

解答

由表 2.5 可知纬度为 35° N、7 月时，$\overline{H}_o$ =40.6 MJ/m。可得：

$$\overline{K}_T = \frac{\overline{H}}{\overline{H}_o} = \frac{23.14}{40.6} = 0.570$$

因此，

$$\frac{\overline{H}_D}{\overline{H}} = 1.390 - 4.027(0.57) + 5.531(0.57)^2 - 3.108(0.57)^3 = 0.316$$

且

$$\overline{H}_D = 0.316\overline{H} = -0.316(23.14) = 7.31 \text{ MJ/m}^2\text{day}$$

由表2.5可知，对于该月，推荐的平均日为7月17日（$N = 198$）。由方程（2.5）可得太阳倾角为：

$$\delta = 23.45\sin\left[\frac{360}{365}(284 + N)\right] = 23.45\sin\left[\frac{360}{365}(284 + 198)\right] = 21.2°$$

由方程（2.15）可得日落时角为：

$$\cos(h_{ss}) = -\tan(L)\tan(\delta) \rightarrow h_{ss} = \cos^{-1}[-\tan(35)\tan(21.2)] = 106°$$

11：00am到12：00pm的中间点离太阳正午差了0.5小时，其时角为－7.5°。因此，由方程（2.84b）、（2.84c）和（2.84a）可得：

$$\alpha = 0.409 + 0.5016\sin(h_{ss} - 60) = 0.409 + 0.5016\sin(106 - 60) = 0.77$$

$$\beta = 0.6609 - 0.4767\sin(h_{ss} - 60) = 0.6609 - 0.4767\sin(106 - 60) = 0.318$$

$$r = \frac{\pi}{24}(\alpha + \beta\cos(h))\frac{\cos(h) - \cos(h_{ss})}{\sin(h_{ss}) - \left(\frac{2\pi h_{ss}}{360}\right)\cos(h_{ss})}$$

$$= \frac{\pi}{24}(0.77 + 0.318\cos(-7.5))\frac{\cos(-7.5) - \cos(106)}{\sin(106) - \left[\frac{2\pi(106)}{360}\right]\cos(106)} = 0.123$$

由方程（2.83）可得：

$$r_d = \left(\frac{\pi}{24}\right)\frac{\cos(h) - \cos(h_{ss})}{\sin(h_{ss}) - (\frac{2\pi h_{ss}}{360})\cos(h_{ss})} = \left(\frac{\pi}{24}\right)\frac{\cos(-7.5) - \cos(106)}{\sin(106) - \left[\frac{2\pi(106)}{360}\right]\cos(106)} = 0.113$$

最后，

平均小时总辐照量＝$0.123(23.14) = 2.85$ MJ/m^{2}或2850 kJ/m^2

平均小时散射辐照量＝$0.113(7.31) = 0.826$ MJ/m^{2}或826 kJ/m^2

2.3.8 倾斜表面的总辐射量

集热器通常不会水平放置，而是保持一定的倾斜角度，这样会有利于提升获得的辐射量，同时降低反射损失和余弦损失。因此，太阳能系统的设计者需要知道倾斜表面的太阳辐射相关数据。然而，大多数已被测量或估计的辐射数据都只适用于直接射入光线或是水平表面的情况。因此，我们需要将这些数据转化，使其适用于倾斜表面。

时间和地点确定的前提下，地外表面的日射量取决于表面的朝向和倾斜度。

平面所吸收的直射辐射（G_{Bt}）、散射辐射（G_{Dt}）和地面反射辐射（G_{Gt}）可表示为：

$$G_t = G_{Bt} + G_{Dt} + G_{Gt} \tag{2.85}$$

如图2.28所示，倾斜表面的直射辐射为：

$$G_{Bt} = G_{Bn}\cos(\theta) \tag{2.86}$$

对于水平表面，则为：

$$G_B = G_{Bn}\cos(\Phi) \tag{2.87}$$

式中，

G_{Bt} = 倾斜表面的直射辐射（W/m^2）；

G_b = 水平表面的直射辐射（W/m^2）。

于是

$$R_B = \frac{G_{Bt}}{G_B} = \frac{\cos(\theta)}{\cos(\Phi)} \tag{2.88}$$

此处 R_B 被称为直射辐射倾斜系数。cos（θ）和 cos（Φ）分别由方程（2.86）和（2.87）得出。因此任何表面的直射辐射分量为：

$$G_{Bt} = G_B R_B \tag{2.89}$$

在方程（2.88）中，由方程（2.12）可得出天顶角，由方程（2.18）可得出入射角 θ，而对而于表面固定朝南这种特殊情况，则由方程（2.20）可得入射角大小。因此，对于固定朝南且倾斜角为 β 的表面，方程（2.88）可转化为：

$$R_B = \frac{\cos(\theta)}{\cos(\Phi)} = \frac{\sin(L-\beta)\sin(\delta) + \cos(L-\beta)\cos(\delta)\cos(h)}{\sin(L)\sin(\delta) + \cos(L)\cos(\delta)\cos(h)} \tag{2.90a}$$

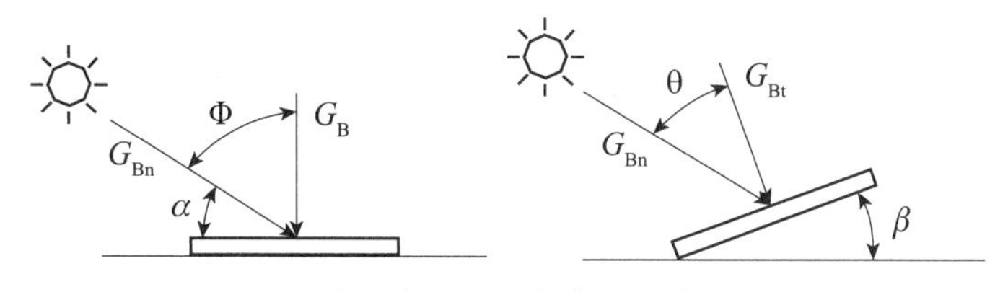

图2.28　水平表面和倾斜表面上的直接辐射

方程（2.88）还能应用于除固定表面以外的其他表面，且这种情况下，方程可用于2.2.1节中给出的 cos（θ）。例如，对于围绕水平东-西向轴持续旋转的表面，由方程（2.26a）可得，任意时间下该表面上和水平表面上的直接辐射比为：

$$R_B = \frac{\sqrt{1 - \cos^2(\delta)\sin^2(h)}}{\sin(L)\sin(\delta) + \cos(L)\cos(\delta)\cos(h)} \tag{2.90b}$$

例 2.19

有一位于 35°N 的表面，倾斜角 45°，试估计 3 月 10 日下午两点（太阳时）时，该表面的直接辐射倾斜系数。若在垂直入射方向上的直接辐射量为 900 W/m²，试估计倾斜表面上的直接辐射量。

解答

由方程（2.17）可知，$\delta=-4.8°$，$h=30°$。由方程（2.90a）可得直接辐射倾斜系数为：

$$R_B=\frac{\sin(L-\beta)\sin(\delta)+\cos(L-\beta)\cos(\delta)\cos(h)}{\sin(L)\sin(\delta)+\cos(L)\cos(\delta)\cos(h)}$$

$$=\frac{\sin(35-45)\sin(-4.8)+\cos(35-45)\cos(-4.8)\cos(30)}{\sin(35)\sin(-4.8)+\cos(35)\cos(-4.8)\cos(30)}=1.312$$

因此，由方程（2.89）可得倾斜表面上的直接辐射为：

$$G_{Bt}=G_bR_B=900(1.312)=1181\ \mathrm{W/m^2}$$

各向同性天空模型

很多模型都能给出倾斜表面上的太阳辐射量。其中首个模型为各向同性天空模型。它最先由 Hottel 和 Woertz（1942）开发，并由 Liu 和 Jordan（1960）加以完善。在该模型中，辐射量的计算方程如下。

水平面上的散射辐射：

$$G_D=2\int_0^{\pi/2}G_R\cos(\Phi)\mathrm{d}\Phi=2G_R \tag{2.91}$$

式中，

G_R = 天空散射辐亮度（$\mathrm{W/m^2rad}$）。

倾斜表面上的散射辐射：

$$G_D=\int_0^{\pi/2-\beta}G_R\cos(\Phi)\mathrm{d}\Phi+\int_0^{\pi/2}G_R\cos(\Phi)\mathrm{d}\Phi \tag{2.92}$$

式中，β 为表面倾斜角（如图 2.28）。

根据方程（2.91），可将方程（2.92）中的 G_R 替换为 $G_D/2$，从而将方程（2.92）转化为：

$$G_{Dt}=\frac{G_D}{2}\int_0^{\pi/2-\beta}\cos(\Phi)\mathrm{d}\Phi+\frac{G_D}{2}=\frac{G_D}{2}\left[\sin\left(\frac{\pi}{2}-\beta\right)\right]+\frac{G_D}{2}=G_D\left[\frac{1+\cos(\beta)}{2}\right] \tag{2.93}$$

同样，地面反射辐射为 $p_G(G_B+G_D)$，这里 p_G 为地面反射率。因此，G_{Gt} 可通过如下公式得出：

地面反射辐射，

$$\rho_G(G_B + G_D) = 2\int_0^{\pi/2} G_r\cos(\Phi)\,d\Phi = 2G_r \quad (2.94)$$

此处 G_r 为各向同性地面反射辐射（W/m^2rad）。

倾斜表面上的地面反射辐射，

$$G_{Gt} = \int_{\pi/2-\beta}^{\pi/2} G_r\cos(\Phi)\,d\Phi \quad (2.95)$$

结合方程（2.94）和（2.95），得

$$G_{Gt} = \rho_G(G_B + G_D)\left[\frac{1-\cos(\beta)}{2}\right] \quad (2.96)$$

进而将方程（2.93）和（2.96）代入方程（2.85），得：

$$G_t = R_B G_B + G_D\left[\frac{1+\cos(\beta)}{2}\right] + (G_B + G_D)\rho_G\left[\frac{1-\cos(\beta)}{2}\right] \quad (2.97)$$

水平表面上的总辐射量 G 为水平直接辐射和散射辐射的总和，即：

$$G = G_B + G_D \quad (2.98)$$

因此，方程（2.97）可被转化为：

$$R = \frac{G_t}{G} = \frac{G_B}{G}R_B + \frac{G_D}{G}\left[\frac{1+\cos(\beta)}{2}\right] + \rho_G\left[\frac{1-\cos(\beta)}{2}\right] \quad (2.99)$$

此处 R 被称为总辐射倾斜系数。

其他辐射模型

各向同性天空模型是这类模型中最为简单的，它假设所有的散射辐射都均匀分散在整个天穹，且地面反射辐射均为散射辐射。众多研究人员也开发了很多其他的模型。本节将介绍其中3个，它们分别为：Klucher 模型、Hay-Davies 模型和 Reindl 模型。其中最后一个模型已被证明非常适用于地中海地区。

（1）Klucher 模型

Klucher（1979）发现各向同性模型可在阴天条件下获得较好的结果，但是在晴朗和局部多云的情况下，地平线和天空中环日区域的辐照度强度会升高，而各向同性模型恰恰忽略了这一点。在 Klucher 开发的这个模型中，倾斜表面的总辐射量为：

$$G_t = G_B R_B + G_D\left[\frac{1+\cos(\beta)}{2}\right]\left[1 + F'\sin^3\left(\frac{\beta}{2}\right)\right]\left[1 + F'\cos^2(\beta)\sin^3(\Phi)\right] + (G_B + G_D)\rho\left[\frac{1-\cos(\beta)}{2}\right] \quad (2.100)$$

此处晴空指数 F' 为：

$$F' = 1 - \left(\frac{G_D}{G_B + G_D}\right)^2 \tag{2.101}$$

天空散射辐射分量中的第一个修正系数考虑到了地平线亮度，而第二个系数则考虑到了环日辐射。在阴天条件下，晴空指数 F' 为 0，模型可简化为各向同性模型。

（2）Hay-Davies 模型

在 Hay-Davies 模型中，来自天空的散射辐射由各向同性分量和环日分量组成（Hay 和 Davies，1980），但其中没有考虑到地平线亮度。各向同性指数 A 表示直射辐射穿过大气层的透射率，可通过如下方程计算：

$$A = \frac{G_{Bn}}{G_{on}} \tag{2.102}$$

各向同性指数用来量化散射辐射中被看作环日的部分，而散射辐射的其余部分则被认为是各向同性。假定环日分量来自于太阳所在的方位。总辐照度由如下方程可得：

$$G_t = (G_B + G_D A)R_B + G_D(1 - A)\left[\frac{1 + \cos(\beta)}{2}\right] + (G_B + G_D)\rho\left[\frac{1 - \cos(\beta)}{2}\right] \tag{2.103}$$

地面反射辐射的处理与各向同性模型相同。

（3）Reindl 模型

除了各向同性散射辐射和环日散射辐射，Reindl 模型还考虑了地平线亮度（Reindl 等人，1990a，b），并同样定义了各向同性指数 A（见方程（2.102））。倾斜表面上的总辐照度可通过如下公式计算：

$$G_t = (G_B + G_D A)R_B + G_D(1 - A)\left[\frac{1 - \cos(\beta)}{2}\right]\left[1 + \sqrt{\frac{G_B}{G_B + G_D}}\sin^3\left(\frac{\beta}{2}\right)\right] + (G_B + G_D)\rho\left[\frac{1 - \cos(\beta)}{2}\right] \tag{2.104}$$

地面反射辐射的处理与各向同性模型相同。由于方程（2.104）中加入了用于表示地平线亮度的参数，与 Hay-Davies 模型相比，Reindl 模型得出的散射辐照度略高。

倾斜表面上的日射量

给定地点和时间时，地外表面的日射量取决于表面的朝向和倾斜度。对于以特定角度安装的平板集热器，太阳能系统的设计者需要得知倾斜表面的太阳辐射相关数据。然而，大多数已被测量或估计的辐射数据都只适用于法线射入光线或水平表面的情况。因此，我们需要将这些数据转化，使其适用于倾斜表面。基于这些数据，就能合理估计出倾斜表面上的辐射量。Liu 和 Jordan（1977）开发的经验关系式可用于估计倾斜表面上的月平均日总辐射量。在此关系式中，水平表面的散射辐射量和总辐射量的比值可使用月晴空指数 $\bar{K}_T$ 表达，其方程如下：

$$\frac{\bar{H}_D}{\bar{H}} = 1.390 - 4.027\bar{K}_T + 5.531\bar{K}_T^2 - 3.108\bar{K}_T^3 \tag{2.105a}$$

Collares-Pereira 和 Rabl（1979）在方程中也使用了同样的参数，但同时还考虑了日落时角：

$$\frac{\bar{H}_D}{\bar{H}} = 0.775 + 0.00653(h_{ss} - 90) - [0.505 + 0.00455(h_{ss} - 90)]\cos(115\bar{K}_T - 103) \tag{2.105b}$$

式中，

h_{ss} = 日落时角（度）。

Erbs 等人（1982）在月平均日散射辐射关系式中还考虑了季节，如下所示：

对于 $h_{ss} \leqslant 81.4°$ 且 $0.3 \leqslant \bar{K}_T \leqslant 0.8$，有

$$\frac{\bar{H}_D}{\bar{H}} = 1.391 - 3.560\bar{K}_T + 4.189\bar{K}_T^2 - 2.137\bar{K}_T^3 \tag{2.105c}$$

对于 $h_{ss} > 81.4°$ 且 $0.3 \leqslant \bar{K}_T \leqslant 0.8$，有

$$\frac{\bar{H}_D}{\bar{H}} = 1.311 - 3.022\bar{K}_T + 3.427\bar{K}_T^2 - 1.821\bar{K}_T^3 \tag{2.105d}$$

已知月平均日总辐射量 $\bar{H}$ 和月平均日散射辐射 $\bar{H}_D$，可得水平表面上的月平均直射辐射量为：

$$\bar{H}_B = \bar{H} - \bar{H}_D \tag{2.106}$$

与方程（2.99）相似，月总辐射倾斜系数 $\bar{R}$ 的方程为：

$$\bar{R} = \frac{\bar{H}_t}{\bar{H}} = \left(1 - \frac{\bar{H}_D}{\bar{H}}\right)\bar{R}_B + \frac{\bar{H}_D}{\bar{H}}\left[\frac{1 + \cos(\beta)}{2}\right] + \rho_G\left[\frac{1 - \cos(\beta)}{2}\right] \tag{2.107}$$

式中，

$\bar{H}_t$ = 倾斜表面上的月平均每日总辐射量（$MJ/m^2 day$）；

$\bar{R}_B$ = 月平均直射辐射倾斜系数。

其中 $\bar{R}_B$ 为倾斜表面和水平表面的月平均直射辐射的比。实际上，它是大气透过率的复杂函数，但根据 Liu 和 Jordan（1977）的研究，在给定月份内，通过计算倾斜表面和水平表面的地外辐射的比值可以估值出该值。对于直接朝向赤道的表面，则有：

$$\bar{R}_B = \frac{\cos(L-\beta)\cos(\delta)\sin(h'_{ss}) + (\pi/180)h'_{ss}\sin(L-\beta)\sin(\delta)}{\cos(L)\cos(\delta)\sin(h_{ss}) + (\pi/180)h_{ss}\sin(L)\sin(\delta)} \quad (2.108)$$

此时 h'_{ss} 为倾斜表面的日落时角（度），由如下方程可得：

$$h'_{ss} = \min\{h_{ss}, \cos^{-1}[-\tan(L-\beta)\tan(\delta)]\} \quad (2.109)$$

需要注意，如果在南半球，则方程（2.108）和（2.109）中的（$L-\beta$）需改为（$L+\beta$）。

对于表 2.5 中的同一天，位于纬度为 $-60°$ 到 $+60°$ 的斜面、倾斜度与纬度相等的斜面、倾斜度为纬度加 10°的斜面（这也是太阳能热水系统中集热器常用的倾角）的月平均地外日射量分别展示在附录 3、图 A3.6 和 A3.7 中。

例 2.20

有一位于 35°N、倾斜角为 45°且朝南的表面，试估计 7 月份该表面上的月平均日射量。已知水平表面上的月平均日射量为 23.14 MJ/m^2day，地面反射率为 0.2。

解答

由例 2.18 可得：$\bar{H}_D = \bar{H} = 0.316$, $\delta = 21.2°$, $h_{ss} = 106°$。由方程（2.109）可得倾斜表面的日落时角为：

$$h'_{ss} = \min\{h_{ss}, \cos^{-1}[-\tan(L-\beta)\tan(\delta)]\}$$

式中，$\cos^{-1}[-\tan(35-45)\tan(21.2)] = 86°$ 因此，

$$h'_{ss} = 86°$$

由方程（2.108）可得 $\bar{R}_B$：

$$\begin{aligned}\bar{R}_B &= \frac{\cos(L-\beta)\cos(\delta)\sin(h'_{ss}) + (\pi/180)h'_{ss}\sin(L-\beta)\sin(\delta)}{\cos(L)\cos(\delta)\sin(h_{ss}) + (\pi/180)h_{ss}\sin(L)\sin(\delta)} \\ &= \frac{\cos(35-45)\cos(21.2)\sin(86) + (\pi/180)(86)\sin(35-45)\sin(21.2)}{\cos(35)\cos(21.2)\sin(106) + (\pi/180)(106)\sin(35)\sin(21.2)} \\ &= 0.735\end{aligned}$$

由方程（2.107）可得，

$$\bar{R} = \left(1 - \frac{\bar{H}_D}{\bar{H}}\right)\bar{R}_B + \frac{\bar{H}_D}{\bar{H}}\left[\frac{1+\cos(\beta)}{2}\right] + \rho_G\left[\frac{1-\cos(\beta)}{2}\right]$$

$$= (1+0.316)(0.735) + 0.316\left[\frac{1+\cos(45)}{2}\right] + 0.2\left[\frac{1-\cos(45)}{2}\right] = 0.802$$

最后，可得7月份时倾斜表面上的平均日总辐射量为：

$$\bar{H}_t = \overline{RH} = 0.802(23.14) = 18.6\ \mathrm{MJ/m^2day}$$

2.3.9　太阳辐射测量仪器

在太阳能应用的设计、规模、性能评估和研究中，需要了解大量的辐射相关参数，包括总太阳辐射、直射辐射和日照时间。为获得这类参数的仪器有许多种，人们通常利用热电效应和光生伏特效应来测量辐射，用于检测表面上接收的直射辐射、散射辐射和总辐射的瞬时和长期累计值。本节我们对这类仪器进行了简要的介绍，以便让读者了解这些仪器的种类，更多详情可以在互联网上查阅相关厂商目录。

辐射测量仪器基本分为两种类型：总日射表（见图2.29）和日射强度计（见图2.30）。前者通过其半球型视野测量总辐射量（直射辐射和散射辐射），而后者则用于测量太阳直接辐照度。总日射表也可以用于测量散射辐射，只要遮挡住检测直射辐射的传感器。为此，需要安装遮光带，且其轴线倾角与当地纬度与当天赤纬的和保持一致。遮光带能够挡住相当大一部分的天空，因此在测量时需要进行校准，以修正被挡住的一部分散射辐射。日射强度计用于测量太阳直接辐照度，且首先需要预测聚光式太阳能集热器的性能，该集热器的传感器安装在直接指向太阳的管道处，从而屏蔽了散射辐射。因此，为了测量直射辐射，需要使用双轴太阳追踪系统。

最后，需要日照时间来估测总太阳辐射。日照时间是指太阳能投下影子的持续时间。世界气象组织则规定直射辐射大于120 $\mathrm{W/m^2}$时的时间为日照时间。我们使用了两种类型的日照计：一种为聚光式，另一种则基于光电效应。聚焦式日照计由固定在弧形凹槽中的实心玻璃球组成。实心玻璃球直径约10cm，且与弧形凹槽为同一个中心。弧形凹槽的直径使太阳射线能聚焦在特殊卡片（日照纸）上，从而灼烧日照纸，根据日照纸上的焦痕长度可得出当天的日照时间。基于光电效应的日照计由两个光伏电池组成。其中一个暴露在直射辐射中，而另一个则使用遮光环遮挡。通过测量两个光伏电池的辐射差值即可得到日照时间。

图 2.29　总日射表的图片

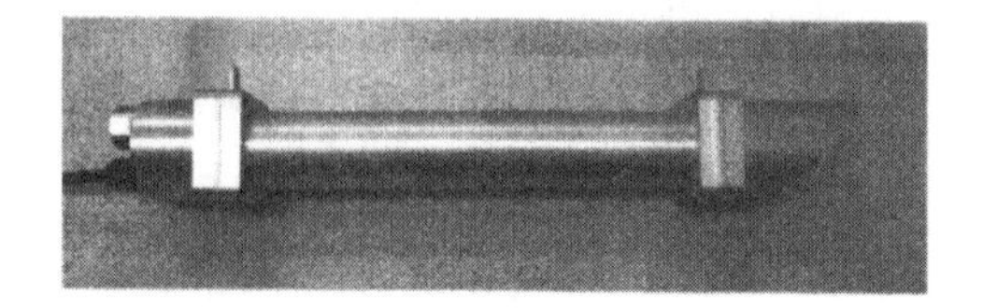

图 2.30　日射强度计的图片

国际标准化组织（ISO）发布了一系列关于测量太阳辐射的国际标准，并对相关测量方法和仪器进行了说明，其中包括：

（1）**ISO 9059（1990）**，与基准日射强度计比对野外日射强度计。这项国际标准介绍了与基准日射强度计比对的野外日射强度计的规范，并列出了标准转移的规范过程和规范层级。其目的在于使校准服务和实验室测试的精确校准有一个统一的标准。

（2）**ISO 9060（1990）**，对半球面太阳能辐射和太阳直接辐射测量仪的分类和规范。这项国际标准发布了用于测量光谱范围为0.3 到3 μm 上的太阳半球形辐射和太阳直接辐射的仪器的分类和规格。根据这项标准，总日射表为测量接收平面上一定波长范围的辐射通量所产生的辐照度的辐射计，且辐射由平面上方半球射入。日射强度计为测量具有明确的立体角的太阳辐射通量所产生的辐照度的辐射计，且其轴线与接收平面垂直。

图 2.31　用于测量散射辐射的总日射表，该仪器带有一个遮光环

（3）**ISO 9846（1993）**。用日射强度计校准总日射表。这项标准也包括了用来阻挡直射辐射的遮光环的技术规范、散射辐射的测量和遮光环的承重机制。

（4）**ISO 9847（1992）**。与标准总日射表比对校准工作总日射表。根据这项标准，全球（半球）太阳辐射的辐照度的精准测量在以下方面均有应用：

①平板型太阳能集热器的能量测定。

②测试太阳能相关和非太阳能相关的材料技术的辐照度和辐照量的估测。

③能量收支分析和太阳能地图的直接辐射分量和散射辐射分量的估测；气溶胶浓度、微粒污染和水蒸气效应的辅助测定。

尽管气象和资源评估测量一般要求总日射表的朝向与其轴线垂直，但在平板型集热器方面的应用和相关材料的日光照射的研究却要求校准仪器按照预先决定的非垂直朝向倾斜。固定倾角的校准在高精度方面有所要求，因此需要对余弦、倾角和方位角进行修正。

最终，国际标准组织出台了一份技术报告，即《1SO/TR 9901：1990—工作总日射表推荐使用规范》。其适用范围显而易见，因此不再赘述。

2.4　太阳能资源

太阳能集热器和太阳能系统的运行取决于吸收的太阳辐射和环境空气温度以及它们的序列。其中一种获取太阳能辐射数据的方式是使用地图，但这种方式只能概括出太阳能辐射的情况，缺少当地气象条件的详细信息，因此需谨慎使用。Meteonorm 是这类信息的一个可靠来源。欧洲和北美在 1981—2000 年间的全球年平均太阳能辐射分别如图 2.32 和 2.33 所示。这些信息是基于大量的气候学数据库和计算机模型得出的。世界其他地区的地图可以在 Meteonorm 网站查询（Meteonorm，2009）。

另一种估计平均太阳辐射 $\bar{H}$ 的方法则是通过使用如下方程（Page，1964）：

$$\bar{K}_{T} = \frac{\bar{H}}{\bar{H}_{o}} = a + b\frac{\bar{n}}{\bar{N}} \tag{2.110}$$

式中，

a 和 b = 经验常数；

$\bar{n}$ = 月平均每天日照时间；

$\bar{N}$ = 月平均每天最大可能日照时间，由表 2.1 中的每月每天的平均昼长（公式（2.17））得出。

如上文可知，由方程（2.79）可得 $\overline{H}_0$ 的值，由表2.5可直接获得每月的平均昼长。由列出的表可得常数 a 和 b 的值，也可由当地的测量数据估计。

对于当地气候的信息，通常需要典型气象年（TMY）数据。典型年，即包含了所有气候信息的一年，可适用于一个太阳能系统的平均寿命的整个阶段。这样，将典型年的数据用于计算机程序中，就可以计算出太阳能集热器或太阳能系统的长期性能。

2.4.1 典型气象年

一年间气候信息的代表性数据就被称为基准年（TRY）或典型气象年（TMY）。TMY是一个包含了太阳辐射和气象要素的小时值的数据集。TMY包含了一年间所有小时的太阳辐射（水平面和直接辐射）、环境气温、相对湿度以及风速和风向的相关数据。通过计算机模拟来预测太阳能系统的性能和建筑的热力性能，规定地点的典型气象条件的选取非常严格，这也导致很多调查者要么通过长期观察获得数据，要么使用从数年中选取看似典型的某一年的数据。TMY主要用于太阳能转化系统和建筑系统的计算机模拟（见第11章，11.5节）。

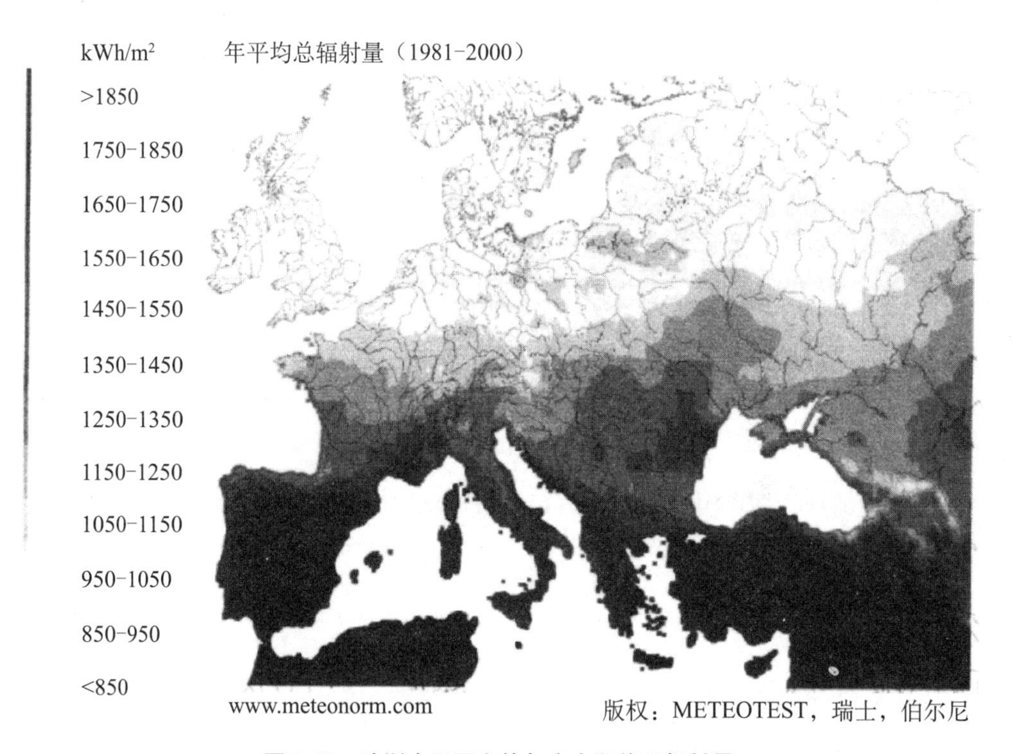

图2.32　欧洲水平面上的年度太阳能总辐射量

来源：Meteotest的Meteonor数据库（www.Meteonorm.com）

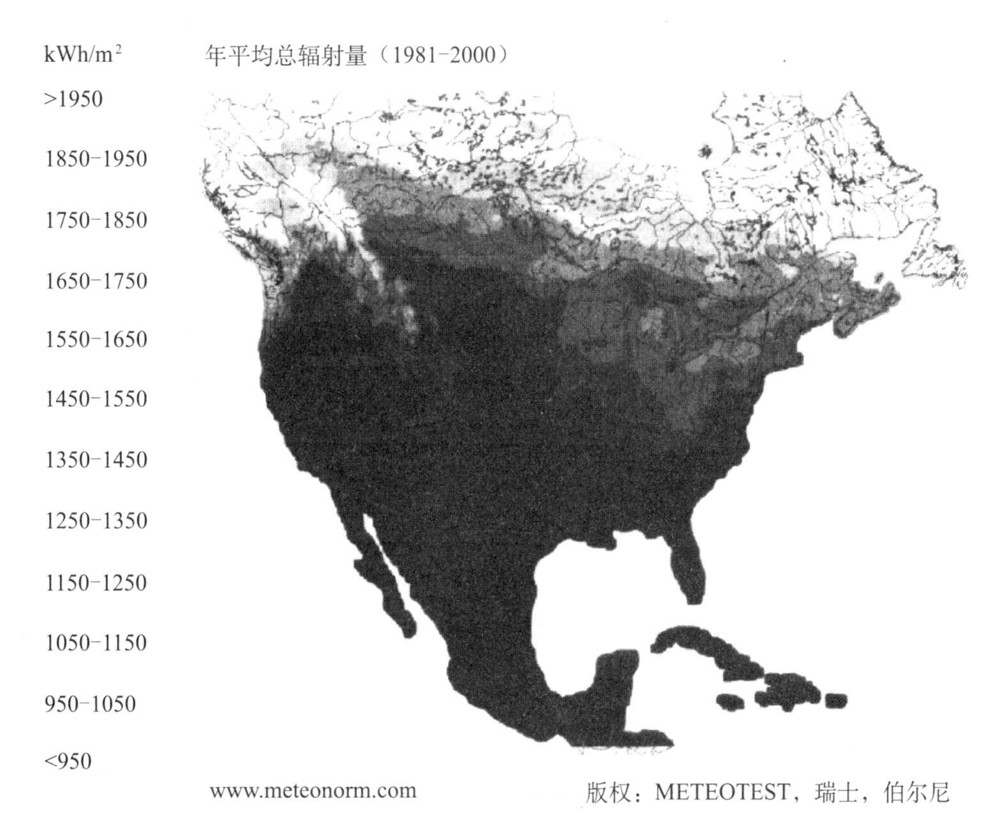

图2.33　北美洲的水平面上的年度总太阳辐射量

在仿真模型中使用平均或典型年的气象数据来估计系统的长期性能的充分性取决于系统性能对每小时和每天天气的灵敏度。不管是怎么选定的，一个“平均年”不可能具有跟长期阶段相同的天气序列。不过，如果平均年的天气序列能够代表长期阶段，或者系统性能与天气序列无关时，则对于“平均年”得出的系统的仿真性能或许能较好地估计长期系统性能（Klein 等人，1976）。通过这种方法，就能估计长期整合系统的性能，并得知动力系统的表现。

在过去，为得出全球不同区域的气象数据库，人们尝试了多种方法论。其中为生成 TMY 最常用到的方法是由 Hall 等人提出（1978）的方法，利用 Filkenstein-Schafer（FS）统计法（Filkenstein 和 Schafer，1971）。

FS 统计算法如下所示：首先，从整个选定阶段以及这个阶段中每个特定的年中选出气象参数，计算这些气象参数的累积分布函数（CDFs）。为此，应将数据归集并分段，再数出同一个段中的参数，从而得出 CDFs。

接下来，对这些气象参数的 CDF 进行比较，比如，总水平辐射，则需要比较选定阶段的所有年中综合长期阶段的每个特定年的每个月所对应的 CDF。

FS 为长期 CDF、CDF_{LT}和特定月的 CDF、CDF_{SM}的平均差。其方程如下：

$$FS = \frac{1}{N}\sum_{i=1}^{N} \left| CDF_{LT}(z_i) - CDF_{SM}(z_i) \right| \tag{2.111}$$

其中，

N = 数据分段（默认为 $N=31$）；

z_i = 特定年的特定月及其相应气象参数的 FS 统计数值。

下一步，则是 FS 统计数值中，选定阶段的每个特定月份所对应的气象参数 FS_j所对应的加权因子 WF_j的应用。这样就可得出加权和，或平均值 WS，并将其分配给对应的月份，即：

$$WS = \frac{1}{M}\sum_{j=1}^{M} WF_j FS_j \tag{2.112}$$

和

$$\sum_{j=1}^{M} WF_i = 1 \tag{2.113}$$

式中，

M = 数据库中的参数个数。

使用者可以改变 WF 值，从而检查最终结果中每个气象变量的相对重要性。WS 值越小，则越接近典型气象月（TMM）。

将这个过程应用到阶段中的所有月份中，就可以由这些具有最小 WS 值的选定月份合成一年。结合平均长期小时分布和 FS 统计，就可以估计出每年每月的总太阳辐照度分布的日总量的均方根差（RMSD）。RMSD 可以计算得出，并且对于每个月，可以选出与最小值相对应的年份，估计值可由下式得出：

$$RMSD = \sqrt{\frac{\sum_{i=1}^{N}(x_i - \bar{x})}{N}} \tag{2.114}$$

此处 $\bar{x}$ = 数据分段中（$N=31$）对应参数的平均值。

TMY 文件中共包含有 8760 行，每一行都对应一年的一小时。适用于早期版本的 TRNSYS 程序的 TMY 文件格式如表 2.6 所示。

表 2.6　适用于 TRNSYS 程序（最高支持版本 14）的 TMY 文件格式

月(每年)	小时(每月)	$/_B$(kJ/m²)[a]	/(kJ/m²)[b]	干球温度[c]	H_R^d	风速(m/s)	风向[e]
1	1	0	0	75	60.47	1	12
1	2	0	0	75	60.47	1	12

续表

月(每年)	小时(每月)	I_B(kJ/m²)[a]	I(kJ/m²)[b]	干球温度[c]	H_R^d	风速(m/s)	风向[e]
1	3	0	0	70	57.82	1	12
1	4	0	0	70	57.82	1	12
1	5	0	0	75	58.56	2	12
–	–	–	–	–	–	–	–
12	740	0	0	45	47.58	1	23
12	741	0	0	30	43.74	1	25
12	742	0	0	20	40.30	1	26
12	743	0	0	20	40.30	1	27
12	744	0	0	10	37.51	1	23

[a] I_B = 直接（成束）太阳辐射，单位：kJ/m²。
[b] I = 水平面上的总太阳辐射，单位：kJ/m²。
[c] 温度 ×10（℃）。
[d] 湿度比（H_R）单位：kg（水）/kg（空气）×°10,000。
[e] 角度 ÷10，北风表示为 0，东风为 9，南风为 18，诸如此类。

2.4.2　典型气象年（TMY-2）

第二版 TMY 与第一版完全不同，且涵盖的领域要更多，可用于详细的建筑分析程序中，如 TRNSYS（第 16 版），DOE-2，BDA（BuildingDesign Advisor），和 Energy Plus。TMY-2 同样包括一整年的小时气象数据（有 8760 项数据），记录了太阳辐射、干球温度和气象元素，如照度、降水量、能见度和降雪量等相关信息。在很多模拟程序中，辐射数据和照明数据变得越来越重要。每个数据均附有双字符源和不确定标记，用来表示数据是测量、模拟或缺失的，并估计数据的不确定性。有不确定标记的加入，使用者就可以估计天气变化对太阳能系统或建筑的潜在影响。

每个文件的第一部分为描述整个气象站的文件头，其中包含气象站区站号（五位数）、所在城市、国家（可选）、时区、纬度、经度和海拔。这些头元素中的字段位置和定义，以及尼科西亚（塞浦路斯）的 TMY-2 头元素的值（Kalogirou，2003）见表 2.7。

表 2.7　TMY-2 数据格式的头元素（仅包含第一部分记录）

字段位置	元素	定义	使用的值
002 ~ 006	五位数	气象站编号	17609
008 ~ 029	城市	气象站所在城市（最大 22 个字符）	尼科西亚

续表

字段位置	元素	定义	使用的值
031～032	国家	气象站所在国家（缩写为两个字母）	—
034～036	时区	时区：当地时间比格林尼治时间提前的小时数（+ve E，-ve W）	2
038～044	纬度	气象站所在位置纬度：	
038		N = 赤道以北	N
040～041		度数	34
043～044		分钟	53
046～053	经度	气象站所在位置经度：	
046		W = 西，E = 东	E
048～050		度数	33
052～053		分钟	38
056～059	海拔	气象站所在位置高出海平面的垂直距离（米）	162

文件头之后，就是8760个小时的数据记录，其中包含了一整年的太阳辐射、照度和气象数据以及它们的来源和不确定标记的相关信息。表2.8给出了每个小时记录的字段位置和元素定义（Marion和Urban，1995）。由该表可看到，每个小时的数据均由选定的典型月所在的年份（字段位置2～3）开始记录，表中还包括了月、日、小时的相关信息以及其他数据。

对于太阳辐射和照度元素，这些数据值代表所选定小时的前60min内所接收的能量。气象元素的观察或测量均在选定的小时进行，但也有少数例外气象元素的观察、测量或估计是按天而不是按小时得出的，比如宽频气溶胶光学厚度、积雪深度和自从上次降雪以来的天数。

除了地外水平辐射和地外直接辐射外，这两个字段位置紧跟着数据值，提供了来源和不确定标记，从而表明这些数据是测量的、模拟的还是缺失的，并能对数据的不确定性进行估计。由于这些元素计算所使用的表达式均会给出精确值，因此没有给出地外水平辐射和地外直接辐射的来源和不确定标记。Marion和Urban（1995）对于其他定量的不确定标记进行了说明。

图2.34（Kalogirou，2003）即为尼科西亚TMY-2的数据样本，它显示了包括头元素在内的一月份第一天的相关数据。需要注意的是，在Energy Plus程序中所使用的TMY-2数据格式与图2.34中所显示的略有不同，因为它在头元素设计条件后还包含了极端时期和假日以及夏令时数据。

表 2.8　TMY-2 格式中的数据元素（除去第一部分记录的全部数据）

字段位置	元素	定义	使用的值
002 ~ 009	当地标准时间		
002 ~ 003	年	2 位数	年
004 ~ 005	月	1 ~ 12	月
006 ~ 007	日	1 ~ 31	日（当月）
008 ~ 009	小时	1 ~ 24	小时（当天）（当地时间）
010 ~ 013	地外水平辐射		位于大气层顶部水平表面上所接收的太阳辐射量（单位：Wh/m^2）
014 ~ 017	地外直接方向		位于大气层顶部且与太阳光垂直的表面所接收的太阳辐射量（单位：Wh/m^2）
018 ~ 023	总水平辐射		水平表面上接收的太阳直接辐射和散射辐射的总量（单位：Wh/m^2）
018 ~ 021	数据值	0 ~ 1200	
022	数据源标记	A-H，?	
023	数据不确定标记	0 ~ 9	
024 ~ 029	直接辐射		以太阳为中心的 5.7°视野内的太阳辐射量（单位：Wh/m^2）
024 ~ 027	数据值	0 ~ 1100	
028	数据源标记	A ~ H，?	
029	数据不确定标记	0 ~ 9	
030 ~ 035	散射水平辐射		水平表面接收的来自天空的太阳辐射量（不包括太阳盘面）（单位：Wh/m^2）
030 ~ 033	数据值	0 ~ 700	
034	数据源标记	A-H，?	
035	数据不确定标记	0 ~ 9	
036 ~ 041	总水平照度		水平表面上接收的直接照度和散射照度的平均总量（单位：100lux）
036 ~ 039	数据值	0 ~ 1300	0 到 1300 = 0 到 130，000 lux
040	数据源标记	I，?	
041	数据不确定标记	0 ~ 9	
042 ~ 047	直接法线照度		以太阳为中心的 5.7°视野内所接收的平均直接法线照度（单位：100lux）
042 ~ 045	数据值	0 ~ 1100	0 到 1100 = 0 到 110，000 lux
046	数据源标记	I，?	
047	数据不确定标记	0 ~ 9	

续表

字段位置	元素	定义	使用的值
048～053	散射水平照度		水平表面接收的来自天空的平均照度（不包括太阳盘面）（单位：100lux）
048～051	数据值	0～800	0 到 800 =0 到 80,000 lux
052	数据源标记	I,?	
053	数据不确定标记	0～9	
054～059	天顶亮度		天空天顶的平均亮度（单位：10Cd/m^2）
054～057	数据值	0～7000	0 到 7000 =0 到 70,000Cd/m^2
058	数据源标记	I,?	
059	数据不确定标记	0～9	
060～063	总云量		在选定小时内被云层或视障现象覆盖天空范围（单位：1/10）
060～061	数据值	0～10	
062	数据源标记	A～F	
063	数据不确定标记	0～9	
064～067	蔽光云量		选定小时的天空被云层或视障现象覆盖，且视障现象阻碍了观察天空或更高的云层（单位：1/10）
064～065	数据值	0～10	
066	数据源标记	A～F	
067	数据不确定标记	0～9	
068～073	干球温度		选定小时的干球温度（单位：1/10℃）
068～071	数据值	-500 到 500	-500 到 500 = -50.0 到 50.0℃
072	数据源标记	A-F	
073	数据不确定标记	0～9	
074～079	露点温度	-600 到 300	选定小时的露点温度（单位：1/10℃）
074～077	数据值		-600 到 300 = -60.0 到 30.0℃
078	数据源标记		
079	数据不确定标记		
080～084	相对湿度		选定小时的相对湿度（单位：百分比）
080～082	数据值	0～100	
083	数据源标记	A-F	
084	数据不确定标记	0～9	
085～090	气压		选定小时的气象站气压（单位：mbar）
085～088	数据值	700～1100	
089	数据源标记	A-F	
090	数据不确定标记	0～9	
091～095	风向		选定小时的风向（N =0 或 360，E =90，S =180，W =270）（单位：°）。无风时，风向等于 0.
091～093	数据值	0～360	
094	数据源标记	A-F	
096	数据不确定标记	0～9	

续表

字段位置	元素	定义	使用的值
096 ~ 100	风速		选定小时的风速（单位：1/10m/s）
096 ~ 98	数据值	0 ~ 400	0 到 400 = 0 到 40. 0 m/s
99	数据源标记	A-F	
100	数据不确定标记	0 ~ 9	
101 ~ 106	可见度		选定小时的水平可见度（单位：1/10km）
101 ~ 104	数据值	0 ~ 1609	7777 = 无限可见度
105	数据源标记	A-F, ?	0 到 1609 = 0. 0 到 160. 9 km
106	数据不确定标记	0 ~ 9	9999 = 缺失数据
107 ~ 113	云幕高度		选定小时的云幕高度（单位：m）
107 ~ 111	数据值	0 ~ 30，450	77777 = 无限云幕高度
112	数据源标记	A-F, ?	88888 = 卷状云
113	数据不确定标记	0 ~ 9	99999 = 缺失数据
114 ~ 123	当前天气	—	用 10 位数来表示的当前天气状况
124 ~ 128	可降水量		选定小时的可降水量（单位：mm）
124 ~ 126	数据值	0 ~ 100	
127	数据源标记	A ~ F	
128	数据不确定标记	0 ~ 9	
129 ~ 133	气溶胶光学厚度		选定日期的宽频气溶胶光学厚度（宽频浊度）（单位：千分之一）
129 ~ 131	数据值	0 ~ 240	0 到 240 = 0. 0 到 0. 240
132	数据源标记	A ~ F	
133	数据不确定标记	0 ~ 9	
134 ~ 138	积雪深度		选定日期的积雪深度（单位：cm）
134 ~ 136	数据值	0 ~ 150	999 = 缺失数据
137	数据源标记	A-F, ?	
138	数据不确定标记	0 ~ 9	
139 ~ 142	上次降雪以来的天数		上次降雪以来的天数
139 ~ 140	数据值	0 ~ 88	88 = 88 或更多天数
141	数据源标记	A-F, ?	99 = 缺失数据
142	数据不确定标记	0 ~ 9	

来源：Marion 和 Urban（1995）。

```
17609 NICOSIA                         2 N 34 53 E 33 38    162
86 1 1 1    01415  0?9  0?9  0?9   0?9   0?9   0?9   0?9 5B8 2B8  75C9 65C9 94C91021C9120*0 10B8 233B877777*09999999999 0*0 70E8 0*088*0
86 1 1 2    01415  0?9  0?9  0?9   0?9   0?9   0?9   0?9 4B8 2B8  75C9 65C9 94C91021C9120*0 10B8 217B877777*09999999999 0*0 70E8 0*088*0
86 1 1 3    01415  0?9  0?9  0?9   0?9   0?9   0?9   0?9 4A7 1A7  70C9 62C9 93C91021C9120A7 10A7 200A722000A79999999999 0*0 70E8 0*088*0
86 1 1 4    01415  0?9  0?9  0?9   0?9   0?9   0?9   0?9 4B8 1B8  70C9 59C9 93C91021C9120*0 20B8 333B822000*09999999999 0*0 70E8 0*088*0
86 1 1 5    01415  0?9  0?9  0?9   0?9   0?9   0?9   0?9 3B8 1B8  75C9 60C9 92C91021C9120*0 10B8 467B822000*09999999999 0*0 70E8 0*088*0
86 1 1 6    01415  1?9  0?9  0?9   0?9   0?9   0?9   0?9 3B8 1A7  75C9 61C9 91C91021C9120A7 10A7 600A722000A79999999999 0*0 70E8 0*088*0
86 1 1 7    01415 19H9  0H9  0H9   0I9   0I9   0I9   0I9 3B8 2B8  90B8 65C8 89B81021B8120*0 10B8 600B822000*09999999999 0*0 70E8 0*088*0
86 1 1 8  1401415 70H9  0H9 70H9  52I9  53I9  47I9  68I9 3B8 2B8  90B8 69C8 87B81021B8120*0 1CB8 600B822000*09999999999 0*0 70E8 0*088*0
86 1 1 9  3731415 89G9  0G9 89G9 221I9 369I9 118I9 161I9 2A7 2A7 120A7 77A7 83B81022B8120A7 20A7 600A722000A79999999999 0*0 70E8 0*088*0
86 1 110  5601415 78H9  0H9 78H9 382I9 647I9 126I9 168I9 3B8 2B8 120B8 84C8 79B81021B8  80*0 20B8 533B822000*09999999999 0*0 70E8 0*088*0
```

图 2. 34　TMY-2 数据格式

2.4.3 典型气象年（TMY-3）

TMY-2 和 TMY-3 之间的差别主要体现在数据格式和选择典型月时算法上的微小变动。后者改变了持久性执行标准，使其能够在更少年份的记录中更好地选出典型气象月。此外，优先选择测定有太阳相关数据的月份的代码也被移除了。TMY-2 和 TMY-3 之间的算法差异所带来的影响也被认为是 TMY-3 的生产流程的一部分（Wilcox 和 Marion，2008）。尤其是，需要对 TMY-2 程序稍作改动使其能够仅从 15 年中调用数据。在 TMY-2 中，会优先考虑测定有太阳辐射数据的月份作为典型月。而 TMY-3 程序则不包括这个标准，因为在该程序中只考虑模拟的太阳辐射数据，这样所提供的太阳辐射值连续性也更好。TMY-3 的候选月是在 15 年中选出而非 30 年，这就要求持久性检查放宽标准，从而确保能够选出候选的月份。在 TMY-2 中，出于长远考虑，具有最大游程的候选月均会被排除。而在 TMY-3 中，只有候选月的游程超过其他每个候选月时才会被排除。因此，如果有两个候选月的游程并列第一时，在 TMY-3 中两个均被保留，而在 TMY-2 中则均被排除。作为附加步骤，如果 TMY-3 的持久性程序排除了所有的候选月，则程序会忽略其持久性，并在其中选择一个最接近长期平均数和中位数的候选月。这就保证了 TMY-3 只使用 15 年或者更短的数据集时仍能选出典型月。不过如果数据池少于 10 年，则不会产生 TMY 数据（Wilcox 和 Marion，2008）。

通常来说，权重准则上的少量变动导致了太阳辐射和气象元素的相对重要性的差异，而除此之外，产生 TMY-2 和 TMY-3 数据集的程序和美国桑迪亚国家实验室所开发的程序（Hall 等人，1978）并无二致。不过，TMY-3 数据格式与 TMY 和 TMY-2 的数据格式有根本性差异。老式的 TMY 数据格式使用分栏布局或位置布局来优化数据存储空间，但这种格式很难读取，同时也难以向很多软件包中导入特殊数据字段。因此，TMY-3 中采用了逗号分隔值（CSV）格式。这种格式使用得更普遍，在很多已有的程序和应用中都有内建函数来读取和解析。为了保证和现有软件的兼容性，美国国家可再生能源实验室（NREL）编写了一个能将 TMY-3 格式转化为 TMY-2 格式的应用。尽管存在格式差异，TMY-3 和 TMY-2 数据集中的数据字段仍非常相似。其中基本差别主要有：TMY-3 中使用的测量单位为国际单位制或等价单位；TMY-3 中新加入了表面反射率和液态降水量，并移除了 TMY-2 中的当前天气、积雪深度和最后一次降雪以来的天数这些数据字段（Wilcox 和 Marion，2008）。移除这些字段主要是因为源数据属性的不兼容性变化，以及源数据不适用于很多气象站这两方面的考虑。

TMY-3 数据格式有两个标题行和 8760 行数据，每一个都有 68 个数据字段。标题行 1 包含的数据和表 2.7 中所显示的相同，只是将“城市”改为了“气象站名”，而标题行 2 包含了数据字段名和单位。余下数据的字段格式则与表 2.8 中所显示的 TMY-2 数据格式相似，只是将开头的当地标准时间数据字段改为了以 MM/DD/YYYY 格式显示的“日期”和以 HH：MM 格式显示的“时间”，而数据字段尾部的改变则如上所述。

1982 年 3 月的墨西哥萨尔瓦多奇诺火山（El Chichon）喷发和 1991 年的菲律宾皮纳图博火山喷发给平流层带去了大量的气溶胶。这些气溶胶向北扩散并围绕地球旋转，因此，在 1982 年 5 月到 1984 年 12 月间（萨尔瓦多奇诺火山喷发），以及 1991 年 6 月到 1994 年 12 月间（皮纳图博火山喷发），到达地球的太阳辐射量出现了显著降低，在这之后气溶胶的影响才减弱。这些月份被认为是非典型月（Wilcox 和 Marion，2008），因此在 TMY 程序中不包括这一月份。美国多地的 TMY-3 数据文件都可以在 NREL 网站下载得到（NREL，2012）。

练习

2.1　根据本章中的电子表格程序及其相关关系，试编写一个能够根据纬度、日期、小时和表面斜率估计所有太阳角的程序。

2.2　根据本章中的电子表格程序及其相关关系，试编写一个能够根据纬度、日期和表面斜率估计一天中每个小时的所有太阳角的程序。

2.3　分别计算春分、秋分、夏至、冬至的太阳赤纬。

2.4　计算某地（45°N，35°E）在春分、秋分、夏至、冬至的日出和日落时间以及昼长。

2.5　计算在意大利罗马，6 月 10 日 10：00am（当地时间）时的太阳高度角和太阳方位角。

2.6　计算在埃及开罗，4 月 10 日 10：30 am（太阳时）时的太阳天顶角、太阳方位角、日出和日落时间以及昼长。

2.7　分别计算在英国伦敦在 3 月 15 日和 9 月 15 日的日出和日落时间，以及在这两日的 10：00 am（太阳时）和 3：30 pm（太阳时）的太阳高度角和太阳方位角。

2.8　计算科罗拉多州丹佛在 6 月 10 日 10：00 am（山区标准时间）对应的太阳时。

2.9　有一平板型集热器位于塞浦路斯尼科西亚，该集热器与水平面夹角为40°并指向南偏东10°。分别计算在3月10日10：30 am（太阳时）和9月10日2：30 pm（太阳时）时，该集热器的太阳入射角。

2.10　有一位于希腊雅典，朝向正南偏西15°的垂直表面。分别计算在1月15日10：00 am（太阳时）和11月10日3：00 pm（太阳时）时该表面的太阳入射角。

2.11　根据太阳路径图，计算出在希腊雅典，1月20日10：00 am时的太阳高度角和太阳天顶角。

2.12　有两排6 m宽，2m高的平板型集热器阵列，其倾斜角均为40°且面朝正南方。如果这些集热器位于35°N，且两排集热器之间的距离为3m，试根据太阳路径图找出前排集热器的阴影遮挡后排集热器时在一年中的具体月份和一天中的具体时刻。如果要保证没有阴影遮挡，则两排集热器之间的距离应为多少？

2.13　已知$\lambda=8\mu m$，计算出发射源在温度为400 K、1000 K和6000 K时的黑体光谱辐射力。

2.14　假设太阳为温度为5，777K的黑体，则波长为多少时具有最强的单色光发射能力？这个发射源中哪个部分的能量是在可见光部分，且光谱范围为0.38～0.78μm？

2.15　发射源温度为323K时，波长范围为6～15μm的黑体辐射所占的百分比为多少？

2.16　有一2mm厚的玻璃板，其折射指数为1.526，消光系数为$0.2cm^{-1}$。分别计算入射角为0°、20°、40°和60°时，玻璃板的反射率、透射率和吸收率。

2.17　有一平板型集热器，其外层玻璃盖板厚度为4mm，$K=23\ m^{-1}$且折射指数为1.526，且内部的泰德拉内罩的折射指数为1.45。考虑到泰德拉内罩的厚度非常小，该材料所吸收的辐射可以忽略不计，计算入射角为40°时玻璃板的反射率、透射率和吸收率。

2.18　太阳能温室的玻璃板对于波长为0.32到2.8pm的波的透射率为0.90，而对于更短或更长波长的波则完全阻挡。如果太阳为一个黑体，其对于地球表面的辐射有效温度为5，770 K，且温室内部温度为300K。计算入射太阳辐射透过玻璃的百分比，以及由内部发射出的热辐射所占比例。

2.19　有一$30m^2$的平板型太阳能集热器，其辐射吸收率为900 W/m^2。环境温度为25℃，集热器发射率为0.85。不考虑传导损失和对流损失，计算集热器的平衡温度和周围环境的净辐射交换。

2.20　有两个大型平行平板，其温度和发射率分别为500K，0.6和350K，0.3。计算两个平板间的净辐射热传递。

2.21　试计算出位于40°N处2月21日2：00 pm（太阳时）时的地外直接辐射量和地外水平辐射量，以及当天地外水平表面上接收的总太阳辐射量。

2.22　分别估计在意大利罗马，3月10日10：00 am和1：00 pm（太阳时）时，当地一水平表面上入射的散射辐射和总太阳辐射量每小时的平均值。已知月平均日总辐射量为18.1 MJ/m^2。

2.23　有一位于40°N的表面，其地面反射率为0.25。已知在4月15日当地下午1点时，法向入射的直射辐射量为 $G_B = 710\ W/m^2$，水平面上的散射辐射量为 $G_D = 250\ W/m^2$。试计算当时的直射辐射和总辐射倾斜系数，以及表面上入射的直射辐射量和总辐射量。

2.24　有一位于45°N，与地面夹角为30°的朝南表面。计算在9月10日时，该表面每小时的直接辐射倾斜系数。

2.25　有一位于德国柏林的集热器，其倾斜角为50°，所接收的月平均日总辐射量 $\bar{H}$ 为17 MJ/m^2day。当地地面反射率为0.2，试计算10月份时该地的月平均直接辐射和总辐射的倾斜系数，并估计表面的月平均每日总辐射量。

参考文献

[1] ASHRAE，1975. Procedure for Determining Heating and Cooling Loads for Computerizing Energy Calculations. ASHRAE，Atlanta.

[2] ASHRAE，2007. Handbook of HVAC Applications. ASHRAE，Atlanta.

[3] Collares-Pereira，M.，Rabl，A.，1979. The average distribution of solar radiation—correlations between diffuse and hemispherical and between daily and hourly insolation values. Sol. Energy 22（2），155 - 164.

[4] Duffle，J. A.，Beckman，W. A.，1991. Solar Engineering of Thermal Processes. John Wiley & Sons，New York.

[5] Dunkle，R. V.，1954. Thermal radiation tables and application. ASME Trans. 76，549.

[6] Erbs，D. G.，Klein，S. A.，Duffle，J. A.，1982. Estimation of the diffuse radiation fraction four hourly，daily and monthly-average global radiation. Sol. Energy 28（4），293 - 302.

[7] Filkenstein, J. M., Schafer, R. E., 1971. Improved goodness of fit tests. Biometrica 58, 641-645.

[8] Garg, H. P., 1982. Treatise on Solar Energy. In: Fundamentals of Solar Energy Research, vol. 1. John Wiley & Sons, New York.

[9] Hall, I. J., Prairie, R. R., Anderson, H. E., Boes, E. C., 1978. Generation of typical meteorological years for 26 SOLMET stations. In: Sandia Laboratories Report, SAND 78 ~ 1601. Albuquerque, NM.

[10] Hay, J. E., Davies, J. A., 1980. Calculations of the solar radiation incident on an inclined surface. In: Proceedings of the First Canadian Solar Radiation Data Workshop, 59. Ministry of Supply and Services, Canada.

[11] Hottel, H. C., Woertz, B. B., 1942. Evaluation of flat plate solar heat collector. ASME Trans. 64, 91.

[12] Hsieh. J. S., 1986. Solar Energy Engineering. Prentice-Hall, Englewood Cliffs, NJ.

[13] Kalogirou, S. A., 2003. Generation of typical meteorological year (TMY-2) for Nicosia, Cyprus. Renewable Energy 28 (15), 2317-2334.

[14] Klein, S. A., Beckman, W. A., Duffle, J. A., 1976. A design procedure for solar heating systems. Sol. Energy 18, 113-127.

[15] Klucher, T. M., 1979. Evaluation of models to predict insolation on tilted surfaces. Sol. Energy 23 (2), 111-114.

[16] Kreith, F., Kreider, J. F., 1978. Principles of Solar Engineering. McGraw-Hill, New York.

[17] Liu, B. Y. H., Jordan, R. C., 1960. The interrelationship and characteristic distribution of direct, diffuse and total solar radiation. Sol. Energy 4 (3), 1-19.

[18] Liu, B. Y. H., Jordan, R. C., 1977. Availability of solar energy for flat plate solar heat collectors. In: Liu, B. Y. H., Jordan, R. C. (Eds.), Application of Solar Energy for Heating and Cooling of Buildings. ASHRAE, Atlanta.

[19] Lof, G. O. G., Tybout, R. A., 1972. Model for optimizing solar heating design. ASME paper, 72-WA/SOL-8.

[20] Marion, W., Urban, K., 1995. User's Manual for TMY2s Typical Meteorological Years. National Renewable Energy Laboratory, Colorado.

[21] Meinel, A. B. , Meinel, M. P. , 1976. Applied Solar Energy – An Introduction. Addison-Wesley, Reading, MA. References123.

[22] Meteonorm, 2009. Maps. Available from: www. meteonorm. com.

[23] NREL, 2012. TMY-3 Data Files. Available from: http: //rredc. nrel. gov/solar/old_ data/nsrdb/1991 –2005/tmy3.

[24] Page, J. K. , 1964. The estimation of monthly mean values of daily total short-wave radiation of vertical and inclined surfaces from sunshine records for latitudes 40°N ~40°S. Proc. UN Conf. New Sources Energy 4, 378.

[25] Reindl, D. T. , Beckman, W. A. , Duffie, J. A. , 1990. Diffuse fraction correlations. Sol. Energy 45 (1), 1 –7.

[26] Reindl, D. T. , Beckman, W. A. , Duffie, J. A. , 1990. Evaluation of hourly tilted surface radiation models. Sol. Energy 45 (1), 9 –17.

[27] Siegel, R. , Elowell, J. R. , 2002. Thermal Radiation Heat Transfer, fourth ed. Taylor and Francis, New York.

[28] Solar Spectra, 2007. Air Mass Zero. Available from: http: //rredc. nrel. gov/solar/spectra/am0.

[29] Spencer, J. W. , 1971. Fourier series representation of the position of the sun. Search 2 (5), 172.

[30] Wilcox, S. , Marion, W. , 2008. Users Manual for TMY3 Data Sets Technical Report NREL/TP-581-43156 (Revised May 2008) .

第3章　太阳能集热器

太阳能集热器是一种特殊的热交换器，它能把太阳辐射能量转变成传输介质的内部能量，是太阳能系统的主要组成部件。太阳能集热器将入射的辐射转换成热能，然后将热量传递到通过集热器的流体（通常是空气、水或油）。收集到的太阳能从循环液直接转化为热水或者到空间调节设备或者到存储罐，以便在夜间或阴天需要的时候使用。

太阳能集热器有两种基本类型：非聚光型和聚光型。非聚光型集热器拦截和吸收太阳辐射的区域相同，由于太阳追踪聚光太阳能集热器通常有凹的反射表面，使得拦截的太阳辐射聚焦到一个较小的接收区域，从而增加辐射通量。聚光集热器适宜高温应用。太阳能集热器还可以根据使用的传热工质类型（水，非冻结液体，空气或传热油）以及它们是否被覆盖来划分。我们可以在市场上见到很多类型的太阳能集热器。表3.1（Kalogirou，2003）给出了一份集热器综合全面的列表。

本章回顾了目前可用的各类集热器。这之后将介绍关于集热器的光学和热分析。

3.1　固定式集热器

太阳能集热器基本上是根据它们的固定和运动，以及单轴跟踪、两轴跟踪和操作温度来划分的。首先，我们将对固定式太阳能集热器进行检验。这类集热器永久固定在某一位置并且不追踪太阳。下面三种主要类型的集热器都属于固定式这一范畴：

（1）平板集热器（FPC）；

（2）复合抛物面聚光集热器（CPC）；

（3）真空管集热器（ETC）。

3.1.1　平板式集热器

典型的平板式太阳能集热器如图3.1所示。当太阳辐射穿过透明盖板并入射至具有高吸收率的黑色吸收体表面时，大部分的能量被盖板吸收并转移到流体管中的传输介质中，以便储存或使用。吸收板的底部和两侧是隔热的，这样可以减少传导损耗。液体管可以焊接到吸收板，也可以是板的一个组成部分。液体管的两端和大直径的集管连接。集管和立管是平板式集热器的典型设计。另一种是如图3.1所示的蛇形设计（a）。这种集热器不存在集管和立管在设计方面可能存在的流量分布不均匀的问题，但是蛇形集热器不能在热虹吸模式（自然循环）有效地工作，需要水泵循环传热工质（参见第5章）。吸收板上可以固定立管，或者每个立管固定在一个单独的散热片上（参见图3.1（b））。

表3.1　太阳能集热器

运动方式	集热器类型	吸收器类型	聚光比	指示温度范围（℃）
固定式	平板集热器（FPC）	平板	1	30～80
	真空管集热器（ETC）	平板	1	50～200
	复合抛物面集热器（CPC）	管状	1～5	60～240
单轴追踪	复合抛物面集热器（CPC）	管状	5～15	60～300
	线性菲涅尔反射器（LFR）	管状	10～40	60～250
	圆柱槽式集热器（CTC）	管状	15～50	60～300
	抛物面槽式集热器（PTC）	管状	10～85	60～400
双轴追踪	抛物面碟面集热器（PDR）	点状	600～2000	100～1500
	定日镜场集热器（MFC）	点状	300～1500	150～2000

注：聚光比是指集热器采光口面积与接收器/吸收器的吸热面积之比。

透明盖板通过约束吸收板和玻璃之间的停滞空气层，以此减少吸收板的对流损失。它也减少了集热器的辐射损失，因为玻璃盖板对于太阳接收的短波辐射是透明的，但对于吸收板发射的长波热辐射（温室效应），它几乎是不透明的。

FPC的优点是制造成本低廉，同时收集光束和散发辐射，并且它们永久地固定在适当位置，不需要追踪太阳。集热器应直接以赤道为导向，在北半球朝向南面，在南半球朝向北面。集热器的最佳倾斜角应等于它所处位置的纬度，根据集热器的用途，其角度变化范围在10°～15°之间（Kalogirou，2003）。如果将集热器用作太阳能制冷，那么最佳角度是纬度－10°，这样在能量需求最多的夏季，太阳光可垂直于集热器。如果用于空间加热，那么最佳角度是纬度＋10°；若是用于全年加热水，角度则是纬度＋5°，这样集热器在冬季也具有相对较好的性能，这时对热水需求最大。

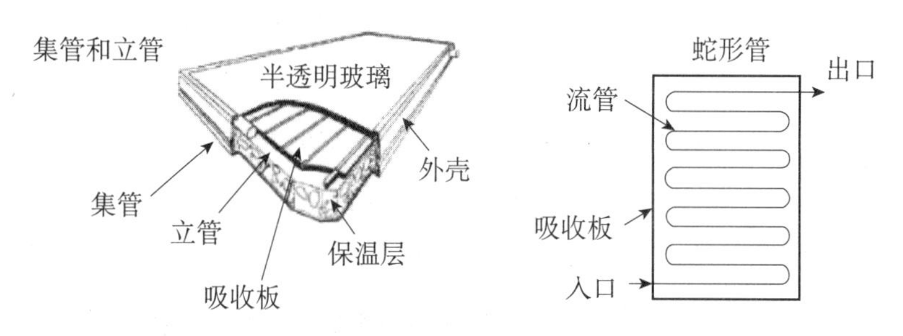

（a）平板集热器的示意图

（b）集管和立管平板集热器的照片

图 3.1　典型的平板集热器

如图 3.2 所示，FPC 主要由以下几个部分组成：

（1）盖板。一张或多张玻璃或者其他的辐射透射性材料。

（2）排热流体通道。管、翅片或者通道引导传热流体从入口到出口。

（3）吸热板。平板、波纹板、带沟槽的板等与管、翅片或通道连接。一个典型的连接方法是嵌入固定法，细节部分如图 3.2 所示。吸热板上通常覆盖了高吸收率低辐射率的涂层。

（4）集管。用来导入和排放流体的导管。

（5）保温层。将集热器的背面和侧面的热损失降到最小。

（6）外壳。上述组件的外壳，可防止组件沾染到灰尘、湿气及其他物质。

平板型集热器内置了多种设计并使用了不同种类的材料，用来加热流体，如水、水加防冻剂添加剂或空气等。使用不同的设计和材料主要是为了以尽可能低的成本收集更多的太阳能。集热器应该有较长的有效寿命，尽管有各种不良因素的影响，例如太阳的紫外线辐射、因酸度、碱度引起的腐蚀、由传热工质的硬度造成的堵塞、水的冷冻、玻璃窗的灰尘沉积、湿气及热膨胀、冰雹、故意破坏等其他原因。使用强化玻璃可以减小这些不良影响。

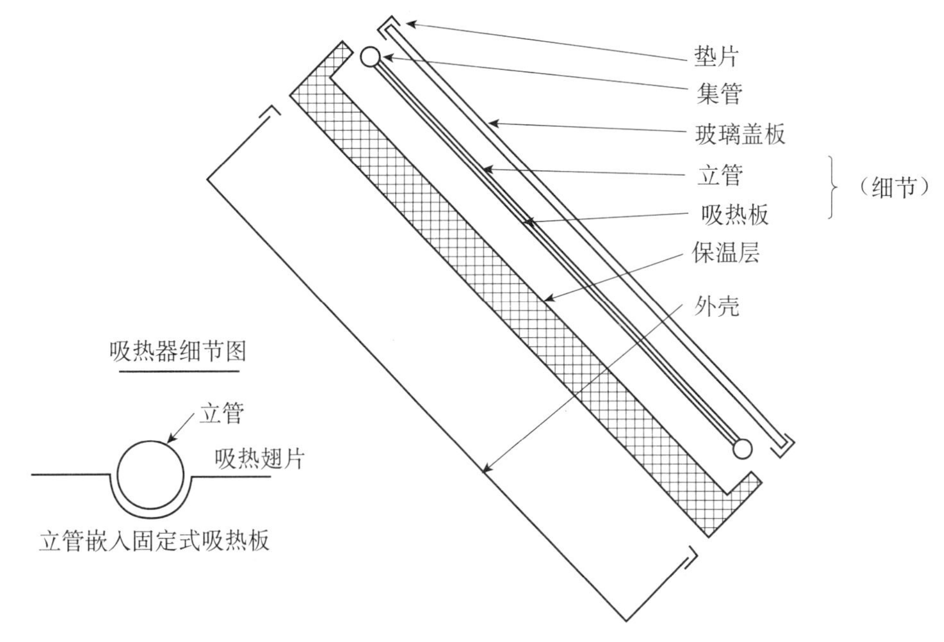

图 3.2　平板型集热器和吸收板部件分解图

下面的两小节将介绍更多有关玻璃盖板和吸热板材料的详细信息。大多数细节也适于其他类型的集热器。第三节介绍集热器的构造和吸热板的配置类型。

玻璃材料

玻璃已经在玻璃盖板太阳能集热器上得到了广泛应用，因为它可以发射高达90%的短波太阳辐射，但对吸收板发射的长波辐射的透射率几乎为零（参见例2.10）。窗玻璃通常具有较高的含铁量，因此不适于在太阳能集热器中使用。铁含量低的玻璃对太阳辐射（标准入射角时，约0.85～0.90）有相对较高的透光率，但对于太阳加热表面发出长波热辐射（5.0～50pm），其透光率几乎为零。

塑料薄膜和薄片对短波的透射率也很高，但由于大多数可用种类的发射频段处于热辐射光谱的中间，使得长波透过率高达0.40。此外，塑料一般在一定的温度极限内可以保持自身不被破坏或者尺寸不发生变化，但只有极少数类型的塑料可以承受太阳长时间的紫外辐射。不过塑料在遭受冰雹或石头时不破坏，且由于其薄膜形式，它们质量很轻并且非常柔韧。

市场销售的各等级的窗玻璃和温室玻璃的垂直入射透过率分别为0.87和0.85

左右（ASHRAE，2007）。对于直接辐射，透射率随入射角度的变化而发生很大的变化。

抗反射涂层和表面纹理可以显著提高透射率。污物和灰尘对集热器玻璃的影响很小，并且降雨的清洁效果通常足够维持集热器的最大透射率值约2% ~4%。夏季降雨不是很频繁，灰尘大多数在这期间积累，但由于这时的太阳辐射很强，灰尘反而可以保护集热器不受过热影响。

玻璃盖板应该尽可能多的接收太阳能辐射并尽可能减少向上损失的热量。尽管玻璃实质上对集热器面板发射的长波辐射是不透明的，但是吸收的辐射导致玻璃温度升高，并且由于辐射和对流的存在使得的热量损失到周围的大气中。我们在3.3节中对这种影响进行了分析。

研究人员在20世纪90年代开始制造和研究测试透明保温FPC和CPC（见第3.1.2节）的原型。低成本，耐高温的透明保温（TI）材料的开发使得集热器商业化生产成为可能。Benz等人（1998）开发了FPC原型上的透明隔热盖板并且证明了它的效率与前述ETC（见第3.1.3节）的效率相当。然而，这种类型的集热器还没有在市场上出现。

集热器吸热板

集热器板尽可能多地吸收穿过透明盖板的辐射，同时尽可能减少向上到大气中及向下到外壳背面的热量损失，然后把剩下的热量转化到传热工质中。为了最大幅度地提高能量收集效率，集热器的吸收板应该涂有高太阳辐射（短波长）吸收率和低再辐射（长波长）发射率的涂层。这样的表面称为可选择表面。短波太阳辐射集热器表面的吸收率取决于所述涂层的性质和颜色以及入射角。涂层通常为黑色，不过基于美观层面的考虑，Tripanagnostopoulos等人（2000a，b），Wazwaz等人（2002），Orel等人（2002）提出使用其他颜色的涂层。

涂层通过适当的电解或化学处理，表面产生高的太阳辐射吸收率（a）和低的长波发射率（E）。实质上，典型的选择性表面其上层很薄，这一层对短波太阳辐射有很高的吸收率，但对于长波热辐射来说则是透明的，涂层表面的沉积使得对于长波辐射具有较高的反射率和较低的发射率。当集热器表面温度比周围空气温度高出很多时，选择性表面则变得尤为重要。最便宜的吸收涂层是磨砂黑色烤漆，但是它不具有选择性，因为以这种方式产生的集热器的性能很低，它只适用于操作温度不超过40℃的环境。

为了获得期望的选择性光谱性质，我们用了许多方法和材料以及材料组合。各种各样的选择性吸收器可分为以下几类：

（1）本征材料或质量吸收器。

（2）串联堆叠和反向串联堆叠。

（3）多层堆叠（干涉堆叠）。

（4）绝缘或金属基质（金属陶瓷）的金属颗粒。

（5）表面粗糙。

（6）量子尺寸效应（QSE）。

Yiannoulis 等人对这些吸热剂进行了全面的概述（2012）。

一个高效的太阳能集热器应能吸收入射的太阳辐射，将其转换为热能，并且在每一环节以最小的能量损失将热能传到热传递介质。根据几个设计原则和物理机制就可以制成选择性太阳能吸热表面。串联式的太阳能吸热板基于两层的光学特性不同。在非选择性高反射材料，如金属材料上涂有高太阳能吸收率和高红外透光介质膜的材料组成了一种串联的太阳能吸热板。另一种是涂有一种非选择性的高吸收材料，称之为热镜，这种材料具有较高的太阳能透射率和较高的红外反射率（Wackelgard 等人，2001）。

现在，通常人们通过电镀，阳极氧化，蒸发，溅射，并应用太阳能选择性涂层等方法制成商业太阳能吸收器。在众多类型的选择性涂层的开发应用中，使用最广泛的是黑铬。近年来，基于真空技术的应用，吸热剂取得了巨大的发展进步，如低温条件下应用的翅片吸热剂。商业化的化学、电化学的发展取代了金属加工工业。虽然有在高温下应用太阳能吸热器的需求，但是，用常规湿法工艺难以满足低热发射率和高温稳定性的要求，因此，人们在 70 年代末开发出了大规模的溅射沉积技术。如今，真空技术工艺成熟、成本低以及环境污染小，与湿法工艺相比有很大优势。

当表面的粗糙度比光入射表面上的波长还小时，它就像一面镜子不吸收光，当比入射表面的波长大时，它则能吸收很多小波长的光。锥体，枝晶，多孔微结构之间的多次反射提高了太阳能的吸热率，具备这些属性的材料被称为波前识别（*wave front discriminating*）材料。为了捕获到选择性光谱的太阳辐射可以将某些表面变得粗糙。这样的结构可以通过使用适当的酸来实现，这个工艺称为表面纹理化。恰当纹理化的表面会显得粗糙，它在表现出高反射率的同时能够吸收太阳能，且能像镜面一样吸收热能。纹理表面可以影响光谱选择材料的光学性质并能提高它的吸收率和发射率。

量子尺寸效应（QSE）可使吸热器在保持较低的热红外线发射率的同时在短波

长区域实现较高的吸收率，超薄膜和点状吸热器会出现这种效应。金属薄膜的量子尺寸效应的临界厚度为2～3nm，而对于简并半导体，其临界厚度为10～50nm。

集热器的结构

流体加热型集热器的通道必须与吸热板构成整体，或者与吸热板牢固地结合在一起。主要问题就是，找到一个使管道和吸热板能良好热黏结的方法，并且不会因此产生劳动力或材料方面的成本增加。应用最多的集热板材料是铜、铝和不锈钢，抗紫外线塑料型材适于低温应用。如果集热器整体都与热传导流体接触，那么材料的热传导率就不重要了。集热器的吸热板和透明盖板之间15～40mm范围内，热对流损失相对不敏感。平板集热器的保温背面是由玻璃纤维或矿物纤维板构成的，因此气体不会随温度升高而排出。建筑类的玻璃纤维往往不能令人满意，因为它在高温下会蒸发并且在集热器盖板处凝结，阻挡了入射的太阳辐射。

图3.3显示，已有大量的太阳能热水器和空气加热器在不同程度上得到了应用。图3.3（1）展示了一个合成板的设计，在这个设计中，流体通道和面板的一体化确保了金属和流体之间良好的热传导。图3.3（b）和（c）显示流体加热器及管道焊接、钎焊或绑扎在条形铜板或片材的上下表面（参见图3.2中的细节），最常使用铜管，因为它耐腐蚀性和导热性好。

为了寻找低成本的黏合方法，常使用热水泥、夹子、绞合线等来黏合。图3.3（d）展示如何用挤压矩形管在管道和吸热板之间获得更大的传热面积，组装的方法有机械压力法、热水泥法以及钎焊法。由于在停滞状态下会遇到面板温度过高，从而造成焊料熔化，因此必须避免使用软焊料。

基于空气和水的这两种集热器之间的主要区别在于，空气和太阳能吸热器之间的传热系数较低，因此需要设计一个能克服热传递障碍的吸热器。平板集热器可以加热空气或其他气体，特别是它可以利用一些扩展表面（图3.3（e））来抵消金属与空气之间的传热系数低的问题（图3.3（e））（Kreider，1982）。金属或织物矩阵（图3.3（f））（Kreider和Kreith，1977；Kreider，1982）、波形金属薄板（图3.3（g））、多孔吸热器，对于性能要求高的选择性表面可选用多孔吸热器。这些设计的原则是要求吸热器表面和空气有很大的接触面积。空气的热容量远低于水，因此需要空气具有更大的体积流率，从而获得更高的泵功率。

另一种是渗透型的空气集热器，如图3.3（h）所示。渗透型空气集热器用于建筑内部的供热，其构造简单，由朝南建筑墙体前面不远处放置的黑色穿孔金属板构成。风机迫使环境空气通过排孔，这样就实现了加热并把热量分布到建筑物内部，如图3.3（h）所示。

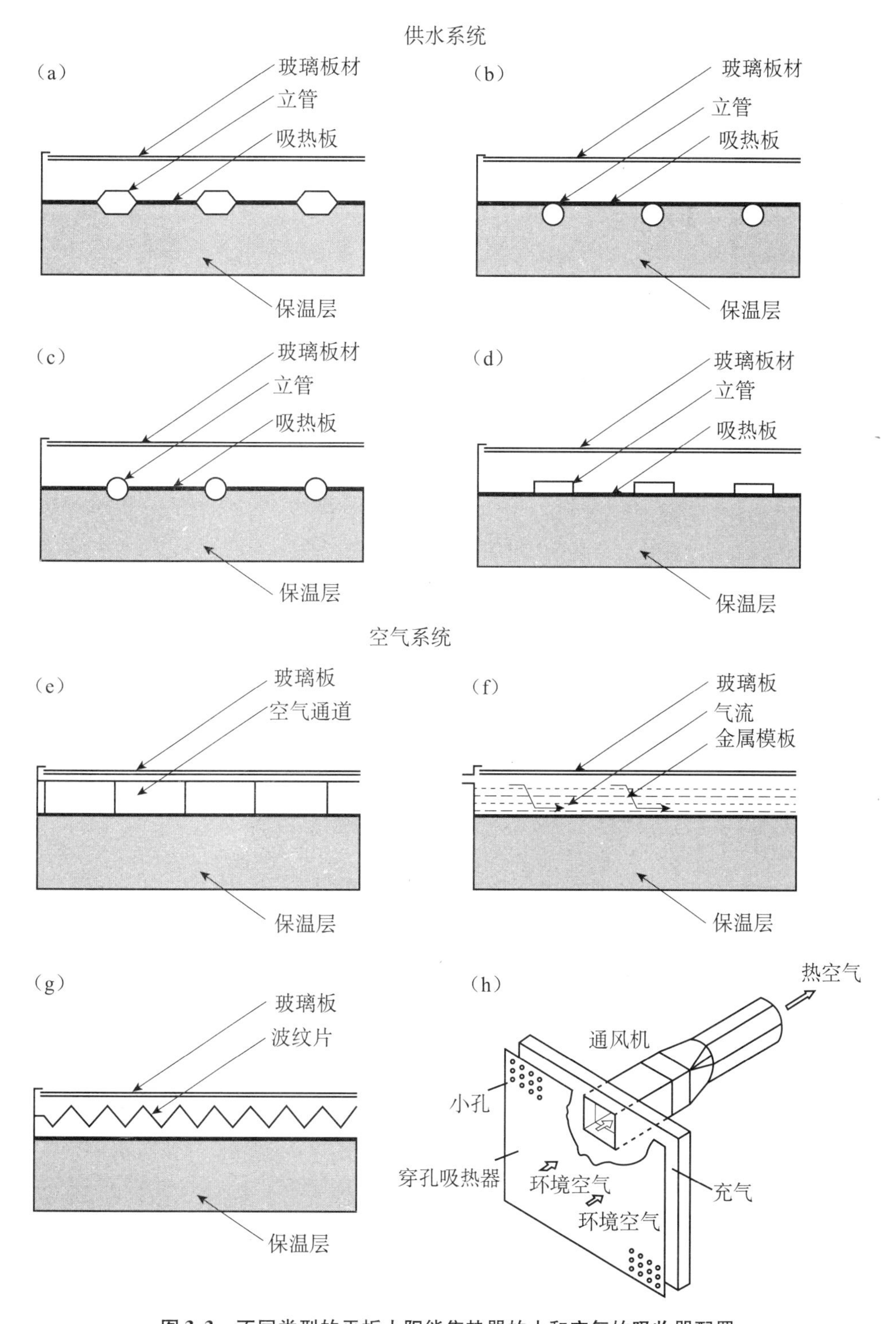

图3.3　不同类型的平板太阳能集热器的水和空气的吸收器配置

要想减少集热器的热损失，可以选择减少选择性表面的辐射传热，或是抑制选择性表面的对流。Francia（1961）展示了一种透明的蜂窝材料，把这种材料放置在玻璃和吸热器之间的空气层，对减少热损失是有益的。

另一类是没有透明盖板和玻璃的太阳能集热器。它们通常是由低成本单位构成，但是成本效率却很高，例如为民用或工用提供预热用水、游泳池加热（Molineaux 等人，1994）、空间加热、工业和农业方面的空气加热等。一般情况下，集热器的工作温度要求接近环境温度。通常由塑料制成，并由宽吸收器薄板组成的集热器称为板式集热器，其中包含封闭空间的流体通道（见图 3.4），塑料面板的材料包括聚丙烯、聚乙烯、丙烯酸和聚碳酸酯。

尽管由一些新型的真空隔热或透明隔热材料制成的集热器可以达到更高的温度（Benz 等人，1998），但平板集热器仍是目前最常用集热器，它通常适于低温应用，最高 80℃。由于引入高性能选择性涂层，标准的平板集热器实际可以达到的驻点温度为 200℃以上。效率良好的集热器，可以达到 100 ℃。

最近，一些现代制造技术的引用，提高了焊缝的速度和质量，如激光和超声波焊接机技术。

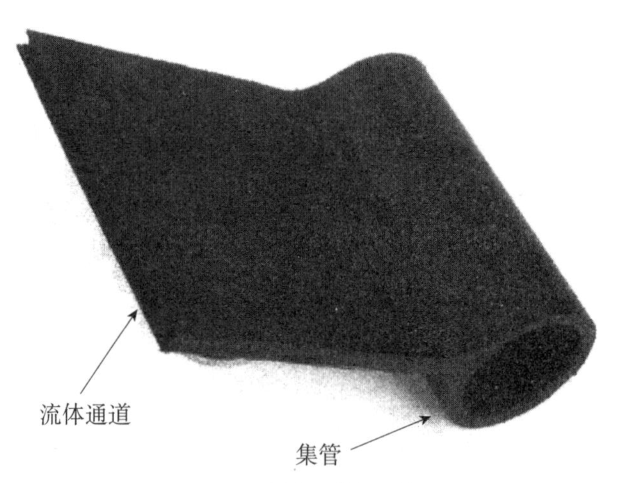

图 3.4　塑料集热器吸热板

两种集热器都将翅片焊接到立管上，以提高热传导。超声波焊接方法的最大优点是，它可以在常温下进行，因此能避免结构焊接件变形。然而，这种技术会留下一条穿过吸热器的线（在焊接点），这样导致黑色的集热器面积略有减少。激光焊接为吸热器和管道提供了良好的密闭空间，这样它就不存在超声波焊接产生的弱线问题。

3.1.2　复合抛物面集热器（CPC）

复合抛物面集热器（CPC）是非成像聚光器。它们能在很大的范围内将所有的入射辐射反射到集热器上。Winston（1974）指出，CPC具有作为太阳能集热器的潜力。将两个部分的抛物面相对放置（如图3.5所示）聚光器就能自主适应不断变化的太阳方向，从而避免了移动。

复合抛物面聚光器可接受的传入辐射的角度范围比较大。通过使用多个内部反射，任何可接受角度内的辐射都能到达集热器底部的吸热板。如图3.5所示，吸热板可以是平的、两面的、楔形或圆形的。集热器形状结构的细节将在第3.6.1节介绍。

CPC有两种基本的设计类型：对称型和不对称型。平常采用的吸热板主要有两类：翅片管式和普通管式。翅片管可以是平的、两面的、楔形的，也可以是单通道或多通道的，如图3.5所示的对称型。

为了防止反射器起到翅片的作用从而造成吸热器热能散失，CPC的接收器和反射器之间应留有间隔。由于间隔会导致反射面积及相应的性能损失，所以间隔应很小。尤其是对平板接收器来说，这一点尤为重要。

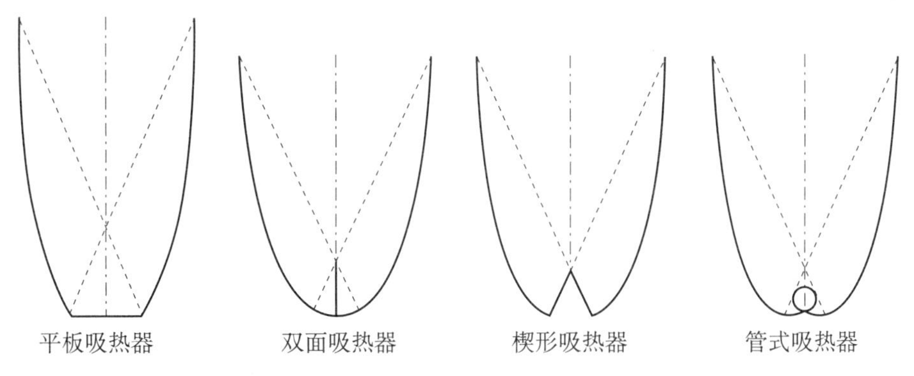

图3.5　不同类型的CPC吸热器

对于较高温度要求的应用，可以使用跟踪式复合抛物面集热器（CPC）。跟踪是粗略性和间接性的，由于它的聚光率比较小，辐射在抛物表面聚集并产生更多的反射。

CPC可以由一个开放的接收器制作而成（见图3.5），也可以由一个面板制成（见图3.6（a））。当构造成面板形式时，这种集热器看起来就像一个FPC，如图3.6（b）。

另一类是非对称型的CPC集热器，它可以与反向或倒立结构的吸热板相结合。Kienzlen等人（1988）对这类结构的初步研究发现，辐射通过图3.7（a）所示固定式聚光CPC定向到吸热板的下侧。采用这种方式，由于吸热板具有良好的保温，所以来自于吸热板的热能损失显著减少，同时由于对流气流受到阻挡，从而减少了对流损失。另一种是倾斜设计结构，如图3.7（b）所示。与平板集热器相比，由于反射器的散射损失，这些设计具有较低的光学效率，但是在较高的温度下，它的效率更高。

Goetzberger 等人（1992）和 Tripanagnostopoulos 等人（2000a，b）研究了一系列这种结构的双面 CPC 平板集热器。因为吸热器的两侧都接受辐射，所以称它们为双面太阳能平板集热器。Goetzberger 等人（1992）采用模拟透明玻璃的方法，提出吸收器的每个面都是“隔热的”，而 Tripanagnostopoulos 等人（2000a，b）则提出，将简单玻璃用于一个或三个 CPC 镜面集热器单元，分别参见图 3.8（a）和（b）。

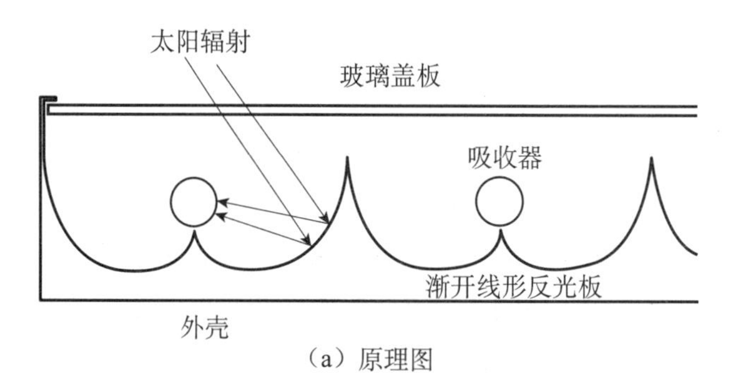

（a）原理图

（b）CPC平板集热器装置

图 3.6　带有圆柱形吸收器的平板式 CPC 集热器

3.1.3　（ETC）真空管集热器（ETC）

传统的简单平板型太阳能集热器适用于阳光充足的温暖气候区域。然而，当处于寒冷、多云和刮风的环境时，这种类型的集热器的效益就会大大降低。此外，受风化作用如冷凝和湿气的影响，集热器内部的材料会加速老化，从而导致性能下降和系统故障。真空热管太阳能集热器的运行方式和市场上其他集热器均不相同。如图3.9所示，它由内置有热管的真空封闭的管道组成。如图3.10所示，在实际组装中，通常将很多真空管与同一个歧管相连接。

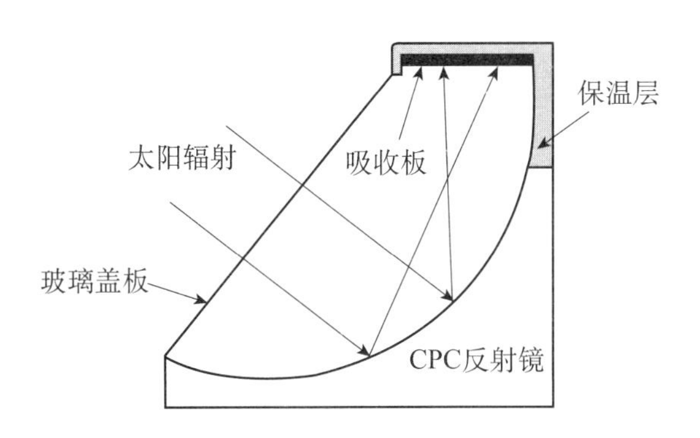

（a）倒置的平板型集热器

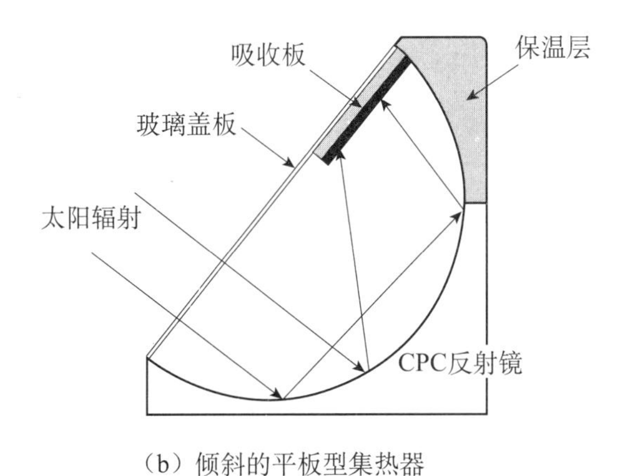

（b）倾斜的平板型集热器

图3.7　平板形集热器

太阳辐射

太阳辐射

（a）装配有一个镜面吸收单元的CPC集热器　（b）装配有三个镜面吸收单元的CPC集热器

图3.8　集热器横截面图

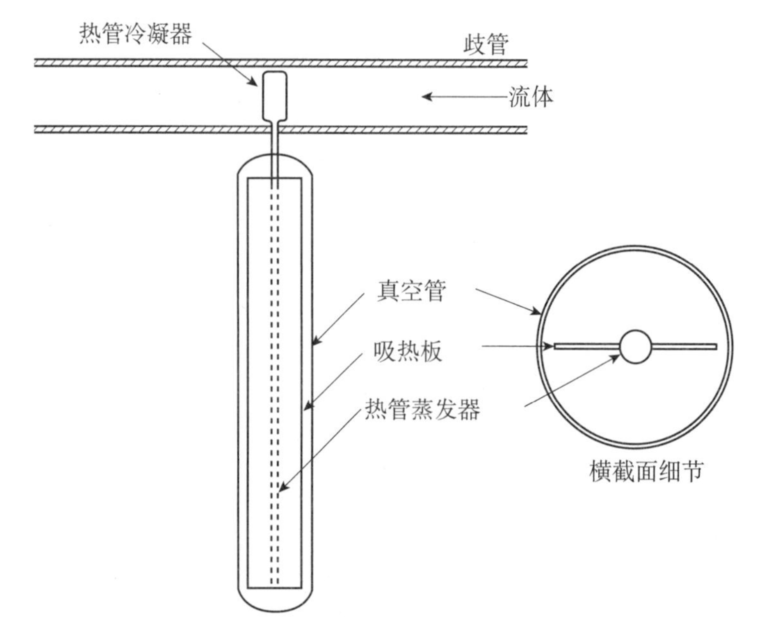

图 3.9　真空管集热器的原理图

图 3.10　实际的真空管（ETC）集热器装置

我们已经看到，具有选择性涂层和有效对流抑制器的真空管集热器在高温时的性能更好。真空密封外壳降低了对流损失和传导损失，因此再高温时真空管集热器（ETC）的性能比平板型集热器（FPC）要好。和平板型集热器一样，它们都同时接收直接辐射和散射辐射，但是入射角较低的时候，真空管集热器的效率更高，从而也使得真空管集热器在整天运行时比平板型集热器更具优势。

真空管集热器使用了气液相变材料，因此其传热效率高。这种集热器在真空密封管中内置了热管（一种高效的热导体）。这种热管为密封铜管，与粗铜翅片相连接，并填充于真空管中（吸热板）。每条真空管顶部突出部分为金属尖端，并与密封管相连（冷凝管）。热管中有少量的液体（如，甲醇），用于蒸发冷凝循环。在这个循环中，太阳热能使流体蒸发，随后蒸汽到达吸热区域经过冷凝并释放其潜伏热。之后冷凝液体便会回到太阳能集热器，周而复始。如图3.9所示，真空管安装完成后，金属尖端会插入到热交换器中（歧管）。水或乙二醇流经歧管并由真空管获得热能。加热后的流体通过另一个热交换器并将热能释放进行加工或传递至太阳能储水罐中的水。另一种方法则是将真空管集热器直接与热水储水罐相连。

一旦超过相变温度，蒸发和冷凝操作就无法进行，因此热管具有内部保护机制以防止过冷和过热。这种自限制性温度控制也是真空热管集热器独有的特点。

真空管集热器由内置有热管的真空密封管组成，其典型特性如表3.2所示。市场上的真空管集热器的吸收器形态多种多样。还有一些厂家制造并发售了一种平板型集热器的反射器和真空管的组合。为了降低成本的同时延长其使用寿命，近期出现的集热器设计（图3.11），它由全玻璃杜瓦（Dewar）型真空管集热器组成。这种设计使用两个同心玻璃管道，它们之间的空间被抽成真空，形成了一个真空夹层。这种类型的真空管集热的玻璃管有一头弯曲，其外部有选择性涂层。随后玻璃管插入到第二根直径更大的弯曲玻璃管中，并在开口处交汇。这种设计的优点在于整个系统为玻璃结构，并且不需要穿透玻璃从管道中获取热量，从而消除了泄漏损失且比其他的单封装系成本更低。然而，这也只适用于低压系统，而且其缺陷在于管道不能排空。如果有一个管道破裂，所有的工质都可能流失（Morrison，2001）。因此这也被称为湿管型真空管集热器。有一种湿管型真空管集热器的变体采用了普通的单玻璃真空管集热器，而里面的水（或其他液体）则通过U形管或同轴管流经整个集热器。

表3.2　典型真空管集热器系统的特征

参数	值
玻璃管直径	65 mm
玻璃厚度	1.6 mm
集热器长度	1,965 mm
吸收板材料	铜
涂层	选择性涂层
集热面积	0.1 m^2

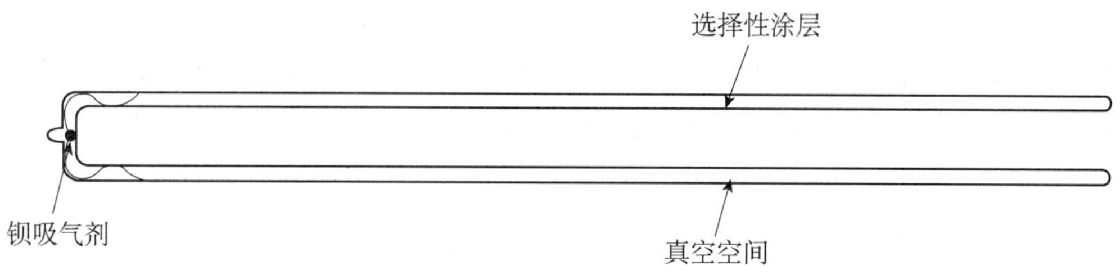

图 3.11　全玻璃杜瓦型真空管集热器

真空管集热器相对来说成本较高，因此出于成本效益的考虑，通常会减少真空管的数量，而使用反射器来集中太阳辐射。如图 3.12（a）所示，在真空管后一个管道直径距离有一个散射反射器（反射率 $\rho=0.6$），与普通入射方式相比，每个真空管所吸收的能量能够提升 25%。由于入射角的影响，系统在能量收集方面提升 10%。如图 3.12（b）所示，如果使用 CPC 型反射器，每个真空管所吸收的能量还能得到进一步增强。拥有固定集中器的真空管阵列的滞留温度可能超过 300℃。

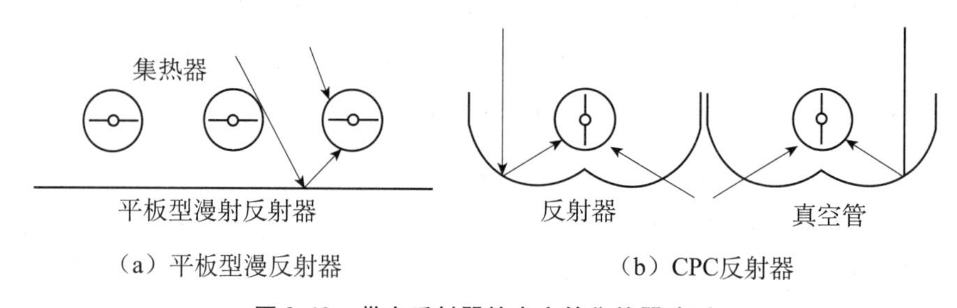

图 3.12　带有反射器的真空管集热器阵列

另一种近期研发的集热器为组合式复合抛物面集热器（ICPC）。它就是一种在玻璃管底部装饰有反射材料的真空管集热器（Winston 等人，1999）。在这种集热器中，既使用了 CPC 反射器（图 3.13（a）），还使用了圆柱形反射器（图 3.13（b））。后者的集中能力相对较低，但生产成本也非常低。这样集热器就结合了真空绝热和非成像固定集中的优点。此外，还有一种能够适应高温环境的追踪型 ICPC（Grass 等人，2000）。

真空管集热器的尺寸多种多样，其外部直径在 30～100mm 之间变化。通常这种集热器长约为 2m。

3.2　跟踪式太阳能聚光集热器

通过减小产生热损失的面积，可以提高能量输送温度。如果将大量太阳辐射集中在相对较小的集热面积上，所产生的温度会远高于平板型集热器所能达到的水平。

要实现这种效果，可以在辐射源和能量吸收表面之间放置一个光学设备。与传统的平板型集热器相比，聚光式集热器具有一定的优势（Kalogirou 等人，1994a）。其主要优点包括：

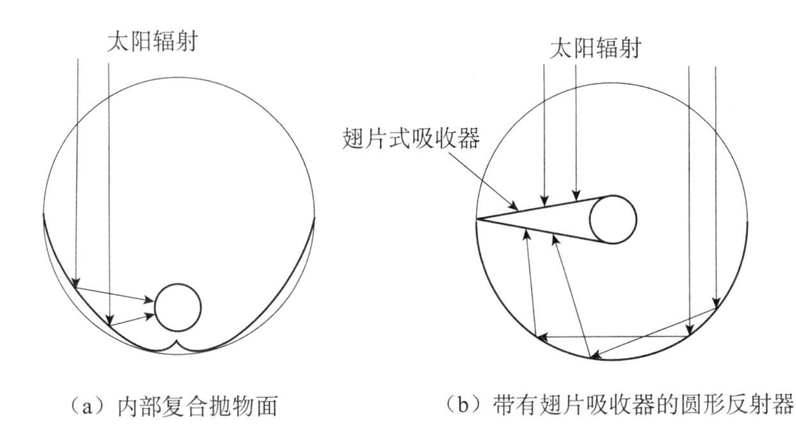

（a）内部复合抛物面　（b）带有翅片吸收器的圆形反射器

图 3.13　组合式 CPC 管道

（1）在同样的太阳能集热表面的情况下，与平板型系统相比，聚光式系统中的工质能达到更高的温度，从而产生更高的热力效率。

（2）聚光式系统能够在温度水平和作业之间实现热力匹配，作业是指运行热离子、热力或其他温度更高的设备。

（3）接收器的热损失面积变小，热效率提高。

（4）反射表面所需的材料更少，与平板型集热器相比，其结构更简单。因此对于聚光式集热器，太阳能集热表面的每单位面积成本比平板型集热器要低。

（5）吸收太阳能的每单位接收面积相对较小，且选择性表面处理和真空绝热能降低热损失并提升集热器效率，从而更具经济效益。

其缺点包括：

（1）聚光式系统只能收集很少或不收集散射辐射（取决于聚光比）。

（2）为使集热器追踪太阳，需要安装某些类型的跟踪系统。

（3）太阳反射表面的反射率会随着时间的推移而降低，需要定期清理和翻修。

聚光式集热器的设计多种多样。集热器可以是反射器或折射器、圆柱形或抛物线形、连续的或分割的。其接收器可以是凸面的、平面的、柱面的或凹面的，还可以覆盖玻璃或不覆盖。其聚光比，即入射采光口和吸收器表面积的比，其值在 1 到 10000 数个量级之间变化。聚光比的升高也意味着能量输送温度上限的提升。不过也正因如此，这种集热器对光学性能精度和光学系统位置的要求也更高。

由于太阳在天空中发生的似动现象，传统的聚光式集热器必须追踪太阳的周日运动。比较方便的对太阳追踪方式有两种。第一种是地平经纬线法，这种方法要求跟踪设备返回高度值和方位值，也就是说，如果运行正常，可以让集中器精确地追踪太阳。抛物面太阳能集热器一般采用这种系统。第二种则是单轴跟踪法，这种方法只让集热器追踪太阳在一个方向上的运动，即要么是东到西，要么是北到南。抛物面槽式集热器（PCT）一般采用这种系统。这些跟踪系统均要求持续而精确的调整来补偿太阳方位的变化。在第 2 章 2. 2. 1 节中介绍了估计在这些跟踪模式下的太阳辐射入射角和集热器表面斜度的方法。

图 3. 14 即为第一种类型的太阳能集中器。它实际上由平板型集热器和简单平板反射器组成。这种设计中集中器的采光口比吸收器要大，同时系统是固定式的，因此能够显著增加到达集热器表面的直接辐射量。Garg 和 Hrishikesan（1998）对这种系统进行了综合分析和建模。建模有利于在集热器及反射器的倾斜角和方位角不定的情况下，预测任意纬度及一天中任意小时集热器所吸收的总能量。这种对平板型集热器的简易优化最先是由 Tabor 提出的（1966）。

平板型集热器（FPC）装备有平板反射器（如图 3. 14 所示）或使用锯齿状排列（如图 3. 15 所示），后者适用于安装有多排集热器的情况。在这两种情况中，简单平板散射反射器能够大幅增加到达集热器表面的直接辐射量。漫射反射器这一术语指的是一种非镜面材料，它能够防止太阳成像在吸收器上，以免产生不均匀辐射分布和热应力。

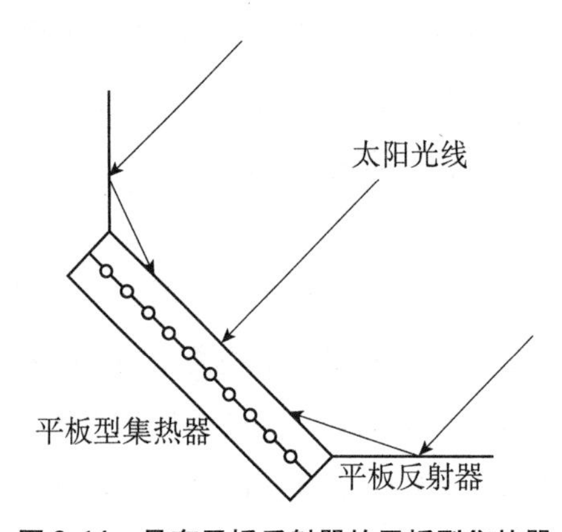

图 3. 14　具有平板反射器的平板型集热器

另一种集热器，即复合抛物面集热器（CPC）。它之前被划分为静止型集热器，也可以视为集中式集热器的一种。根据集热器接收角的大小，它既可以采用静止系统，也可以采用跟踪系统。这种集热器的聚光比通常很小，且所接收和聚光的辐射会受到抛物面反射的影响，因此在启用追踪时，系统存在精确性或间断性问题。

如前所述，大部分太阳辐射的散射分量不能被集中，因此除非是在低聚光比的情况下，它们只能利用太阳辐射的直接分量，这就是聚光式散热器的缺点之一。然而，聚光式集热器带来的额外好处却在于，当夏天太阳出现在东西向的北面时，太阳跟踪器的轴线指向南北方向，能够持续接收太阳直接发出的辐射，而固定的朝南平板型集热器在这段时间却只能接收它所朝向天空的散射辐射。因此，在云相对较少的区域，聚光式集热器的每单位孔径面积所接收的辐射比平板型集热器要多。

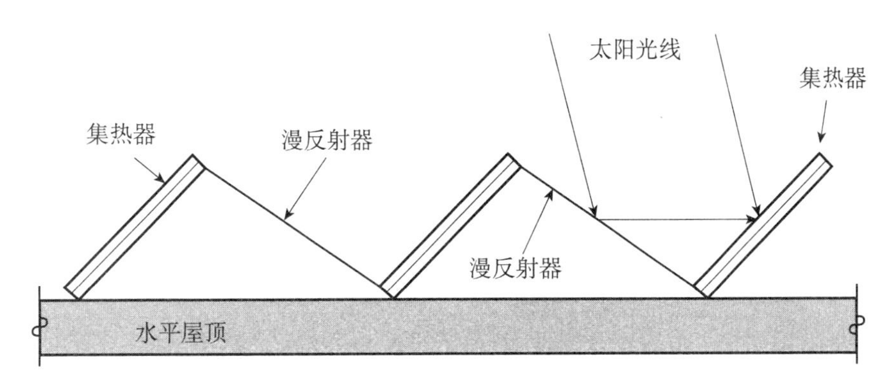

图3.15　锯齿状反射器的平板型集热器

在聚光式集热器中，太阳能首先被光学聚光，然后被转化成热量。通过镜子或透镜的反射或折射作用，使太阳辐射被聚光。反射或折射光线被集中在聚焦带，从而提高接收目标的能量通量。根据太阳是否会在接收器上成像，集中式集热器也分为成像和非成像两类。复合抛物面集热器就属于非成像类型，而其他集中式集热器则属于成像类型，其中包括：

（1）抛物面槽式集热器（PTC）；

（2）线性菲涅耳反射器（LFR）；

（3）抛物面碟式反射器（PDR）；

（4）定日镜场集热器（HFC）。

3.2.1　抛物面槽式集热器（PTC）

要想在高温下高效率地输送热能，则需要高性能的太阳能集热器。抛物面槽式集热器采用轻架构和低成本工艺，工业用热时最高可达400℃。在温度为50～400℃之间，抛物面槽式集热器均能有效地产生热能。

抛物面槽式集热器中将反射材料弯曲成抛物面状。在接收器的焦线上放置有黑色金属管道，并在其外层包裹玻璃管道来降低热量损失。当抛物面朝向太阳时，照在反射器上的平行光线会被反射至接收管道。接收器所接收的集中辐射会加热循环流经其中的流体，从而使太阳辐射能转化为可利用的热能。在这种集热器中，使用单轴太阳追踪系统就足够了。因此，集热器朝向东西方向时，则在南北方向上追踪太阳；朝向南北方向时，则在东西方向上追踪太阳。

前一种追踪模式的优点在于一天中只需要对集热器作微小调整，且其采光口在正午时总是朝向太阳。不过相应的，在一天中早些和晚些时候，由于入射角过大（余弦损失），集热器的性能会大幅降低。南北朝向的集热槽在正午时余弦损失最高，而在早晨和夜晚，太阳朝东和朝西时最低。图 3. 17 即为抛物面槽式集热器的结构图。

在一年中，在水平南北方向上的槽式集热场通常比在水平东西方向上接收的能量稍多。不过，南北方向的槽式集热场在夏天能接收大量能量，而在冬天则少得多（见第 2 章，2. 2. 1 节）。东西方向的槽式集热场则在冬天接收的能量比南北方向的要多，但在夏天则要少，其年产量相比更为稳定。因此，对于集热器方位的选择通常取决于其具体应用和在夏天或冬天是否有更大的能量需求。

抛物面槽式集热器的实际应用和丰富的经验以及其在小型商用方面生产和销售的发展，使得这种技术成为了目前最先进的太阳热能技术。抛物面槽式集热器内嵌于地面上的组件中，在其一端有基座支撑。

在太阳热电生产和工艺热应用方面，抛物面槽式集热器是最为成熟的太阳能技术，在高达 400℃时仍能产生热能。这种系统最大的应用位于加利福尼亚南部的发电厂，被称为太阳能发电系统（SEGS）。该电厂的总装机容量高达 354 Mwe（Kearney 和 Price，1992）。SEGS I 为 14 Mwe，SEGS II ~ VII 每个均为 30 Mwe，SEGS VIE 和 IX 均为 80 Mwe。该发电厂采用了三种集热器设计：SEGS I 为 LS-1，SEGS II ~ VII 为 LS-2，SEGS VII、VIII 和 IX 有一部分为 LS-3。更多详情请见第 10 章。这种类型的集热器的另一个重要应用位于西班牙南部的太阳能热发电站（PSA）。该集热器主要用于实验目的，其总装机容量为 1. 2 MW。

抛物面槽式集热器的接收器是线型的。管道通常沿着焦线放置，来组成外表面接收器（如图 3. 16 所示）。因此，管道的大小和聚光比均取决于太阳反射成像的大小和槽的制造公差。接收器表面镀有选择性涂层，对太阳辐射具有很高的吸收率，同时对热辐射损失具有很小的发射率。

图3.16　抛物面槽式集热器图解

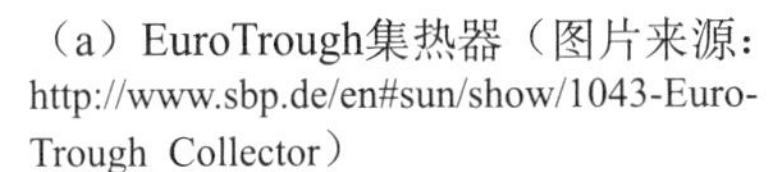
（a）EuroTrough集热器（图片来源：http://www.sbp.de/en#sun/show/1043-Euro-Trough_Collector）

（b）工业用太阳能集热器

图3.17　抛物面槽式集热器的实物图

罩玻璃管通常在接收管外围，以此降低接收器的对流热损失，从而进一步降低热损失系数。这种罩玻璃管有一个缺点，即聚光器的反射光线必须通过玻璃才能到达吸收器，因此会造成一定的透射损失。当玻璃干净时，这个损失系数约为0.9。这种玻璃封装结构一般会镀有抗反射涂层来提升透射率。有一种方法可以进一步降低接收管的对流热损失，提升集热器性能，就是使罩玻璃管和接收器之间形成真空。这种方法对于在高温环境中的应用尤为有效。抛物面槽式集热器的接收管道的总长度一般为25～150 m。

近期对于抛物面槽式集热器的发展主要集中在降低成本和提升工艺方面。其中有一种系统，集热器的玻璃可以自动清洗，从而大大降低了维护成本。

在20世纪80年代，众多公司进军集热器的领域，对抛物面槽式集热器进行了研究和商业发展，并生产了适用于50～300℃且具有单轴追踪系统的集热器。工业太阳能技术公司（IST）生产的太阳能集热器就是其中之一。IST在美国建造了数个工艺热设施，且截至20世纪末时其集热器孔径面积已达到2700 m^2（Kruger等人，2000）。

IST抛物面槽的效率和耐用度已完全通过美国桑迪亚国家实验室（Dudley，1995）和德国航空太空中心（DLR）（Kruger等人，2000）的检测和评估。

IST集热系统的特性如表3.3所示。

抛物面结构

要在大批量生产时控制成本，集热器结构不仅要具有较高的刚度重量比（保持物质含量最小），还必须能够经受低劳动制造工艺。为此，人们提出了许多的结构方案，比如具有中心扭矩管或双 V 型桁架的钢骨架结构和玻璃纤维结构（Kalogirou 等人，1994b）。近期在这方面取得进展就是 EuroTrough 集热器的设计和制造。这是一种新型抛物面槽式集热器，使用了高级轻量结构来控制太阳能发电的成本效益（Lupfert 等人，2000；Geyer 等人，2002）。基于目前的环境测试数据，虽然市场上的自粘反射材料的使用寿命只有 5 到 7 年，镜面玻璃似乎仍是玻璃材料的最佳选择。

表 3.3　IST 抛物面槽式集热器系统的特性

参数	值/类型
集热器边缘角	70°
反射表面	镀银亚克力
接收器材质	钢
集热器采光口	2.3 m
接收器表面处理	高选择性黑镍
吸收率	0.97
发射率（80 ℃）	0.18
玻璃外壳透射率	0.96
吸收器外直径	50.8 mm
追踪机制精度	0.05°
集热器朝向	南北方向轴线
追踪模式	东西水平方向

EuroTrough 集热器采用了所谓的扭矩盒设计。与之前的设计相比（LS-2 的扭矩管设计或 LS-3 的 V 型桁架设计，这两种设计均在加利福尼亚发电厂应用），由于净负载和风荷载的优势，采用这种设计的集热器结构重量更轻、更不容易变形。这样降低了运行时整个结构的扭矩和弯曲度，同时提升了光学性能和抗风性。相比起 LS-3 集热器的设计，其钢结构的重量也降低了约 14%。这个扭矩盒的核心为 12 m 长的钢空间框架结构，其方形断面为抛物镜面的支架臂提供了支撑。制造扭矩盒只需要 4 个钢制部件，因此便于生产，且降低了必要的劳动力以及现场装配的成本。与先前的设计（LS-3）相比，这种新设计的结构变形也小得多，集热器的性能也更好。

笔者研发了另一种生产轻量槽的方法，即使用玻璃纤维（Kalogirou 等人，1994b）。制造集热槽时需要用到模具，而且它实际上就是模具的“负片”。首先将玻璃纤维层放置好。在集热器后表面，带有空腔并覆盖了第二层玻璃纤维层的塑料导管能够为整个结构在纵横方向提供加固作用，从而提升其强度（如图3.18所示）。

跟踪装置

一个可靠的跟踪装置必须能够在一定精度内追踪太阳，在一天结束时或在夜间将集热器回归原位，并且在有间歇性云层覆盖时保持追踪。此外，跟踪装置其实是用于保护集热器的。因为它们能够避免集热器直接位于太阳光的焦点，从而防止其处于危险的环境和工作条件中，如狂风、过热、热流体流动机制失效。跟踪装置的精度取决于集热器的接收角大小，相关介绍见3.6.3节。对于精度的确定方法见4.3节。

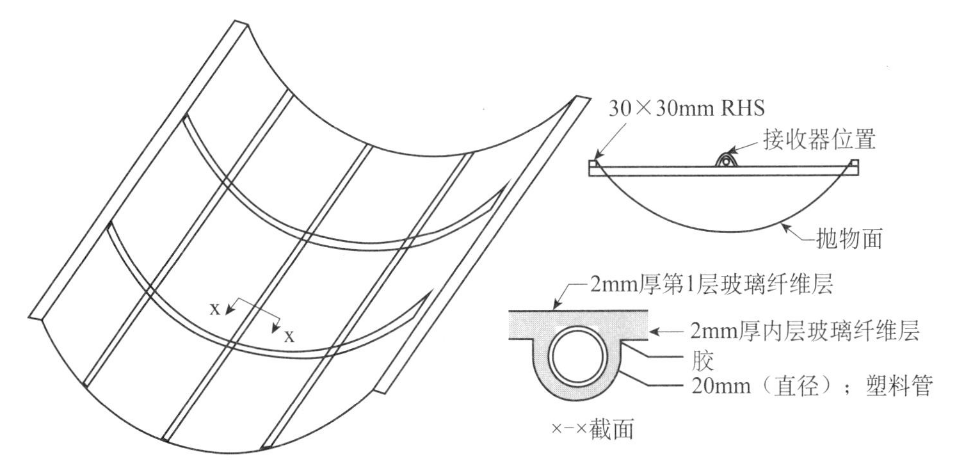

图3.18　玻璃纤维抛物面详解

跟踪装置的形式多种多样，从复杂到简单应有尽有。它们可以被分为两种大类：机械系统和电气电子系统。电子系统一般具有更好的稳定性和追踪精度。还可以被进一步细分为：

（1）通过传感器以电子的方式控制电机，能够检测太阳照度的大小（Kalogirou，1996）。

（2）使用电脑控制的电机，该机制具有由传感器提供的反馈控制，来测量接收器上的太阳辐射通量（Briggs，1980；Boultinghouse，1982）。

笔者（Kalogirou，1996）研发的追踪机制使用了三个光敏电阻（LDR），可检测焦点、太阳云层和昼夜条件以及通过控制系统指示直流电机调节集热器的焦点位置，在遇到云层时大致追踪太阳路径，并在夜间将集热器调回朝东方向。

这个系统依照追踪精度要求设计，使用一个小型直流电机通过减速箱旋转集热器。图3.19即为该系统的示意图和控制系统的功能表格。该系统使用三个传感器，其中传感器 A 安装在集热器东侧，而其他两个传感器（B 和 C）则安装在集热器框架上。传感器 A 充当“焦点”传感器，即只有在集热器位于光线焦点时，它才能接收到直射阳光。随着太阳移动，传感器 A 会被阴影遮挡，此时电机“开启”。传感器 B 充当“云”传感器，即当照度低于一定值时，可判定为有云层覆盖。传感器 C 充当“日光”传感器。当三个传感器都接收到光线时，控制系统就会判定此时为白天太阳没有被云层遮挡，且集热器位于焦点位置。图 3.19 中的表格中显示的功能是假设传感器 C 为“开启”状态，即当时为白天。

系统中使用的传感器为光敏电阻（LDR）。光敏电阻的主要缺点在于它们不能区分直射阳光和漫射阳光。不过，可以在系统中加入一个可变电阻器，用于区分直射阳光（即，一个阈值）。通过设置可变电阻可以实现这一过程，即设定合适的输入逻辑电平（即 0）。

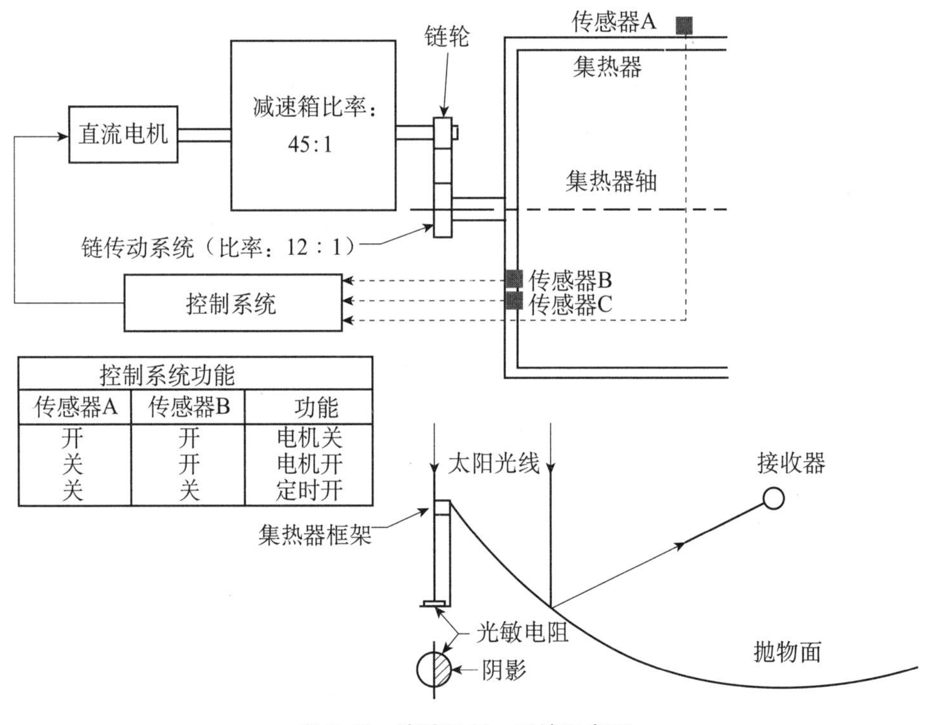

控制系统功能		
传感器A	传感器B	功能
开	开	电机关
关	开	电机开
关	关	定时开

图 3.19　追踪机制，系统示意图

如上文所述，当三个光敏电阻中任意一个被阴影遮挡时，系统的电机就会启动。哪个传感器被激活则取决于阴影覆盖面积，并根据可变电阻所设定的值，即触发继电器的辐射阈值进行判断。传感器 A 总是有部分被阴影覆盖。随着太阳移动，阴影范围逐渐增加，直到达到某一值从而触发前向继电器，使电机启动对集热器进行调整，从而使传感器A二次曝光。

该系统还能根据云量进行调节。根据另一个可变电阻的值，当传感器B不能接收直射阳光时，一个计时器会自动与系统连接并驱动电机每2min启动约7s。因此，集热器能够大致对太阳路径进行跟踪。当太阳再次出现时，集热器经传感器A调整再次位于焦点上。

该系统还组合有两个限位开关，可防止电机运动超过旋转范围。它们分别安装在两个位置，并在东西两个方向上对集热器的整体旋转进行限制。在白天时，传感器向西跟踪。当日落后，传感器C检测到此时为夜晚，就会连通反向继电器，从而改变电机的极性并旋转传感器，直至其能被东限位开关限制。当第二天没有太阳时，计时器就会按正常多云情况处理，对太阳路径进行跟踪。上述的跟踪系统由电机和变速箱组成，适用于小型集热器。对于大型集热器，则需要性能更强的液压装置。

这个EuroTrough集热器的跟踪系统基于“虚拟”追踪。带有传感器的传统太阳跟踪装置用于检测太阳位置，并且已经被使用数学算法计算太阳位置的系统取代了。在EuroTrough集热器中，该装置使用了13bit的光学角编码器（分辨率为0.8 mrad），并被机械组合到集热器的旋转轴上。通过使用电子仪器比较太阳和集热器的轴线位置，就能将命令传导至驱动系统来进行追踪。

3.2.2　菲涅尔集热器

菲涅尔集热器有两种：菲涅尔透镜太阳能集热器（FLC）（如图3.20（a）所示）和线性菲涅尔反射式太阳能集热器（LFR）（如图3.20（b））所示。前者为塑料材质，其形状有利于聚焦太阳光线于吸收器，而后者则采用线性反射镜阵列，使太阳光线聚焦于线性接收器。LFR可以被视为一种分离的抛物面槽式反射型集热器（见图3.20（b）），但与之不同的是，单个的反射镜并不一定是抛物面状。反射镜也可以安装在平地（场）上，使光线聚焦在位于塔上的固定线性接收器上。图3.21即为部分LFR集热器场的示意图。这样一来，就可以建造不需要移动的大型吸收器。这种系统最大的好处在于它使用的是平板反射器或弹性曲面反射器，这样比使用抛物面状玻璃反射器成本要低。此外，这些装置都可以被安装在靠近地面的位置，从而尽量减少构建要求。

第一个采用这样的设计的是伟大的太阳能先驱Giorgio Francia（1968）。20世纪60年代，他就在意大利热那亚研发了线性和双轴追踪菲涅尔反射式系统。这些系统的表现证明其可以在高温下运行，不过可能是因为高级选择性涂层和二次光学设计在当时并不可行，他之后一直致力于双轴跟踪的研究（Mills，2001）。

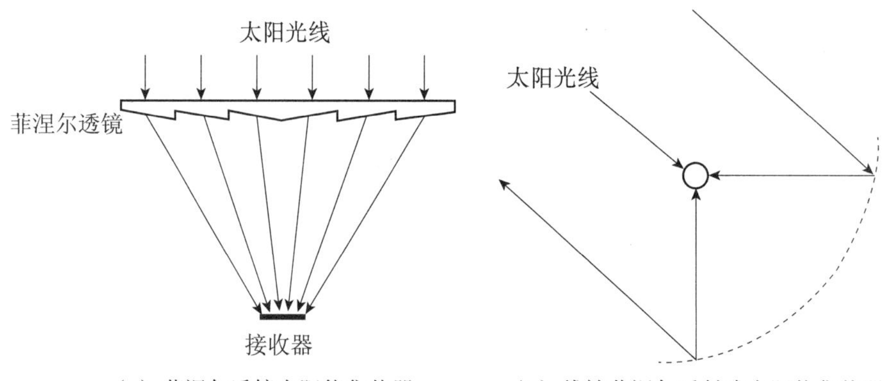

（a）菲涅尔透镜太阳能集热器　　（b）线性菲涅尔反射式太阳能集热器

图 3.20　菲涅尔集热器

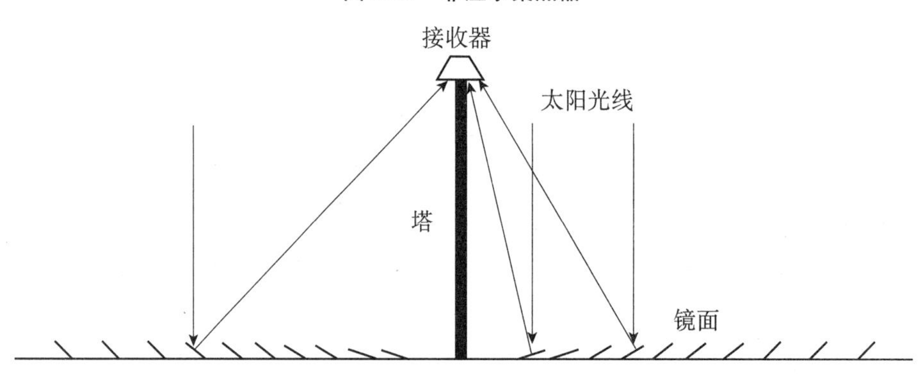

图 3.21　从 LFR 场的朝下接收器示意图

在 1979 年，FWC 公司制作了详细的项目设计研究，来为美国能源部（DOE）建造 10MWe 和 100MWe 的 LFR 发电厂。更大规模的发电厂则需要使用 1.68 km 的线性腔体吸收器，并将其安装在 61 m 高的塔上。不过这个项目由于耗尽了美国能源部的研究经费，最终没能付诸实施（Mills，2001）。之后在 20 世纪 90 年代初时，经过 Israeli Paz 公司的 Feuermann 和 Gordon 的努力，成功生产了跟踪型 LFR。该集热器使用了高效的类复合抛物面集热器的二次光学设计和真空管吸收器。

LFR 的技术难点之一在于为防止相邻反射器之间的阴影遮挡和光线阻隔而不得不增加反射器之间的间隔。通过提升吸收器所在塔的高度，可以降低光线阻隔，但是这也增加了相应的成本。近期，澳大利亚悉尼大学研发了紧凑的线性菲涅尔反射器（CLFR）技术。这项技术实际上为菲涅尔反射器场的问题提供了又一种解决办法。在该设计中，相邻的线性装置交错安装，从而防止了阴影覆盖。传统的 LFR 系统只有一个接收器，而且反射器是确定的，不能选择其方向和方位。不过，假如集热器场的规模足够大，即供应百万瓦特电流时，我们就可以假定系统中会有很多塔。

如果这些塔彼此之间足够接近，那么单个反射器就能够至少在两座塔的范围内对太阳反射辐射进行引导。反射器交替放置，就可以排列更为密集的反射器，而不会产生阴影和光线阻隔。这个反射器方位的额外变化为排列密集得多的阵列提供了可能。图 3.22 即为两座接收塔之间交错的反射镜的示意图。这种方式最小化了相邻反射器之间的光线阻隔，并且可以采用高反射器密度和低塔高。反射器之间的距离变小可以降低占地面积，但是在很多情况比如沙漠中，这个问题也并不重要。而将地面准备成本、阵列底部结构成本、塔结构成本、蒸汽管道热损失和蒸汽管道成本均纳入考量时，控制反射器的占地面积和塔的高度所带来的成本效益无疑是重要的。如果这项技术需要应用在土地面积受限的区域，比如城市或已存在的发电厂附近，一定面积下采用这种高集热器阵列覆盖度才能最大化系统产出。

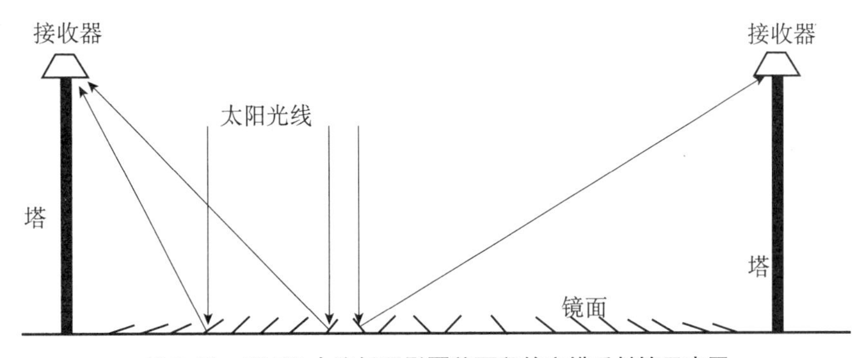

图 3.22　CLFR 中降低阴影覆盖面积的交错反射镜示意图

Xie 等人（2011）对菲涅尔透镜在成像系统和非成像系统的太阳能应用方面有较为全面的评论。

3.2.3　抛物面碟式反射器（PDR）

如图 3.23（a）所示的抛物面碟式反射器（PDR）是一种聚焦式集热器，它使用双轴太阳追踪系统，能够将太阳能集中至位于碟面焦点处的接收器。碟面必须按照能全程追踪太阳的方式构造，以便将光线反射至集热接收器。为此，其采用了双轴太阳跟踪机制，即与上一节中所描述的双轴装置类似。图 3.23 即为 Eurodish 碟式集热器的相关图像。

接收器吸收太阳辐射能，并将其转化为循环流体中的热能，之后这些热能可以通过与接收器耦合的发动机转化为电能，或是直接通过管道运输至中央能量转换系统。抛物面碟式系统能达到的温度超过 1500 ℃。与抛物面槽式集热器类似，抛物面碟式集热器的接收器分布在整个集热器场中，因此也通常被称为分布式接收器系统。

抛物面碟式的突出优点如下（De Laquil 等人，1993）：

（1）该系统因为总是指向太阳，所以是所有系统中效率最高的。

（2）该系统的聚光比在 600 ~ 2000 内，因此在热能吸收和能量转换方面具有很高的效率。

（3）该系统为模块化集热器和接收器单元，因此各单元可以独立运行，或是作为更大碟式系统的一部分。

这种集中器主要应用于抛物面碟式引擎中。抛物面碟式引擎系统是一种发电机，其使用太阳光而不是原油或煤炭来产生电能。该系统的主要组成部分为太阳能碟式集中器和能量转换单元。关于该系统，更多详情参见第 10 章。

抛物面碟式系统使用中央能量转换器来产生电能，其收集每个接收器所吸收的太阳光，并通过传热工质将其运输至能量转换系统。为了在整个集热器场中循环传热工质，则需要对管道布置、泵送要求和热损失进行相关设计。

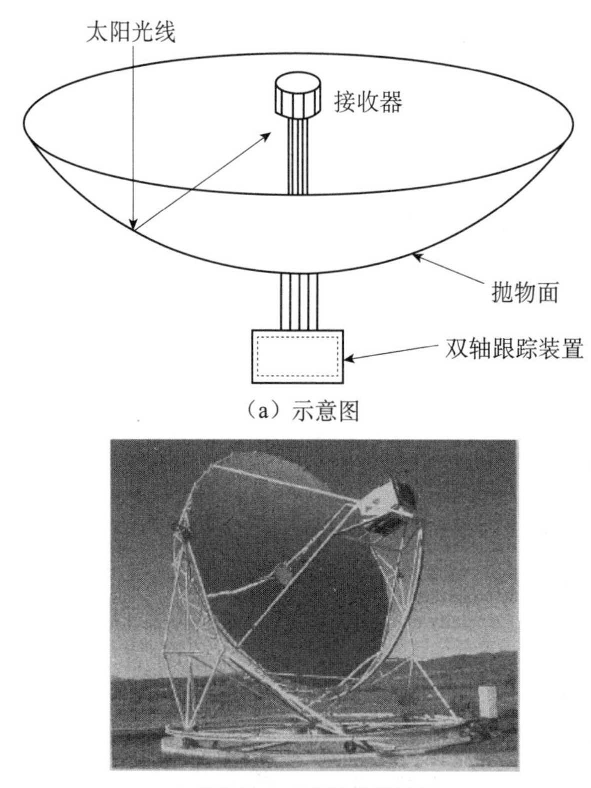

（a）示意图

（b）Eurodish集热器图像

图 3.23　抛物面碟式集热器

图片来源：http：//www. psa. es/webeng/instaladones/discos. php

3.2.4 定日镜场集热器（HFC）

如图3.24所示，当辐射能输入极高时，可以使用通过安装大量的平面镜或定日镜，并利用地平经纬仪将直接入射太阳辐射反射至一个共同的目标。这也被称为定日镜场或中央接收器集热器。通过定日镜上的凹面镜部分，大量的热能被引导至蒸汽发电机的腔体中，进而产生高温高压蒸汽。

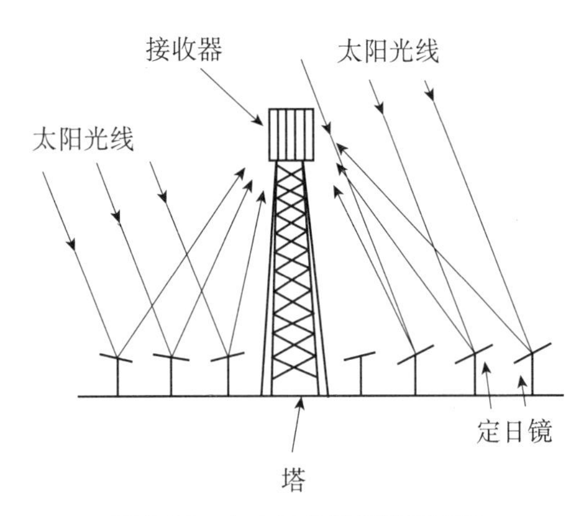

图3.24 中央接收器系统示意图

接收器所吸收的集中热能被传导至循环流体并被储存起来，之后再用于产生能量。中央接收器具有如下优点（De Laquil 等人，1993）：

（1）其以光学方式收集太阳能，并将这些能量传导至单个接收器，从而最大程度降低热能传输要求。

（2）典型的聚光比为300～1500，因此不管是在收集能量方面，还是将其转换为电能方面，都具有很高的效率。

（3）可以方便地储存热能。

（4）规模大（一般超过10 MW），具有规模经济效益。

如图3.25所示，每个位于中央接收器的定日镜的反射表面都有50～150m^2，且为了经济效益，四面镜子均安装在同一个支撑柱上。定日镜吸收并聚焦太阳光至吸收器，后者再吸收聚焦的太阳光，并将能量传导至传热工质。传热系统主要由管道、泵和阀门组成，其作用是引导传热工质在接收器、储存罐和能量转换系统的闭合环路中循环。蓄热系统通常将收集的能量以显热的形式储存起来，以便于之后将其传导至能量转换系统，同时还分离了太阳能收集过程与电能转换过程。能量转换系统由蒸汽发电机、涡轮发电机和配套设备组成，能够将热能转换为电能，并为公用电网提供电力。

在这里，大型跟踪镜面集热器反射入射太阳光线，并使能通量集中至辐射对流热交换器，再将能量传导至传热工质。太阳能系统收集完能量后，热能到电能的转换过程则与传统的化石燃料热电站的能量处理有很多相似之处。

集热器和接收器系统有三种配置方案。第一种，将定日镜全部环绕接收器塔放置，并且圆柱状接收器有外传热面。第二种，将定日镜放置在接收器塔的北面（北半球），并且接收器有封闭传热表面。第三种，将定日镜放置在接收器塔的北面，并且垂直面接收器装有朝北的传热表面。关于这些配置方案的更多详情参见第 10 章。

图 3.25　定日镜场集热器装置

3.3　平板型集热器的热分析

这一节中，我们将讨论集热器的热分析，并将探讨的集热器分为两大类，即平板型集热器和聚光式集热器。本节中的热分析，主要围绕有效能与集热器采光口入射能的比率展开。入射太阳辐射通量由直接辐射和散射辐射组成。平板型集热器可以收集两种辐射，而聚光式集热器只要其聚光比超过了 10，就只能利用直接辐射（Prapas 等人，1987）。

在本节中，为了确定所收集的有效能和影响集热器性能的多种构造参数的作用，我们还讨论了其中涉及的相关关系。

3.3.1　吸收的太阳辐射

要预测集热器的性能，就必须知道集热器吸热板所吸收太阳能的相关信息。我们在第 2 章中介绍了倾斜表面上入射太阳能的计算方法。由第 2 章可知，入射辐射有三个特殊组成部分：直射辐射、散射辐射和地面反射辐射。其计算方式取决于所使用的辐射模型。如果使用逐时的各向同性模型，则可以将方程（2.97）的各个项乘以相应的透射率-吸收率乘积从而得出被吸收的太阳辐射量 S，整理后的方程为：

$$S = I_B R_B (\tau\alpha)_B + I_D (\tau\alpha)_D \left[\frac{1+\cos(\beta)}{2}\right] + \rho_G (I_B + I_D)(\tau\alpha)_G \left[\frac{1-\cos(\beta)}{2}\right] \quad (3.1a)$$

其中，$[1+\cos(\beta)]/2$ 和 $[1-\cos(\beta)]/2$ 项分别为集热器对于天空和对于地面的视角系数。将表方程（3.1a）中的小时直接辐射和散射辐射值替换为相应的月平均值 $\overline{H}_B$ 和 $\overline{H}_D$，将 R_B 替换为 $\overline{R}_B$，以及将（$\tau\alpha$）替换为月平均值（$\overline{\tau\alpha}$）后，该方程可用于估计月平均吸收太阳辐射量 $\overline{S}$：

$$\overline{S}=\overline{H_B}\,\overline{R_B}(\overline{\tau\alpha})_B+\overline{H_D}(\overline{\tau\alpha})_D\left[\frac{1+\cos(\beta)}{2}\right]+\overline{H}\rho_G(\overline{\tau\alpha})_G\left[\frac{1-\cos(\beta)}{2}\right]\quad(3.1b)$$

更多详情参见第11章。

图3.26为玻璃盖板和吸热板的组合结构以及辐射的光线追踪示意图。从图中可看出，对于集热器上的入射能量，$\tau\alpha$ 被吸热板所吸收，而（$1-\alpha$）则被反射回玻璃盖板。我们假定吸热板的反射光线为漫反射，则射向玻璃盖板的（$1-\alpha$）τ 部分为散射辐射，而（$1-\alpha$）$\tau\rho_D$ 为反射回吸热板的部分。散射辐射持续进行多重反射，因此最终被吸收的入射太阳能部分为：

$$(\tau\alpha)=\tau\alpha\sum_{n=1}^{\infty}[(1-\alpha)\rho_D]^n=\frac{\tau\alpha}{1(1-\alpha)\rho_D}\quad(3.2)$$

窗玻璃的（$\tau\alpha$）典型值为0.7～0.75，而超白玻璃则为0.85～0.9。适用于大多数太阳能集热器的实际情况的估计值为：

$$(\tau\alpha)\cong 1.01\tau\alpha\quad(3.3)$$

当 τ_α 和 τ 的夹角为60°时，由方程（2.57）可估计出玻璃盖板对于吸热板反射光线的散射辐射的反射率 ρ_D。对于单玻璃盖板，ρ_D 的取值可由下得出：

当 $KL=0.0125$，则 $\rho_D=0.15$；

当 $KL=0.0370$，则 $\rho_D=0.12$；

当 $KL=0.0524$，则 $\rho_D=0.11$。

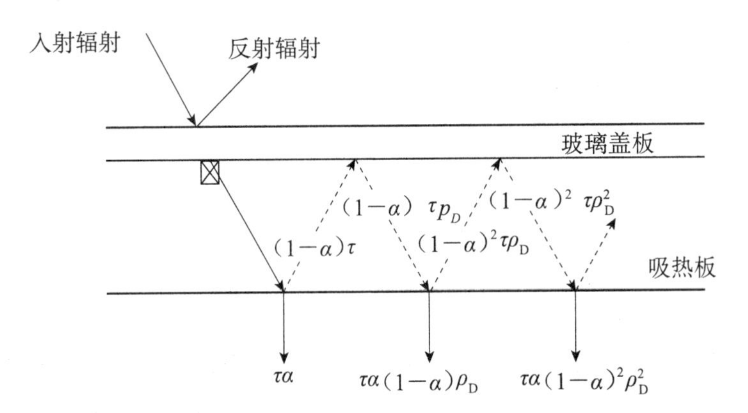

图3.26　玻璃盖板和吸热板之间的辐射交换

给定集热器倾斜角β，由 Brandemuehl 和 Beckman（1980）的经验关系式可得，来自天空的散射辐射的实际入射角$\theta_{e,D}$和地面反射辐射的实际入射角$\theta_{e,G}$分别为：

$$\theta_{e,D} = 59.68 - 0.1388\beta + 0.001497\beta^2 \tag{3.4a}$$

$$\theta_{e,G} = 90 - 0.5788\beta + 0.002693\beta^2 \tag{3.4b}$$

其中，

β = 集热器倾斜角（度）。

由方程（2.53）可得其透射率。根据 Beckman（1997）等人的研究，随角度变化（0°到 80°）的吸收率为：

$$\frac{a}{a_n} = 1 + 2.0345 \times 10^{-3}\theta_e - 1.99 \times 10^{-4}\theta_e^2 + 5.324 \times 10^{-6}\theta_e^3 - 4.799 \times 10^{-8}\theta_e^4 \tag{3.5a}$$

或是根据 Duffie 和 Beckman（2006）的多项式回归（0°到 90°）可得：

$$\frac{a}{a_n} = 1 - 1.5879 \times 10^{-3}\theta_e + 2.7314 \times 10^{-4}\theta_e^2 - 2.3026 \times 10^{-5}\theta_e^3 + 9.0244 \times 10^{-7}\theta_e^4 - 1.80 \times 10^{-8}\theta_e^5 + 1.7734 \times 10^{-10}\theta_e^6 - 6.9937 \times 10^{-13}\theta_e^7 \tag{3.5b}$$

其中，

θ_e = 实际入射角（度）；

a_n = 法向入射角时的吸收比（由吸收器的属性可得）。

之后，可使用方程（3.2）可得出$(\tau\alpha)_D$和$(\tau\alpha)_g$。由估计R_b时需要得知的直射辐射的入射角θ可得出$(\tau\alpha)_B$。

除此之外，还可以由玻璃盖板和吸收器材料的属性得出$(\tau\alpha)_n$。再由图 3.27 得出每个辐射分量的相应入射角所对应的三个透射率-吸收率的乘积。

当可以测量入射太阳辐射（I_t）时，则可以使用下列关系式来替代方程（3.1a）：

$$S = (\tau\alpha)_{av} I_t \tag{3.6}$$

其中，$(\tau\alpha)_{av}$由如下方程可得：

$$(\tau\alpha)_{av} \cong 0.96(\tau\alpha)_B \tag{3.7}$$

例 3.1

在一晴朗的冬天，已知I_b = 1.42 MJ/m² 且I_D = 0.39 MJ/m²。地面反射率为 0.5，入射角为 23°，R_b = 2.21。有一集热器倾角为 60°，玻璃盖板的KL为 0.037，平板的法向吸收率 a_n = 0.91，玻璃的折射系数为 1.526。试计算该集热器所吸收的太阳能。

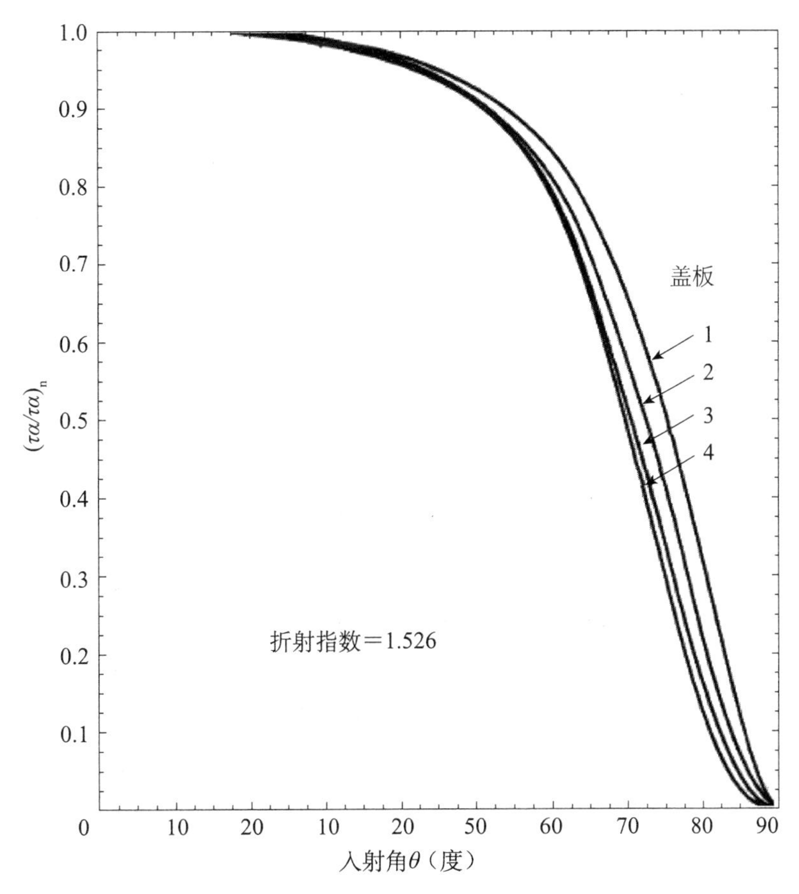

图 3.27　4 个玻璃盖板的（$\tau\alpha$）/（$\tau\alpha$）$_n$典型曲线

翻印自 *Klein*（1979），经 *Elsevier* 许可

解答

对于直射辐射且 θ = 23°，由方程（3.5a）可得，

$$\frac{a}{a_n} = 1 + 2.0345 \times 10^{-3}\theta_e - 1.99 \times 10^{-4}\theta_e^2 + 5.324 \times 10^{-6}\theta_e^3 - 4.799 \times 10^{-8}\theta_e^4$$

$$= 1 + 2.0345 \times 10^{-3} \times 23 - 1.99 \times 10^{-4} \times 23^2 + 5.324 \times 10^{-6} \times 23^3 - 4.799 \times 10^{-8} \times 23^4 = 0.993$$

对于需要计算的透射率 τ_a 和 τ_r。前者由方程（2.51）计算可得。由方程（2.44），且 $\theta_2 = 14.8°$，可得，

$$\tau_\alpha = e^{\left(-\frac{0.037}{\cos 14.8}\right)} = 0.962$$

由方程（2.45）和（2.46）可得 $r_\perp = 0.054$ 且 $r_\parallel = 0.034$。因此，由方程（2.50a）可得，

$$\tau_r = \frac{1}{2}\left(\frac{1-0.034}{1+0.034} + \frac{1-0.054}{1+0.054}\right) = 0.916$$

最终，由方程（2.53）可得，

$$\tau \cong \tau_\alpha \tau_r = 0.962 \times 0.916 = 0.881$$

除此之外，还可以使用方程（2.52a），并结合上面的 r 值来直接得出 τ。由方程（3.3）可得，

$$(\tau\alpha)_B = 1.01\tau(a/a_n)a_n = 1.01 \times 0.881 \times 0.993 \times 0.91 = 0.804 \approx 0.80$$

由方程（3.4a）可得，散射辐射的实际入射角为：

$$\theta_{e,D} = 69.68 - 0.1388\beta + 0.001479\beta^2 = 59.68 - 0.1388 \times 60 + 0.001479 \times 60^2 = 57°$$

由方程（3.5a）可得，对于散射辐射且 $\theta = 57°$，则 $a/a_n = 0.949$。

由方程（2.44）可得，对于 $\theta_1 = 57°$，则 $\theta_2 = 33°$。由方程（2.45）和（2.46）可得，$r_\perp = 0.165$ 且 $r_\parallel = 0$。

由方程（2.50a）可得，$\tau_r = 0.858$。由方程（2.51）可得，$\tau_a = 0.957$。由方程（2.53）可得，

$$\tau = 0.957 \times 0.858 = 0.821$$

再由方程（3.3）可得，

$$(\tau\alpha)_D = 1.01\tau(a/a_n)a_n = 1.01 \times 0.821 \times 0.949 \times 0.91 = 0.716 \approx 0.72$$

由方程（3.4b）可得，地面反射辐射的实际入射角为：

$$\theta_{e,G} = 90 - 0.5788\beta + 0.002693\beta^3 = 90 - 0.5788 \times 60 + 0.002693 \times 60^3 = 65°$$

由方程（3.5a）可得，对于地面反射辐射且 $\theta = 65°$，则 $a/a_n = 0.897$。

由方程（2.44）可得，对于 $\theta_1 = 65°$，则 $\theta_2 = 36°$。由方程（2.45）和（2.46）可得，$r_\perp = 0.244$ 且 $r_\parallel = 0.012$。

由方程（2.50a）可得，$\tau_r = 0.792$。由方程（2.51）可得，$\tau_a = 0.955$。由方程（2.53）可得，

$$\tau = 0.955 \times 0.792 = 0.756$$

再由方程（3.3）可得，

$$(\tau\alpha)_G = 1.01\tau(a/a_n)a_n = 1.01 \times 0.756 \times 0.897 \times 0.91 = 0.623 \approx 0.62$$

使用另一种方法，由方程（3.3）可得，

$(\tau\alpha)_n = 1.01 \times 0.884 \times 0.91 = 0.812$（注意：这里使用了法向入射透射率的值，即 τ_n）

由图 3.27 可得，对于直射辐射且 $\theta = 23°$，$(\tau\alpha)$ / $(\tau\alpha)_n = 0.98$。因此，

$$(\tau\alpha)_B = 0.812 \times 0.98 \times 0.796 \approx 0.80$$

由图3.27可得，对于散射辐射且$\theta = 57°$，$(\tau\alpha)/(\tau\alpha)_n = 0.89$。因此，

$$(\tau\alpha)_D = 0.812 \times 0.89 = 0.722 \approx 0.72$$

由图3.27可得，对于地面反射辐射且$\theta = 65°$，$(\tau\alpha)/(\tau\alpha)_n = 0.76$。因此，

$$(\tau\alpha)_G = 0.812 \times 0.76 = 0.617 \approx 0.62$$

这些值均与之前得出的值极为接近，但所需计算过程较少。

最终，由方程（3.1a）可得所吸收的太阳辐射量为：

$$S = I_B R_B (\tau\alpha)_B + I_D (\tau\alpha)_D \left[\frac{1+\cos(\beta)}{2}\right] + \rho_G (I_B + I_D)(\tau\alpha)_G \left[\frac{1-\cos(\beta)}{2}\right]$$

$$= 1.42 \times 2.21 \times 0.80 + 0.39 \times 0.72\left[\frac{1+\cos(60)}{2}\right] + 0.50 \times 1.81 \times 0.62\left[\frac{1-\cos(60)}{2}\right]$$

$$= 2.86\mathrm{MJ/m^2}$$

3.3.2　集热器能量损失

集热器表面所接收的一定量的太阳辐射中，大部分会被吸收且被传导至传热工质，并作为有效能输送。不过，和所有的热能系统一样，各种热传输模式中必然会存在热损失。图3.28（a）为单层盖板的平板型集热器在传导、对流和辐射方面的热网络，图3.28（b）则是在平板之间的电阻网络。平板的温度为T_p，集热器背部温度为T_b，被吸收的太阳辐射为S。简而化之，如图3.28（c）所示，可以将集热器的多种热损失统一视为一个阻抗R_L，故集热器的能量损失可表示为：

$$Q_{loss} = \frac{T_p - T_a}{R_L} = U_L A_c (T_p - T_a) \tag{3.8}$$

其中，

U_L = 基于集热器面积A_c的总热量损失系数（$\mathrm{W/m^2K}$）；

T_p = 平板温度（℃）。

总热量损失系数是一个与集热器构造及其运行状态相关的复杂函数，其方程如下：

$$U_L = U_t + U_b + U_e \tag{3.9}$$

其中，

U_t = 顶部热损失系数（$\mathrm{W/m^2K}$）；

U_b = 底部热损失系数（$\mathrm{W/m^2K}$）；

U_e = 集热器的边缘热损失系数（$\mathrm{W/m^2K}$）。

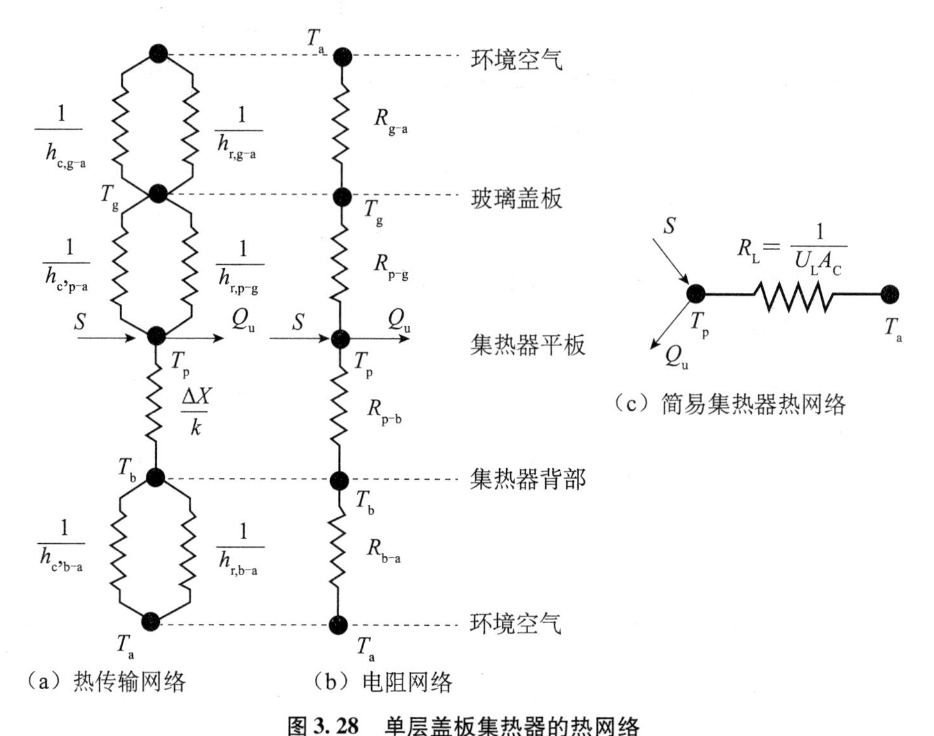

图 3.28　单层盖板集热器的热网络

因此，U_L即为吸热板到环境空气的传热热阻。此处所有系数均被分别测定。需要注意图 3.28 中并没有显示边缘热损失。

除了作为热收集器来透过短波太阳辐射并留住长波热辐射，玻璃层还能够利用对流降低热量损失。通过组合多片玻璃或玻璃加塑料，可以有效提升玻璃层的隔热效果。

在稳态条件下，从吸热板到玻璃盖板的热传递与从玻璃盖板到环境空气的能量损失是相等的。如图 3.28 所示，从温度为 T_p的吸热板到温度为 T_g的玻璃盖板，以及从温度为 T_g的玻璃盖板到温度为 T_a的环境空气，它们之间的热传递均以对流和红外辐射的形式发生。对于红外辐射的热损失，可以利用方程（2.67）计算。因此，由吸热板到玻璃盖板的热损失可表示为：

$$Q_{t,\text{吸热板到玻璃盖板}} = A_c h_{c,p-g}(T_p - T_g) + \frac{A_c \sigma(T_p^4 - T_g^4)}{(1\varepsilon_p) + (1\varepsilon_g) - 1} \tag{3.10}$$

其中，

A_c = 集热器面积（m^2）；

$h_{c,p-g}$ = 吸热板和玻璃盖板之间的对流热传递系数（W/m^2K）；

ε_p = 吸热板的红外发射率；

ε_g = 玻璃盖板的红外发射率。

倾斜角最大为60°，根据 Hollands 等人（1976）的研究，对流热传递系数 $h_{c,p-g}$ 与集热器倾斜角 β（度）的关系式为：

$$\text{Nu} = \frac{h_{c,p-g}L}{k}$$

$$= 1 + 1.446\left[1 - \frac{1708}{\text{Ra} \times \cos(\beta)}\right]^{+}\left\{1 - \frac{1708[\sin(1.8\beta)]^{1.6}}{\text{Ra} \times \cos(\beta)}\right\} + \left\{\left[\frac{\text{Ra} \times \cos(\beta)}{5830}\right]^{0.333} - 1\right\}^{+} \tag{3.11}$$

其中，加号表示结果显示为正值。瑞利数 Ra 由如下方程可得：

$$\text{Ra} = \frac{g\beta' Pr}{v^2}(T_p - T_g)L^3 \tag{3.12}$$

其中，

g = 万有引力常数 = 9.81 m^2/s；

β' = 体积膨胀系数；理想状态下的气体，β' = 1/T；

Pr = 普朗特数；

L = 吸热板与玻璃盖板的距离（m）；

v = 动力粘度（m^2/s）。

在平均温差（$T_p + T_g$）/2 下，可估计方程（3.12）中的流体性质。对于垂直型集热器，根据 Shewen 等人（1996）的研究，其对流关系式为：

$$\text{Nu} = \frac{h_{c,p-g}L}{k}\left[1 + \left(\frac{0.0665\text{Ra}^{0.333}}{1 + (9600\ \text{Ra})^{0.25}}\right)^2\right]^{0.5} \tag{3.13}$$

利用方程（2.73）可将方程（3.10）中的辐射项线性化为：

$$h_{r,p-g} = \frac{\sigma(T_p + T_g)(T_p^2 + T_g^2)}{(1/\varepsilon_p) + (1/\varepsilon_g) - 1} \tag{3.14}$$

最终，方程（3.10）可表示为：

$$Q_{t,\text{吸热板到玻璃盖板}} = A_c(h_{c,p-g} + h_{r,p-g})(T_p - T_g) = \frac{T_p - T_g}{R_{p-g}} \tag{3.15}$$

其中：

$$R_{p-g} = \frac{1}{A_c(h_{c,p-g} + h_{r,p-g})} \tag{3.16}$$

同样，玻璃盖板到环境空气的热损失是通过与环境空气（T_a）的对流和与天空（T_{sky}）的辐射交换产生的。为了方便起见，对流-辐射组合热传递一般直接通过 T_a 表达，即：

$$Q_{t,玻璃盖板} = A_c(h_{c,g-a} + h_{r,g-a})(T_g - T_a) = \frac{T_g - T_a}{R_{g-a}} \tag{3.17}$$

其中，

$h_{c,g-a}$ = 玻璃盖板与环境空气通过风产生的对流热传递系数（W/m^2K）；

$h_{r,g-a}$ = 玻璃盖板与环境空气之间的辐射热传递系数（W/m^2K）。

由方程（2.75）可得辐射热传递系数。注意，此处使用 T_a 而不使用 T_{sky} 是为了方便起见，因为天空温度不会对结果产生很大影响：

$$h_{r,g-a} = \varepsilon_g \sigma (T_g + T_a)(T_g^2 + T_a^2) \tag{3.18a}$$

如果考虑天空温度，则：

$$h_{r,g-a} = \varepsilon_g \sigma (T_g + T_a)(T_g^2 + T_a^2)\frac{(T_g - T_{sky})}{(T_g - T_a)} \tag{3.18b}$$

大气并没有一个统一的温度。它以某一波长选择性地产生辐射，其透过波长范围为 8 ~ 14 μm，而超出这个范围，其吸收带则覆盖了许多远红外区。有多个与 T_{sky}（K）和气象变量测量值相关的关系方程。其中两个为：

Swinbank（1963）关系方程为：

$$T_{sky} = 0.0552 T_a^{1.5} \tag{3.18c}$$

Berdahl 和 Martin（1984）关系方程为：

$$T_{sky} = T_a(0.711 + 0.0056 T_{dp} + 0.000073 T_{dp}^2 + 0.013\cos(15t))^{0.25} \tag{3.18d}$$

其中，

T_a = 环境温度（K）；

T_{dp} = 露点温度（℃）；

t = 从午夜开始的小时数。

由方程（3.17）可得，

$$R_{g-a} = \frac{1}{A_c(h_{c,g-a} + h_{r,g-a})} \tag{3.19}$$

电阻 R_{p-g} 和 R_{g-a} 是串联的，二者结合可得：

$$R_t = R_{p-g} + R_{g-a} = \frac{1}{U_t A_c} \tag{3.20}$$

因此，

$$Q_t = \frac{T_p - T_a}{R_t} = U_t A_c (T_p - T_a) \tag{3.21}$$

在一些情况中，集热器会构建两层玻璃盖板，以降低热损失。这样一来，则需要将另一个阻抗加入到系统中（如图3.28所示），来将由低层到高层玻璃盖板的热传递包括在内。通过类似的分析，温度为 T_{g2} 的低层玻璃盖板到温度为 T_{g1} 的高层玻璃盖板的热传递由如下方程可得：

$$Q_{t,下盖至顶盖} = A_c(h_{c,g2-g1} + h_{r,g2-g1})(T_{g2} - T_{g1}) = \frac{T_{g2} - T_{g1}}{R_{g2-g1}} \tag{3.22}$$

其中，

$h_{c,g2-g1}$ = 两层玻璃盖板之间的对流热传递系数（W/m^2K）；

$h_{r,g2-g1}$ = 两层玻璃盖板之间的辐射热传递系数（W/m^2K）。

由方程（3.11~3.13）可得对流热传递系数。由方程（2.73）可得辐射热传递系数，即：

$$h_{r,g2-g1} = \frac{\sigma(T_{g2} + T_{g1})(T_{g2}^2 + T_{g1}^2)}{(1/\varepsilon_{g2}) + (1/\varepsilon_{g1}) - 1} \tag{3.23}$$

其中 ε_{g2} 和 ε_{g1} 为顶部和底部玻璃盖板的红外发射率。最终，电阻 R_{g2-g1} 为：

$$R_{g2-g1} = \frac{1}{A_c(h_{c,g2-g1} + h_{r,g2-g1})} \tag{3.24}$$

在具有两层玻璃盖板的集热器的情况中，需要将方程（3.24）插入方程（3.20）的电阻值。对于双层盖板集热器的分析将在例3.2中给出。

在上述方程中，由于空气性质为关于运行温度的函数，故计算顶部热损失系数 U_t 需要进行迭代运算。迭代运算冗长且耗时，尤其是对于多层盖板系统，因此，为了集热器的设计，由具有足够精度的经验方程（Klein，1975）可直接估计 U_t 的值：

$$U_t = \frac{1}{\dfrac{N_g}{\dfrac{C}{T_p}\left[\dfrac{T_p - T_a}{N_g + f}\right]^{0.33} + \dfrac{1}{h_w}}} + \frac{\sigma(T_p^2 + T_a^2)(T_p + T_a)}{\dfrac{1}{\varepsilon_p + 0.05N_g(1 - \varepsilon_p)} + \dfrac{2N_g + f - 1}{\varepsilon_g} - N_g} \tag{3.25}$$

其中，

$$f = (1 - 0.04h_w + 0.0005h_w^2)(1 + 0.091N_g) \tag{3.26}$$

$$C = 365.9(1 - 0.00883\beta + 0.0001298\beta^2) \tag{3.27}$$

$$h_w = \frac{8.6V^{0.6}}{L^{0.4}} \tag{3.28}$$

需要注意的是，对于风的热传递系数，目前还没有完善的研究方法，但是截至本工作完成时，一般使用方程（3.28）进行计算。静止空气的 h_w 最小值为5 $W/m^2℃$。因此，如果方程（3.28）得出的值比最小值还小，则该值为最小值。

集热器底部的能量损失首先穿过隔热层，之后通过组合对流和红外辐射转至周围的环境空气中。其外壳底部温度较低，可以忽略辐射项（$h_{r,b-a}$），因此能量损失的相关方程为：

$$U_b = \frac{1}{\frac{t_b}{k_b} + \frac{1}{h_{c,b-a}}} \tag{3.29}$$

其中，

t_b = 背部隔热层厚度（m）；

k_b = 背部隔热层的传导率（W/m K）；

$h_{c,b-a}$ = 由背部到环境空气的对流热损失系数（W/m^2K）。

集热器背部隔热层的传导电阻能够控制热量由集热器平板穿过集热器外壳背面时的损失。来自平板背部的热损失很少能超过向上热损失的10%。背部表面热损失系数的典型值为0.3～0.6 W/m^2K。

与之相似，集热器边缘热损失的热传递系数可由下式获得：

$$U_e = \frac{1}{\frac{t_e}{k_e} + \frac{1}{h_{c,e-a}}} \tag{3.30}$$

其中，

t_e = 边缘隔热层的厚度（m）；

k_e = 边缘隔热层的传导率（W/m K）；

$h_{c,e-a}$ = 边缘到环境空气的对流热损失系数（W/m^2K）。

与方程（3.8）中，U_l 以 A_c 的方法相同，集热器边缘的热损失系数也需乘以 A_e/A_c，此处 A_e 为集热器4个边缘的总面积。底部热损失系数需做同样的处理，不过如果其面积与边缘总面积不相等，则需乘以 Ab/A_c。

边缘热损失系数的典型值为1.5～2.0 W/m^2K。

例3.2

有一集热器具有以下参数，试据此估计其顶部热损失系数：

集热器面积 = $2m^2$（1m × 2m）；

集热器倾斜度 = 35°；

玻璃盖板层数 = 2；

单层玻璃盖板厚度 = 4 mm；

吸热板厚度 = 0.5 mm；

玻璃盖板之间的间距 = 20 mm；

玻璃覆盖内层和吸热板之间的间距 = 40 mm；

吸热板平均温度，$T_p = 80\ ℃ = 353\ K$；

环境空气温度 = 15 ℃ = 288 K；

吸热板发射率，$\varepsilon_p = 0.10$；

玻璃发射率，$\varepsilon_g = 0.88$；

风速 = 2.5 m/s。

解答

要解决这个问题，需推测两个玻璃盖板的温度，再经过迭代运算进行修正，直到得到一个能够满足下列方程式的满意解，通过组合方程（3.15）、（3.17）和（3.22）可得：

$$(h_{c,p-g2} + h_{r,p-g2})(T_p - T_{g2}) = (h_{c,g2-g1} + h_{r,g2-g1})(T_{g2} - T_{g1})$$
$$= (h_{c,g1-a} + h_{r,g1-a})(T_{g1} - T_a)$$

不过，为了节省时间，其结果逼近修正值即可。假设 $T_{g1} = 23.8\ ℃$（296.8 K）且 $T_{g2} = 41.7\ ℃$（314.7 K），由方程（3.14）可得，

$$h_{r,p-g2} = \frac{\sigma(T_p + T_{g2})(T_p^2 + T_{g2}^2)}{(1/\varepsilon_p) + (1/\varepsilon_{g2}) - 1} = \frac{(5.67 \times 10^{-8})(314.7 + 296.8)(314.7^2 + 296.8^2)}{(1/0.88) + (1/0.88) - 1}$$
$$= 0.835\,W/m^2K$$

同样，对于双玻璃盖板，可得：

$$h_{r,g2-g2} = \frac{\sigma(T_{g2} + T_{g1})(T_{g2}^2 + T_{g1}^2)}{(1/\varepsilon_{g2}) + (1/\varepsilon_{g1}) - 1} = \frac{(5.67 \times 10^{-8})(314.7 + 296.8)(314.7^2 + 296.8^2)}{(1/0.88) + (1/0.88) - 1}$$
$$= 5.098\,W/m^2K$$

注意，由于没有给定值，故 $T_{sky} = T_a$，结合方程（3.18a）可得

$$h_{r,g1-a} = \varepsilon_{g1}\sigma(T_{g1} + T_a)(T_{g1}^2 + T_a^2) = 0.88(5.67 \times 10^{-8})(296.8 + 288)(296.8^2 + 288^2)$$
$$= 4.991\,W/m^2K$$

由附录5中的表A5.1，空气的属性如下：

对于 $\frac{1}{2}(T_p + T_{g2}) = \frac{1}{2}(353 + 314.7) = 333.85\ K$，

$$v = 19.51 \times 10^{-6}\,m^2/s$$

$$Pr = 0.701$$

$$k = 0.0288\,W/mK$$

对于 $\frac{1}{2}(T_{g2} + T_{g1}) = \frac{1}{2}(314.7 + 296.8) = 305.75\ K$

$$v = 17.26 \times 10^{-6}\,m^2/s$$

$$Pr = 0.707$$

$$k=0.0267\mathrm{W/mK}$$

结合这些属性，由方程（3.12）可得瑞利数 Ra，注意$\beta'=1/T$。

对于 $h_{c,p-g2}$，

$$\mathrm{Ra}=\frac{g\beta'\mathrm{Pr}}{v^2}(T_p-T_{g2})L^3=\frac{9.81\times0.701\times(353-314.7)\times0.04^3}{333.85\times(19.51\times10^{-6})^2}=132{,}658$$

对于 $h_{c,g2-g1}$，

$$\mathrm{Ra}=\frac{g\beta'\mathrm{Pr}}{v^2}(T_{g2}-T_{g1})L^3=\frac{9.81\times0.707\times(314.7-296.8)\times0.02^3}{305.75\times(17.26\times10^{-6})^2}=10{,}904$$

因此，由方程（3.11）可得：

对于 $h_{c,p-g2}$，

$$h_{c,p-g2}=\frac{k}{L}\left\{1+1.446\left[1-\frac{1708}{\mathrm{Ra}\times\cos(\beta)}\right]^+\left\{1-\frac{1708[\sin(1.8\beta)]^{1.6}}{\mathrm{Ra}\times\cos(\beta)}\right\}+\left\{\left[\frac{\mathrm{Ra}\times\cos(\beta)}{5830}\right]^{0.333}-1\right\}^+\right\}$$

$$=\frac{0.0288}{0.04}\left\{1+1.446\left[1-\frac{1708}{132{,}648\times\cos(35)}\right]^+\left\{1-\frac{1708[\sin(1.8\times35)]^{1.6}}{132{,}648\times\cos(35)}\right\}+\left\{\left[\frac{132{,}648\times\cos(35)}{5830}\right]^{0.333}-1\right\}^+\right\}$$

$$=2.918\mathrm{W/m^2K}$$

对于 $h_{c,g2-g1}$，

$$h_{c,g2-g1}=\frac{k}{L}\left\{1+1.446\left[1-\frac{1708}{\mathrm{Ra}\times\cos(\beta)}\right]^+\left\{1-\frac{1708[\sin(1.8\beta)]^{1.6}}{\mathrm{Ra}\times\cos(\beta)}\right\}+\left\{\left[\frac{\mathrm{Ra}\times\cos(\beta)}{5830}\right]^{0.333}-1\right\}^+\right\}$$

$$=\frac{0.0267}{0.02}\left\{1+1.446\left[1-\frac{1708}{10{,}904\times\cos(35)}\right]^+\left\{1-\frac{1708[\sin(1.8\times35)]^{1.6}}{10{,}904\times\cos(35)}\right\}+\left\{\left[\frac{10{,}904\times\cos(35)}{5830}\right]^{0.333}-1\right\}^+\right\}$$

$$=2.852\mathrm{W/m^2K}$$

从玻璃盖板到环境空气的对流热传导系数即为风损系数，由方程（3.28）可得。在该式中，其特征长度为集热器的长度，即为2m。

因此，

$$h_{c,g1-a}=h_w=8.6(2.5)^{0.6}/2^{0.4}=11.294\ \mathrm{W/m^2K}$$

为检查估计值 T_{g1} 和 T_{g2} 是否正确，需要将热传导系数引入方程（3.15），（3.17）和（3.22），即：

$$Q_t/A_c = (h_{c,p-g2} + h_{r,p-g2})(T_p - T_{g2}) = (2.918 + 0.835)(353 - 314.7) = 143.7\ \mathrm{W/m^2}$$

$$Q_t/A_c = (h_{c,g2-g1} + h_{r,g2-g1})(T_{g2} - T_{g1}) = (2.852 + 5.098)(314.7 - 296.8) = 142.3\ \mathrm{W/m^2}$$

$$Q_t/A_c = (h_{c,g1-a} + h_{r,g1-a})(T_g1 - T_a) = (11.294 + 4.991)(296.8 - 288) = 143.3\ \mathrm{W/m^2}$$

由于三个结果都没有完全相等，故需要进行进一步的试验，分别假设 T_{g1} 和 T_{g2} 的值，通过使用计算机和人工智能技术，如遗传算法（见第 11 章），得到 T_{g1} 和 T_{g2} 的值分别为 296.80 K 和 314.81 K。由两个值得到所有情况下 $Q_t/A_c = 143.3\ \mathrm{W/m^2}$。如果我们假设 $T_{g1} = 296.8$ K 和 $T_{g2} = 314.7$ K 是正确的（记住它们一开始就被认为是几乎正确的），则由下式可得，U_t 为：

$$U_t = \left(\frac{1}{h_{c,p-g2} + h_{r,p-g2}} + \frac{1}{h_{c,g2-g1} + h_{r,g2-g1}} + \frac{1}{h_{c,g1-a} + h_{r,g1-a}}\right)^{-1}$$

$$= \left(\frac{1}{2.918 + 0.835} + \frac{1}{2.852 + 5.098} + \frac{1}{11.294 + 4.991}\right)^{-1} = 2.204\ \mathrm{W/m^2K}$$

例 3.3

使用经验方程（3.25）重演例 3.2，并比较其结果。

解答

首先，估计常数参数。在例 3.2 中已估计出 h_w 的值为 11.294 $\mathrm{W/m^2K}$。

由方程（3.26）可得，

$$f = (1 - 0.04h_w + 0.0005h_w^2)(1 + 0.091N_g)$$

$$f = (1 - 0.04 \times 11.294 + 0.0005 \times 11.294^2)(1 + 0.091 \times 2) = 0.723$$

由方程（3.27）可得，

$$C = 365.9(1 - 0.00883\beta + 0.0001298\beta^2)$$

$$C = 365.9(1 - 0.00883 \times 35 + 0.0001298 \times 35^2) = 311$$

因此，由方程（3.25）可得，

$$U_t = \frac{1}{\dfrac{N_g}{\dfrac{C}{T_p}\left[\dfrac{T_p - T_a}{N_g + f}\right]^{-0.33} + \dfrac{1}{h_w}}} + \frac{\sigma(T_p^2 + T_a^2)(T_p + T_a)}{\dfrac{1}{\varepsilon_p + 0.05N_g(1 - \varepsilon_p)} + \dfrac{2N_g + f - 1}{\varepsilon_g} - N_g}$$

$$= \frac{1}{\dfrac{2}{\dfrac{311}{353}\left[\dfrac{(353 - 288)}{2 + 0.723}\right]^{0.33} + \dfrac{1}{11.294}}} + \frac{5.57 \times 10^{-8}(353^2 + 288^2)(353 + 288)}{\dfrac{1}{0.1 + 0.05 \times 2(1 - 0.1)} + \dfrac{(2 \times 2) + 0.723 - 1}{0.88} - 2}$$

$$= 2.306\mathrm{W/m^2K}$$

例 3.2 中获得的值与该值的差异百分比仅为 4.6%，但是我们计算后者的过程要轻松得多。

3.3.3 管道之间的温度分布和集热器效率因子

在稳态条件下，将传热流体所吸收的能量比率减去表面和周围环境的直接或间接热损失，即为太阳能集热器所传导的有效热比率（参见图 3.29）。如图 3.29 所示，吸收的太阳辐射等于 G_t（$\tau\alpha$），与方程（3.6）相似。集热器通过传导、对流、红外辐射散失到周围环境的热能损失，等同于总热损失系数 UL 与平板温度 T_p和环境空气温度 T_a差值的乘积。因此，在稳态条件下，面积为 A_c的集热器所收集的有效能的比率为：

$$Q_u = A_c[G_t(\tau\alpha) - U_L(T_p - T_a)] = \dot{m}c_p[T_o - T_i] \tag{3.31}$$

如果我们用辐射积 I_t（J/m^2）取代辐照度 G_t（W/m^2），并且将单位为瓦特/米^{2}摄氏度（$W/m^2℃$）的 U_L乘以 3600，即将其转化为焦耳/米^2 摄氏度（$J/m^2℃$）（按 1h 计算的估值），就可以将方程（3.31）用于得出传输的有效能的量，单位为焦耳。

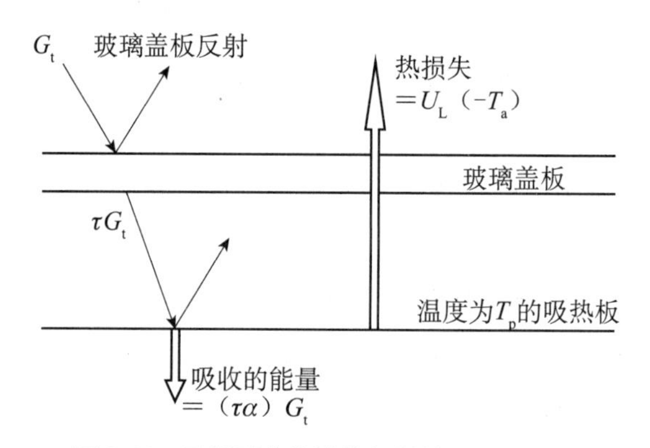

图 3.29　平板型集热器的辐射输入和热损失

为了对图 3.29 中的集热器进行建模，需要进行一系列假设，以简化问题。这些假设不能违反以下基本物理准则：

（1）集热器处于稳态条件；

（2）集热器具有集管和立管，它们均固定在带有平行管道的薄板上；

（3）当集管只占集热器的小部分面积，可以忽略不计；

（4）加热器到立管的流体流速均匀；

（5）穿过隔热层的流体是单向的；

（6）对于同等天空温度时的长波辐射，天空被看作为黑体，由于天空温度不会对结果产生显著影响，故将视为与环境空气温度相等；

（7）管道中的温度渐变忽略不计；

（8）材料属性不受温度影响；

（9）玻璃盖板没有吸收任何太阳辐射；

（10）穿过玻璃盖板的传热工质是单向的；

（11）穿过玻璃盖板的温差可忽略不计；

（12）玻璃盖板对红外辐射不透明；

（13）集热器前后环境空气温度相等；

（14）玻璃盖板上的粉尘效应忽略不计；

（15）吸热板上没有阴影覆盖。

假设在流体方向的温度梯度可忽略不计，则集热器效率因子可通过集热器吸收器的两个管道间的温度分布计算得出（Duffie 和 Beckman，2006）。我们可以通过薄板-管道结构进行相关分析。图 3.30（a）即为该结构的示意图，其中管道间的距离为 W，管道直径为 D，薄板厚度为 δ。金属薄板通常采用铜或铝材质，其为热的良导体，通过薄板的温度梯度可以忽略不计，因此，可以将分开管道的中线和管座之间的区域视为典型翅片问题来处理。

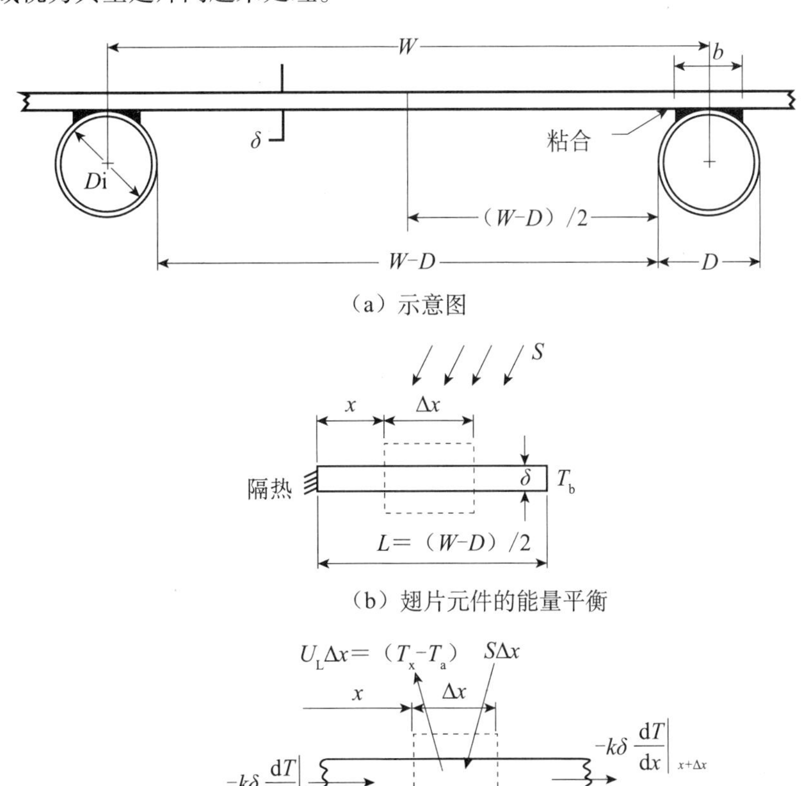

（a）示意图

（b）翅片元件的能量平衡

（c）管道元件的能量平衡

图 3.30　平板薄板和管道结构

图 3.30（b）中的翅片长度为 $L=(W-D)/2$。图 3.30（c）展示了流体方向元件区域的宽度 Δx 和单位长度。该小型元件所吸收的太阳能为 $S\Delta x$，而热量损失为 $U_L\Delta x(T_x-T_a)$，其中 T_x 为当地平板温度。因此，该元件的能量平衡可表示为：

$$S\Delta x = U_L\Delta x(T - T_a) + \left(-k\delta\frac{dT}{dx}\right)\bigg|_x - \left(-k\delta\frac{dT}{dx}\right)\bigg|_{x+\Delta x} = 0 \qquad (3.32)$$

其中，S 为所吸收的太阳能。除以 Δx，并得出 Δx 趋近于 0 时的极限为：

$$\frac{d^2T}{dx^2} = \frac{U_L}{k\delta}\left(T - T_a - \frac{S}{U_L}\right) \qquad (3.33)$$

要解决这个二阶微分方程，需要下面两个边值条件：

$$\frac{dT}{dx}\bigg|_{x=0} = 0$$

和

$$T\bigg|_{x=L} = T_b$$

为了方便计算，定义如下两个变量：

$$m = \sqrt{\frac{U_L}{k\delta}} \qquad (3.34)$$

$$\Psi = T - T_a - \frac{S}{U_L} \qquad (3.35)$$

因此，方程（3.33）可表示为：

$$\frac{d^2\Psi}{dx^2} - m^2\Psi = 0 \qquad (3.36)$$

其边值条件为：

$$\frac{d\Psi}{dx}\bigg|_{x=0} = 0$$

和

$$\Psi\bigg|_{x=L} = T_b - T_a - \frac{S}{U_L}$$

方程（3.36）为二阶线性齐次微分方程，其通解为：

$$\Psi = C'_1e^{mx} + C'_2e^{-mx} = C_1\sinh(mx) + C_2\cosh(mx) \qquad (3.37)$$

由第一个边界条件可得 $C_1=0$，由第二个边界条件可得：

$$\Psi = T_b - T_a - \frac{S}{U_L} = C_2\cosh(mL)$$

或

$$C_2 = \frac{T_b - T_a - S/U_L}{\cosh(mL)}$$

已知 C_1 和 C_2，故方程（3.37）可表示为：

$$\frac{T - T_a - S/U_L}{T_b - T_a - S/U_L} = \frac{\cosh(mx)}{\cosh(mL)} \tag{3.38}$$

由该方程式即可得给定任意 y 下的 x 方向上的温度分布。

在流体方向上，对于翅片基座，由傅立叶定律即可得出传导至每单位长度的管道区域的能量（Kalogirou，2004）。

$$q'_{fin} = -k\delta \frac{dT}{dx}\bigg|_{x=L} = \frac{k\delta m}{U_L}[S - U_L(T_b - T_a)]\tanh(mL) \tag{3.39}$$

不过，$k\delta m/U_L$ 仅为 1/m。方程（3.39）表示的是管道一侧所收集的能量。而对于其两侧，所收集的能量为：

$$q'_{fin} = (W - D)[S - U_L(T_b - T_a)]\frac{\tanh[m(W - D)/2]}{m(W - D)/2} \tag{3.40}$$

或利用翅片效率可得，

$$q'_{fin} = (W - D)F[S - U_L(T_b - T_a)] \tag{3.41}$$

其中，方程（3.41）中的系数 F 为具有矩形截面的平直翅片的标准翅片效率，由下式可得 F 为：

$$F = \frac{\tanh[m(W - D)/2]}{m(W - D)/2} \tag{3.42}$$

集热器的有用能量增益还包括管道区域上方所收集的能量。其方程为：

$$q'_{tube} = D[S - U_L(T_b - T_a)] \tag{3.43}$$

相应的，在流体方向每单位长度的有用能量增益为：

$$q'_u = q'_{fin} + q'_{tube} = [(W - D)F + D][S - U_L(T_b - T_a)] \tag{3.44}$$

这些能量最后必须被传递至流体，可以用两个电阻表示为：

$$q'_u = \frac{T_b - T_f}{\dfrac{1}{h_{fi}\pi D_i} + \dfrac{1}{C_b}} \tag{3.45}$$

其中，h_{fi} 为流体和管道壁之间的热传输系数（更多详情参见 3.6.4 节）。

在方程（3.45）中，C_b 为粘合电导系数，可通过粘合热导率 k_b、平均粘合厚度 γ 和粘合宽度 b 来估计。每单位长度基底的粘合电导系数为（Kalogirou，2004）：

$$C_b = \frac{k_b b}{\gamma} \tag{3.46}$$

粘合电导系数在对集热器性能进行精确描述时具有重要作用。通常情况下，其需要具有良好的金属对金属联系，这样粘合电导系数才能大于 30 W/m K，并且最好将管道焊接至翅片。

解出方程（3.45）的 T_b，将其代入方程（3.44）中，并求解合成方程式得出有用能量增益，可得：

$$q'_u = WF'[S - U_L(T_f - T_a)] \tag{3.47}$$

其中，F'为集热器效率因子，其方程如下：

$$F' \frac{1/U_L}{W\left\{\frac{1}{U_L[D + (W - D)F]} + \frac{1}{C_b} + \frac{1}{\pi D_i h_{fi}}\right\}} \tag{3.48}$$

F'在物理上可解释为，实际有用能量增益和理论有用能量增益的比，后者为集热器吸收表面的温度恰好为当地流体温度时所得出的值。需要注意的是，方程（3.48）中的分母为流体到环境空气的热传导阻抗。该阻抗可表示为 $1/U_o$。因此，F'还可以表示为：

$$F' = \frac{U_o}{U_L} \tag{3.49}$$

集热器效率因子本质上为一个常数因子，适用于任何集热器设计和流体速率。U_L和 C_b的比值、U_L和 h_{fi}的比值和翅片效率为方程（3.48）中仅有的变量，它们可能是与温度相关的函数。对于大多数集热器设计来说，F 是用于确定 F'的最重要的变量。系数 F'为 U_L和 h_{fi}的函数，它们每一个都与温度具有一定的相关性，但是并没有很强的相关性。此外，集热器效率因子随着管道中心到中心距离的增加而减少，并随着材料厚度和热电导率的增加而增加。F'随着总损失系数的增加而减少，而随着流体管热传导系数的增加而增加。

需要注意的是，如果管道位于平板平面的中心位置，并且为平板结构的必要组件，则粘合电导系数中的 $1/C_b$项将从方程（3.48）中消除。

例 3.4

有一集热器，其相关特性如下，忽略粘合电阻，试计算其翅片效率和集热器效率因子：

总损失系数 = 6.9 W/m²℃；

管道间隔 = 120 mm；

管道外直径 = 15 mm；

管道内直径 = 13.5 mm；

平板厚度 = 0.4 mm；

平板材质 = 铜；

管道内热传导系数 = 320 W/m²℃。

解答

由附录5中的表A5.3可知，对于铜，k = 385 W/m ℃。

由方程（3.34）可得，

$$m = \sqrt{\frac{U_L}{k\delta}} = \sqrt{\frac{6.9}{385 \times 0.0004}} = 6.69\text{m}^{-1}$$

由方程（3.42）可得，

$$F = \frac{\tanh[m(W - D)/2]}{m(W - D)/2} = \frac{\tanh[6.69(0.12 - 0.015)/2]}{6.69[(0.12 - 0.015)/2]} = 0.961$$

最后，不考虑粘合电导系数，由方程（3.48）可得，

$$F' = \frac{\dfrac{1}{U_L}}{W\left[\dfrac{1}{U_L[D + (W - D)F]} + \dfrac{1}{C_b} + \dfrac{1}{\pi D_i h_{fi}}\right]}$$

$$= \frac{1/6.9}{0.12\left[\dfrac{1}{6.9[0.015 + (0.12 - 0.015) \times 0.961]} + \dfrac{1}{\pi \times 0.0135 \times 320}\right]} = 0.912$$

3.3.4　热转移因子、流量系数和热效率

如图3.31所示，管道长度的无穷小值为 δy。传导至流体中的有效能为 $q'_u\delta y$。

在稳态条件下，n 条管道的能量平衡可表示为：

$$q'_u\delta y + \frac{\dot{m}}{n}c_pT_f - \frac{\dot{m}}{n}c_p\left(T_f + \frac{dT_f}{dy}\delta y\right) = 0 \qquad (3.50)$$

除以 δy，得出 δy 趋近于0时的极限，并代入方程（3.47）可得如下微分方程：

$$\dot{m}c_p\frac{dT_f}{dy} - nWF'[S - U_L(T_f - T_a)] = 0 \qquad (3.51)$$

由分离变量可得：

$$\frac{dT_f}{T_f - T_a - S/U_L} = \frac{nWF'U_L}{\dot{m}c_p}dy \qquad (3.52)$$

假设变量 F'、U_L 和 c_p 为常量，整理后可得：

$$\ln\left(\frac{T_{f,o} - T_a - S/U_L}{T_{f,i} - T_a - S/U_L}\right) = -\frac{nWLF'U_L}{\dot{m}c_p} \qquad (3.53)$$

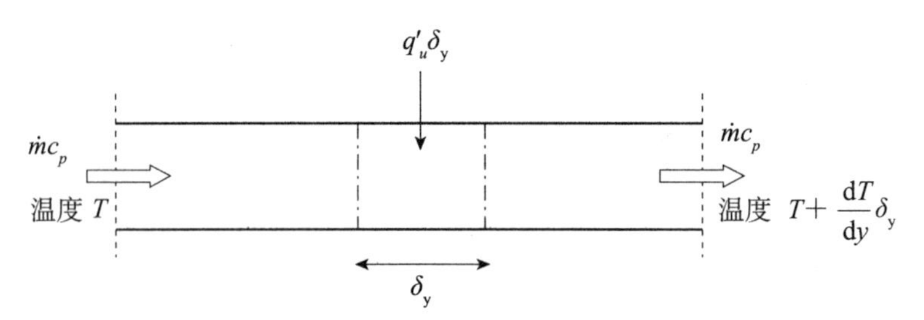

图 3.31　立管（部分）中的能量流动

方程（3.53）中的量 nWL 即为集热器面积 A_c。因此，

$$\frac{T_{f,o}-T_a-S/U_L}{T_{f,i}-T_a-S/U_L}=\exp\left(-\frac{A_cF'U_L}{\dot{m}c_p}\right) \tag{3.54}$$

通常，使用流体入口温度来表示集热器总的有用能量增益较为合适。为此，需要用到集热器热转移因子。热转移因子表示的是集热器吸收表面温度为当地流体温度时，所产生的实际有用能量增益比。

$$F_R=\frac{\text{实际输出}}{\text{面板温度输出}=\text{流体入口温度}} \tag{3.55}$$

或

$$F_R=\frac{\dot{m}c_p(T_{f,o}-T_{f,i})}{A_c[S-U_L(T_{f,i}-T_a)]} \tag{3.56}$$

整理后可得：

$$F_R=\frac{\dot{m}c_p}{A_cU_L}\left[1-\frac{(S/U_L)-(T_{f,o}-T_a)}{(S/U_L)-(T_{f,i}-T_a)}\right] \tag{3.57}$$

将方程（3.54）引入方程（3.57）可得：

$$F_R=\frac{\dot{m}c_p}{A_cU_L}\left[1-\exp\left(-\frac{U_LF'A_c}{\dot{m}c_p}\right)\right] \tag{3.58}$$

在对集热器进行分析时，常常涉及另一个参数，流量系数，即 F_R 与 F' 的比，其方程如下：

$$F''=\frac{F_R}{F'}=\frac{\dot{m}c_p}{AcU_LF'}\left[1-\exp\left(-\frac{U_LF'A_c}{\dot{m}cp}\right)\right] \tag{3.59}$$

由方程（3.59）可知，集热器流量系数是一个单变量即无量纲集热器电容率 $\dot{m}c_p/A_cU_LF'$（如图 3.32 所示）的函数。

如果我们将方程（3.56）中的分母替换为 Q_u，而将 S 替换为方程（3.6）中的 G_t（$\tau\alpha$），则可以得到如下方程：

$$Q_u = A_c F_R [G_t(\tau\alpha) - U_L(T_i - T_a)] \tag{3.60}$$

这和方程（3.31）本质上是一样的，区别仅在于使用了 F_R后，入口流体温度（T_i）替代了平均平板温度（T_p）。

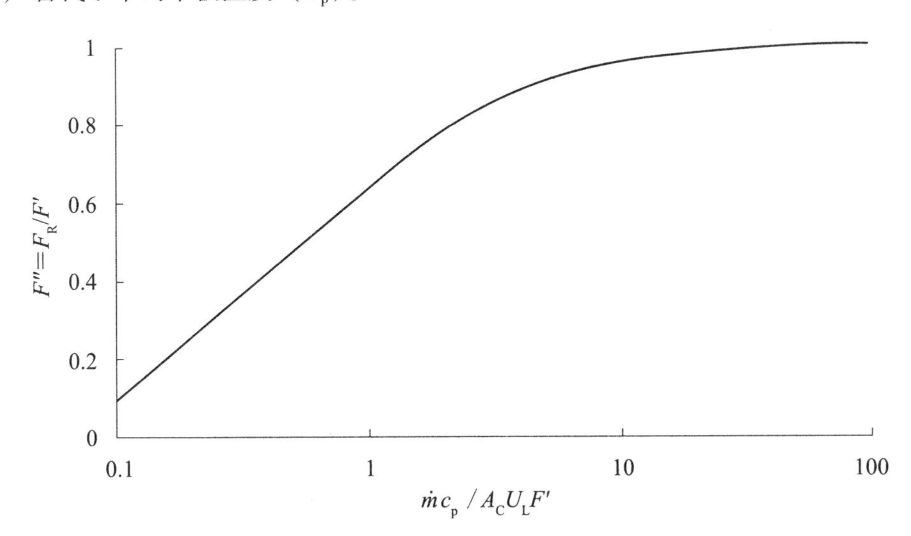

图3.32　作为无量纲电容率的函数的集热器流量系数

在方程（3.60）中，入口流体的温度 T_i，取决于整个太阳能加热系统的特性以及建筑的热水需求或热量需求。不过，F_R只受太阳能集热器特性、流体类型和通过集热器的流体流速的影响。

由方程（3.60）可得临界辐射水平，即所吸收的太阳能辐射和能量损失相等时的辐射水平。使方程（3.60）的右项等于0（或 $Q_u=0$），即可得出该值。因此，临界辐射水平 G_{tc}可表示为：

$$G_{tc} = \frac{F_R U_L(T_i - T_a)}{F_R(\tau\alpha)} \tag{3.61}$$

如第4章所述，在集热器性能测试中，已知的参数有 F_RU_L和 F_R（$\tau\alpha$），因此最好在方程（3.61）中保留 F_R。只有当可获得辐射量要大于临界值时，集热器才能提供有效输出。集热器输出可以通过临界辐射水平表达，即 $Q_u=A_cF_R(\tau\alpha)(G_t-G_{tc})^+$。这也就是说集热器只有在所吸收太阳辐射量要大于热损失，G_t大于 G_{tc}时，才能提供有效输出。

最后，将方程（3.60）的 Q_u除以（G_tA_c），即可得出集热器效率。

因此，

$$\eta = F_R\left[(\tau\alpha) - \frac{U_L(T_i - T_a)}{G_t}\right] \tag{3.62}$$

入射角低于35°时，$\tau\times\alpha$ 本质上为常量，且只要 U_L 保持不变，则方程（3.60）和（3.62）均与参数（T_i-T_a）/G_t 成线性关系。

要计算集热器内部热传递系数 h_{fi}，则需要得知吸收器的平均温度 T_p。同时解出方程（3.60）和（3.31），可得 T_p 为：

$$T_p = T_i + \frac{Q_u}{A_c F_R U_L}(1 - F_R) \tag{3.63}$$

例 3.5

对于例3.4中所述的集热器，若集热器面积为4m²，流体流速为0.06 kg/s，（$\tau\alpha$）=0.8，1小时的全球太阳辐射为2.88 MJ/m²，集热器运行温差为5℃，试计算其有效能和效率。

解答

无量纲集热器电容率为：

$$\frac{\dot{m}c_p}{A_c U_L F'} = \frac{0.06\times4180}{4\times6.9\times0.91} = 9.99$$

由方程（3.59）可得，

$$F'' = 9.99(1 - e^{-1/9.99}) = 0.952$$

因此，热转移因子为（由例3.4可知 $F'=0.912$）

$$F_R = F'\times F'' = 0.912\times0.952 = 0.868$$

对于方程（3.60），将其中的 G_t 替换为 I_t，可得，

$$Q_u = A_c F_R[I_t(\tau\alpha) - U_L(T_i - T_a)\times3.6] = 4\times0.868[2.88\times10^3\times0.8 - 6.9\times5\times3.6]$$
$$= 7550\text{kJ} = 7.55\text{MJ}$$

集热器效率为：

$$\eta = Q_u/A_c I_t = 7.55/(4\times2.88) = 0.655 \text{ 或 } 65.5\%$$

3.3.5 蛇形管集热器

第3.3.3节对装配在立管-集管结构的翅片和管道进行了分析。如图3.1（a）右所示，如果和之前一样，管道被固定在分离式翅片上，则该分析也同样适用于蛇形管集热器结构。不过，如果吸热板为一块连续平板，则该集热器性能会降低，且分析过程也更为复杂。对单弯曲（N）结构最先由Abdel-Khalik（1976）进行了相关分析，随后Zhang和Lavan（1985）通过进一步研究，对最多四个弯管的结构进行了分析。在这些分析过程中，热转移因子 F_R 可表示为：

$$F_R = F_1F_3\left[1 + \frac{2F_4F_5}{F_6\text{Exp}\left(-\frac{\sqrt{1-F_2^2}}{F_3}\right)+F_4} - \frac{1}{F_2} - F_5\right] \tag{3.64a}$$

其中

$$F_1 = \frac{KNL}{U_LA_c}\frac{KR(1+\gamma)^2 - 1 - \gamma - KR}{[KR(1+\gamma)-1]^2 - (KR)^2} \tag{3.64b}$$

$$F_2 = \frac{1}{KR(1+\gamma)^2 - 1 - \gamma - KR} \tag{3.64c}$$

$$F_3 = \frac{\dot{m}c_p}{F_1U_LA_c} \tag{3.64d}$$

$$F_4 = \frac{1}{F_2} + F_5 - 1 \tag{3.64e}$$

$$F_5 = \sqrt{\frac{1-F_2^2}{F_2^2}} \tag{3.64f}$$

$$F_6 = 1 - \frac{1}{F_2} + F_5 \tag{3.64g}$$

$$K = \frac{k\delta n}{(W-D)\sinh(n)} \tag{3.64h}$$

$$n = (W-D)m \tag{3.64i}$$

$$\gamma = -2\cosh(n) - \frac{DU_L}{K} \tag{3.64j}$$

$$R = \frac{1}{C_b} + \frac{1}{\pi D_i h_{fi}} \tag{3.64k}$$

需要注意的是，m 由方程（3.34）给出，C_b 由方程（3.46）给出。可知 A_c 等于 NWL，故方程（3.64b）可表示为：

$$F_1 = \frac{K}{U_LW}\frac{KR(1+\gamma)^2 - 1 - \gamma - KR}{[KR(1+\gamma)^2-1]^2 - (KR)^2} \tag{3.65a}$$

同样，结合方程（3.34）得出的 m 和方程（3.64i）可得：

$$K = \frac{\sqrt{k\delta U_L}}{\sinh(n)} \tag{3.65b}$$

最后，对方程（3.64e）进行简单的整理，可得出方程（3.64a）的简化形式，即：

$$F_R = F_1F_3F_4\left[\frac{2F_5}{F_6\text{Exp}\left(-\frac{\sqrt{1-F_2^2}}{F_3}\right)+F_4} - 1\right] \tag{3.66}$$

3.3.6 无玻璃盖板集热器的热损失

如果平板型集热器没有玻璃盖板，就不会有透射损失，但是辐射损失和对流损失就变得格外突出。在这种情况下，不考虑地面反射辐射，则基本性能方程为：

$$Q_u = A_c[\alpha G_t - h_c(T_i - T_a) - \varepsilon\sigma(T_i^4 - T_{sky}^4)] \tag{3.67}$$

在最后一项中加入并减去 T^4，并进行一些简单的数学处理，即可得：

$$Q_u = A_c[\alpha G_t + \varepsilon G_L - h_c(T_i - T_a) - h_r(T_i - T_a)] \tag{3.68a}$$

或

$$Q_u = A_c[\alpha G_t + \varepsilon G_L - U_L(T_i - T_a)] \tag{3.68b}$$

其中

$$U_L = h_c + h_r \tag{3.68c}$$

$$G_L = \sigma(T_{sky}^4 - T_a^4) \tag{3.68d}$$

$$h_r = \varepsilon\sigma(T_i + T_a)(T_i^2 + T_a^2) \tag{3.68e}$$

由方程（3.68a）得出的 G_L项为吸收器和天空之间的长波辐射交换。需要注意的是，如果集热器的背部和末端损失较突出，尽管它们的量级与对流损失和辐射损失相比要小很多，但仍应将这些损失加入到 U_L项中。将方程（3.68b）除以 A_cG_t即可得出集热器的效率为：

$$\eta = \alpha + \varepsilon\frac{G_L}{G_t} - U_L\frac{(T_i - T_a)}{G_t} \tag{3.69a}$$

或

$$\eta = \alpha - U_L\frac{(T_i - T_a)}{G_n} \tag{3.69b}$$

其中

$$G_n = G_t + \frac{\varepsilon}{\alpha}G_L \tag{3.69c}$$

参数 G_n被称为净入射辐射。ε/α 的典型值约为0.95。

在天空晴朗的条件下，用环境空气温度关联天空发射率，则方程（3.68d）可转化为（Morrison，2001）：

$$G_L = \varepsilon_{天空}\sigma T_a^4 - \sigma T_a^4 = \sigma T_a^4(\varepsilon_{天空} - 1) \tag{3.70}$$

3.4 空气集热器的热分析

图3.33为典型空气加热平板型太阳能集热器。空气通道为狭窄管道，以吸热板

表面作为其顶部盖板。除去翅片效率和粘合电阻，其热分析流程类似。

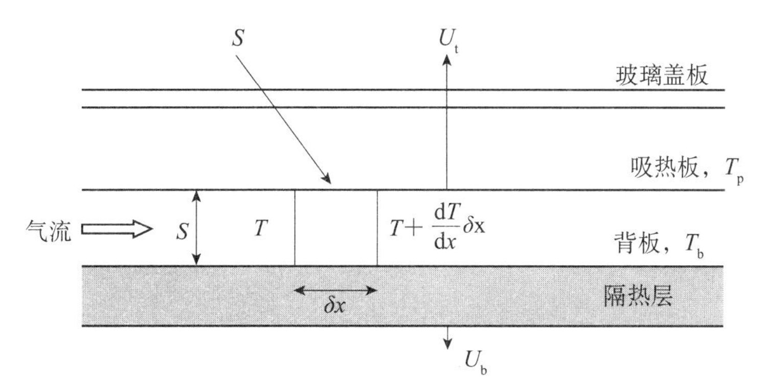

图3.33　空气加热型集热器的示意图

面积为（$1\times\delta x$）的吸热板的能量平衡方程如下：

$$S(\delta x)=U_t(\delta x)(T_p-T_a)+h_{c,p-a}(\delta x)(T_p-T)+h_{r,p-b}(\delta x)(T_p-T_b) \quad (3.71)$$

其中，

$h_{c,p-a}$ = 吸热板到空气的对流热传递系数（W/m^2K）；

$h_{r,p-b}$ = 吸热板到背板的辐射热传递系数（可以通过方程（2.73）得出）（W/m^2K）。

空气流量（$s\times1\times\delta x$）的能量平衡方程如下所示：

$$\left(\frac{\dot{m}}{W}\right)c_p\left(\frac{dT}{dx}\delta x\right)=h_{c,p-a}(\delta x)(T_p-T)+h_{c,b-a}(\delta x)(T_b-T) \quad (3.72)$$

其中，

$h_{c,b-a}$ = 背板到空气的对流热传递系数（W/m^2K）。

背板面积（$l\times\delta x$）的能量平衡方程如下所示：

$$h_{r,p-b}(\delta x)(T_p-T_b)=h_{c,b-a}(\delta x)(T_b-T)+U_b(\delta x)(T_b-T_a) \quad (3.73)$$

由于U_b远小于U_t，则$U_L\approx U_t$。因此，可不考虑U_b，解出方程（3.73）中的T_b：

$$T_b=\frac{h_{r,p-b}T_p+h_{c,b-a}T}{h_{r,p-b}+h_{c,b-a}} \quad (3.74)$$

将方程（3.74）代入方程（3.71）可得：

$$T_a(U_L+h)=S+U_LT_a+hT \quad (3.75)$$

其中，

$$h=h_{c,p-a}+\frac{1}{(1/h_{c,b-a})+(1/h_{r,p-b})} \quad (3.76)$$

将方程（3.74）代入方程（3.72）可得：

$$hT_{\mathrm{p}} = \left(\frac{\dot{m}}{W}\right)c_{\mathrm{p}}\frac{\mathrm{d}T}{\mathrm{d}x} + hT \tag{3.77}$$

最后，结合方程（3.75）和（3.77）可得：

$$\left(\frac{\dot{m}}{W}\right)c_{\mathrm{p}}\frac{\mathrm{d}T}{\mathrm{d}x} = F'[S - U_L(T - T_{\mathrm{a}})] \tag{3.78}$$

其中，F'为空气集热器的集热器效率因子，其相关方程为：

$$F' = \frac{1/U_L}{(1/U_{\mathrm{L}}) + (1/h)} = \frac{h}{h + U_{\mathrm{L}}} \tag{3.79}$$

方程（3.78）的初始参数为 $T = T_{\mathrm{i}}$（$x = 0$）。因此，方程（3.78）的完全解为：

$$T = \left(\frac{S}{U_{\mathrm{L}}} + T_{\mathrm{a}}\right) + \frac{1}{U_{\mathrm{L}}}[S - U_{\mathrm{L}}(T_i - T_a)]\exp\left[-\frac{U_{\mathrm{L}}F'}{(\dot{m}/W)c_{\mathrm{p}}}x\right] \tag{3.80}$$

该方程给出了管道中空气的温度分布。由 $x = L$ 且 $A_{\mathrm{c}} = WL$，通过方程（3.80）可以得出集热器出口的空气温度。因此，

$$T_{\mathrm{o}} = T_{\mathrm{i}} + \frac{1}{U_{\mathrm{L}}}[S - U_{\mathrm{L}}(T_{\mathrm{i}} - T_{\mathrm{a}})]\left[1 - \exp\left(-\frac{A_{\mathrm{c}}U_{\mathrm{L}}F'}{\dot{m}c_{\mathrm{p}}}\right)\right] \tag{3.81}$$

由下式可得，气流的能量增益为：

$$\frac{Q_{\mathrm{u}}}{W} = \left(\frac{\dot{m}}{W}\right)c_{\mathrm{p}}(T_{\mathrm{o}} - T_{\mathrm{i}}) = \frac{\dot{m}c_{\mathrm{p}}}{A_{\mathrm{c}}U_{\mathrm{L}}}[S - U_{\mathrm{L}}(T_{\mathrm{i}} - T_{\mathrm{a}})]\left[1 - \exp\left(-\frac{A_{\mathrm{c}}U_{\mathrm{L}}F'}{\dot{m}c_{\mathrm{p}}}\right)\right] \tag{3.82}$$

利用方程（3.58）中的热转移因子，则有：

$$Q_{\mathrm{u}} = A_{\mathrm{c}}F_{\mathrm{R}}[S - U_{\mathrm{L}}(T_{\mathrm{i}} - T_{\mathrm{a}})] \tag{3.83}$$

由于 $S = (\tau\alpha)G_{\mathrm{t}}$，故方程（3.83）与（3.60）本质上没有区别。

例 3.6

如图 3.33 所示，试估计出口空气温度和集热器效率，该集热器的相关技术参数如下所示：

集热器宽度，$W = 1.2$ m；

集热器长度，$L = 4$ m；

风道深度，$s = 15$ mm；

总日射量，$G_{\mathrm{t}} = 890$ W/m^2；

环境空气温度，$T_{\mathrm{a}} = 15$ ℃ $= 288$ K；

有效的 $(\tau\alpha) = 0.90$；

热损失系数，$U_{\mathrm{L}} = 6.5$ W/m^{2}K；

吸热板发射率，$\varepsilon_p = 0.92$；

背部平板发射率，$\varepsilon_b = 0.92$；

空气的质量流动速率 = 0.06 kg/s；

入口空气温度，$T_i = 50\ ℃ = 323\ K$。

解答

首先，我们需要假设 T_p 和 T_b 的值。为了节省时间，我们直接使用了正确值，但是在实际应用中，往往需要迭代运算来求解。假设 $T_p = 340\ K$，$T_b = 334\ K$（两者差距应在 10 K 以内）。根据这两个温度，由如下方程可得出空气平均温度为：

$$4(T_{m,air})^3 = (T_p + T_b)(T_p^2 + T_b^2)$$

由此可得

$$T_{m,air} = \sqrt[3]{\frac{(T_p + T_b)(T_p^2 + T_b^2)}{4}} = \sqrt[3]{\frac{(340 + 334)(340^2 + 334^2)}{4}} = 337K$$

从吸收器到背部平板的辐射热传递系数为：

$$h_{r,p-g2} = \frac{\sigma(T_p + T_b)(T_p^2 + T_b^2)}{(1/\varepsilon_p) + (1/\varepsilon_b) - 1} = \frac{(5.67 \times 10^{-8})(340 + 334)(340^2 + 334^2)}{(1/0.92) + (1/0.92) - 1}$$

$$= 7.395\ W/m^2K$$

由 $T_{m,air}$，结合附录5，可得出下列和空气相关的性质：

$$\mu = 2.051 \times 10^{-5} kg/m\ s$$

$$K = 0.029 W/m\ K$$

$$c_p = 1008 J/kg\ K$$

由流体力学可知，风道的水力直径为：

$$D = 4\left(\frac{\text{交叉流 - 截面积}}{\text{润周}}\right) = 4\left(\frac{WS}{2W}\right) = 2s = 2 \times 0.015 = 0.03$$

雷诺数为：

$$\text{Re} = \frac{\rho VD}{\mu} = \frac{\dot{m}D}{A\mu} = \frac{0.06 \times 0.03}{(1.2 \times 0.015) \times 2.051 \times 10^{-5}} = 4875.7$$

因此，该流体为紊流，对此需要应用下列方程：$\text{Nu} = 0.0158\ (\text{Re})^{0.8}$。由于 $\text{Nu} = (hcD)/k$，故对流热传递系数为：

$$h_{c,p-a} = h_{c,b-a} = \left(\frac{k}{D}\right)0.0158(\text{Re})^{0.8} = \left(\frac{0.029}{0.03}\right)0.0158(4875.7)^{0.8} = 13.626 W/m^2K$$

由方程（3.76）可得，

$$h = h_{c,p-a} + \frac{1}{(1/h_{c,b-a}) + (1/h_{r,p-b})} = 13.626 + \frac{1}{(1/13.626) + (1/7.395)} = 18.4\text{W/m}^2\text{K}$$

由方程（3.79）可得，

$$F' = \frac{h}{h + U_L} = \frac{18.4}{18.4 + 6.5} = 0.739$$

所吸收的太阳辐射为：

$$S = G_t\ (\tau\alpha) = 890 \times 0.9 = 801\ \text{W/m}^2$$

由方程（3.81）可得，

$$T_o = T_i + \frac{1}{U_L}[S - U_L(T_i - T_a)]\left[1 - \exp\left(-\frac{A_c U_L F'}{\dot{m}c_p}\right)\right]$$

$$= 323 + \left(\frac{1}{6.5}\right)[801 - 6.5(323 - 288)]\left[1 - \exp\left(-\frac{(1.2 \times 4) \times 6.5 \times 0.739}{0.06 \times 1007}\right)\right] = 351\text{K}$$

因此，空气平均温度为$1/2(351 + 323) = 337$ K，这与之前所假设的值一致。如果这两个平均值不同，则需要进行迭代运算。借助假设值，这种问题就只需要一次迭代运算就可以找到正确解，从而得出新的平均温度。

由方程（3.58）可得，

$$F_R = \frac{\dot{m}c_p}{A_c U_L}\left\{1 - \exp\left[-\frac{U_L F' A_c}{\dot{m}c_p}\right]\right\}$$

$$= \frac{0.06 \times 1008}{(1.2 \times 4) \times 6.5}\left\{1 - \exp\left[-\frac{6.5 \times 0.739 \times (1.2 \times 4)}{0.06 \times 1008}\right]\right\} = 0.614$$

由方程（3.83）可得，

$$Q_u = A_c F_R[S - U_L(T_i - T_a)] = (1.2 \times 4) \times 0.614[801 - 6.5(323 - 288)] = 1690\ \text{W}$$

最后，集热器的效率为：

$$\eta = \frac{Q_u}{A_c G_t} = \frac{1690}{(1.2 \times 4) \times 890} = 0.396$$

在另一种情况中，空气集热器的吸收平板和玻璃盖板之间有空气流动。图3.34为相关图解和热阻网络示意图。

由盖板、平板和流经集热器的流体的能量平衡，可得：

$$U_t(T_a - T_c) + h_{r,p-c}(T_p - T_C) + h_{c,c-a}(T_f - T_c) = 0 \tag{3.84a}$$

$$S + U_b(T_a - T_p) + h_{c,p-a}(T_f - T_p) + h_{r,p-c}(T_c - T_p) = 0 \tag{3.84b}$$

$$h_{c,c-a}(T_C - T_f) + h_{c,p-a}(T_p - T_f) = Q_u \tag{3.84c}$$

在这些方程中，$h_{r,p-c}$表示从吸收平板到玻璃盖板的辐射热传递系数，该值可由方程（2.73）得出，且

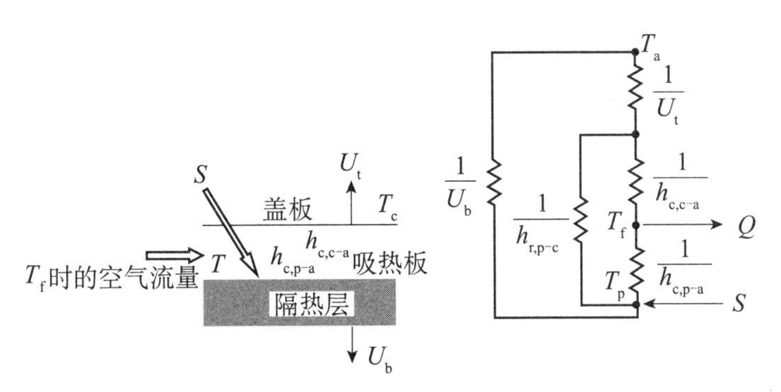

图3.34　太阳能空气加热器及其热阻网络

$h_{c,c-a}$ = 由覆盖层到空气的对流热传递系数（W/m²K）；

$h_{c,p-a}$ = 由吸收平板到空气的热传递系数（W/m²K）。

通过冗长的代数运算来消除 T_p和 T_c，有效能的比率为：

$$Q_u = F'[S - U_L(T_f - T_a)] \tag{3.85}$$

其中

$$F' = \frac{h_{r,p-c}h_{c,c-a} + U_t h_{c,p-a} + h_{c,p-a}h_{r,p-c} + h_{c,c-a}h_{c,p-a}}{(U_t + h_{r,p-c} + h_{c,c-a})(U_b + h_{c,p-a} + h_{r,p-c}) - h_{r,p-c}^2} \tag{3.86a}$$

$$U_L = \frac{(U_b + U_t)(h_{r,p-c}h_{c,c-a} + h_{c,p-a}h_{r,p-c} + h_{c,c-a}h_{c,p-a}) + U_b U_t(h_{c,c-a} + h_{c,p-a})}{h_{r,p-c}h_{c,c-a} + U_t h_{c,p-a} + h_{c,p-a}h_{r,p-c} + h_{c,c-a}h_{c,p-a}} \tag{3.86b}$$

3.5　平板型集热器在实际应用中的注意事项

出于多种原因，平板型集热器的实际性能与本节中的理论分析值有出入。首先，由于制造误差，流经集热器的流体可能在通过所有立管时并不均匀。集热器中，所接收流体流速更低的部分具有更低的 F_R，从而导致更差的性能。空气集热器的泄漏问题也是性能降低的另一个原因。此外，对于带有蛇形吸收器的多面板集热器，由于它们是一个挨着一个进行装配的，故其边缘损失仅限于集热器阵列中的第一个和最后一个集热器，因此与单个集热器相比，其 U_L值更高。

第5章介绍并分析了集热器的防冻保护等相关问题。在城市环境中，因为不定时的降雨就足以清除集热器的玻璃盖板表面的粉尘，故其粉尘效应可以忽略不计。对于考虑粉尘的情况，学者建议在温带气候中的集热器平板所吸收的辐射需降低1%，而在干燥和多尘气候中，则需降低2%（Duffie 和 Beckman，2006）。然而，盖板材料的退化会影响透射率，尤其会影响集热器的长期性能。特别是对于塑料材质的集热器盖板材料，这一点更为突出。同时，吸热板涂层也存在同样的问题。此外，集热器的机械设计也可能会影响其性能，比如水或湿气对于集热器的渗透作用，使其凝结在玻璃底面，从而严重降低其性能。在第 4 章中，针对这一问题以及其他影响因素，我们介绍了集热器的质量检测。

考虑到集热器的生产制造过程，集热器的外壳十分重要，它能够在移动和安装时保护集热器，并且便于集热器组件的嵌入，还能保护其在整个系统运行期间中不受水和粉尘的侵蚀。在高纬度区域，集热器应该以一定倾角安装，使其表面的雪能够滑落。

集热器的安装与三个部分相关：集热器的运输和移动、支架的安装和歧管装置的处理。第一个与整个集热器的重量和尺寸有关。如果是小型（小于 2 m^2）的集热器，则可以手动安装。如果是更大的集热器，则需要机械装置的帮助。支架应当具有足够的抗风负载，而尽管目前可以使用特制的青铜配件，工作已经相对简化，歧管装置的处理仍是最为耗时的。需要格外注意异质材料的使用，这样可能会导致电解腐蚀的发生。

在全方面考虑了这些问题之后，应当能保证集热器能够在多年时间里无障碍运行。不管是为了让消费者满意，还是加强对太阳能的利用，都是极为重要的。

3.6 聚光式集热器

如 3.2 节中所描述的，聚光式集热器是通过在辐射源和能量吸收表面之间放置一个光学装置来工作的。因此，对于集中式集热器的分析需要从光学和热量两方面入手。在本书中，仅对两种类型的集中式集热器进行分析：复合抛物面集热器和抛物面槽式集热器。首先，需要分析这两个集热器的聚光比和理论极值。

聚光比（C）为采光口面积和接收器-吸收器面积的比值，即：

$$C = \frac{A_a}{A_r} \tag{3.87}$$

对于没有反射器的平板型集热器，$C=1$。而对于集中式集热器，C 总是大于 1 的。首先对其聚光比的最大可能值进行研究。如图 3.35 所示，有一圆形（三维）集中器，其采光口面积为 A_a，接收器面积为 A_r，离太阳中心的距离为 R。在第 2 章中，我们得知不能将太阳视为点光源，而是一个半径为 r 的球面。因此，从地球上看，太阳有一个半角 θ_m，即最大聚光比时的接收半角。如果将太阳和接收器均视为黑体，且其温度分别为 T_s和 T_r，则由太阳发射的辐射量为：

$$Q_s = (4\pi r^2)\sigma T_S^4 \tag{3.88}$$

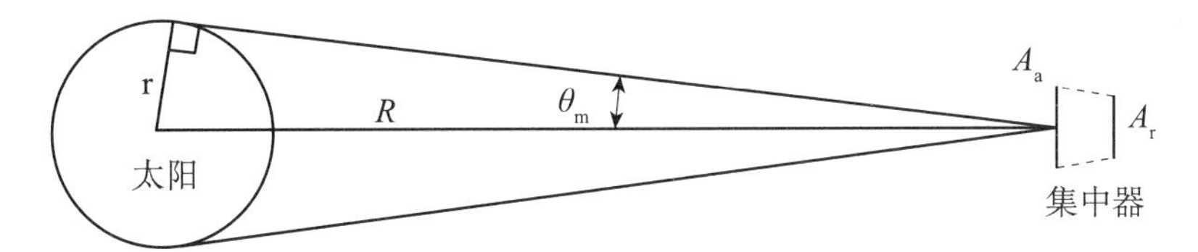

图 3.35　太阳和聚光器的示意图

这些辐射有一部分会被集热器拦截，这部分辐射可表示为：

$$F_{s-r} = \frac{A_a}{4\pi R^2} \tag{3.89}$$

因此，来自太阳的辐射能，即聚光器所接收的能量为：

$$Q_{s-r} = A_a \frac{4\pi r^2}{4\pi R^2}\sigma T_s^4 = A_a \frac{r^2}{R^2}\sigma T_s^4 \tag{3.90}$$

一个黑体（完美吸收体）接收器所辐射的能量为 $A_r\sigma T_r^4$，其中有一部分能到达太阳的能量为：

$$Q_{r-s} = A_r F_{r-s}\sigma T_r^4 \tag{3.91}$$

在这种理想条件下，接收器的最大温度可达到太阳的温度。根据热力学第二定律，只有当 $Q_{r-s} = Q_{s-r}$时，这种假设才成立。因此，由方程（3.90）和（3.91）可得：

$$\frac{A_a}{A_r} = \frac{R^2}{r^2}F_{r-s} \tag{3.92}$$

由于 F_{r-s}的最大值等于1，故三维集中器的最大聚光比为［$\sin(\theta_m) = r/R$］：

$$C_{max} = \frac{1}{\sin^2(\theta_m)} \tag{3.93}$$

对线性聚光器进行类似分析，可得：

$$C_{max} = \frac{1}{\sin(\theta_m)} \tag{3.94}$$

我们在第2章中已得知，$2\theta_m$等于0.53°（或32′），因此半接收角 θ_m等于0.27°（或16′）。半接收角指的是覆盖了角区域的一半的范围，在该区域内，辐射能够被聚光器的接收器接收。所接收的辐射的角度大于 $2\theta_m$，在这个角范围内入射的辐射能够在通过孔径后到达接收器。这个角表示的是接收器能够直接收集辐射而不用跟踪聚光器的角视场。

方程（3.93）和（3.94）定义了在给定集热器视角的情况下，所能达到的最大聚光比。对于固定的复合抛物面集热器，角 θ_m取决于天空中太阳的移动。对于具有南北方向轴线，且与地平面保持一定的倾角，使太阳移动轨迹的平面与孔径垂直的复合抛物面集热器，其接收角与能够接收太阳能的时间范围有关。比如，对于太阳能有效接收时间为6小时，$2\theta_m = 90°$（太阳以15°/h移动）。在这种情况下，$C_{max} = 1/\sin(45°) = 1.41$。

对于跟踪式集热器，θ_m受太阳盘面的大小、小尺度误差、反射器表面的不规则和追踪误差的限制。对于一个完美的集热器和追踪系统，C_{max}仅取决于太阳圆面。因此，

对于单轴跟踪设备，$C_{max} = 1/\sin(16') = 216$；

对于全程跟踪设备，$C_{max} = 1/\sin^2(16') = 46,747$。

因此，也可推断双轴跟踪集热器的最大聚光比要大得多。不过，随着聚光比的增大，θ_m会很小，这就要求追踪机制具有较高的精度和精细的构造。在实际应用中，由于多种误差的存在，会采用比这些最大值低的值。

例3.7

如图2.1所示，由太阳和地球的直径以及太阳和地球之间的平均距离，试估计太阳温度为5777K时，太阳所释放的能量大小、地球所接收的能量大小和太阳常数。若金星和太阳之间的距离为地球和太阳之间距离的0.71倍，试估计金星的太阳常数。

解答

太阳释放的能量Q_s为：

$$Q_S/A_S = \sigma T_S^4 = 5.67 \times 10^{-8} \times (5777)^4 = 63,152,788 \approx 63\text{MW/m}^2$$

或

$$Q_S = 63.15 \times 4\pi(1.39 \times 10^9/2)^2 = 3.83 \times 10^{20}\text{MW}$$

由方程（3.90）可得太阳常数为：

$$\frac{Q_{s-r}}{A_a} = \frac{r^2}{R^2}\sigma T_S^4 = \frac{(1.39 \times 10^9/2)^2}{(1.496 \times 10^{11})^2}63,152,788 = 1363\text{W/m}^2$$

地球暴露在太阳光下的面积为$\pi d^2/4$。因此，地球所接收的能量为$\pi(1.27 \times 10^7)^2 \times 1.363/4 = 1.73 \times 10^{14}$kW。这个结果恰好证实了第2章中说明的值。

金星和太阳之间的平均距离为$1.496 \times 10^{11} \times 0.71 = 1.062 \times 10^{11}$m。因此，金星的太阳常数为：

$$\frac{Q_{s-r}}{A_a} = \frac{r^2}{R^2}\sigma T_S^4 = \frac{(1.39 \times 10^9/2)^2}{(1.062 \times 10^{11})^2}63,152,788 = 2705\text{W/m}^2$$

3.6.1 复合抛物面集热器的光学分析

复合抛物面集热器的光学分析主要与构建集热器形状的方式有关。图3.36即为

Winston 设计的复合抛物面集热器（Winston 和 Hinterberger，1975）。该设计使用了由两个明显的抛物面构成的线性二维集中器，抛物面轴线相对于集热器的视轴的倾斜角为 $\pm\theta_C$。角 θ_C 也被称为集热器接收半角，它是光源能够移动且仍能汇聚于吸收器的角度。

如之前的章节中所述，Winston 型集热器是一种非成像集热器，其聚光比接近第二热力学定律所允许的上限。

如图 3.5 所示，抛物面集热器的接收器并不一定是平面或互相平行，还可以是双面的、楔形的或圆柱形的。图 3.37 所示的集热器的接收器即为圆柱形的。该接收器的下部（AB 和 AC）为圆形，而其上部（BD 和 CE）为抛物线形。在这种设计中，集热器的抛物面部分则要求在任意点 P，该集热器的法线将接收器的切线 PG 和点 P 处与集热器轴线成角 θ_C 的入射光线所形成的夹角平分。由于抛物面集热器的上部对到达吸收器的辐射影响很小，故一般会将其截短，从而形成一个较短的抛物面集热器，这样成本也更低。抛物面集热器通常安装有玻璃盖板，可避免粉尘和其他物质进入，以免降低集热器壁的反射率。截短处理几乎不会影响接收角，但是可以节省相当部分的材料，并且能改变高度-采光口比、聚光比以及反射平均值。

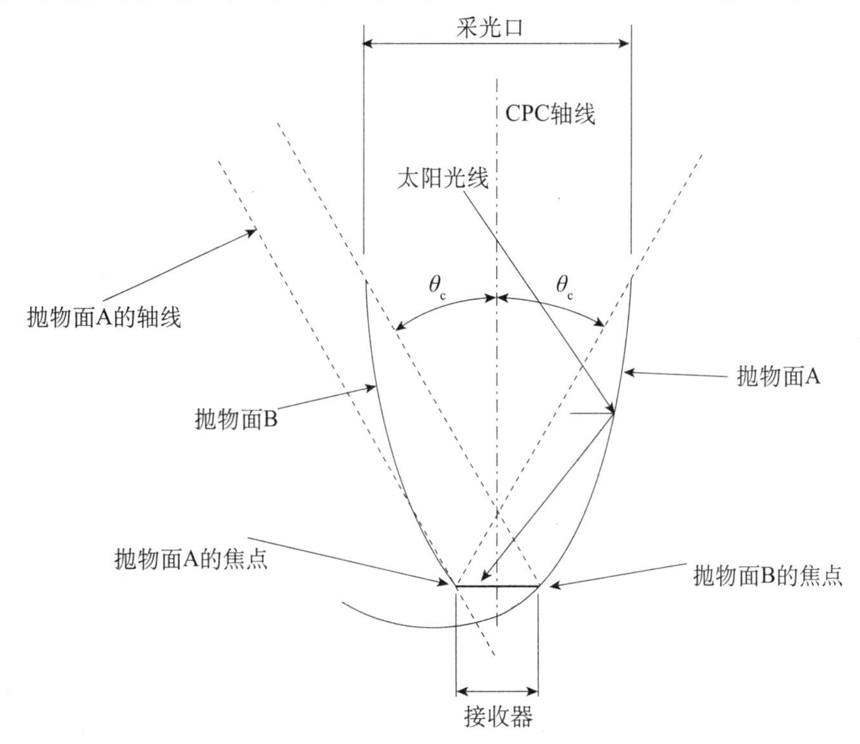

图 3.36 平板接收器复合抛物面集热器的结构图

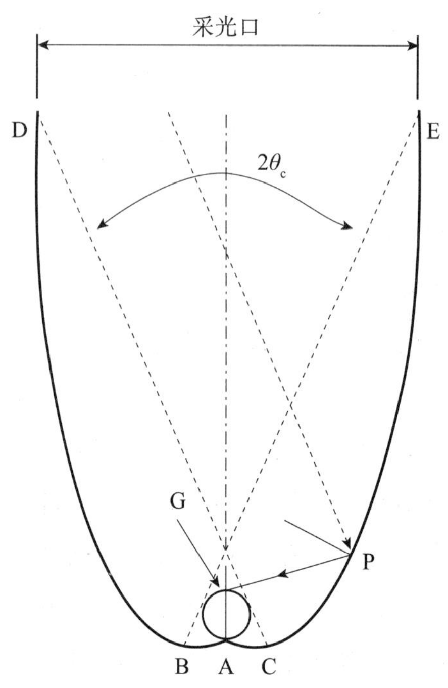

图 3.37　复合抛物面集热器的原理图

这些集热器作线性或槽式集中器时用处更大。复合抛物面集热器的方位和它的接收角有关（$2\theta_C$，参见图 3.36 和 3.37）。二维复合抛物面集热器是一种理想化的集中器，也就是说，对于在接收角为 $2\theta_C$ 内的所有光线，它都能够完美运行。同时，根据集热器的接收角大小，可以分为固定式集热器和追踪式集热器。复合抛物面集热器的集中器能够在其长轴线沿着南北方向或东西方向时，同时还使其采光口能够以当地纬度相等的倾斜角直接朝向赤道。当其沿着南北方向时，集热器必须对太阳进行追踪，即调整其轴线，以使其能够保持面向太阳。由于集热器沿着其长轴线的接收角很广，故并不需要对其倾斜角进行季节性调整。它也可以是固定式的，不过这样的话，就只能接收太阳位于集热器接收角范围内的辐射。

当集中器的长轴线沿着东西方向时，只需对其倾斜角进行适当的季节性调整，就能让集热器沿着长轴线的接收角有效地捕捉太阳光线。当集热器需要输出时，这种情况中的接收角的最小值等于投射在南北垂直平面的入射角的最大值。对于以这种方式装配的固定式复合抛物面集热器，其接收角的最小值等于 47°。这个角度范围覆盖了太阳从夏至到冬至的赤纬。在实际应用中，往往使用更大的角，从而以低聚光比为代价来使集热器能够接收散射辐射。更小聚光比（小于 3）的复合抛物面集热器是最具有实用价值的。根据 Pereira（1985）的研究，这种类型的集热器能够接收并集中其孔径入射的散射辐射的很大一部分，而无需追踪太阳。最后，集热器的调整频率与集热器的聚光比有关。也就是说，$C \leqslant 3$ 时，集热器每年仅需要调整两次，而 $C > 10$ 时，集热器则几乎每天都需要调整。这些系统也被称为准静态系统。

图 3.5 中所展示的该类型的集中器的面积聚光比为接收半角 θ_C 的函数。在理想的线性集中器系统中，将方程（3.94）的 θ_m 替换为 θ_C，即可得出相关方程。

3.6.2 复合抛物面集热器的热分析

复合抛物面集热器的瞬时效率 η 是有用能量增益和入射至采光口表面的辐射量的比值，即：

$$\eta = \frac{Q_u}{A_a G_t} \tag{3.95}$$

在方程（3.95）中，G_t 为采光平板的总入射辐射量。有用能量 Q_u 可利用所吸收的辐射量，通过与方程（3.60）相似的方程得出，即：

$$Q_u = F_R[SA_a - A_r U_L(T_i - T_a)] \tag{3.96}$$

吸收的辐射量 S 可表示为（Duffle 和 Beckman，2006）：

$$S = G_{B,CPC}\tau_{C,B}\tau_{CPC,B}\alpha_B + G_{D,CPC}\tau_{C,D}\tau_{CPC,D}\alpha_D + G_{G,CPC}\tau_{C,G}\tau_{CPC,G}\alpha_G \tag{3.97}$$

其中，

τ_c = 复合抛物面集热器盖板的透射率；

τ_{CPC} = 考虑反射损失的复合抛物面集热器的透射率。

方程（3.97）中的多个辐射分量均来自在复合抛物面集热器接收角范围内的采光口上的辐射，其相关方程如下：

$$G_{B,CPC} = G_{B\eta}\cos(\theta)(\beta - \theta_c) \leqslant \tan^{-1}[\tan(\Phi)\cos(z)] \leqslant (\beta + \theta_c) \tag{3.98a}$$

$$G_{D,CPC} = \begin{cases} \dfrac{G_D}{C} & \text{如果} \quad (\beta + \theta_c) < 90° \\ \dfrac{G_D}{2}\left(\dfrac{1}{C} + \cos(\beta)\right) & \text{如果} \quad (\beta + \theta_c) > 90° \end{cases} \tag{3.98b}$$

$$G_{D,CPC} = \begin{cases} 0 & \text{如果} \quad (\beta + \theta_c) < 90° \\ \dfrac{G_G}{2}\left(\dfrac{1}{C} - \cos(\beta)\right) & \text{如果} \quad (\beta + \theta_c) > 90° \end{cases} \tag{3.98c}$$

在方程（3.98a）到（3.98c）中，β 为相对于水平面的集热器采光口的倾斜角。在方程（3.98c）中，只有当集热器接收器“看到”地面时，也就是说，当（$\beta + \theta_C$）> 90°时，地面反射辐射才是有效的。

根据 Rabl 等人（1980）的研究，由下式可近似估计出聚光比为 C 的集热器的日射量 G_{CPC}：

$$G_{CPC} = G_B + \frac{1}{C}G_D = (G_t - G_D) + \frac{1}{C}G_D = G_t - \left(1 - \frac{1}{C}\right)G_D \tag{3.99}$$

利用下式可以很方便地表示出吸收的太阳辐射量 S，如下所示：

$$S = G_{CPC}\tau_{cover}\tau_{CPC}\alpha_r = \left[G_t - \left(1 - \frac{1}{C}\right)G_D\right]\tau_{cover}\tau_{CPC}\alpha_r$$
$$= G_t\tau_{cover}\tau_{CPC}\alpha_r\left[1 - \left(1 - \frac{1}{C}\right)\frac{G_D}{G_t}\right] \tag{3.100}$$

或

$$S = G_t\tau_{cover}\tau_{CPC}\alpha_r\gamma \tag{3.101}$$

其中，

τ_{cover} = 玻璃盖板的透射率；

τ_{cpc} = 复合抛物面集热器的有效透射率；

α_r = 接收器的吸收率；

γ = 散射辐射校正系数，由下式可得：

$$\gamma = 1 - \left(1 - \frac{1}{C}\right)\frac{G_D}{G_t} \tag{3.102}$$

其中系数 γ 可由方程（3.102）得出，表示位于接收角外的集中率为 C 的复合抛物面集热器的散射辐射损失。G_D/G_t 在非常晴朗的天气时约为 0.11，在有雾的天气时约为 0.23，该比值可在这个范围内变动。

需要注意的是，散射辐射是接收角的函数，其中只有一部分辐射能够有效抵达复合抛物面集热器。对于各向同性散射辐射，有效入射角和接收半角之间关系的方程为（Brandemuehl 和 Beckman，1980）：

$$\theta_c = 44.86 - 0.0716\theta_c + 0.00512\theta_c^2 - 0.00002798\theta_c^3 \tag{3.103}$$

复合抛物面集热器的有效透射率，τ_{CPC} 可以解释集热器内部的反射损失。通过集热器采光口且最终到达吸收器的辐射部分的量取决于复合抛物面集热器壁的镜面反射率 ρ，以及反射的平均值 n，其方程为：

$$\tau_{CPC} = \rho^n \tag{3.104}$$

该式也可用于估计方程（3.97）中的 $\tau_{CPC,B}$、$\tau_{CPC,D}$ 和 $\tau_{CPC,G}$，这三者通常被视为等量。由图 3.38 可得完整的和被截短的复合抛物面集热器的 n 值。如上文所述，复合抛物面集热器的上部对到达接收器的辐射量影响很小，且该集热器通常会出于经济效益被截短。由图 3.38 可知，反射的平均值为聚光比 C 和接收半角 θ_c 的函数。对于被截短的集中器，线（1－1/C）可以被视为在接收角范围内辐射的反射量的下限。截短之后所产生的其他影响见图 3.39 和 3.40。图 3.38 到 3.40 可用于设计复合抛物面集热器（如以下例子所示）。为了提升精度，需要使用图3.38到3.40中的曲线的相关方程（见附录6）。

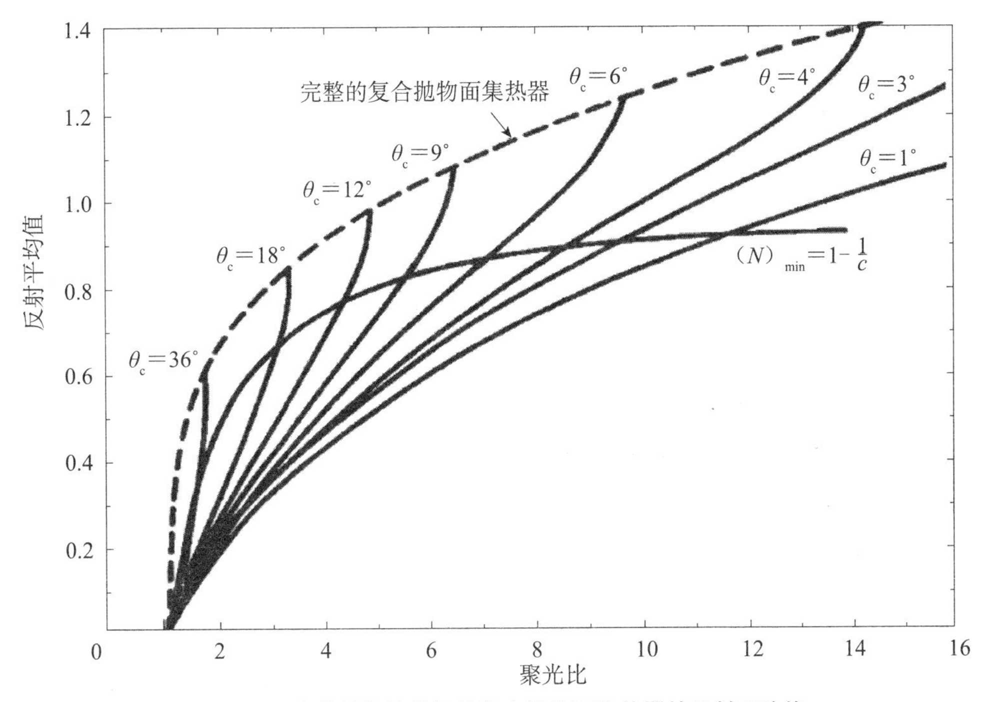

图3.38　完整的和被截短的复合抛物面集热器的反射平均值

经Elsevier授权，翻印自Rabl（1976）

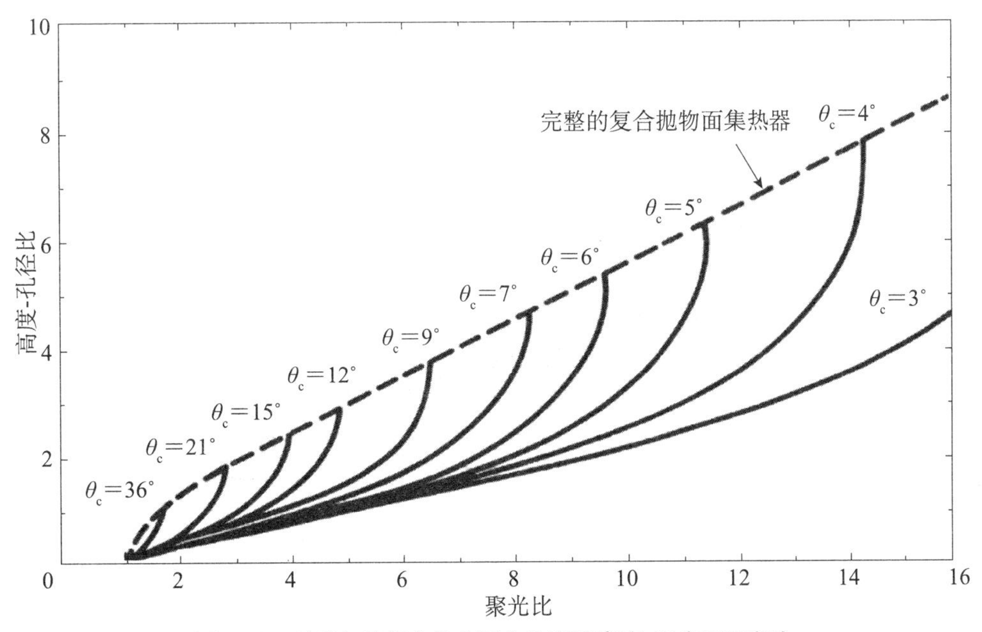

图3.39　被截短的复合抛物面集热器的高度-采光口面积比

经Elsevier授权，翻印自Rabl（1976）

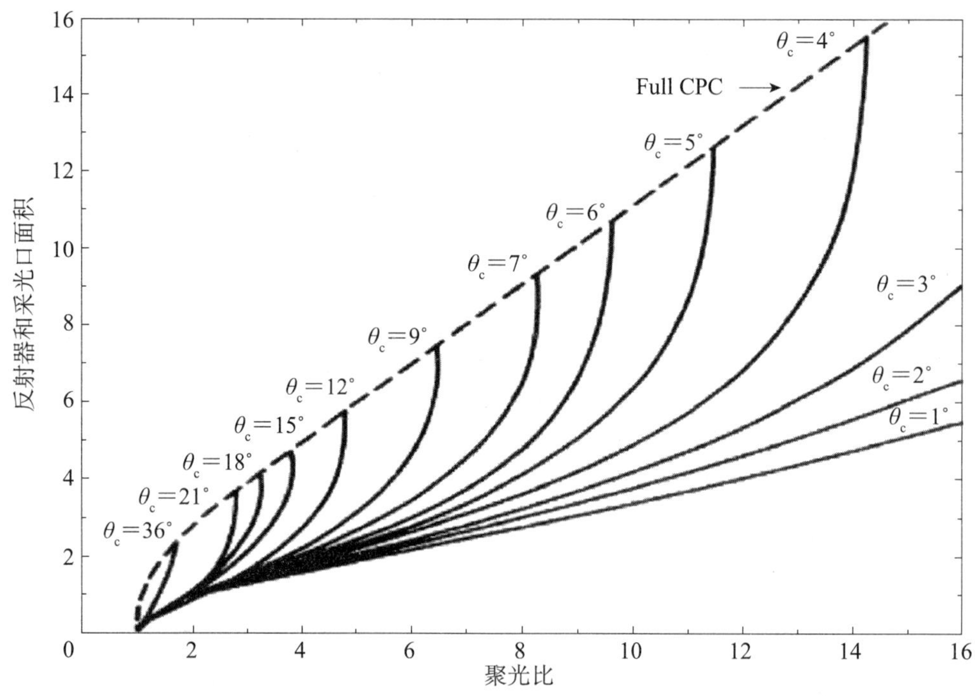

图 3.40　完整和截短复合抛物面集热器的反射器和采光口面积比

经 Elsevier 授权，翻印自 Rabl（1976）

例 3.8

接收半角为 $\theta_C=12°$时，试得出复合抛物面集热器的相关特性。若集热器被截短，且其高度-采光口面积比为 1.4，试得出截短集热器的相关特性。

解答

对于完整的复合抛物面集热器，由图 3.39 以及 $\theta_C=12°$可得，高度-采光口面积比为 2.8，聚光比为 4.8。由图 3.40 可得，反射器面积为采光口面积的 5.6 倍。由图 3.38 可得，到达吸收器之前的辐射的反射平均值为 0.97。对于截短的复合抛物面集热器，高度-采光口面积比为 1.4。因此，由图 3.39 可得，聚光比降为 4.2。由图 3.40 反射器-采光口面积比降为了 3，这也表示节省的反射器材料多。最后，由图 3.38 可得，反射平均值至少为 $1-1/4.2=0.76$。

例 3.9

有一采光口面积为 $4m^2$ 且聚光比为 1.7 的复合抛物面集热器。试根据以下信息估计集热器效率：

总辐射量 $=850\ W/m^2$；

散射辐射与总辐射的比值 $=0.12$；

接收器吸收率 =0.87；

接收器发射率 =0.12；

镜面反射率 =0.90；

玻璃盖板透射率 =0.90；

集热器热损失系数 =2.5 W/m^2K；

循环流体 = 水；

进入流体温度 =80 ℃；

流体流量 =0.015 kg/s；

环境温度 =15 ℃；

集热器效率因子 =0.92。

解答

由方程（3.102）可估计出散射辐射校正系数 γ 为：

$$\gamma = 1 - \left(1 - \frac{1}{C}\right)\frac{G_D}{G_t} = 1 - \left(1 - \frac{1}{1.7}\right)0.12 = 0.95$$

由图3.38 可知 C =1.7 时，完整的复合抛物面集热器的反射平均值为 $n = 0.6$。因此，由方程（3.104）可得，

$$\tau_{CPC} = \rho^n = 0.90^{0.6} = 0.94$$

由方程（3.101）可得吸收器辐射量为：

$$S = G_t \tau_{cover} \tau_{CPC} \alpha_r \gamma = 850 \times 0.90 \times 0.94 \times 0.87 \times 0.95 = 594.3 W/m^2$$

由方程（3.58）可估计热转移因子为：

$$F_R = \frac{\dot{m}c_p}{A_c U_L}\left[1 - \exp\left(-\frac{U_L F' A_c}{\dot{m}c_p}\right)\right] = \frac{0.015 \times 4180}{4 \times 2.5}\left[1 - \exp\left(-\frac{2.5 \times 0.92 \times 4}{0.015 \times 4180}\right)\right] = 0.86$$

由方程（3.87）可得接收器面积为：

$$A_r = A_a / C = 4/1.7 = 2.35 m^2$$

由方程（3.96）可估计有用能量增益为：

$$Q_u = F_R[SA_a - A_r U_L(T_i - T_a)] = 0.86[594.3 \times 4 - 2.35 \times 2.5(80 - 15)] = 1716 W$$

由方程（3.95）可得集热器效率因子为：

$$\eta = \frac{Q_u}{A_a G_t} = \frac{1716}{4 \times 850} = 0.505 \text{ 或 } 50.5\%$$

3.6.3　抛物面槽式集热器的光学分析

图3.41 为抛物面槽式集热器的横截面图，包含了众多相关重要因素。集热器边

缘（此处镜面半径 r_r，为最大值）的反射器上的入射光线与集热器的中心线形成了一个角 φ_r，这个角也被称为边缘角。该抛物线的坐标系方程式为：

$$y^2 = 4fx \tag{3.105}$$

其中，f = 抛物线焦距（m）。

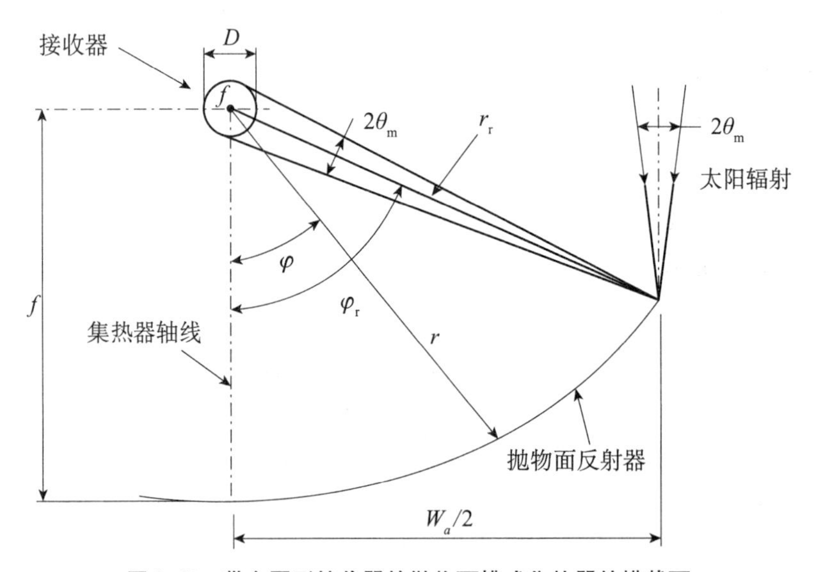

图 3.41　带有圆形接收器的抛物面槽式集热器的横截面

对于精确对准的镜面反射器，要求接收器的大小（直径 D）能够阻止所有的太阳成像。由三角法和图 3.41 可得：

$$D = 2r_r \sin(\theta_m) \tag{3.106}$$

其中，

θ_m = 接收半角（度数）。

对于图 3.41 所示的抛物面反射器，其半径 r 为：

$$r = \frac{2f}{1 + \cos(\varphi)} \tag{3.107}$$

其中，

φ = 集热器轴线和焦点处的反射光束之间的夹角（见图 3.41）。

随着 φ 由 0 到 φ_r变化，r 可由 1 到 r_r变化，而理论成像大小则由 $2f\sin(\theta_m)$ 到 $2r_r\sin(\theta_m)/\cos(\varphi_r + \theta_m)$ 变化。因此，在与抛物面轴线垂直的平面上有太阳成像。

由边缘角 φ_r，方程（3.107）可转换为：

$$r_r = \frac{2f}{1 + \cos(\varphi_r)} \tag{3.108}$$

另一个与边缘角相关的重要参数则是抛物面孔径 W_a。由图3.41和简单的三角关系，可得：

$$W_a = 2r_r\sin(\varphi_r) \tag{3.109}$$

将方程（3.108）带入方程（3.109），可得：

$$W_a = \frac{4f\sin(\varphi_r)}{1+\cos(\varphi_r)} \tag{3.110}$$

该方程可简化为：

$$W_a = 4f\tan\left(\frac{\varphi_r}{2}\right) \tag{3.111}$$

方程（3.106）中的接收半角 θ_m 取决于追踪机制的精度和反射器表面的不规则性。这两个参数越小，θ_m 就越接近太阳的圆盘角，从而导致更小的成像和更高的聚光比。因此，成像宽度就取决于这两个参数的量级。在图3.41中，假设了一个理想状态的集热器，其中太阳光束以角 $2\theta_m$ 到达集热器，并仍以同样的角度离开。然而，在集热器的实际应用中，由于存在误差，角 $2\theta_m$ 也要相应扩大从而将这些误差包括在内。成像的增大也可能与横向移动集热器的追踪模式有关。接收器相对于反射器的所放置位置的误差也可能会导致一些问题，如成像的失真、扩大和偏移。所有这些因素都可以通过截获因子表达，之后将在本节中进行详述。

对于管状接收器，其聚光比为：

$$C = \frac{W_a}{\pi D} \tag{3.112}$$

由方程（3.106）和方程（3.110），分别替换D和 W_a，可得：

$$C = \frac{\sin(\varphi_r)}{\pi\sin(\theta_m)} \tag{3.113}$$

当 φ_r 等于90°，$\sin(\varphi_r)=1$ 时，集热器拥有最大聚光比。因此，将方程（3.113）中的 $\sin(\varphi_r)$ 替换为1，可得出最大聚光比为：

$$C_{max} = \frac{1}{\pi\sin(\theta_m)} \tag{3.114}$$

与方程（3.94）不同的是，这个方程是特定适用于具有圆形接收器的抛物面槽式集热器，而方程（3.94）则仅限于理想状态。因此，对于单轴追踪机制，使用同样的太阳接收半角（16′）时，有 $C_{max}=1/\pi\sin(16')=67.5$。

实际上，边缘角的量级决定了构建抛物面表面所需的材料。反射表面的曲线长度为：

$$S = \frac{H_p}{2}\left\{\sec\left(\frac{\varphi_r}{2}\right)\tan\left(\frac{\varphi_r}{2}\right) + \ln\left[\sec\left(\frac{\varphi_r}{2}\right) + \tan\left(\frac{\varphi_r}{2}\right)\right]\right\} \tag{3.115}$$

其中，

H_p = 抛物线的正焦弦（m）。这是抛物线在焦点处的开口。

如图3.42所示，同样的采光口仍可能具有不同的边缘角。同时我们还可以看到，对于不同的边缘角，焦点-采光口面积比，即抛物线的曲率，也会改变。可以证明，当边缘角为90°时，平均焦点-反射器距离以及所反射的光束扩散会降低，从而导致斜率和追踪误差的影响变小。不过，集热器的表面积会随着边缘角的降低而降低。因此，采用更小的边缘角似乎更合适，这样带来的光学效率的损失较小，而所节省的反射材料的成本也很可观。

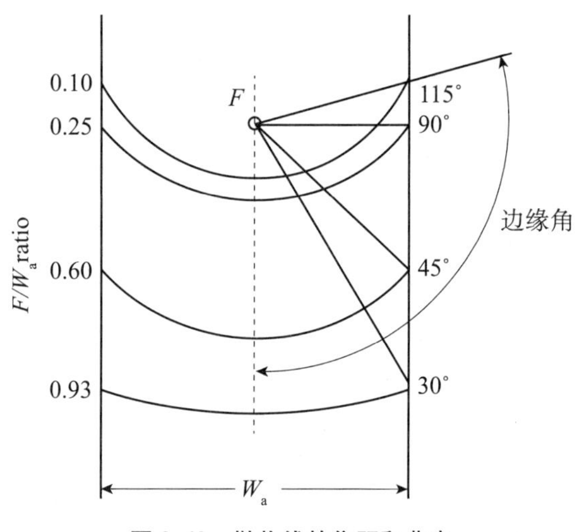

图3.42　抛物线的焦距和曲率

例3.10

有一抛物面槽式集热器，其边缘角为70°，孔径为5.6m，且接收器直径为50mm，试估计其焦距、聚光比、边缘半径和抛物线的长度。

解答

由方程（3.111）可得，

$$W_a = 4f\tan\left(\frac{\varphi_r}{2}\right)$$

因此，

$$f = \frac{W_a}{4\tan(\varphi_r/2)} = \frac{5.6}{4\tan(35)} = 2\text{m}$$

由方程（3.112）可得聚光比为：

$$C = W_a/\pi D = 5.6/0.05\pi = 35.7$$

由方程（3.108）可得边缘半径为：

$$r_r = \frac{2f}{1 + \cos(\varphi_r)} = \frac{2 \times 2}{1 + \cos(70)} = 2.98\text{m}$$

$\varphi_r = 90°$ 且 $f = 2$ m 时，抛物线的正焦弦 H_p 等于 W_a。由方程（3.111）可得，

$$H_p = W_a = 4f\tan\left(\frac{\varphi_r}{2}\right) = 4 \times 2\tan(45) = 8\text{m}$$

最后，由方程（3.115）及 $\sec(x) = l/\cos(x)$，可得抛物线长度为：

$$S = \frac{H_p}{2}\left\{\sec\left(\frac{\varphi_r}{2}\right)\tan\left(\frac{\varphi_r}{2}\right) + \ln\left[\sec\left(\frac{\varphi_r}{2}\right) + \tan\left(\frac{\varphi_r}{2}\right)\right]\right\}$$

$$= \frac{8}{2}\{\sec(35)\tan(35) + \ln[\sec(35) + \tan(35)]\} = 6.03\text{m}$$

光学效率

光学效率为接收器所吸收的能量和入射到集热器孔径上的能量的比值。光学效率的大小与所涉及材料的光学属性、集热器的几何结构和构建集热器时各种各样的缺陷均相关。其方程式为（Sodha 等人，1984）：

$$\eta_o = \rho\tau\alpha\gamma[(1 - A_f\tan\theta)\cos\theta] \tag{3.116}$$

其中

ρ = 镜面反射率；

r = 玻璃盖板的透射率；

α = 接收器的吸收率；

γ = 俘获因子；

A_f = 几何系数；

θ = 入射角。

集热器的几何结构会影响几何系数 A_f。该系数能够表示采光口面积的有效损失，而这种损失往往是由于光线的非正常入射导致的，包括遮挡、阴影和镜面反射的超出接收器末端的辐射损失。抛物面槽式集热器在非正常运行时，在太阳对面的集中器末端附近所反射的部分辐射不能到达接收器。这也被称为末端效应。图 3.43 即显示了孔径面积的损失，其相关方程为：

$$A_e = fW_a\tan(\theta)\left[1 + \frac{W_a^2}{48f^2}\right] \tag{3.117}$$

通常，这种类型的集热器的末端会装有不透明平板，来防止接收器接收不需要或危险的辐射集中。这些平板会导致反射器的一部分被遮挡或被阴影覆盖，这样实际上会造成采光口面积的损失。对于能够覆盖整个边缘的平板，图 3. 43 即为损失的面积，其计算方程为：

$$A_b = \frac{2}{3}W_a h_p \tan(\theta) \tag{3.118}$$

其中，

h_p = 抛物线的高度（m）。

需要注意的是，方程（3. 117）和（3. 118）中的项 tan（θ）与方程（3. 116）中所出现的是一致的，且不能被使用两次。因此，为了得出采光口面积的总损失 A_l，需要加入 A_e 和 A_b 这两个面积，而不使用 tan（θ）（Jeter，1983），如下所示：

$$A_l = \frac{2}{3}W_a h_p + fW_a\left[1 + \frac{W_a^2}{48f^2}\right] \tag{3.119}$$

最后，几何系数为损失面积和采光口面积的比值。因此，

$$A_f = \frac{A_l}{A_a} \tag{3.120}$$

在确定抛物面槽式集热器的光学效率中，最为复杂的参数莫过于截获因子了。它是接收器所截获的能量和聚焦装置（即抛物面）所反射的能量的比值。其值与接收器和表面角的大小、抛物镜面的误差以及太阳光束发散均有关。

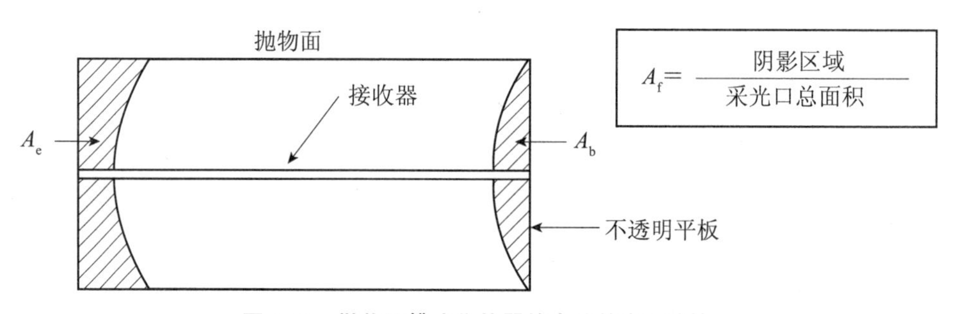

图 3. 43　抛物面槽式集热器的末端效应和遮挡

与抛物曲面相关的误差主要有两种：随机的和非随机的（Guven 和 Bannerot，1985）。随机误差为自然环境中的真正随机现象所导致的误差，用正态概率分布来表示。太阳宽度的明显改变、随机倾斜误差所导致的散射效应（也就是风荷载所导致的抛物失真）和与反射表面相关的散射效应都被定义为随机误差。非随机误差出现在生产装配过程或集热器运行过程中。这些可被认定是反射器的测绘缺陷、对准误差和接收器定位误差。随机误差可以用统计学建模来确定，即得出法线入射方向

上总反射能量分布的标准偏差（Guven 和 Bannerot，1986），其方程为：

$$\sigma = \sqrt{\sigma_{太阳}^2 + 4\sigma_{斜度}^2 + \sigma_{反射}^2} \tag{3.121}$$

非随机误差可以通过了解角对准误差 β（也就是太阳中心的反射光线和反射器孔径平面的法线之间的夹角）和接收器相对于抛物线焦点的位移（dr）。由于在 Y 轴方向上反射器测绘误差和接收器定位误差本质上效果是相同的，故只需要使用一个参数就可以涵盖二者。根据 Guven 和 Bannerot（1986）的研究，通过集热器的几何参数、聚光比（C）和接收器直径（D）可以得出适用于所有集热器几何结构的误差参数，从而将随机误差和非随机误差联系起来。这些就被叫作普遍误差参数，我们用星号标注，将其与已定义的参数区分开来。使用普遍误差参数，就可以将截获因子 γ 公式化了，其方程为（Guven 和 Bannerot，1985）：

$$\gamma = \frac{1+\cos(\varphi_r)}{2\sin(\varphi_r)}\int_0^{\varphi_r} Erf\left\{\frac{\sin(\varphi_r)[1+\cos(\varphi)][1-2d^*\sin(\varphi)]-\pi\beta^*[1+\cos(\varphi_r)]}{\sqrt{2}\pi\sigma^*[1+\cos(\varphi_r)]}\right\}$$
$$-Erf\left\{-\frac{\sin(\varphi_r)[1+\cos(\varphi)][1+2d^*\sin(\varphi)]+\pi\beta^*[1+\cos(\varphi_r)]}{\sqrt{2}\pi\sigma^*[1+\cos(\varphi_r)]}\right\}\frac{d\varphi}{[1+\cos(\varphi)]} \tag{3.122}$$

d^* = 接收器定位误差和反射器测绘误差所导致的普遍非随机误差参数，$d^* = d_r/D$；

β^* = 角度误差所导致的普遍非随机误差参数，$\beta^* = \beta C$；

σ^* = 普遍随机误差参数，$\sigma^* = \sigma C$；

C = 集热器聚光比 $= A_a/A_r$；

D = 立管外直径（m）；

d_r = 接收器相对于焦点的位移（m）；

β = 角对准误差（度）。

另一种在聚光式集热器中广泛使用的分析方法为光线追踪，即通过对大量穿过光学系统的入射辐射光线轨迹进行追踪，来确定接收器表面的光线分布和强度。光线追踪能得出集热器接收器上的辐射集中分布，这也被称为当地聚光比（LCR）。如图 3.41 所示，接收器面积上的微分元件的入射辐射为圆锥形，其半角为 16′。反射辐射也是相类似的圆锥形，且若反射器为理想状态，则顶角也一致。接收器表面的圆锥形交集能够确定该元件上的成像大小和形状，而总成像就指的是反射器所有元件的成像的集合。在集热器的实际应用中，上文中所概述的各种误差能够扩大成像大小并降低当地聚光比，因此也需要考将误差考虑进去。图 3.44 即为抛物面槽式集热器的局部聚光比分布图。该曲线的形状与上文中提到的随机误差和非随机误差以及入射角均有关。需要注意的是图 3. 44 中半接收器的相关分布。图 3. 45 为整个接收器的相关分布的更具代表性的表示方法。如该图所示，接收器顶部基本只接收太阳的直射光，且对于该集热器，在大约 36 个太阳方位中，最大聚光比发生在入射角为 0°且角 β 为 120°时（图 3. 44）。

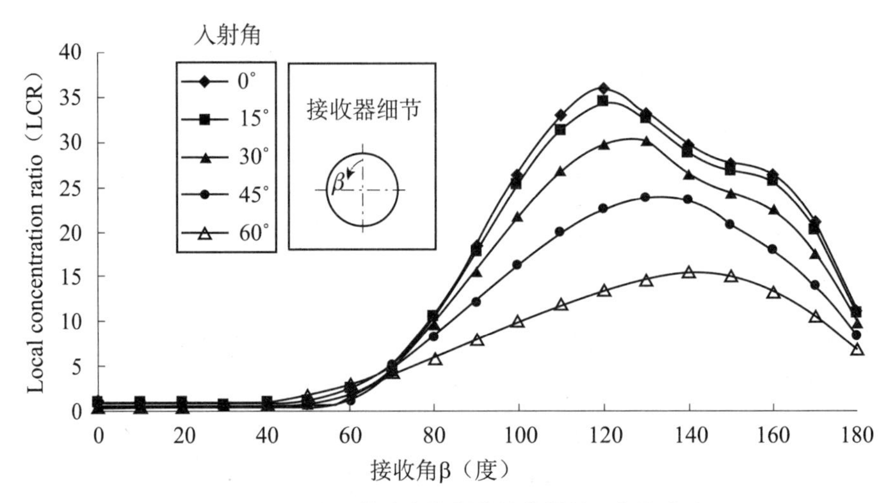

图 3. 44　抛物面槽式集热器的接收器的局部聚光比

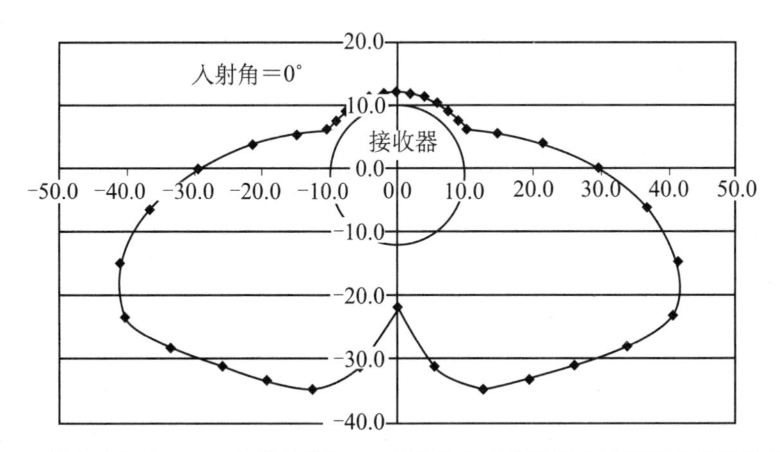

图 3. 45　具有直径为 20mm 的接收器和 90°的边缘角的集热器的局部聚光比的典型视图

例 3. 11

有一抛物面槽式集热器，其采光口总面积为 $50\mathrm{m}^2$，边缘角为 90°，试估计入射角为 60°时，该集热器的几何系数和实际面积损失。

解答

$\varphi_r=90°$时，抛物线高度为 $h_p=f$。因此，由方程（3. 111）可得，

$$h_p = f = \frac{W_a}{4\tan\left(\frac{\varphi_r}{2}\right)} = \frac{2.5}{4\tan(45)} = 0.625\text{m}$$

由方程（3.119）可得：

$$A_1 = \frac{2}{3}W_a h_p + fW_a\left[1 + \frac{W_a^2}{48f^2}\right] = \frac{2}{3}2.5 \times 0.625 + 0.625 \times 2.5\left[1 + \frac{2.5^2}{48(0.625)^2}\right] = 3.125\text{m}^2$$

入射角为60°时，面积损失为：

面积损失 $= A_1 \tan(60) = 3.125 \times \tan(60) = 5.41\ \text{m}^2$

由方程（3.120）可得出几何系数 A_f：$A_f = \frac{A_1}{A_a} = \frac{3.125}{50} = 0.0625$

3.6.4　抛物面槽式集热器的热分析

聚光式太阳能集热器的综合热分析与平板型集热器相似。我们需要推导出集热器效率因子 F'、损失系数 U_L 和集热器热转移因子 F_R 的相关方程。对于损失系数，可以使用玻璃管道的标准热传输关系式。必须要估计出接收器的热损失，它通常和基于接收器面积的损失系数 U_L 相关。与平板型集热器相比，集中式集热器在计算接收器热损失时，需要考虑很多设计和结构上的因素，因此过程相对要复杂一些。本书对两种设计进行了探讨：裸管和玻璃管的抛物面槽式集热器。在这两种设计中，相关计算都必须包括辐射、传导和对流损失。

对于裸管接收器，我们假设接收器上没有温度梯度，并考虑表面对流和辐射以及穿过支撑结构的传导，损失系数可表示为：

$$U_L = h_w + h_r + h_c \tag{3.123}$$

经估计，线性辐射系数为：

$$h_r = 4\sigma\varepsilon T_r^3 \tag{3.124}$$

如果流体方向上有较大的温度变化，则不能对 h_r 取单一值，而应将集热器划分为小段来处理，每个小段均有一个常量 h_r。

对于风损失系数，可以使用努塞尔特数：

对于 $0.1 < \text{Re} < 1000$，

$$\text{Nu} = 0.4 + 0.54(\text{Re})^{0.52} \tag{3.125a}$$

对于 $1000 < \text{Re} < 50,000$，

$$\text{Nu} = 0.3(\text{Re})^{0.6} \tag{3.125b}$$

要估计传导损失，则需要知道集热器的相关结构，也就是接收器是以哪种方式

支撑的。

通常，为了降低热损失，需要在接收器周围装配同轴玻璃管。接收器和玻璃之间的空间通常为真空，这样其中的传导损失就可以忽略不计了。在这种情况下，基于接收器面积 A_r，U_L 可表示为：

$$U_L = \left[\frac{A_r}{(h_w + h_{r,c-a})A_g} + \frac{1}{h_{r,r-c}} \right]^{-1} \tag{3.126}$$

其中，

$h_{r,c-a}$ = 由盖板到环境空气的线性辐射系数（可以由方程（3.124）得出）（W/m^{2}K）；

A_g = 玻璃盖板的外表面积（m^2）；

$h_{r,r-c}$ = 由接收器到盖板的线性辐射系数（可以由方程（2.74）得出）：

$$h_{r,r-c} = \frac{\sigma(T_r^2 + T_g^2)(T_r + T_g)}{\dfrac{1}{\varepsilon_r} + \dfrac{A_r}{A_g}\left(\dfrac{1}{\varepsilon_g} - 1\right)} \tag{3.127}$$

在前面的方程中，要估计玻璃盖板的相关性能，则需要知道玻璃盖板的温度 T_g。相比起接收器的温度，该温度与环境空气温度更为接近。因此，忽略盖板吸收的辐射，由能量平衡可得出 T_g 为：

$$A_g(h_{r,c-a} + h_w)(T_g - T_a) = A_r h_{r,r-c}(T_r - T_g) \tag{3.128}$$

由方程（3.128）可得 T_g 为：

$$T_g = \frac{A_r h_{r,r-c} T_r + A_g(h_{r,c-a} + h_w) T_a}{A_r h_{r,r-c} + A_g(h_{r,c-a} + h_w)} \tag{3.129}$$

通过迭代运算可以得出 T_g 的值：用随机的 T_g（与 T_a 接近）由方程（3.126）估算出 U_L 的值。之后，如果由方程（3.129）得出的 T_g 与其初始值不同，则进行迭代运算。通常，只需要最多两次迭代即可得出结果。

如果需要考虑玻璃盖板所吸收的辐射，则必须在方程（3.126）的右项中加入相应的项。相关规则与之前在平板型集热器中所采用的相同。

接下来则是对总热传递系数 U_o 的估算。由于聚光式集热器中的热通量较高，故这里应将管道壁也包括在内。基于管道的外直径，我们可以得出：

$$U_o = \left[\frac{1}{U_L} + \frac{D_o}{h_{fi} D_i} + \frac{D_o \ln(D_o/D_i)}{2k} \right]^{-1} \tag{3.130}$$

其中，

D_o = 接收器的管道外直径（m）；

D_i = 接收器的管道内直径（m）；

h_{fi} = 接收器管道内部的对流热传递系数（W/m^2K）。

对流热传递系数 h_{fi} 能够由标准管道流动方程得出：

$$Nu = 0.023(Re)^{0.8}(Pr)^{0.4} \tag{3.131}$$

其中，

Re = 雷诺数 = $\rho VD_i/\mu$；

Pr = 普朗特数 = $c_p\mu/k_f$；

μ = 流体粘度（kg/m s）；

k_f = 流体的热传导率（W/mK）。

需要注意的是，方程（3.131）只适用于紊流（Re >2300）。对于片流，有 Nu =4.364 = 常量。

Kalogirou（2012）给出了抛物面槽式集热器的详细热模型。在这个模型中，Kalogirou 对所有的热传递模式均进行了详细探讨，同时还解出了一系列相关方程。为此，需要用到工程方程求解器（EES）。该程序中包括了对各种物质的性能进行估计的例行程序，并能够通过瞬态系统仿真程序（TRNSYS）进行调用（见第 11 章，11.5.1 节），这样就可以对模型进行研发并同时使用两个程序的功能。

由聚光式集热器的能量平衡，我们可以计算出该集热器的瞬时效率。利用吸收的太阳辐射（A_a）和热损失（A_r）的相应面积来调整方程（3.31），使其适用于集中式集热器。因此，集中器所传递的有效能为：

$$Q_u = G_B\eta_o A_a - A_r U_L(T_r - T_a) \tag{3.132}$$

注意，由于聚光式集热器只能利用直射辐射，故在方程（3.132）中我们使用了 G_B，而不是方程（3.31）中的总辐射量 G_t。

集热器每单位长度的有用能量增益可以通过局部接收器温度 T_r 表示为：

$$q'_u = \frac{Q_u}{L} = \frac{A_a\eta_o G_B}{L} - \frac{A_r U_L}{L}(T_r - T_a) \tag{3.133}$$

局部流体温度为 T_f，通过传递至流体的能量（Kalogirou，2004），可得：

$$q'_u = \frac{\left(\frac{A_r}{L}\right)(T_r - T_f)}{\frac{D_o}{h_{fi}D_1} + \left(\frac{D_o}{2k}\ln\frac{D_o}{D_i}\right)} \tag{3.134}$$

若消除方程（3.133）和（3.134）中的 T_r，则可得：

$$q'_u = F'\frac{A_a}{L}\left[\eta_o G_B - \frac{U_L}{C}(T_f - T_a)\right] \tag{3.135}$$

其中，集热器效率因子 F' 为：

$$F' = \frac{1/U_L}{\frac{1}{U_L} + \frac{D_o}{h_{fi}D_i} + \left(\frac{D_o}{2k}\ln\frac{D_o}{D_i}\right)} = \frac{U_o}{U_L} \tag{3.136}$$

对于平板型集热器，利用热转移因子，可以将方程中的 T_r 替换为 T_i，则方程（3.132）可表示为：

$$Q_u = F_R[G_B\eta_o A_a - A_r U_L(T_i - T_a)] \tag{3.137}$$

Q_u 除以（GeAa）即可得出集热器效率。因此，

$$\eta = F_R\left[\eta_o - U_L\left(\frac{T_i - T_a}{G_B C}\right)\right] \tag{3.138}$$

其中，

C = 聚光比，$C = A_a/A_r$。

对于 F_R，可以使用与方程（3.58）相似的关系，用 A_r 替代其中的 A_c，并使用由方程（3.316）得出的 F'。在平板型集热器中，不需要考虑翅片和粘合传导项。这个方程也可以解释聚光式集热器能达到这么高温度的原因。这是因为热损失项与 C 成反比，故聚光比越大，热损失则越小。

对环形空间中的真空的探讨

在目前的分析中，我们一直忽略了环形空间中的对流损失。实际上，对流热传递取决于环空压力的大小。在低气压（ <0.013 Pa）时，热传递是通过分子传导实现的，而在高气压时，则是通过自然对流发生。当环形空间为真空（气压 <0.013 Pa），则接收管道和玻璃封装壳之间的对流热传递是通过自然分子对流发生的，而热传递系数可表示为（Ratzel 等人，1979）：

$$h_{c,r-c} = \frac{k_{std}}{\frac{D_r}{2\ln\left(\frac{D_g}{D_r}\right)} + b\lambda\left(\frac{D_r}{D_g} + 1\right)} \tag{3.139}$$

该方程适用于：$Ra < [D_g/(D_g - D_r)]^4$。

且

$$b = \frac{(2 - a)(9\gamma - 5)}{2a(\gamma + 1)} \tag{3.140}$$

$$\lambda = \frac{2.331 \times 10^{-20}(T_{r-g} + 273)}{(P_a\delta^2)} \tag{3.141}$$

其中，

k_{std} = 标准温度和气压下环形空间气体的导热系数（W/m ℃）；

D_r = 接收器管道外直径（m）；

D_g = 玻璃封装壳内直径（m）；

b = 相互作用系数；

λ = 分子碰撞之间的平均自由程（cm）；

a = 调节系数；

γ = 环形空间气体（空气）的比热容；

T_{r-g} = 平均温度（$T_r + T_g$）/2（℃）；

P_a = 环形空间气压（mmHg）；

δ = 环形空间气体的分子直径（cm）。

方程（3.139）中稍微高估了极小气压（<0.013 Pa）下的热传递。空气的分子直径δ等于3.55×10^{-8}cm（Marshal，1976），空气的导热系数为0.02551 W/m ℃，相互作用系数为1.571，分子碰撞之间的平均自由程为88.67 cm，环形空间空气的比热容为1.39。这些均是在平均流体温度为300℃、气压为0.013 Pa的条件下所对应的值。由这些值可得，对流热传递系数（$h_{c,r-c}$）仅为0.0001115 W/m^2℃，因此常常忽略不计。

如果想要更精确的数据，则方程（3.126）中的热损失需要在第二项中将$h_{c,r-c}$也包括在内，还要对方程（3.128）中的T_g进行相应的估算调整。

如果接收器充满了或部分充满了环境空气，或是集热器的环形空间真空失效了，则接收器管道和玻璃封装壳之间的对流热传递会以自然对流的形式发生。为此，可以利用水平同心圆柱体之间的环形空间中的自然对流的相关关系，这在很多热传递相关书籍中都能找到。

例3.12

有一抛物面槽式集热器，其长度为20m，采光口宽度为3.5m，管道接收器的外直径为50mm，内直径为40mm，玻璃盖板直径为90mm。若接收器和玻璃盖板之间为真空，试估计集热器的总热损失系数、有用能量增益和流体出口温度。相关数据如下所示：

所吸收的太阳辐射量=500 W/m^2；

接收器温度 = 260 ℃ = 533 K；

接收器发射率，$\varepsilon_r = 0.92$；

玻璃盖板发射率，$\varepsilon_g = 0.87$；

循环流体，$c_p = 1350$ J/kg K；

流体入口温度 = 220 ℃ = 493 K；

质量流动速率 = 0.32 kg/s；

管道内部的热传递系数 = 330 W/m²K；

管道热导率，$k = 15$ W/m K；

环境温度 = 25 ℃ = 298 K；

风速 = 5 m/s。

解答

接收器面积 $A_r = \pi D_o L = \pi \times 0.05 \times 20 = 3.14\ m^2$。玻璃盖板面积 $A_g = \pi D_g L = \pi \times 0.09 \times 20 = 5.65\ m^2$。没有被阴影遮盖的采光口面积为 $A_a = (3.5 - 0.09) \times 20 = 68.2 m^2$。

之后，通过假设玻璃盖板的温度 T_g，计算盖板的对流热传递和辐射热传递。假设 $T_g = 64℃ = 337$ K。不考虑反射器的相互作用，由迭代运算可得玻璃盖板的实际温度。由方程（3.125）计算可得玻璃盖板的对流（风）热传递系数为 $h_{c,c-a} = h_w$。首先，需要计算在平均温度为½（25 + 64）= 44.5 ℃时的雷诺数。因此，由附录 5 的表 A5.1 可得：

$$\rho = 1.11 kg/m^3$$

$$\mu = 2.02 \times 10^{-5} kg/ms$$

$$k = 0.0276 W/mK$$

由于 $\quad Re = \rho V D_g / \mu = (1.11 \times 5 \times 0.09) / 2.02 \times 10^{-5} = 24,728$

因此，由方程（3.125b）可得：

$$Nu = 0.3\ (Re)^{0.6} = 129.73$$

和

$$h_{c,c-a} = h_w = (Nu) k / D_g = 129.73 \times 0.0276 / 0.09 = 39.8 W/m^2K$$

由方程（2.75）可得玻璃盖板到环境空气的辐射热传递系数 $h_{r,c-a}$：

$$h_{r,c-a} = \varepsilon_g \sigma (T_g + T_a)(T_g^2 + T_a^2) = 0.87(5.67 \times 10^{-8})(337 + 298)(337^2 + 298^2)$$
$$= 6.34 W/m^2K$$

由方程（3.127）可估计出接收器管道和玻璃盖板之间的辐射热传递系数 $h_{r,r-c}$：

$$h_{r,r-c}=\frac{\sigma(T_r^2+T_g^2)(T_r+T_g)}{\dfrac{1}{\varepsilon_r}+\dfrac{A_r}{A_g}(\dfrac{1}{\varepsilon_g}-1)}=\frac{(5.67\times10^{-8})(533^2+337^2)(533+337)}{\dfrac{1}{0.92}+\dfrac{0.05}{0.09}\left(\dfrac{1}{0.87}-1\right)}$$

$$=16.77\text{W/m}^2\text{K}$$

由于接收器和玻璃盖板之间的空间为真空，故不存在对流热传递。因此，基于接收器面积的集热器热损失系数由方程（3.126）可得：

$$U_L=\left[\frac{A_r}{(h_w+h_{r,c-a})A_g}+\frac{1}{h_{r,r-c}}\right]^{-1}=\left[\frac{0.05}{(39.8+6.34)0.09}+\frac{1}{16.77}\right]^{-1}=13.95\text{W/m}^2\text{K}$$

由于 U_L 的结果基于假设值 T_g，我们需要检查假设是否正确。由方程（3.129）可得：

$$T_g=\frac{A_r h_{r,r-c}T_r+A_g(h_{r,c-a}+h_w)T_a}{A_r h_{r,r-c}+A_g(h_{r,c-a}+h_w)}=\frac{3.14\times16.77\times260+5.65(6.34+39.8)25}{3.14\times16.77+5.65(6.34+39.8)}$$

$$=64.49℃$$

该结果与之前的假设值大致一致。

由方程（3.136）可得，集热器效率因子为：

$$F'=\frac{1/U_L}{\dfrac{1}{U_L}+\dfrac{D_o}{h_{fi}D_i}+\left(\dfrac{D_o}{2k}\ln\dfrac{D_o}{D_i}\right)}=\frac{1/13.95}{\dfrac{1}{13.95}+\dfrac{0.05}{330\times0.04}+\left(\dfrac{0.05}{2\times15}\ln\dfrac{0.05}{0.04}\right)}=0.945$$

将方程（3.58）中的 A_c 替换为 A_r，可得出热转移因子为：

$$F_R=\frac{\dot{m}c_p}{A_rU_L}\left[1-\exp\left(-\frac{U_LF'A_r}{\dot{m}c_p}\right)\right]=\frac{0.32\times1350}{3.14\times13.95}\left[1-\exp\left(-\frac{13.95\times0.95\times3.14}{0.32\times1350}\right)\right]$$

$$=0.901$$

利用吸收辐射的概念，由方程（3.137）可得，有效能估计为：

$$Q_u=F_R[SA_a-A_rU_L(T_i-T_a)]=0.901[500\times68.2-3.14\times13.95(220-25)]=23{,}028\text{W}$$

最后，由下式可得，流体出口温度估计为：

$$Q_u=\dot{m}c_p(T_o-T_i)\quad\text{或}\quad T_o=T_i+\frac{Q_u}{\dot{m}c_p}=220+\frac{23{,}028}{0.32\times1350}=273.3℃$$

抛物面槽式集热器还有另一种较为常见的分析方法。如图3.44和3.45所示，该分析方法主要利用接收器分段二维模型，并考虑太阳辐射通量的圆周变化。分析时，需要将接收器划分为纵向部分和等温节点部分（如图3.46所示），并将能量平衡准则应用于玻璃节点和接收器节点（Karimi等人，1986）。图3.27即为各种热传递模式的玻璃节点和吸收器节点图。假设每个部分的长度都非常小，因而该部分的工质可以保持在入口温度。在纵切面的尾部，温度可以被调整为阶梯形式。将能量平衡准则应用于玻璃节点和吸收器节点，可以得到如下方程：

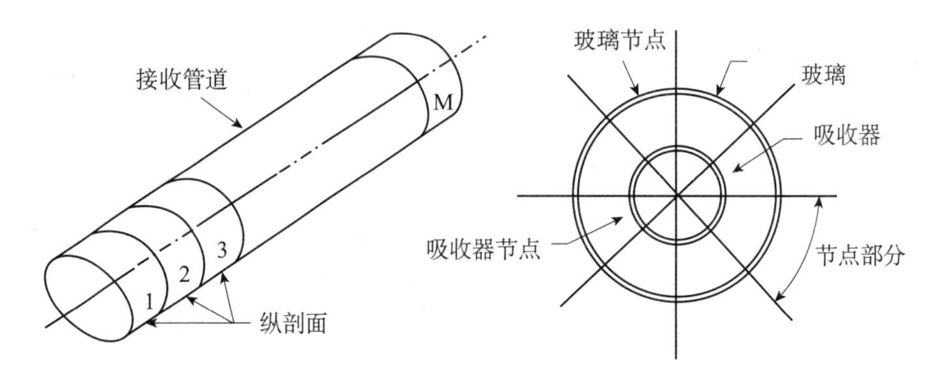

(a) 接收器的纵向分割部分　　(b) 显示等温节点部分的接收器横截面

图 3.46　接收器组件的分段二维模型图

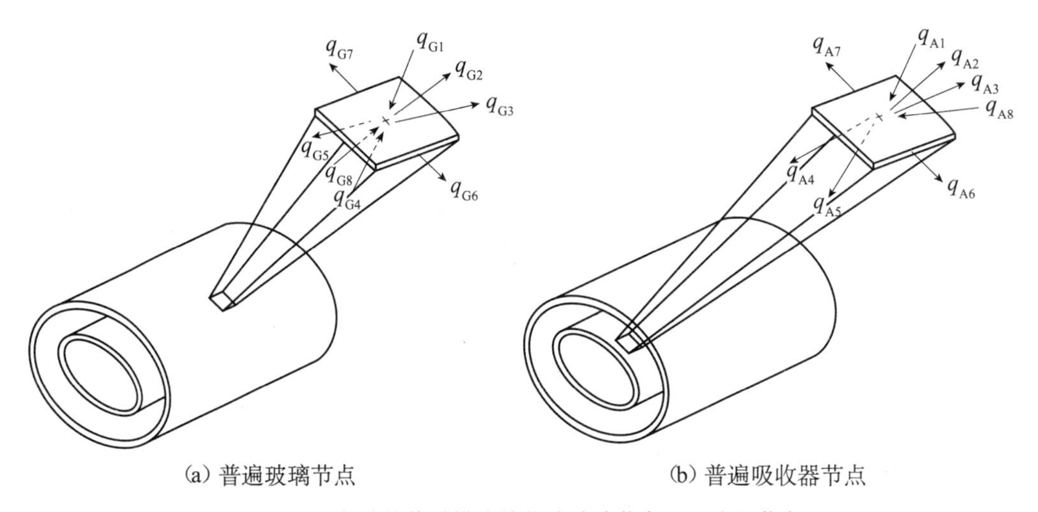

(a) 普遍玻璃节点　　(b) 普遍吸收器节点

图 3.47　各种热传递模式的普遍玻璃节点和吸收器节点

对于玻璃节点

$$q_{G1}+q_{G2}+q_{G3}+q_{G4}+q_{G5}+q_{G6}+q_{G7}+q_{G8}=0 \tag{3.142}$$

对于吸收器节点

$$q_{A1}+q_{A2}+q_{A3}+q_{A4}+q_{A5}+q_{A6}+q_{A7}+q_{A8}=0 \tag{3.143}$$

其中，

q_{G1} = 玻璃节点 i 所吸收的太阳辐射量；

q_{G2} = 从玻璃节点 i 到周围环境的净辐射交换；

q_{G3} = 从玻璃节点 i 到周围环境的自然和强制对流热传递；

q_{G4} = 从吸收器到玻璃节点的对流热传递（穿过间隔）；

q_{G5} = 玻璃节点 i 内表面所发射的辐射量；

q_{G6} = 沿着玻璃节点 i 到 $i+1$ 的圆周的热传导；

q_{G7} = 沿着玻璃节点 i 到 $i-1$ 的圆周的热传导；

q_{G8} = 玻璃表面内部所吸收的总入射辐射的部分；

q_{A1} = 吸收器节点 i 所吸收的太阳辐射；

q_{A2} = 吸收器节点 i 的外表面发射的热辐射；

q_{A3} = 由吸收器节点到玻璃的对流热传递（穿过间隔）；

q_{A4} = 由工质到吸收器节点 i 的对流热传递；

q_{A5} = 吸收器内表面和吸收器节点 i 之间的辐射交换；

q_{A6} = 沿着吸收器节点 i 到 $i+1$ 的圆周的热传导；

q_{A7} = 沿着吸收器节点 i 到 $i-1$ 的圆周的热传导；

q_{A8} = 收器节点内部所吸收的总入射辐射的部分。

对于所有这些参数，均可以利用标准热传递关系。通过迭代运算解出一系列非线性方程式，从而依次得出接收器的温度分布。在方程（3.142）和（3.143）中，系数 q_{G1} 和 q_{A1} 可通过光学模型计算得出，而假设不考虑系数 q_{A5}。

通过分析，我们可以得出沿着接收器圆周和纵向的温度分布，从而可以确定任意具有高温度的点，且其温度可能比接收器选择性涂层的分解温度还要高。

3.7 第二定律分析

本部分分析内容是基于 Bejan 的研究工作（Bejan 等人，1981；Bejan，1995）。不过，由于最小熵产比高温系统更重要，故本分析适用于成像集热器。如图 3.48 所示，集热器采光口面积（或定日镜总面积）为 A_a，且接收由太阳发出的辐射的功率为 Q^*。净太阳热传递 Q^* 与集热器面积 A_a 成正比，且比例系数为 q^*（W/m^2）。该系数会随着集热器所处地理位置和方向、气象因素、环境条件以及所处时刻的变化而变化。在本次分析中，假设 q^* 为常量，且系统处于稳态，则有，

$$Q^* = q^* A_a \tag{3.144}$$

对于集中式系统，q^* 为反射器所收到的太阳能。要得出集热器接收器所收到的太阳能的量，就必须考虑追踪机制精度、镜面的光学误差及反射率和接收器所装配玻璃的光学性能。

因此，接收器所收到的辐射 q_o^* 为光学效率的函数，可以用于表达所有这些误

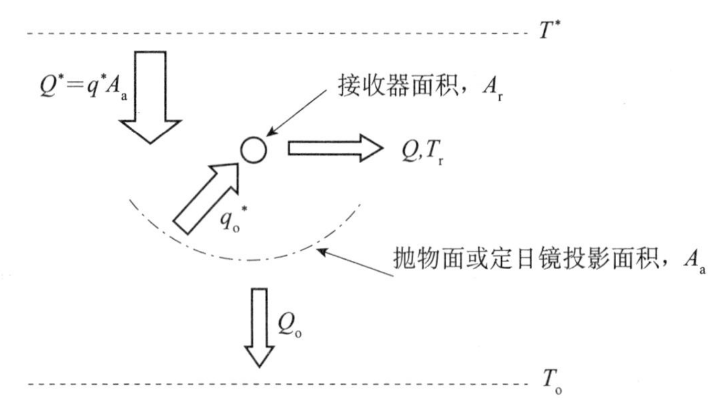

图 3.48　成像集中式集热器模型图

差。对于集中式集热器，可以使用方程（3.116）。入射至接收器的辐射可表示为（Kalogirou，2004）：

$$q_o^* = \eta_o q^* = \frac{\eta_o Q^*}{A_a} \tag{3.145}$$

接收器温度为 T_r 时，入射太阳辐射中有一部分以热传递 Q 的形式被传递至能量循环中（或用户）。剩余部分 Q_o 则表示集热器-环境的热损失：

$$Q_o = Q^* - Q \tag{3.146}$$

对于成像集中式集热器，Q_0与接收器-环境温度差和接收器面积成正比，即：

$$Q_o = U_r A_r (T_r - T_o) \tag{3.147}$$

其中，U_r为基于 A_r 的总热传递系数。需要注意的是，U_r 为集热器的特征常数。

结合方程（3.146）和（3.147），显然接收器最大温度发生在 $Q=0$ 时，也就是当整个太阳热传递 Q^* 都流失到了环境空气中时。集热器最大温度（无量纲）为，即：

$$\theta_{max} = \frac{T_{r,max}}{T_o} = 1 + \frac{Q^*}{U_r A_r T_o} \tag{3.148}$$

结合方程（3.145）和（3.148）可得，

$$\theta_{max} = 1 + \frac{q_o^* A_a}{\eta_o U_r A_r T_o} \tag{3.149}$$

由 $C=A_a/A_r$，可得：

$$\theta_{max} = 1 + \frac{q_o^* C}{\eta_o U_r T_o} \tag{3.150}$$

由方程（3.150）可看出，θ_{max}与 C 成正比，也就是说，集热器的聚光比越高，θ_{max}和 $T_{r,max}$的值也越大。方程（3.148）中的 $T_{r,max}$项一般被称为集热器的滞止温度，即集热器中处于无流动状态时的温度。集热器温度（无量纲）$\theta = T_r/T_o$ 取决于热传输速率 Q，其值可由1到 θ_{max} 变化。由于集中器中没有流体通过，且所有收集的能量均被用于将工质的温度提升至滞止温度，故滞止温度 θ_{max} 是根据集热器-环境热损失来描述集热器性能的参数，其值与所接收的能量相对应且与流失到环境中的能量损失保持相等。因此，集热器效率可表示为：

$$\eta_c = \frac{Q}{Q^*} = 1 - \frac{\theta - 1}{\theta_{max} - 1} \tag{3.151}$$

因此，η_c 为集热器温度的线性函数。在滞止点时，热传递 Q 对于有效功的产生为零火用，或者说为零电势。

3.7.1　最小熵产率

熵产率的最小值与能量输出的最大值相同。如图3.49所示，太阳能的收集过程伴随有集热器上行、下行以及集热器内部的熵产。

来自集热器表面所收到的太阳辐射的火用输入为：

$$E_{in} = Q^*\left(1 - \frac{T_o}{T_*}\right) \tag{3.152}$$

其中，T_* 是作为火用源的太阳表面温度。在本次分析中，我们采用了 Petela（1964）建议的值，即 T_* 约等于 $0.75T_s$，此处 T_s 为太阳的黑体表面温度，其值约为5770K。因此，这里我们取 T_* 的值为4330K。需要注意的是，在本次分析中，T_* 也被认为是常量，且由于其值要远大于 T_o，故 E_{in} 非常接近 Q^*。集热器的火用输出为：

$$E_{out} = Q\left(1 - \frac{T_o}{T_r}\right) \tag{3.153}$$

而 E_{in} 和 E_{out} 的差表示火用损失。由图3.49可得，熵产率可表示为：

$$S_{gen} = \frac{Q_o}{T_o} + \frac{Q}{T_r} - \frac{Q^*}{T_*} \tag{3.154}$$

结合方程（3.146），上式可表示为：

$$S_{gen} = \frac{1}{T_o}\left[Q^*\left(1 - \frac{T_o}{T_*}\right) - Q\left(1 - \frac{T_o}{T_r}\right)\right] \tag{3.155}$$

结合方程（3.152）和（3.153），该方程可表示为：

$$S_{gen} = \frac{1}{T_o}(E_{in} - E_{out}) \tag{3.156}$$

或

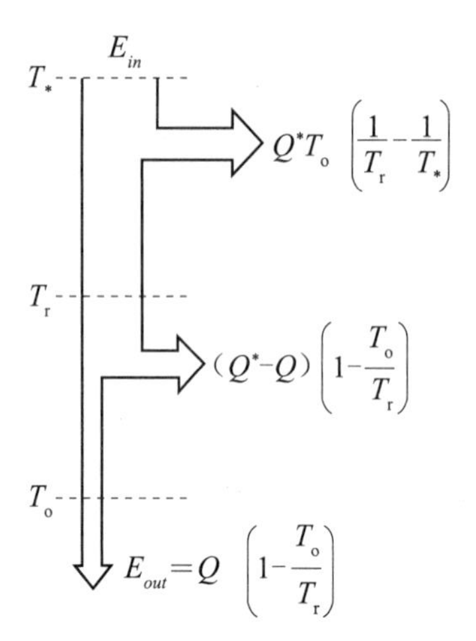

图 3.49　能量流动示意图

$$E_{out} = E_{in} - T_o S_{gen} \tag{3.157}$$

因此，如果我们把 E_{in}看作常量，则火用输出的最大值（E_{out}）与总熵产的最小值 S_{gen}相等。

3.7.2　集热器最佳温度

将方程（3.146）和（3.147）代入方程（3.155）中，则熵产率可表示为：

$$S_{gen} = \frac{U_r A_r (T_r - T_o)}{T_o} - \frac{Q^*}{T_*} + \frac{Q^* - U_r A_r (T_r - T_o)}{T_r} \tag{3.158}$$

结合方程（3.150）和方程（3.158），经整理后可得，

$$\frac{S_{gen}}{U_r A_r} = \theta - 2 - \frac{q_o^* C}{\eta_o U_r T_*} + \frac{\theta_{max}}{\theta} \tag{3.159}$$

无量纲项 $S_{gen}/U_r A_r$ 表明熵产率的大小与系统的有限尺寸成一定比例，它可以表示为 $A_r = A_a/C$。

将方程（3.159）关于 θ 进行微分，并令其等于0，则最小熵产时，集热器最佳温度（θ_{opt}）为：

$$\theta_{opt} = \sqrt{\theta_{max}} = \left(1 + \frac{q_o^* C}{\eta_o U_r T_o}\right)^{1/2} \tag{3.160}$$

用 $T_{r,max}/T_o$代替 θ_{max}，并用 $T_{r,opt}/T_o$代替 θ_{opt}，则方程（3.160）可表示为：

$$T_{r,opt} = \sqrt{T_{r,max} T_o} \tag{3.161}$$

该方程说明集热器最佳温度即为集热器最大（滞止）温度和环境空气温度的几何平均数。表 3.4 即为各种类型的集中式集热器的典型滞止温度和相应的最适宜工

作温度。表 3.4 中的滞止温度是通过主要只考虑集热器辐射损失估算出的。由表 3.4 中的数据可看出，对于如中央接收器类型的高性能集热器，相比在高温下运行从而使集热器系统获得更高的热力效率，系统在高流速下运行从而使温度降至表中所示数值具有更好的效果

结合方程（3.160）和方程（3.159），则对应的最小熵产率为：

$$\frac{S_{\text{gen,min}}}{U_r A_r} = 2(\sqrt{\theta_{\max}} - 1) - \frac{\theta_{\max} - 1}{\theta_*} \tag{3.162}$$

其中，$\theta_* = T_* / T_o$。需要注意的是，对于平板型和低聚光比的集热器，由于 θ_* 远大于 $\theta_{\max} - 1$，故可以不考虑方程（3.162）的最后一项。然而，对于如中央接收器和抛物面碟式集热器这样的高聚光比集热器，其滞止温度可达几百度，故不能忽略。

由表 3.4 可知相应的滞止温度，将其代入方程（3.162）中，即可获得相对于集热器聚光比的无量纲熵产的关系曲线（如图 3.50）。

表 3.4 多种类型的集中式集热器的集热器最佳温度

聚热器类型	聚光比	滞止温度（℃）	最佳温度（℃）
抛物面槽式集热器	50	565	227
抛物面碟式集热器	500	1285	408
中央接收器集热器	1500	1750	503

注意：此处环境温度 =25 ℃。

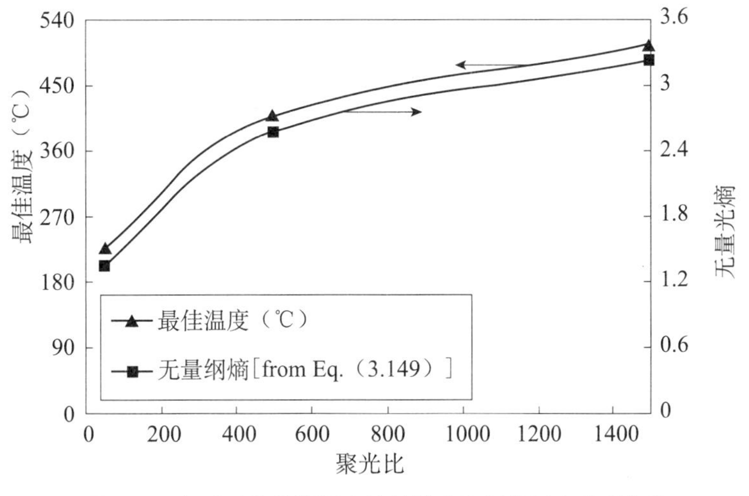

图 3.50 相对于集热器聚光比的熵产和最佳温度关系曲线

3.7.3 非等温集热器

到目前为止，我们的分析都是针对等温集热器而言。特别是指较长的抛物面槽式集热器，非等温集热器是更为现实的模型。通过能量守恒原则，可以得出，

$$q^{*} = U_{\mathrm{r}}(T - T_{\mathrm{o}}) + \dot{m}c_{\mathrm{p}}\frac{\mathrm{d}T}{\mathrm{d}x} \tag{3.163}$$

其中，x 的取值范围为 0 到 L（集热器长度）。则其熵产为：

$$S_{\mathrm{gen}} = \dot{m}c_{\mathrm{p}}\ln\frac{T_{\mathrm{out}}}{T_{\mathrm{in}}} - \frac{Q^{*}}{T_{*}} + \frac{Q_{o}}{T_{o}} \tag{3.164}$$

由整体的能量平衡可得，总热损失为：

$$Q_{\mathrm{o}} = Q^{*} - \dot{m}c_{\mathrm{p}}(T_{\mathrm{out}} - T_{\mathrm{in}}) \tag{3.165}$$

将方程（3.165）代入方程（3.164），并进行必要的运算，可得：

$$N_{\mathrm{s}} = M\left(\ln\frac{\theta_{\mathrm{out}}}{\theta_{\mathrm{in}}} - \theta_{\mathrm{out}} + \theta_{\mathrm{in}}\right) - \frac{1}{\theta_{*}} + 1 \tag{3.166}$$

其中，$\theta_{\mathrm{out}} = T_{\mathrm{out}}/T_{\mathrm{o}}$、$\theta_{\mathrm{in}} = T_{\mathrm{in}}/T_{\mathrm{o}}$，$N_{\mathrm{s}}$ 为熵产数，M 为质量流量数，由下式可得：

$$N_{\mathrm{s}} = \frac{S_{\mathrm{gen}}T_{\mathrm{o}}}{Q^{*}} \tag{3.167}$$

且

$$M = \frac{\dot{m}c_{\mathrm{p}}T_{\mathrm{o}}}{Q^{*}} \tag{3.168}$$

如果入口温度是恒定的，且 $\theta_{\mathrm{in}} = 1$，则熵产率仅为 M 和 θ_{out} 的函数。由于集热器出口温度取决于质量流动速率，故这些参数均会相互影响。

练习

3.1 有一单层盖板平板型集热器（FPC），其尺寸为 3m×6m，与地平面倾角为 40°，试确定其总热损失系数。环境温度为 10℃，风速为 4m/s。吸热板厚度为 0.5mm，发射率为 0.92。玻璃盖板厚度为 3.5mm，且与吸热板之间的间距为 35mm，玻璃的发射率为 0.88。隔热层为玻璃纤维材质，在集热器背部的厚度为 45mm，在集热器边缘的厚度为 25mm。吸收器平均温度为 90℃。利用上述信息和实证研究方法，试估计总热损失系数并对结果进行比较。

3.2 有一双层盖板平板型集热器，其尺寸为 3m×6m，与地平面倾角为 45°，试确定其总热损失系数，环境温度为 5℃，风速为 5m/s。吸热板厚度为 0.6mm，发

射率为0.15。玻璃盖板厚度均为3.5mm，彼此之间的间距为20mm，下层盖板与吸热板之间的间距为50mm。玻璃的发射率为0.88。隔热层为玻璃纤维材质，在集热器背部的厚度为50mm，在集热器边缘的厚度为30mm。吸收器平均温度为90℃。利用上述信息和实证研究方法，试估计总热损失系数并对结果进行比较。

3.3 有一面积为4m²的平板型集热器，需要在夜间测试以得出其总热损失系数。水温为60℃，其在集热器中循环流速为0.061/s。环境温度为8℃，且出口温度为49℃。确定其总热损失系数。

3.4 有一尺寸为2m×6m的双玻璃盖板平板型集热器，其与地平面的倾角为45°，试确定其总热损失系数。环境温度为-5℃，风速为8m/s。吸热板厚度为0.1cm，发射率为0.93，其温度保持在80℃。玻璃盖板的厚度为0.5cm，彼此之间的间距为2.5cm，下层玻璃盖板与吸热板之间的间距为6cm。玻璃的发射率为0.88。隔热层为玻璃纤维材质，在集热器背部的厚度为7cm，在集热器边缘厚度为3cm。

3.5 有一朝南的单层玻璃盖板平板型集热器，其尺寸为3m×6m，与地平面倾角为45°。集热器位于北纬35°，且在3月21日的2：00到3：00 pm之间，集热器表面的日射量为890 W/m²，环境空气温度为8℃。试根据以下相关信息估计集热器的有用能量增益：

总热损失系数=5.6 W/m²℃；

进水口温度=50 ℃；

穿过集热器的质量流动速率=0.25 kg/s；

管道内部对流热传递系数=235 W/m²K；

单层玻璃的$n=1.526$且$KL=0.037$；

吸热板具有选择性涂层$\alpha_n=0.92$，厚度=0.5 mm；

立管采用铜管材质，其内直径为13.5 mm，外直径为15 mm，且立管之间的间距为12 cm。

3.6 有一平板型集热器，其尺寸为1m×2m，具有8根内直径为13.5mm且外直径为15mm的铜质立管。这些立管安装在一个厚度为0.5mm的铜质吸热板上，且其温度为85℃。进水口温度为55℃，流动速率为0.03kg/s。假设翅片效率为95%，计算立管内部的对流热传递系数、出水口温度和集热器表面所吸收的太阳辐射量。

3.7 有一总热损失系数为6.5 W/m²K的平板型集热器。其吸热板厚度为0.4mm，立管内直径为10mm，外直径为12mm。若立管彼此中心之间的间距为12cm，且管道内部的对流热传递系数为250 W/m²K，试估计所使用材料为铝和铜时集热器效率因子。

3.8　有一单层玻璃的空气加热集热器，其吸收器后的流道宽 1.5m、长 3.5m，高 5cm。空气的质量流动速率为 0.045kg/s，且进气口温度为 45℃。集热器倾斜表面的日射量为920 W/m^2，且集热器的有效（$\tau\alpha$）为0.87。当环境空气温度为12℃，总热损失系数为4.5 W/m^2K 时，若空气流道的表面发射率为0.9，试估计出气口温度和集热器效率。

3.9　有一复合抛物面集热器，其接收半角为16°，长轴位于东-西方向且倾角为45°。集热器位于北纬35°，且在3月10日1：00到2：00pm之间，水平面上的直射辐射量为1.3 MJ/m^2，散射辐射量为0.4 MJ/m^2。集中器使用了单层玻璃盖板，且其 KL = 0.032。若镜面反射率为0.85，对于法向入射辐射的吸收率为0.96，对于入射角为20°、40°、60°的辐射的吸收率分别为0.95、0.94、0.89，试估计在上述小时中集热器所吸收的辐射量。若总热损失系为7 W/m^2K，热转移因子为0.88、环境空气温度为10℃，且流体入口温度为55℃，请问每单位集热器采光口面积的有效输出能量是多少？

3.10　有一抛物面槽式集热器，其接收器为管型钢材，装有玻璃盖板，且接收器和玻璃盖板之间为真空。接收器长度为10m，外直径为5cm，内直径为4cm。玻璃盖板直径为8cm。若接收器表面具有选择性涂层，其 ε = 0.11，且表面温度为250℃，当环境温度为24℃，风速为2m/s，玻璃发射率为0.92，试确定接收器的总热损失系数。

3.11　对于前一道问题，若集热器孔径为4m，接收器管道为钢质，接收器内部对流系数为280 W/m^2K，采光口面积所吸收的太阳辐射为500 W/m^2，试估计集热器的有用能量增益和出口温度。已知循环流体为油，其比热为1.3 kJ/kg K，循环流速为1 kg/s，进入接收器温度为210℃。

参考文献

[1] Abdel-Khalik, S. A., 1976. Heat removal factor for a flat-plate solar collector with serpentine tube. Sol. Energy 18 (1), 59－64.

[2] ASHRAE, 2007. Handbook of HVAC Applications. ASHRAE, Atlanta.

[3] Beckman, W. A., Klein, S. A., Duffle, J. A., 1977. Solar Heating Design. John Wiley & Sons, New York.

[4] Bejan, A., 1995. Entropy Generation Minimization, second ed. CRC Press, Bo-

ca Raton, FL (Chapter 9).

[5] Bejan, A., Kearney, D. W., Kreith, F., 1981. Second law analysis and synthesis of solar collector systems. J. Sol. Energy Eng. 103, 23 - 28.

[6] Benz, N., Hasler, W., Hetfleish, J., Tratzky, S., Klein, B., 1998. Flat-plate solar collector with glass TI. In: Proceedings of EuroSun 98 Conference on CD ROM, Portoroz, Slovenia.

[7] Berdahl, P., Martin, M., 1984. Emittance of clear skies. Sol. Energy 32, 663 - 664.

[8] Boultinghouse, K. D., 1982. Development of a Solar-Flux Tracker for Parabolic-Trough Collectors. Sandia National Laboratory, Albuquerque, NM.

[9] Brandemuehl, M. J., Beckman, W. A., 1980. Transmission of diffuse radiation through CPC and flat-plate collector glazings. Sol. Energy 24 (5), 511 - 513.

[10] Briggs, F., 1980. Tracking—Refinement Modeling for Solar-Collector Control. Sandia National Laboratory, Albuquerque, NM.

[11] De Laquil, P., Kearney, D., Geyer, M., Diver, R., 1993. Solar-thermal electric technology. In: Johanson, T. B., Kelly, H., Reddy, A. K. N., Williams, R. H. (Eds.), Renewable Energy: Sources for Fuels and Electricity. Earthscan, Island Press, Washington DC, pp. 213 - 296.

[12] Dudley, V., 1995. SANDIA Report Test Results for Industrial Solar Technology Parabolic Trough Solar Collector, SAND94 ~ 1117. Sandia National Laboratory, Albuquerque, NM.

[13] Duffle, J. A., Beckman, W. A., 2006. Solar Engineering of Thermal Processes. John Wiley & Sons, New York.

[14] Feuermann, D., Gordon, J. M., 1991. Analysis of a two-stage linear Fresnel reflector solar concentrator. ASME J. Sol. Energy Eng. 113, 272 - 279.

[15] Francia, G., 1961. A new collector of solar radiant energy. UN Conf. New Sources of Energy. Rome 4, p. 572.

[16] Francia, G., 1968. Pilot plants of solar steam generation systems. Sol. Energy 12, 51 - 64.

[17] Garg, H. P., Hrishikesan, D. S., 1998. Enhancement of solar energy on flat-plate collector by plane booster mirrors. Sol. Energy 40 (4), 295 - 307.

[18] Geyer, M., Lupfert, E., Osuna, R., Esteban, A., Schiel, W., Schweitzer, A., Zarza, E., Nava, P., Langenkamp, J-. Mandelberg, E., 2002. Eurotrough-parabolic trough collector developed for cost efficient solar power generation. In: Proceedings of 11th Solar PACES International Symposium on Concentrated Solar Power and Chemical Energy Technologies on CD ROM. Zurich, Switzerland.

[19] Goetzberger, A., Dengler, J., Rommel, M., et al., 1992. New transparently insulated, bifacially irradiated solar flat- plate collector. Sol. Energy 49 (5), 403-411.

[20] Grass, C., Benz, N., Hacker, Z., Timinger, A., 2000. Tube collector with integrated tracking parabolic concentrator. In: Proceedings of the EuroSun 2000 Conference on CD ROM. Copenhagen, Denmark.

[21] Guven, H. M., Bannerot, R. B., 1985. Derivation of universal error parameters for comprehensive optical analysis of parabolic troughs. In: Proceedings of the ASME-ISES Solar Energy Conference. Knoxville, TN. pp. 168-174.

[22] Guven, H. M., Bannerot, R. B., 1986. Determination of error tolerances for the optical design of parabolic troughs for developing countries. Sol. Energy 36 (6), 535-550.

[23] Hollands, K. G. T., Unny, T. E., Raithby, G. D., Konicek, L., 1976. Free convection heat transfer across inclined air layers. J. Heat Transfer ASME 98, 189.

[24] Jeter, M. S., 1983. Geometrical effects on the performance of trough collectors. Sol. Energy 30, 109-113.

[25] Kalogirou, S. A., 1996. Design and construction of a one-axis sun-tracking mechanism. Sol. Energy 57 (6), 465-169.

[26] Kalogirou, S. A., 2003. The potential of solar industrial process heat applications. Appl. Energy 76 (4), 337-361.

[27] Kalogirou, S. A., 2004. Solar thermal collectors and applications. Prog. Energy Combust. Sci. 30 (3), 231-295.

[28] Kalogirou, S. A., 2012. A detailed thermal model of a parabolic trough collector receiver. Energy 49, 278-281.

[29] Kalogirou, S. A. , Eleftheriou, P. , Lloyd, S. , Ward, J. , 1994. Design and performance characteristics of a parabolic-trough solar-collector system. Appl. Energy 47 (4), 341 - 354.

[30] Kalogirou, S. A. , Eleftheriou, P. , Lloyd, S. , Ward, J. , 1994. Low cost high accuracy parabolic troughs: construction and evaluation. In: Proceedings of the World Renewable Energy Congress III. Reading, UK, vol. 1, pp. 384 - 386.

[31] Karimi, A. , Guven, H. M. , Thomas, A. , 1986. Thermal analysis of direct steam generation in parabolic trough collectors. In: Proceedings of the ASME Solar Energy Conference, pp. 458 - 464.

[32] Kearney, D. W. , Price, H. W. , 1992. Solar thermal plants—LUZ concept (current status of the SEGS plants) . In: Proceedings of the Second Renewable Energy Congress. Reading, UK, vol. 2, pp. 582 - 588.

[33] Kienzlen, V. , Gordon, J. M. . Kreider, J. F. , 1988. The reverse flat-plate collector: a stationary non-evacuated, low technology, medium temperature solar collector. ASME J. Sol. Energy Eng. 110, 23 - 30.

[34] Klein, S. A. , 1975. Calculation of flat-plate collector loss coefficients. Sol. Energy 17 (1), 79 - 80.

[35] Klein, S. A. , 1979. Calculation of the monthly average transmittance-absorptance products. Sol. Energy 23 (6), 547 - 551.

[36] Kreider, J. F. , 1982. The Solar Heating Design Process. McGraw-Hill, New York.

[37] Kreider. J. F. , Kreith. F. , 1977. Solar Heating and Cooling. McGraw-Hill, New York.

[38] Kruger, D. , Heller, A. , Hennecke, K. , Duer, K. , 2000. Parabolic trough collectors for district heating systems at high latitudes - a case study. In: Proceedings of EuroSun 2000 on CD ROM. Copenhagen, Denmark.

[39] Lupfert, E. , Geyer, M. , Schiel, W. , Zarza, E. , Gonzalez-Anguilar, R. O. , Nava, P. , 2000. Eurotrough—a new parabolic trough collector with advanced light weight structure. In: Proceedings of Solar Thermal 2000 International Conference, on CD ROM. Sydney, Australia.

[40] Marshal. N. , 1976. Gas Encyclopedia. Elsevier, New York.

[41] Mills, D. R., 2001. Solar thermal electricity. In: Gordon, J. (Ed.), Solar Energy: The State of the Art. James and James, London, pp. 577 – 651.

[42] Molineaux, B., Lachal, B., Gusian, O., 1994. Thermal analysis of five outdoor swimming pools heated by unglazed solar collectors. Sol. Energy 53 (1), 21 – 26.

[43] Morrison, G. L., 2001. Solar collectors. In: Gordon, J. (Ed.), Solar Energy: The State of the Art. James and James, London, pp. 145 – 221.

[44] Orel, Z. C., Gunde, M. K., Hutchins, M. G., 2002. Spectrally selective solar absorbers in different non-black colors. In: Proceedings of WREC VII, Cologne, on CD ROM.

[45] Pereira, M., 1985. Design and performance of a novel non-evacuated 1, 2x CPC type concentrator. In: Proceedings of Intersol Biennial Congress of ISES. Montreal, Canada, vol. 2, pp. 1199 – 1204.

[46] Petela, R., 1964. Exergy of heat radiation. ASME J. Heat Transfer 68, 187.

[47] Prapas, D. E., Norton, B., Probert, S. D., 1987. Optics of parabolic trough solar energy collectors possessing small concentration ratios. Sol. Energy 39, 541 – 550.

[48] Rabl, A., 1976. Optical and thermal properties of compound parabolic concentrators. Sol. Energy 18 (6), 497 ~ 511.

[49] Rabl, A., O'Gallagher, J., Winston, R., 1980. Design and test of non-evacuated solar collectors with compound parabolic concentrators. Sol. Energy 25 (4), 335 – 351.

[50] Ratzel, A., Hickox, C., Gartling, D., 1979. Techniques for reducing thermal conduction and natural convection heat losses in annular receiver geometries. J. Heat Transfer 101 (1), 108 – 113.

[51] Romero, M., Buck, R., Pacheco, J. E., 2002. An update on solar central receiver systems projects and technologies. J. Sol. Energy Eng. 124 (2), 98 – 108.

[52] Shewen, E., Hollands, K. G. T., Raithby, G. D., 1996. Heat transfer by natural convection across a vertical cavity of large aspect ratio. J. Heat Transfer ASME 119, 993 – 995.

[53] Sodha, M. S., Mathur, S. S., Malik, M. A. S., 1984. Wiley Eastern Lim-

ited, Singapore.

[54] Spate, F., Hafner, B., Schwarzer, K., 1999. A system for solar process heat for decentralized applications in developing countries. In: Proceedings of ISES Solar World Congress on CD ROM. Jerusalem, Israel.

[55] Swinbank, W. C., 1963. Long-wave radiation from clear skies. Q. J. R. Meteorol. Soc. 89, 339 – 348.

[56] Tabor, H., 1966. Mirror boosters for solar collectors. Sol. Energy 10 (3), 111 – 118.

[57] Tripanagnostopoulos, Y., Souliotis, M., Nousia, T., 2000. Solar collectors with colored absorbers. Sol. Energy 68 (4), 343 – 356.

[58] Tripanagnostopoulos, Y., Yianoulis, P., Papaefthimiou, S., Zafeiratos, S., 2000. CPC solar collectors with flat bifacial absorbers. Sol. Energy 69 (3), 191 – 203.

[59] Wackelgard, E., Niklasson, G. A., Granqvist, C. G., 2001. Selective solar-absorbing coatings. In: Gordon, J. (Ed.), Solar Energy: The State of the Art. James and James, London, pp. 109 – 144.

[60] Wazwaz, J., Salmi, H., Hallak, R., 2002. Solar thermal performance of a nickel-pigmented aluminum oxide selective absorber. Renewable Energy 27 (2), 277 – 292.

[61] Winston, R., 1974. Solar concentrators of novel design. Sol. Energy 16, 89 – 95.

[62] Winston, R., Hinterberger, H., 1975. Principles of cylindrical concentrators for solar energy. Sol. Energy 17 (4), 255 – 258.

[63] Winston, R., O'Gallagher, J., Muschaweck, J., Mahoney, A., Dudley, V., 1999. Comparison of predicted and measured performance of an integrated compound parabolic concentrator (ICPC). In: Proceedings of ISES Solar World Congress on CD ROM. Jerusalem, Israel.

[64] Xie, W. T., Dai, Y. J., Wang, R. Z., Sumathy, K., 2011. Concentrated solar energy applications using Fresnel lenses: a review. Renewable Sustainable Energy Rev. 15 (6), 2588 – 2606.

[65] Yianoulis, P., Kalogirou, S. A., Yianouli, M., 2012. Solar selective coat-

ings. In：Sayigh，A.（Ed.），Comprehensive Renewable Energy，vol. 3，pp. 301 －312.

[66] Zhang，H. -F.，Lavan，Z.，1985. Thermal performance of serpentine absorber plate. Sol. Energy 34（2），175 －177.

第4章 太阳能集热器的性能

太阳能集热器的热性能，可以通过详细分析集热器材料的光学特性和热特性，以及集热器的设计确定（如第3章所述），或是在受控条件下进行性能测试。需要注意的是，传热分析的准确性取决于在确定传热系数过程中的不确定性，由于太阳能集热器中非均匀温度边界条件的影响，因此很难实现准确的分析。这样的分析通常是在原型开发过程中展开的，并是在规定的环境条件下进行测试。通常，集热器特性试验是非常必要的，且这一试验已实施于所有的集热器模型制造中。在一些国家的太阳能集热器市场上，只有获得专业认证机构发放的检测证书后，产品才能够进入市场，以此来保护消费者的权益。

在许多描述太阳能集热器热特性的检测程序中，最知名的是 ISO 9806-1：1994（ISO，1994）及 ANSI/ASHRAE 93：2010（ANSI/ASHRAE，2010）。这些都可用于评估平板和聚光太阳能集热器的性能。太阳能集热器的热性能在一定程度上取决于不同的入射辐射、环境温度和入口流体温度条件下的瞬时效率，这就要求试验除了要测量传热流体以外，还要测量入射到集热器的太阳辐射率和能量效率，而且测量活动都必须在稳态或准稳态条件下进行。此外，必须进行测试，以确定该集热器的瞬态热响应特性。当太阳和集热器处在不同位置的条件下，稳态热效率也会随着直射光束和与集热器采光口法线之间的入射角发生变化。

ISO 9806-1：1994 及 ASHRAE 标准 93：2010 提供了测试太阳能集热器的有关信息，其中用到了具有固定流量的单向流体和不明显的内部存储。这些数据可以用来预测在任何地点和任何天气条件下的集热器性能，其中负荷（包括负载温度）、天气和太阳辐射都是已知的。

太阳能集热器具有两种试验方法：一种是在稳态条件下，另一种是使用动态测试程序。前者得到了广泛使用，并且其测试程序可在之前提及的有玻璃盖板的集热器的标准和 ISO 9806-3：1995（ISO，1995b）无玻璃盖板的集热器中查到。在稳态测试中，环境条件和集热器操作在测试期间必须处于恒定状态。清洁干燥的地点满足所需的测试条件，而且测试时间仅需要几天。然而，在世界上许多地方，则难以实现稳定的条件，测试只能在一年内某个特定的时期内进行，并且主要是在夏季，有时还可能需要延长测试时间。因此，瞬态测试和动态测试等方法应运而生。瞬态测试涉及针对某一范围或辐射与入射角条件下的集热器性能的监测。此外，一个随时间变化的数学模型，可用于识别集热器性能参数的瞬态数据。比起稳态的方法，瞬态方法的优势在于可以用来确定一个更广范围的集热器的性能参数。动态测试方法采用的是 EN 12975-2 标准。欧洲标准一般都是基于 ISO 标准，但比其更加严格。相关内容会在第 4. 10 小节中作简要概述。

为了准确持续地执行所需的测试，测试环是必不可少的。可以使用的测试环有两种：闭环和开环集热器测试环，分别如图 4. 1 和 4. 2 所示。在测试中，需要测量以下参数：

（1）集热器面板上的总太阳辐照度，G_t。

（2）集热器采光表面的散射太阳辐射。

（3）集热器采光表面上方的空气流速。

（4）环境温度，T_a。

（5）集热器入口的流体温度，T_i。

（6）集热器出口的流体温度，T_o。

（7）流体流量，$\dot{m}$。

此外，集热器采光口的总面积，A_a，要求以一定的精度进行测量。由集热器采光口的总面积可得，集热器的效率为：

$$\eta = \frac{\dot{m}c_p(T_o - T_i)}{A_a G_t} \tag{4.1}$$

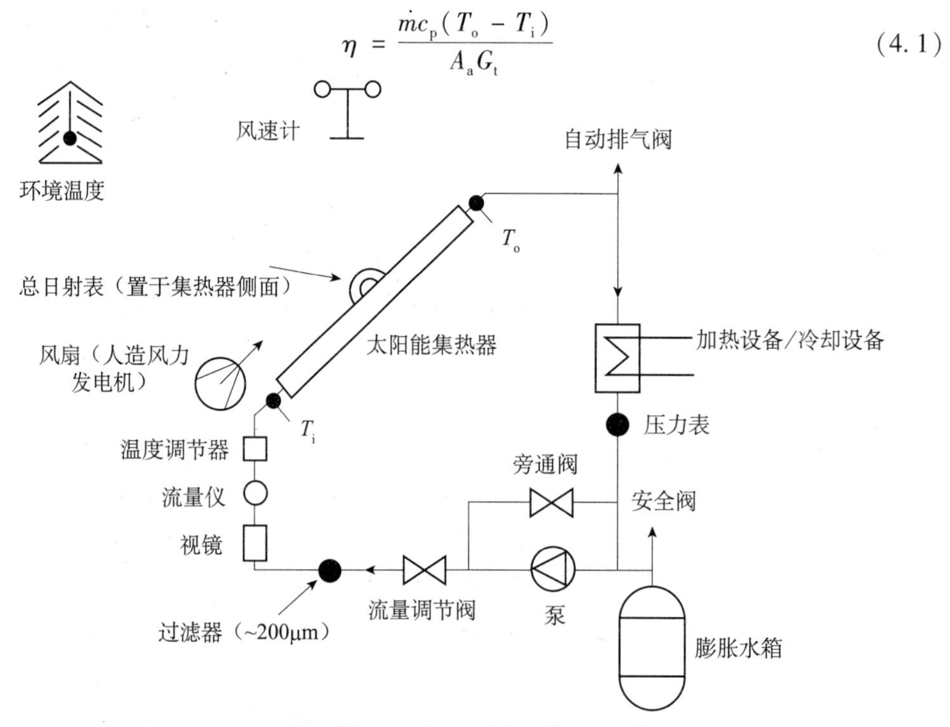

图 4. 1　闭环测试系统

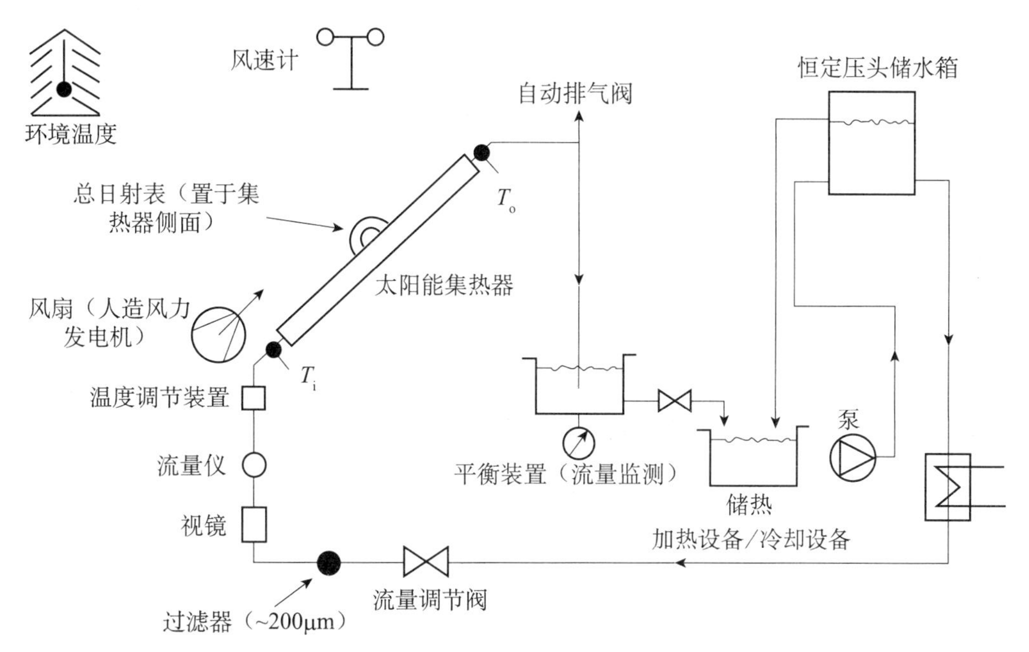

图4.2　开环测试系统

在本章中，我们对稳态试验方法进行了详尽的阐述。有关动态方法会在以后的章节中进行介绍。

4.1　集热器的热效率

测试集热器性能必须在稳态条件下进行，而且集热器表面收集到的辐射能量、流体的流量、风速和环境温度都应当是稳定的。当集热器的入口流体温度恒定时，则从集热器流出的流体温度可能保持恒定。此时，集热器中有用的能量增益为：

$$Q_u = \dot{m}c_p(T_o - T_i) \tag{4.2}$$

从第3章中，可知集热器输出的有用能量为：

$$Q_u = A_a F_R[G_t(\tau\alpha)_n - U_L(T_i - T_a)] \tag{4.3}$$

此外，用Q_u除以能量输入（$A_a G_t$），可得热效率：

$$\eta = F_R(\tau\alpha)_n - F_R U_L\left(\frac{T_i - T_a}{G_t}\right) \tag{4.4}$$

在测试过程中，集热器朝向阳光垂直安装；因此，用于集热器的透过率与吸收率的乘积与垂直入射的直射辐射的透过率与吸收率的乘积相一致。因此，方程（4.3）和（4.4）中的$(\tau\alpha)_n$用来表示透过率与吸收率的乘积。

同样，对于聚光型集热器，收集的有用能量和集热器效率为：

$$Q_u = F_R[G_B\eta_o A_a - A_r U_L(T_i - T_a)] \quad (4.5)$$

$$\eta = F_R\eta_o - \frac{F_R U_L(T_i - T_a)}{CG_B} \quad (4.6)$$

需要注意的是，由于聚光型集热器只能利用直接辐射（Kalogirou，2004），在这种情况下，用 G_B代替 G_t。

对于在稳定的辐照与流体流量条件下运行的集热器，系数 F_R、$(\tau\alpha)_n$和 U_L几乎是恒定的。因此，方程（4.4）和（4.6）在效率图上绘制的直线与平板集热器（FPCs）的参数（$T_i - T_a$）/G_t和聚光型集热器的热损失参数（$T_i - T_a$）/G_B相对应（见图4.3）。截距（直线与垂直效率轴的交点）等于平板型集热器的 F_R（$\tau\alpha$）$_n$和聚光型集热器的 $F_R\eta$。o 直线的斜率，即效率差除以相应的水平尺度差异，分别为 $-F_R U_L$ 和 $-F_R U_L/C$。在不同的温度和光照条件下绘制集热器热传递的实验数据，效率为纵轴，$\Delta T/G$（选用 G_t或 G_B取决于集热器类型）为水平轴，通过数据点的最佳直线与该集热器的性能与太阳和温度条件密切相关。直线与纵轴的交点为进入集热器的流体温度，等于环境温度，并且集热器的效率达到最大值。在直线与水平轴的交点处，集热器效率为零。这种情况对应于这样一个低辐射水平，或进入集热器的高温流体，此时，热损失等于太阳能吸收的热量，集热器不提供任何有用的热能。这种情况通常称为停滞，通常发生在集热器内没有流体流动的情况下。最高温度（平板集热器）为：

$$T_{max} = \frac{G_t(\tau\alpha)_n}{U_L} + T_a \quad (4.7)$$

从图4.3中可以看出，聚光型集热器的斜率远小于平板集热器的斜率。这是因为热损失与浓度 C 成反比。这是聚光收集器最显著的优势，也就是说，在入口温度较高的条件下，聚光型集热器的效率仍然很高，这就是为什么这种类型的集热器适用于高温应用。

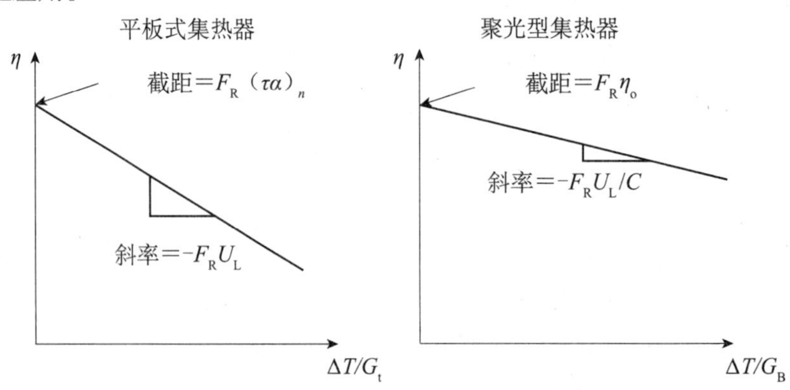

图4.3　典型的集热器性能曲线

图4.4对比了500W/m^2 和1000W/m^2 的辐射水平下各种集热器的效率（Kalogirou，2004）。其中包括5种最具代表性的集热器：

（1）平板式集热器（FPC）。

（2）先进的平板式集热器（AFP）。这种集热器，排管通过超声波焊接到吸热板，并涂有电镀铬的选择性涂层。

（3）固定复合抛物面型集热器（CPC），朝向东西方向的长轴。

（4）真空管集热器（ETC）。

（5）抛物槽集热器（PTC），东西方向跟踪。

如图4.4所示，辐射水平越高，效率越高，集热器的性能越好，例如CPC、ETC及PTC，即使进口温度在较高的状态下，集热器仍能保持较高的效率。需要注意的是，对于除PTC之外，所有类型的集热器的检测辐射水平被视为总辐射，PTC的辐射值虽然相同，但该辐射被视为直接辐射。

在现实中，热损失系数 U_L 在方程（4.3）—（4.6）中不是一个常数，而是集热器入口温度和环境温度的函数。因此，

$$F_R U_L = c_1 + c_2(T_i - T_a) \tag{4.8}$$

将方程（4.8）带入到方程（4.3）和（4.5）中，可得到以下图表。

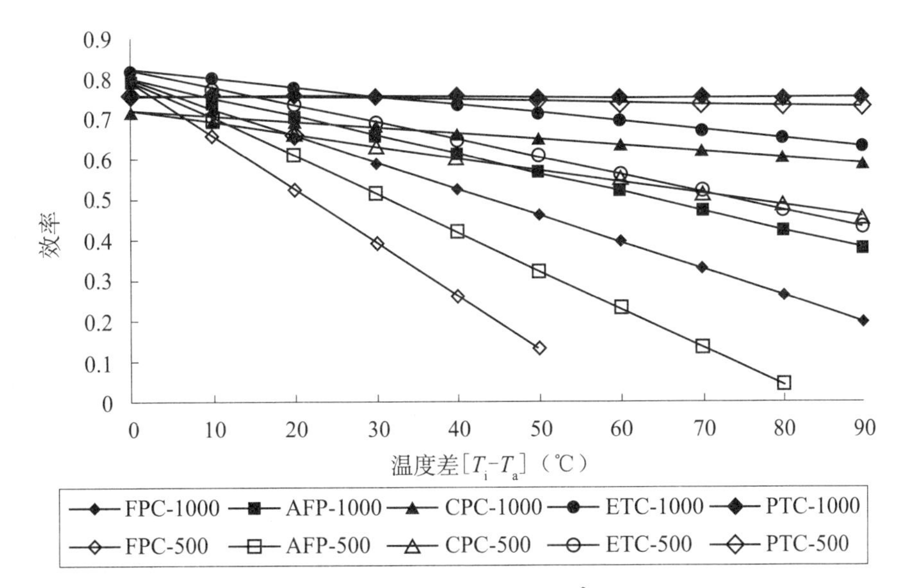

图4.4　在两种辐射水平条件下（500和1000 W/m^2），各种集热器效率的对比

平板集热器（FPC）：

$$Q_u = A_a F_R[(\tau\alpha)_n G_t - c_1(T_i - T_a) - c_2(T_i - T_a)^2] \tag{4.9}$$

聚光型集热器：

$$Q_u = F_R[G_B\eta_o A_a - A_r c_1(T_i - T_a) - A_r c_2(T_i - T_a)^2] \tag{4.10}$$

因此，对于 FPC，其效率可表示为：

$$\eta = F_R(\tau\alpha)_n - c_1\frac{(T_i - T_a)}{G_t} - c_2\frac{(T_i - T_a)}{G_t} \tag{4.11}$$

如果 $c_o = F_R(\tau\alpha)_n$ 和 $x = (T_i - T_a)/G_t$，则：

$$\eta = c_o - c_1 x - c_2 G_t x^2 \tag{4.12}$$

对于聚光型集热器，其效率可表示为：

$$\eta = F_R\eta_o - \frac{c_1(T_i - T_a)}{CG_B} - \frac{c_2(T_i - T_a)^2}{CG_B} \tag{4.13}$$

如果 $k_o = F_R\eta_o$，$k_1 = c_1/C$，$k_2 = c_2/C$ 和 $y = (T_i - T_a)/G_B$，则：

$$\eta = k_o - k_1 y - k_2 G_B y^2 \tag{4.14}$$

平板集热器和聚光型集热器在性能上的差异也可以从性能方程中看到。例如，一个较好的 FPC，它的性能为：

$$\eta = 0.792 - 6.65\left(\frac{\Delta T}{G_t}\right) - 0.06\left(\frac{\Delta T^2}{G_t}\right) \tag{4.15}$$

而工业太阳能技术（Industrial Solar Technologies，IST）PTC 的性能方程为：

$$\eta = 0.762 - 0.2125\left(\frac{\Delta T}{G_B}\right) - 0.001672\left(\frac{\Delta T^2}{G_B}\right) \tag{4.16}$$

通过比较方程（4.15）和（4.16），我们可知，由于 FPC 具有更好的光学特性（无反射损失），因此它通常具有较高的拦截效率。然而，聚光型集热器的热损耗系数就小得多，因为这些因素与集中度比成反比。

在上述方程中 ΔT 或（$T_i - T_a$）通常被称为减小的温差。ISO 9806-1：1994 标准允许使用($T_i - T_a$)或($T_m - T_a$)，其中 $T_m = (T_i + T_o)/2$ 为集热器的平均温度，而在 EN 12975-2：2006 标准中只认可后者。在这种情况下，修改集热效率方程，如 4.6 节中所示。

方程（4.11）和（4.13）包括了除集热器流量和太阳入射角之外的所有影响稳态性能的重要设计和操作因素，通过吸热器的平均温度，流量会对性能产生固有的影响。如果散热率降低，则平均吸热温度就会上升，从而导致更多的热量损失。如果流量增加，集热器吸收热量，则热损失降低。太阳入射角的影响受入射角修正系数控制，详见 4.2 节。

4.1.1 流量的影响

对于在实验过程中使用的特定流量，实验测试数据与给定的数值 $F_R(\tau\alpha)_n$ 和 F_RU_L 相关。如果集热器的流量发生改变，则可以利用方程（3.58）重新计算出新的流量FR。由于 h_{fi} 发生改变，若 F' 不随流量变化，则可实现对流量的修正。通过比例 r，可以修正 $F_R(\tau\alpha)_n$ 和 F_RU_L，比例 r 可由下式得出（Duffie 和 Beckman，1991）：

$$r=\frac{F_RU_L|_{use}}{F_RU_L|_{use}}=\frac{F_R(\tau\alpha)_n|_{use}}{F_R(\tau\alpha)_n|_{test}}=\frac{\left.\frac{\dot{m}c_p}{A_cF'U_L}\left[1-\exp\left(-\frac{U_LF'A_c}{\dot{m}c_p}\right)\right]\right|_{use}}{\left.\frac{\dot{m}c_p}{A_cF'U_L}\left[1-\exp\left(-\frac{U_LF'A_c}{\dot{m}c_p}\right)\right]\right|_{test}} \tag{4.17a}$$

或

$$r=\frac{\left.\frac{\dot{m}c_p}{A_c}\left[1-\exp\left(-\frac{U_LF'A_c}{\dot{m}c_p}\right)\right]\right|_{use}}{F_RU_L|_{test}} \tag{4.17b}$$

要使用上述方程，则需要计算出 $F'U_L$。根据性能测试，可知 F_RU_L，由方程（3.58）可得：

$$F'U_L=-\frac{\dot{m}c_p}{A_c}\ln\left(1-\frac{F_RU_LA_c}{\dot{m}c_p}\right) \tag{4.18}$$

对于液体集热器，在测试及使用条件下的 $F'U_L$ 大致相等，所以方程（4.18）得到的估计值也可用于方程（4.17a）中的两种不同情况。

在空气集热器或液体集热器中，h_{fi} 在很大程度上取决于流量，根据集热器的类型，需要为了新的 h_{fi} 值，利用方程（3.48）、（3.79）及（3.86a）估算 F'。在这种情况下，由努赛尔特数估计出 h_{fi}，并由雷诺数确定流量类型。例如在快速流动情况下，由方程（3.131）给定的努赛尔特数可用于内部管道流动。其他情况下，可使用适当的方程。

4.1.2 集热器串联

如果串联集热器中的流量与单平板中的测试数据是相同的，那么该平板的性能数据就不能直接应用于串联连接的平板。但是，如果相同类型的 N 个平板串联在一起，且在测试过程中其流量为单平板流量的 N 倍，那么就可以使用单平板的性能数据。如果两个平板处于串联状态，并且其流量被设置为其中一个单平板的测试流量时，其效率会远远低于以相同流量通过每个集热器的两个并连平板，两个串联连接的集热器其有效的功率输出为（Morrison，2001）：

$$Q_{\mathrm{u}} = A_{\mathrm{c}}F_{\mathrm{R}}[(\tau\alpha)G_{\mathrm{t}} - U_{\mathrm{L}}(T_{\mathrm{i}} - T_{\mathrm{a}}) + (\tau\alpha)G_{\mathrm{t}} - U_{\mathrm{L}}(T_{\mathrm{o1}} - T_{\mathrm{a}})] \tag{4.19}$$

式中 T_{o1} =第一个集热器的出口温度：

$$T_{\mathrm{o1}} = \frac{A_{\mathrm{c}}F_{\mathrm{R}}[(\tau\alpha)G_{\mathrm{t}} - U_{\mathrm{L}}(T_{\mathrm{i}} - T_{\mathrm{a}})]}{\dot{m}c_{\mathrm{p}}} + T_{\mathrm{i}} \tag{4.20}$$

通过方程（4.19）和（4.20）消去 T_{o1} 可得：

$$Q_{\mathrm{u}} = F_{\mathrm{R1}}\left(1 - \frac{K}{2}\right)[(\tau\alpha)_1 G_{\mathrm{t}} - U_{\mathrm{L1}}(T_{\mathrm{i}} - T_{\mathrm{a}})] \tag{4.21}$$

式中，F_{R1}，U_{L1} 和（$\tau\alpha$）$_1$ 是测试单平板的因子，且 K 为：

$$K = \frac{A_{\mathrm{c}}F_{\mathrm{R1}}U_{\mathrm{L1}}}{\dot{m}c_{\mathrm{p}}} \tag{4.22}$$

N 个相同的集热器串联连接，并将流量设定为单平板流量，

$$F_{\mathrm{R}}(\tau\alpha)\big|_{\mathrm{series}} = F_{\mathrm{R1}}(\tau\alpha)_1\left[\frac{1-(1-K)^N}{NK}\right] \tag{4.23}$$

$$F_{\mathrm{R}}U_{\mathrm{L}}\big|_{\mathrm{series}} = F_{\mathrm{R1}}U_{\mathrm{L1}}\left[\frac{1-(1-K)^N}{NK}\right] \tag{4.24}$$

如果集热器串联连接，且每一个集热器串联线的上单位面积采光口的流量等于其单位面积的测试流量，则压降增加，流量不变。

例 4.1

有五个串联的集热器，其中的循环液体为水，每个集热器的面积为 2 m^2，FR1UL2 =4 W/m^2℃，流量为 0.01kg/s，试估计修正系数。

解答

由方程（4.22）可得，

$$K = \frac{A_{\mathrm{c}}F_{\mathrm{R1}}U_{\mathrm{L1}}}{\dot{m}c_{\mathrm{p}}} = \frac{2\times 4}{0.01\times 4180} = 0.19$$

则修正系数为

$$\frac{1-(1-K)^N}{NK} = \frac{1-(1-0.19)^5}{5\times 0.19} = 0.686$$

这个例子表明，在没有按照集热器数量相应地增加工质流量的条件下，串联集热器会导致能量输出发生显著损失。

4.1.3 标准要求

此处，在 ISO 标准中已提出关于有玻璃盖板和无玻璃盖板的集热器的各种要求。

有关测试程序要求和详细信息的综合列表，建议读者参考实际标准。

有玻璃盖板的集热器

为了圆满完成稳态试验，根据ISO9806-1：1994标准，试验环境条件要求如下（ISO，1994）：

（1）集热器采光面上的总日射辐照度应不小于800 W/m^2。

（2）集热器周围环境的平均风速应在2～4 m/s之间，如果自然风力小于2 m/s，必须使用人工风力发电机。

（3）直接辐射的入射角为法向入射角的±2%范围内。

（4）每一次试验中，流量应根据集热器面积设定在0.02 kg/s m^2，流量应稳定在设定值的±1%以内。不同试验周期的流量变化应不超过设定值的±10%。可根据制造商的说明，视具体情况使用其他流量。

（5）尽量减少测量误差，小于1.5K的工质温差测量结果可不予记录。

对于数据点的选取，应在集热器工作温度范围内至少取4个间隔均匀的工质进口温度。第一个数据点与环境温度的差值必须在±3 K范围内，最后的数据点应为制造商指定的最高限度的集热器工作温度。如果传热工质为谁，一般来说最高温度为70 ℃。对于每个工质进口温度，要取4个独立的数据点。如果没有实施连续跟踪，那么对于每个工质的进口温度，都应在本地太阳中午前后采集同等数量的数据点，此外，每个数据点至少需要15min的预处理时间，工质通过集热器的传输时间最少为15min，实际的测量时间应当是工质传输时间的4倍。

为建立一个稳态条件，应当每30秒取参数的平均值并将其与整个测试期间的平均值进行比较。如果试验参数的偏离在表格4.1规定的范围内，则将试验周期定义为稳态工况。

表4.1　有玻璃盖板集热器测量参数的偏离范围

参数	平均偏差
太阳总辐照度	±50 W/m^2
环境温度	±1 K
风速	2～4 m/s
工质流量	±1%
集热器进口工质温度	±0.1 K

无玻璃盖板集热器

无玻璃盖板集热器的测试较为困难，因为它的运行不仅受太阳辐射和环境温度的影响，而且还受到风速的影响。由于没有装配玻璃板，风速在很大程度上会影响到集热器的效率。由于很难找到一个具备稳定风力的时期（恒定风速和方向），ISO 9806-3：1995 标准中建议在测试中使用人工风力发电机来控制吹向集热器采光口的风速（ISO，1995b）。无玻璃盖板集热器的性能是其平板面积的函数，并且可能受到周围地面（通常是屋顶材料）的太阳能吸收特性的影响，因此，为了再现这些影响，建议最小使用尺寸为 5 m^2 的平板，同时应在一个具有典型特征的屋顶进行测试。除了在本章开头所列的测量参数，对入射至集热器平板上的长波热辐射也需要进行测量。或者，通过测量露点温度，也可以估计得出长波辐射率。

类似的要求还适用于无玻璃盖板集热器的预处理。然而，稳态试验周期应大于集热器有效热容量与工质热流量 $\dot{m}c_p$ 之比的 4 倍，在这种情况下，如果试验参数偏离它们在试验周期内的平均值若不超过表 4.2 规定的范围，则可认为在给定试验周期内集热器处于稳态工况。

使用太阳模拟器

在气候条件不适宜的国家，使用太阳模拟器对集热器进行室内测试是较好的选择。太阳模拟器一般有 2 种类型：一种是使用安装在远离集热器的点辐射源，另外一种是安装大面积的多个灯源在集热器附近。无论采用哪种方式，都应采取特殊的措施重现自然状态下的太阳辐射的光谱特性。对于模拟器特性的要求，在 ISO 9806-1：1994 标准中也已有说明，主要为以下内容（ISO 1994）：

（1）在试验期内，在集热器采光口表面的平均辐照度不应超过 ±50 W/m^2。

（2）集热器采光口表面任意一点的辐照与整个集热器采光口的平均辐照度差异不能超过 ±15%。

（3）如 ISO 9845-1：1992 中所指示的，光谱分布范围在 0.3 ~ 3μm 的波长的必须等同于大气质量为 1.5 条件下的光谱波长。

（4）热辐射不应超过 50 W/m^2。

（5）由于在多光源的模拟器中，灯照阵列的光谱特性会随时间，以及灯光被替换而变化，故必须定期检测并确定模拟器的光谱特性。

表 4.2　无玻璃盖板集热器测量参数的偏离范围

参数	平均数偏差
太阳总辐照度	±50 W/m^2
长波热辐射	±20 W/m^2
环境温度	±1K
风速	±0.25 m/s
工质流量	±1%
集热器进口工质温度	±0.1 K

太阳模拟器主要分为稳态式、闪光式和脉冲式三种类型。上述提及的太阳光模拟器为第一种类型。这种类型的模拟器主要用于低强度的测试，变化区间从少于一个到多个光照（sun）不等。

第二类是闪光式模拟器，最适合测试光伏（PV）电池和面板。这种太阳模拟器的测量是瞬时的，持续时间近似于照相机闪光灯闪烁的时间（几毫秒）。一些模型也可以测试 PV 的伏安特性。这种模拟器具非常高太阳光照强度。它的主要优点是能够避免热量积聚在试验样品中。缺点是由于灯的快速加热和冷却，其强度和光谱不能保持恒定，这就有可能会因重复测量产生可靠性问题。

第三类为脉冲式太阳模拟器。这种模拟器是通过灯源与测试试样之间的快门释放或阻挡光线进行试验。脉冲通常约为 100 ms。在这种情况下，灯在整个测试期间保持在开启状态，于是该模拟器便相当于是介于稳态型和闪光型之模拟器之间。这种模拟器的缺点在于它具有较高的功率消耗和连续相对较低的光照强度。它的优势在于施加在试验试样上的光照强度和光谱输出较稳定，热负荷较低。

4.2　集热器入射角修正系数

4.2.1　平板集热器

平板集热器（FPC）的性能方程（4.9）和（4.11）假设太阳垂直照射在集热器面板上，但实际上这种情况很少见。FPC 的玻璃盖板会对辐射产生镜面反射，从而降低了（$\tau\alpha$）的乘积。入射角修正系数，K_θ 表示入射角为 θ 时的（$\tau\alpha$）与入射角为 0 度时的（$\tau\alpha$）$_n$ 的比值。依据标准 ISO 9806-1：1994，数据是在入射角为 0°，30°，45°和 60°时获得的（ISO，1994），图 4.5 展示了入射角的修正。

如果我们绘制入射角修正系数随 1/cos（θ）－1 变化，可以看到一条直线。如图 4.6 所示，入射角系数为：

$$K_\theta = \frac{(\tau\alpha)}{(\tau\alpha)_n} = 1 - b_o\left[\frac{1}{\cos(\theta)} - 1\right] \tag{4.25}$$

对于玻璃盖板集热器，方程（4.25）中的系数 b_o，也就是图 4.6 中的直线的斜率，约等于0.1。入射角修正系数的通用的表达式为如下的二阶方程：

$$K_\theta = 1 - b_o\left[\frac{1}{\cos(\theta)} - 1\right] - b_1\left[\frac{1}{\cos(\theta)} - 1\right]^2 \tag{4.26}$$

根据集热器效率的入射角修正系数，方程（4.11）可以整理为：

$$\eta = F_R(\tau\alpha)_n K_\theta - c_1\frac{(T_i - T_a)}{G_t} - c_2\frac{(T_i - T_a)^2}{G_t} \tag{4.27}$$

用于收集有效能量的方程（4.9），也可以采用类似的方式进行整理。

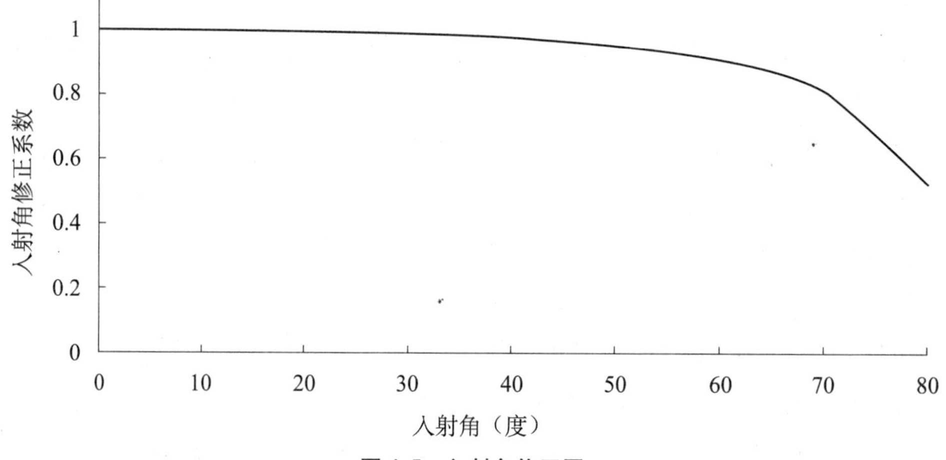

图 4.5　入射角修正图

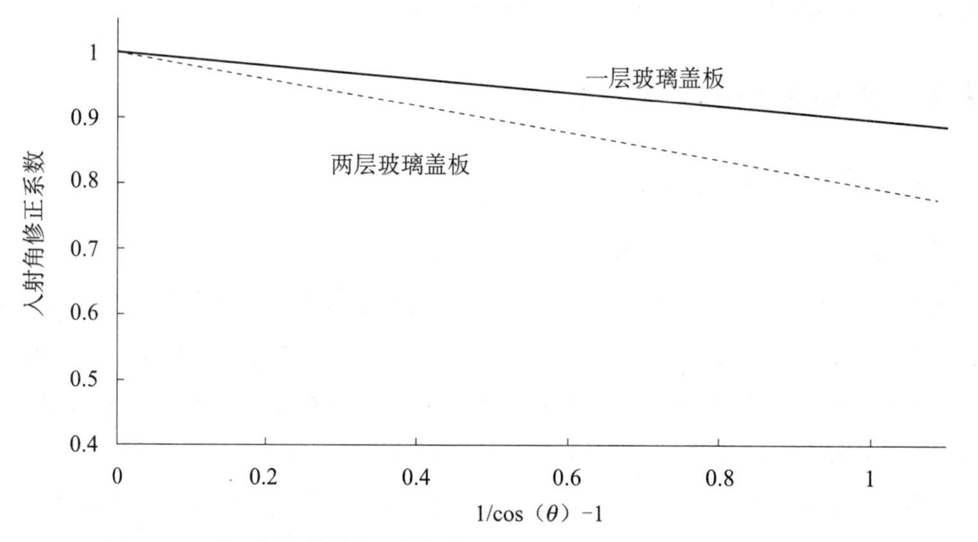

图 4.6　两种平板集热器的入射角修正系数与 1/cos（θ）－1 的函数关系图

对于不具有对称光学特性的集热器，其入射角修正系数近似为两个正交入射角修正系数的乘积，它们分别位于集热器平板的纵轴（l）和横轴（t）[$K_\theta = K_{\theta,l}K_{\theta,t}$]，且在每个平面上都使用适当的入射角度。采用这个方程是因为真空管集热器的盖板产生了光学非对称效应。

4.2.2　聚光型集热器

同样的，对聚光型集热器，如果太阳辐射的光线垂直照射在集热器采光口表面，则可以利用上文中提及的性能方程（4.10）和（4.13）。对于偏离的入射角，光学系数（η_o）通常很难用分析的方法描述，由于不同的集热器具有不同的几何结构、光学性质、接收器几何结构、接收器光学性质，会导致该系数发生显著的差异。随着入射光线的入射角度增加，这些系数将变得更为复杂。但是，与入射修正系数结合，就可以解释这些参数在不同入射角度下的综合影响。这一相关系数可以应用到效率曲线中，并且该系数为直接太阳辐射和集热器表面采光口外向法向间夹角的函数。其中方程描述了集热器的光学效率是如何随着入射角的改变而发生变化的。根据入射角修正系数，方程（4.13）可表示为：

$$\eta = F_R K_\theta \eta_o - \frac{c_1(T_i - T_a)}{CG_B} - \frac{c_2(T_i - t_a)^2}{CG_B} \tag{4.28}$$

如果集热器入口流体温度与环境温度相同，则入射角修正系数可表示为：

$$K_\theta = \frac{\eta(T_i = T_a)}{F_R[\eta_o]_n} \tag{4.29}$$

当入口流体温度等于环境温度时，$\eta(T_i = T_a)$ 便是在所需入射角的测量效率。方程（4.29）中的分母便是取自集热器效率试验的方程（4.13）中的测试截距，$[\eta_o]_n$ 为垂直的光学效率，即垂直入射角的光学效率。

例如，以图4.7中的小正方形表示测试所获得的结果，利用曲线拟合的方法（二次多项式拟合），我们可以得到与这些点最匹配的曲线（Kalogirou等人，1994）。

$$K_\theta = 1 - 0.00384(\theta) - 0.000143(\theta)^2 \tag{4.30}$$

在IST集热器中，由集热器制造商给出的入射角修正系数 K_θ 为：

$$K_\theta = \cos(\theta) + 0.0003178(\theta) - 0.0003985(\theta)^2 \tag{4.31}$$

4.3　聚光型集热器接收角

聚光型集热器的其他测试中需要测量集热器的接收角，这一测试描述了跟踪装置角定向的误差影响的特性。

随着太阳光线扫过集热器平板表面，在脱离跟踪设备的状态下，通过测试不同的非聚焦角度上的效率，便可得到集热器的接收角。图 4.8 的例子展示了垂直于跟踪轴的入射角随着效率因数发生改变，即垂直入射的最大效率与特定非聚焦角度的效率之比。

集热器接收角就是指入射角度的范围（正如从垂直于跟踪轴所测得的数据），其中效率因子变化范围不超过垂直入射值（ASHRAE，2010）的 2%。因此，从图 4.8 中可知，集热器半接收角 θ_m 为 0.5°。这个角度决定了跟踪设备的最大误差。

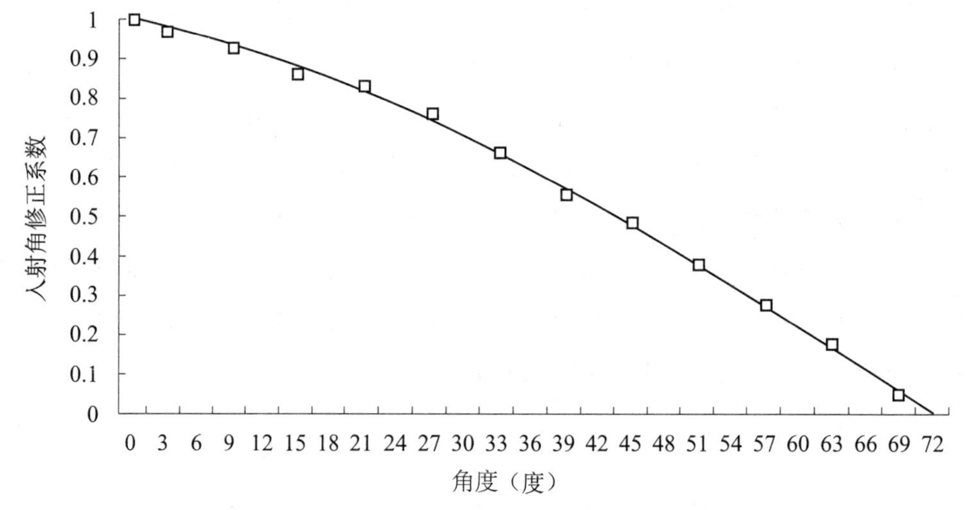

图 4.7　抛物槽式集热器入射角修正系数试验结果

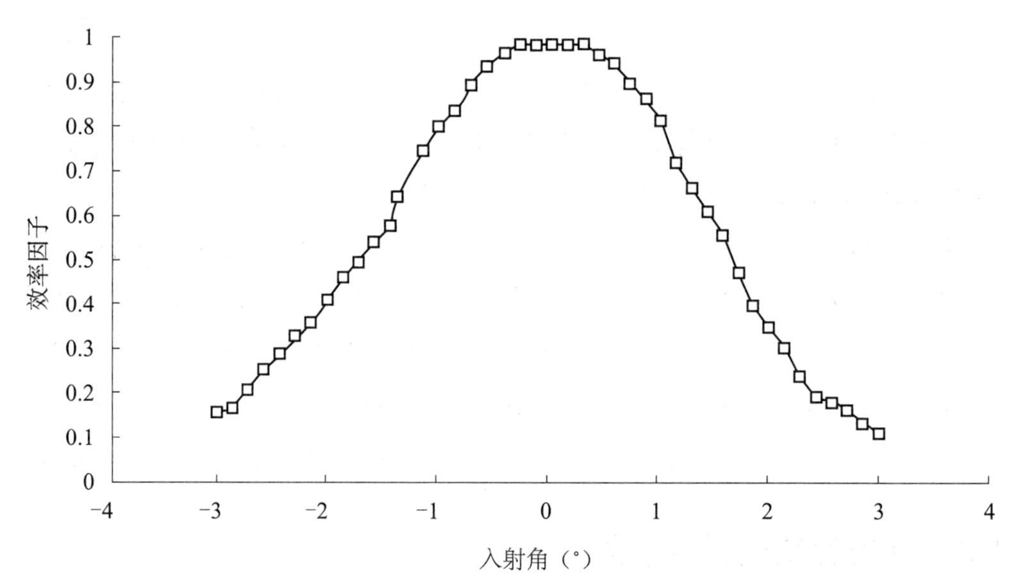

图 4.8　抛物槽式集热器接收角测试结果

4.4　集热器时间常数

集热器测试的最后一项，就是依据时间常数确定集热器的热容量。此外，还应确定太阳能集热器的响应时间，这样可以评估集热器的瞬态行为并为准稳态或稳态效率测试选择正确的时间间隔。每当瞬态条件存在时，方程（4.9）—（4.14）便无法限定集热器的热性能，因为部分吸收的太阳能被用于加热集热器及其组件。

集热器的时间常数是在入射辐射发生阶跃变化后，工质离开集热器并达到其最终稳定值的63.2%所需的时间。集热器时间常数是衡量应用下列关系（ASHRAE，2010）所需时间的度量单位：

$$\frac{T_{of}-T_{ot}}{T_{of}-T_{i}}=\frac{1}{e}=0.368 \tag{4.32}$$

式中，

T_{ot} = 一段时间 t 后，集热器出口水温（℃）；

T_{of} = 集热器出口水的最终温度（℃）；

T_{i} = 集热器入口水温（℃）。

测试的步骤如下：在集热器热效率测试期间，热传递工质以相同流量的速率在集热器中循环。用遮光板挡住落在集热器上的太阳辐射，或使用聚光式集热器时，使集热器散焦，并调节集热器入口传热工质的温度与周围环境温度相等。当达到稳定状态时，移去遮光板并继续测量直至重新到达到稳定状态。当出口工质温度变化不超过0.05 ℃/min（ISO，1994）时，即认为达到稳态。

在时间段 t 内，绘制集热器出口工质温度与其周围环境温度的差值（$T_{ot}-T_{a}$）（注：测试中 $T_{i}=T_{a}$）随时间变化的曲线，曲线从初始稳态条件（$T_{oi}-T_{a}$）开始并且一直持续到较高温度下的第二次稳定状态（$T_{of}-T_{a}$），如图4.9所示。

集热器的时间常数是指在时间零点时，太阳辐射发生阶跃式增加后，从集热器出口温度（$T_{oi}-T_{a}$）与进口温度（$T_{of}-T_{a}$）之差逐步上升至总量的63.2%所需的时间。

在ISO 9806-1：1994中描述的时间常数反映了集热器升温的状态。除过先前研究的方法，另一种测试方法在ASHRAE93：2010标准中已有描述，这便是在降温过程中测量时间常数。在这种情况下，调节集热器使入口工质温度与环境温度相同。通过遮挡平板集热器（FPC）或是通过将聚光型集热器散焦的方式，使入射的太阳能随后突然降到0。持续进行监测传热工质温度随时间的变化情况，直到满足方程

(4.33)：

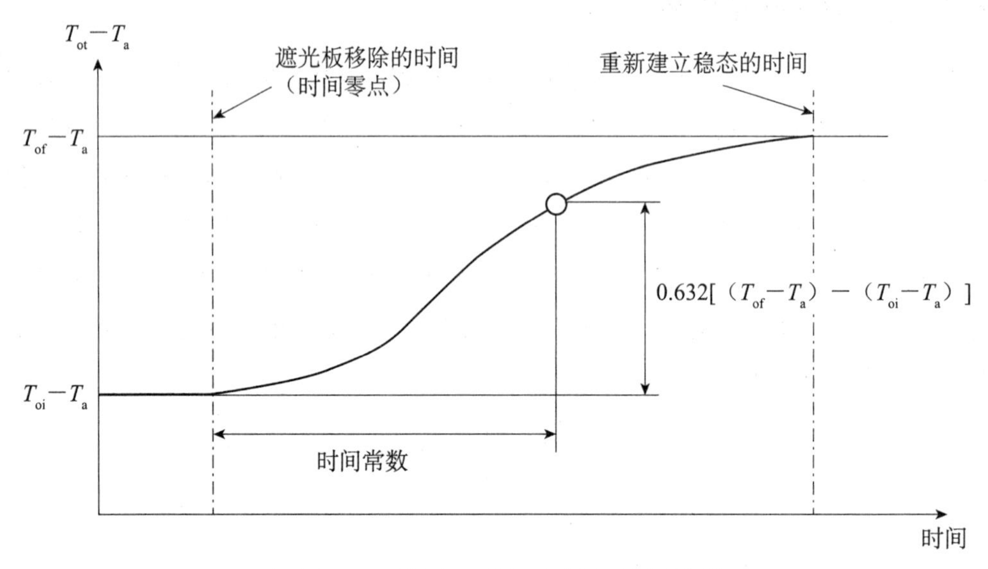

图 4.9　ISO 9806-1：1994 中指定的时间常数

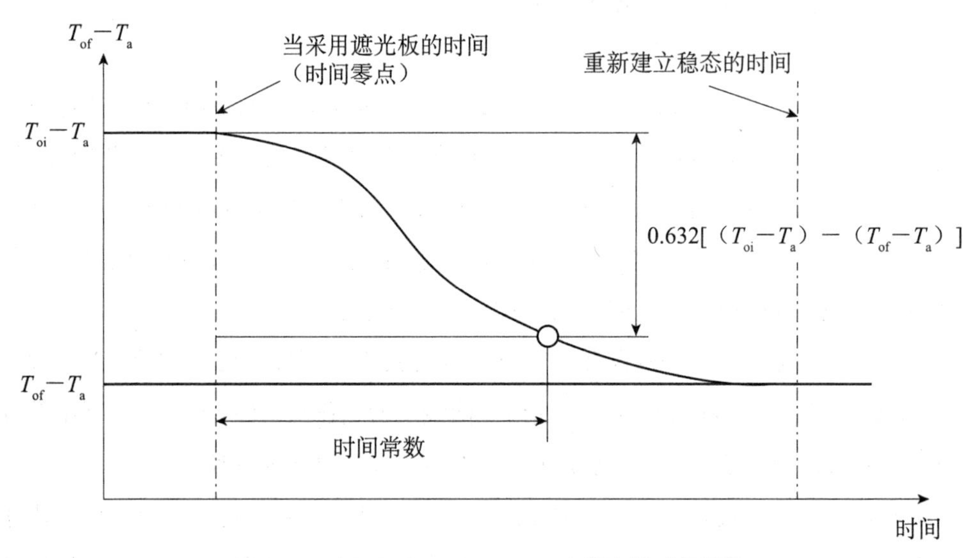

图 4.10　在 ASHRAE 93：2010 中指定的时间常数

$$\frac{T_{ot} - T_i}{T_{oi} - T_i} = \frac{1}{e} = 0.368 \tag{4.33}$$

式中，

T_{oi} = 集热器出口初始水温（℃）。

在这种情况下，工质的各种温度之间的差如图 4.10 所示。

集热器的时间常数是指在时间零点时，太阳辐射发生阶跃式增加后，从集热器出口温度（$T_{oi}-T_a$）与进口温度（$T_{of}-T_a$）之差逐步上升至总量的63.2%所需的时间（ASHRAE，2010）。

4.5　动态系统测试方法

如果一个地点不具备长期稳定的环境，就可以使用瞬态或动态系统测试方法。这种方法需要在数天（包括在晴天和多云条件）时间内监测集热器的瞬态响应。与稳态方法相比，动态测试方法获得的集热器性能数据更为详细，而且试验周期短，可以在任何时间的任何的天气条件下进行。测试后，在这种宽范围条件下操作，收集到的数据适合用于集热器性能的瞬态数学模型。数据每5~10分钟就会测量一次。对于玻璃盖板集热器，以下模型可被应用于瞬态有效能量的收集（Morrison，2001）：

$$Q_u = \eta_o[K_{\theta,B}G_B + K_{\theta,D}G_D] - a_0(\bar{T} - T_a) - a_1(\bar{T} - T_a)^2 - c\frac{d\bar{T}}{dt} \tag{4.34}$$

其中η_o，a_o，a_1，c以及系数$K_{\theta,B}$及$K_{\theta,D}$由测试测量数据的相关性确定。

方程（4.34）与应用于稳态测试的二阶方程类似，对此我们在本章之前的内容中已经对其进行了介绍，并增加了瞬态项，以及直射入射角修正系数$K_{\theta,B}$和散射入射角修正系数$K_{\theta,D}$。

如果测试程序覆盖的操作条件范围更广的话，则可以使用更复杂的模型。在任何情况下，测得的瞬态数据都可以采用一种程序进行分析，该程序能够比较一系列模型系数，最大限度地减少测量和预测输出之间的偏差。正确的方法应该是尽可能单独确定各种参数，但这需要足够多的数据。因此，需要控制实验条件，使所有变量都能在测试过程中的任何阶段独立地对集热器的操作产生影响。此外，需要一个宽泛的测试条件从而精确地确定入射角修正系数。该方法的优势是测试所使用的设备与图4.1和4.2中的稳态测试所需的设备相同。这意味着一个测试中心只需用相同的设备，就可以根据当时的天气情况，在一年之中的不同时期进行稳态和动态测试。这两种方法之间的主要区别在于，在动态的测试方法中，数据是连续记录的，记录时间超过一天或平均大于5~10min。

由于集热器参数范围较广，因此可以用动态的方法来确定，这使得即使是在晴天和稳定的气候条件下，动态测试也有可能取代稳态测试方法。

4.6　效率参数转换

目前提及的集热器性能方程都使用了入口工质温度。但是，在一些欧洲标准中

(EN 12975-2：2006)，使用的则是平均温度，T_m，它是指入口温度和出口温度的算术平均值$[(T_i+T_o)/2]$，且绘制的效率曲线随$(T_m-T_a)/G_t$变化。在这种情况下，集热器的瞬时效率可表示为：

$$\eta = F'_m(\tau\alpha) - F'_m U_L\left(\frac{T_m - T_a}{G_t}\right) \quad (4.35)$$

其中，F'_m是平均温度的集热器效率因子。

如果集热器温度的上升与距离呈线性关系，则该方程适用于大多数应用$F'_m = F'$，方程（3.48）给出了集热器的效率因子。

因此，在T_m用于集热器性能的情况下，根据方程（4.35）绘制出一条直线，曲线的截距$F'_m(\tau\alpha)_n$和斜率$F'_m U_L$的分别与$F_R(\tau\alpha)_n$及$F_r U_L$，相关，从方程（4.2）和（4.4）中消去η和T_o，可得：

$$F_R(\tau\alpha)_n = F'_m(\tau\alpha)_n\left(1 + \frac{A_c F'_m U_L}{2\dot{m}c_p}\right)^{-1} \quad (4.36a)$$

$$F'_m(\tau\alpha)_n = F_R(\tau\alpha)_n\left(1 - \frac{A_c F_R U_L}{2\dot{m}c_p}\right)^{-1} \quad (4.36b)$$

且

$$F_R U_L = F'_m U_L\left(1 + \frac{A_c F'_m U_L}{2\dot{m}c_p}\right)^{-1} \quad (4.36c)$$

$$F_R U_L = F'_m U_L\left(1 + \frac{A_c F_R U_L}{2\dot{m}c_p}\right)^{-1} \quad (4.36d)$$

要应用这些方程，则通过集热器的工质流量必须是已知的。

同样，在T_o用于集热器性能的情况下，绘制的效率曲线随着（T_o-T_a）/G_t变化，有时可用于空气集热器，该集热器瞬时效率为：

$$\eta = F'_o(\tau\alpha) - F'_o U_L\left(\frac{T_o - T_a}{G_t}\right) \quad (4.37)$$

根据方程（4.37），也如上图一样绘制一条直线，其截距$F'_o(\tau\alpha)_n$及斜率$F'_o U_L$分别与$F_R(\tau\alpha)_n$和$F_r U_L$有关。

$$F_R(\tau\alpha)_n = F'_o(\tau\alpha)_n\left(1 + \frac{A_c F'_o U_L}{\dot{m}c_p}\right) - 1 \quad (4.38a)$$

$$F'_o(\tau\alpha)_n = F_R(\tau\alpha)_n\left(1 - \frac{A_c F_R U_L}{\dot{m}c_p}\right) - 1 \quad (4.38b)$$

且

$$F_R U_L = F'_o U_L \left(1 + \frac{A_c F'_o U_L}{\dot{m} c_p}\right)^{-1} \tag{4.38c}$$

$$F'_o U_L = F_R U_L \left(1 - \frac{A_c F_R U_L}{\dot{m} c_p}\right)^{-1} \tag{4.38d}$$

4.7　太阳能集热器测试中的不确定度评估

在本章前面的部分对有关太阳能集热器的性能评价进行了描述，在任何情况下，都可以推导出用于输出预测的集热器的性能方程。集热器测试的根本目的在于在特定条件下测定集热器的热效率，并且通过方程（4.4）和（4.11）分别给出的2个或3个参数单节点的稳态模型，从中可以看出集热器的性能。方程（4.34）中给出平板集热器的准动态模型或动态测试方法。

在实验阶段，需要测量入口和出口温度及太阳能和基本的气候量。然而，在分析数据过程中，将最小二乘拟合应用到测量的数据，从而确定上述方程的各种参数。上述所有的测量方法及计算公式都有一定的不确定性，需参考EN 12975-2：2006的附件K进行分析。正如标准中提到的，附件旨在为在根据标准进行的太阳能集热器测试提供一个一般性的指导，不确定值的表示方法与标准差的表示方法相同。

应指出的是，本文提出的不确定性评估方法只是其中一种可能的方法。测试实验室使用的具体方法通常是由实验室的认证机构推荐的。然而，目前所采用的做法已经给出，并包括在上述标准中。

更具体地说，假定该集热器的性能可以通过M-参数单节点稳态或准动态模型进行描述，即：

$$\eta = c_1 p_1 + c_2 p_2 + \cdots + c_M p_M \tag{4.39}$$

式中，

p_1，p_2，…，P_M是参数数量，其值通过测试实验确定；

c_1，c_2，...，c_M是通过测试确定的集热器的特性常数。

在方程（4.11）得出稳态模型的情况下，$M=3$，$c_1=\eta_o$，$c_2=U_1$，$c_3=U_2$，$p_1=1$，$p_2=(T_i-T_a)/G_t$及$p_3=(T_i-T_a)^2/G_t$。在实验阶段，根据所使用的模型在J稳态或准动态状态点测量以上提及的各种参数数量。一般情况下，在这些主要的测量中，参数η，p_1，p_2，...，p_M均来自于每一个观察点j，$j=1$，...J。通常，在每一个J测试点上，测试的实验过程都会形成一组J实验数据，其中包括η_j，$p_{1,j}$，$P_{2,j}$，…，$P_{M,j}$的数值。

在不确定性的测定中，需要计算每个观测数据点上各自的合并标准不确定度$(\eta j), u(p_{1,j}), \ldots, u(p_{M,j})$。此外，在实践中，这些不确定因素几乎永远不恒定，并且对所有的点都一样，但是每一个测试点都有它的标准偏差，因此需要对这些偏差进行评估。

根据标准和 Mathioulakis 等人（1999）的报告，实验数据的标准不确定度的评定方法通常分为 A、B 两类。前者的不确定度是利用统计方法进行确定的，而后者则是采用不同于前者的其他方法。

测量的目的是确定被测量的值，即是说，对特定数量的值进行测量。因此，测量应以一个适当的规范、测量方法及测试过程为基础展开。现在人们广泛认识到，如果对所有的已知或潜在的误差分量进行评估，并实施了适当的修改时，不确定性仍然存在。因此，需要确定测量方法中所有被测量的数值是否正确（BIPM 等人，2008）。测量的不确定性是指表征合理地赋予被测量之值的分散性，与测量结果相联系的参数（Sabatelli 等人，2002）。

A 类的不确定度 u_A（s）源于集热器在稳态或准动态状态操作状态下对每一个点重复测量的统计分析。如果在重复性条件下反复进行测试，则可以观察到测量值的离散情况。由于影响测量结果的影响量无法完全保持恒定，所以假设在反复观测的过程中会出现各种变化。因此，在稳态测试中，A 类标准不确定度是取自测试过程中 N 个测量值的平均值的标准差，即如下公式所示：

$$u_A(s) = \left(\frac{\sum_{j=1}^{N} (x_j - \bar{x})^2}{N(N-1)} \right)^{0.5} \tag{4.40}$$

如方程（4.40）所示，A 类型的不确定度取决于测试的具体条件，因此可通过增加测量次数降低不确定度（Sabatelli 等人，2002）。在准动态测试中，若没有使用重复测量的算术平均值，不确定度 $u_A(s)$ 等于零。

A 类型的不确定度取决于测试的具体条件。这类不确定度包括在标准限定的测量过程中，测量所产生的波动以及因测试条件发生的变动，如空气速度和总散射辐射。

B 类型的不确定度来自整个测量过程中不确定因素的组合，其中考虑到了所有可用的数据，包括传感器的不确定性，数据记录器的不确定性，以及通过测量仪器得到的测量值之间可能存在的差异所导致的不确定性（Mathioulakis 等人，1999）。因此，B 类型的不确度不能通过增加测量数量的方式来减少。与测量值 s 有关的不

确定度 $u(s)$ 是 B 类不确定度 $u_B(s)$ 的组合结果，它代表校正设置的性能特点。此外，它也是 A 类不确定度 $u_A(s)$ 的组合结果，代表数据取样期间的波动。

在某些情况下，如果已知被测量 X 的可能值出现在 a_- 至 a_+ 区间内的概率为 1，落在这一区间之外的概率为 0，则可能估计 a 值的边界（上界或下界）。若无法获得出现在该区间内 i 的可能的值，只能假设 X 可能出现在范围内的任何一处。那么 X 的预期值便处在该区间的中点，即 $x = (a_- + a_+)/2$，由此而得到的标准不确定度为（BIPM 等人，2008）：

$$u_{B,x} = \frac{a}{\sqrt{3}} \tag{4.41}$$

如果有超过一个以上的独立不确度（A 类或 B 类）u_k，最终的不确定度是根据不确定度组合的一般规律计算得出的：

$$u = \left[\sum_i u_i^2\right]^{0.5} \tag{4.42}$$

例如，具有双重不确定度的总日射表，该表通常具有非线性误差，且误差范围在 ±5 W/m^2，而且该设备还具有温度依赖性，且在实际的操作范围内有 ±5 W/m^2 的变化，利用误差传播定律，得出相应的标准不确定度为：

$$u_B(x) = \left[\frac{(a_{g1})^2}{3} + \frac{(a_{g2})^2}{3}\right]^{0.5} = \left[\frac{(5)^2}{3} + \frac{(5)^2}{3}\right]^{0.5} = 4.1\mathrm{W/m^2} \tag{4.43}$$

合成标准不确定度表示当测量结果是由若干个其他量的值求得时的标准不确定度（Mathioulakis 等人，1999）。为评定合成标准的不确定度，需要考虑到所有可能的误差信息源。这同时涉及传感器以及整个数据采集链的不确定度的评价。在大多数情况下，被测量量 Y 由 N 个其他量 $X_1, X_2, \ldots, X_N$ 通过函数关系 f 来确定，即 $Y = f(X_1, X_2, \ldots, X_P)$。通过误差传播定律可得标准不确定度：

$$u(y) = \left\{\sum_{i=1}^{P}\left(\frac{\partial f}{\partial x_i}\right)^2 [u(x_i)]^2 + 2\sum_{i=1}^{P-1}\sum_{j=i+1}^{P}\frac{\partial f}{\partial x_i}\frac{\partial f}{\partial x_j}\mathrm{cov}(x_i, x_j)\right\}^{0.5} \tag{4.44}$$

在太阳能集热器效率测试中，这种间接测定方法确定的是瞬时效率 η，它来自集热器水平的总太阳辐射、流体质量流量、温差、集热器面积以及比热容。在这种情况下，在每一个瞬时效率值 η_j 中的标准不确定度 $u(\eta_j)$ 通过在主要测量值中的合成标准不确度计算得出，并同时考虑到它们与导出量 η 的关系（EN 12975-2：2006）。

4.7.1　效率测试结果的拟合与不确定度

在分析收集到的测试数据时，要用到最小二乘拟合法，从而确定系数 c_1，c_2，

...，c_M的值。实际上，在所有观测中的典型偏差几乎都不是恒定不变的，但每一个数据点（η_j，$p_{1,j}$，$p_{2,j}$，...，$p_{M,j}$）都有各自的标准差 σ_j，通常使用加权最小二乘法（WLS）在测量值及其不确定性的基础上进行计算。基于 WLS 的方法，可以将 χ^2 函数最小化，得出模型参数的最大似然估计：

$$\chi^2 = \sum_{j=1}^{J} \frac{(\eta_j - (c_1 p_1 j + c_2 p_2 ,j + \cdots + c_n p_{M,j}))^2}{u_j^2} \tag{4.45}$$

其中的 u_j^2 是 $\eta_j - (c_1 p_{1,j} + c_2 p_{2,j} + ... + c_N p_{M,j})$ 差值的方差：

$$u_j^2 = \mathrm{var}(\eta_j - (c_1 p_{1,j} + c_2 p_{2,j} + \cdots + c_N p_{M,j})) = (u(\eta_j))^2 + c_1^2(u(p_{1,j}))^2 + \cdots + c_M^2(u(p_{M,j}))^2 \tag{4.46}$$

通过上式可知，由于方程（4.45）中具有非线性，通过最小化 χ^2 函数的方式得出系数 c_1，c_2，...，C_M及它们的标准不确定度是相当复杂的。以下将提供一种简单可行的方法，找出这些不确定度（Press 等人，1996）：

K 为一个 $N \times M$ 的矩阵，$k_{i,j}$由 M 个基本函数构成。由不确定度 u_i给定权重，基于 $\Delta T/G_t[=T_i^*]$ 和$(\Delta T)^2/G_t[=G_t(T_i^*)^2]$ 的 N 个实验值估计 M 个 基本函数。

$$k_{i,1} = 1/u_i, k_{i,2} = T_i^*/u_i, k_{i,3} = G_t(T_i^*)^2/u_i$$

$$K = \begin{vmatrix} k_{1,1} & \cdot & \cdot & k_{1,M} \\ \cdot & \cdot & \cdot & \cdot \\ \cdot & \cdot & \cdot & \cdot \\ k_{N,1} & \cdot & \cdot & k_{N,M} \end{vmatrix} \tag{4.47}$$

也可让 L 成为长度为 N 的向量，其元素 l_i是由 η_i的值构成，并通过不确定性 u_i：进行拟合及加权。

$$I_j = \frac{\eta_i}{u_u}, \mathbf{L} = \begin{vmatrix} \eta_1/u_1 \\ \cdot \\ \cdot \\ \eta_J/u_J \end{vmatrix} \tag{4.48}$$

最小二乘问题的标准方程可表示为：

$$(K^T \cdot K) \cdot \mathbf{C} = K^T \cdot \mathbf{L} \tag{4.49}$$

其中，**C** 是由拟合系数组成的一个向量。

在计算变量 u_i^2时，需得知系数 c_1，c_2，...，c_M的值，所以，可能的解决方法就是将标准最小二乘法拟合计算出的系数值作为初始值。这些初始值可用于方程式（4.46）计算 u_i^2，$I=1$，...，I，并形成矩阵 K 及矢量 **L**。

通过方程（4.49），可得到系数 c_1，c_2，...，c_M的新值，预计该值与通过标准最小二乘法拟合得出的值没有显著的差异，并且可用作计算 u_i^2的初始值。

此外，如果矩阵 $Z = INV\ (K^T \cdot K)$ 对角线上的元素 $z_{k,k}$是未知量（变化量）的平方，且其非对角线上的元素 $z_{k,i} = z_{l,k}$（$k \neq l$）是拟合系数之间的协方差：

$$u(c_m) = \sqrt{z_{m,m}}, \quad m = 1,2,\cdots,M \tag{4.50}$$

其中

$$\mathrm{Cov}(c_k,c_l) = z_{k,l} = z_{l,k}, \text{对于 } k = 1,\cdots,M; l = 1,\cdots,M; \text{且 } k \neq l \tag{4.51}$$

如果要在下一个阶段用方程（4.39）和（4.44），在 η 的预测值中计算不确定度 u（η），则需知道拟合系数间的协方差。

需要注意的是，方程（4.49）可以通过标准的数值计算方法解出（例如，高斯—约当消去法），此外，也可以使用电子表格程序的矩阵运算函数。

在太阳能集热测试中，有关不确定度确定的更详细讨论请参阅 Mathioulakis 等人（1999），Müller-Schöll 和 Frei（2000）以及 Sabatelli 等人（2002）的文章。

4.8　集热器试验结果及初步筛选

集热器测试需要评价太阳能集热器的性能，并对不同的集热器进行比较，从而为特定的应用选择一个最合适集热器。从4.1～4.5小节中得知，通过测试我们可以了解到集热器是如何吸收和散失太阳热量的。与此同时，测试也反映了太阳辐射入射角度的影响及显著的热容量效应，这些可以通过集热器时间常数确定。

在最终筛选出集热器之前，必须对完整的系统进行长达1年的分析，这其中还包括实际的天气条件和负荷状况。此外，应当对具有不同性能参数的集热器进行初步筛选，从而确定和负载最为匹配的集热器。要实现这个目标的最佳途径是确定参数 ΔT/G 的预期范围，集热器效率 η 与热损失参数的函数关系如图4.11所示（Kalogirou，2004）。

集热器效率曲线可应用于集热器的初步筛选。但是，效率曲线只能对集热器的瞬时性能进行说明，其中不包括由一年中变化的入射角度、换热器以及 T_i、T_a、太阳辐射、系统热损失或控制策略发生的概率。最终筛选需要对集热器的长期能量输出和成本效益进行研究。评估某一特定的集热器和系统的年度性能需要利用适当的分析工具，比如 *f*-chart，WATSUN，或 TRNSYS。我们将在第11章中对这些工具进行介绍。

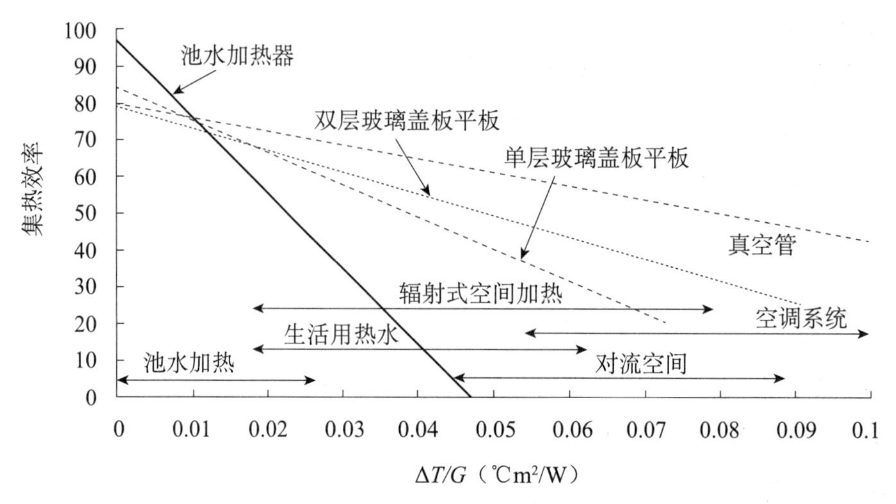

图 4.11　各种液体集热器的集热效率

集热器性能方程也可应用于集热器日常能量输出的评估。以下将通过例 4.2 进行说明。

例 4.2

有一平板集热器（FPC）具有以下特征：

$$\eta = 0.76 - 5.6[(T_i - T_a)/G_t]$$

$$K_\theta = 1 - 0.12[1/\cos(\theta) - 1]$$

通过一天中所收集到的能量找出如表 4.3 中所示的特性。

表 4.3　数据采集实例 4.2

太阳时	环境温度，Ta（℃）	太阳辐照度，G_t（W/m²）
6	25	100
7	26	150
8	28	250
9	30	400
10	32	600
11	34	800
12	35	950
13	34	800
14	32	600
15	30	400
16	28	250
17	26	150
18	25	100

集热器位于北纬35°，面积为2m^2，正面朝南，与地面呈45°角。在6月16日对集热器进行评估，集热器入口温度恒定保持在50 ℃。

解答

由于每小时可获得天气状况的信息，因此必须每1h评估一次，前提是天气条件保持稳定。其中，最难确认的参数是集热器进口温度 T_i，该参数取决于测试所采用的系统及其所在位置。本例中假设该温度在全天保持在50 ℃。

因此，效率 η 等于 $Q_u/A_c I_t$

$$Q_u = A_c I_t [0.76 K_\theta - 5.6(T_i - T_a)/G_t]$$

计算入射角需要估计入射角修正系数 K_θ，该系数可通过方程式（2.20）获得。6月16日的磁偏角是23.35°。应当注意的是，$\Delta T/G_t$ 的评估中，所用的辐射单位是W/m^2，而在评估辐照度 Q_u 时的测量单位为kJ/m^2。计算结果如表4.4所示：

表4.4　例4.2的结果

太阳时	T_a（℃）	I_t（kJ/m^2）	$\Delta T/G_t$（℃m^2/W）	θ（°）	K_θ	Q_u（kJ）
6	25	360	0.250	93.9	0	0
7	26	540	0.160	80.5	0.393	0
8	28	900	0.088	67.5	0.806	215.6
9	30	1440	0.050	55.2	0.910	1185.4
10	32	2160	0.030	44.4	0.952	2399.8
11	34	2880	0.020	36.4	0.971	3605.5
12	35	3420	0.016	33.4	0.976	4460.8
13	34	2880	0.020	36.4	0.971	3605.5
14	32	2160	0.030	44.4	0.952	2399.8
15	30	1440	0.050	55.2	0.910	1185.4
16	28	900	0.088	67.5	0.806	215.6
17	26	540	0.160	80.5	0.393	0
18	25	360	0.250	93.9	0	0

因此，一天中收集的总能量 = 19,273.4 kJ。

在本例中，电子表格表程序为评估提供了极大的便利。

4.9　质量检验方法

如第3章所讨论的内容，构成集热器的材料除了应当能承受由于流体循环造成的影响以外，还应当能承受太阳的紫外线辐射造成的不利影响，因此集热器应具有20年以上的使用寿命。太阳能集热器每天都必须在热循环条件下和极端天气条件下运行，如严寒、高温、热冲击、冰雹或故意损毁产生的外部影响以及压力波动，而且大部分因素会同时发生。

因此，需要确定太阳能集热器的质量，特别是在极端操作条件下的集热器，要按照国际标准 ISO 9806-2：1995（1995a）指定的要求进行检验。该标准适用于除跟踪式聚光型集热器以外的所有类型的太阳能集热器，包括集热储水一体化系统。测试要求集热器能够承受一系列的影响，并且这些影响可以清晰地识别和量化，如较高的内部流体压力，高温和雨水渗透（参见表4.5）。该测试必须按照表4.5中指定的序列，以便在随后的测试中发现某一环节存在的问题。

表4.5　太阳能集热器的质量测试序列

序号	测试	集热器
1	内部压力测试	A
2	耐高温测试[a]	A
3	曝光测试	A，B及C
4	外部热冲击试验[b]	A
5	内部热冲击试验	A
6	雨水渗透测试	A
7	耐冻结测试	A
8	内部压力测试（重复测试）	A
9	热性能测试	A
10	耐冲击性试验	A或B
11	最终检验	A，B及C

[a]对于有机吸收器，应首先进行耐高温性能试验，以确定内部压力测试所需的集热器临界温度
[b]外热冲击试验可与曝光测试相结合。

在许多质量测试中，集热器都是在滞止温度状态下进行操作的。如果集热器在足够高的入口流体温度条件下进行测试，其效率方程式可用于确定滞止温度。利用方程（4.11），并用η_o表示$FR(\tau\alpha)_n$，集热器的临界温度为：

$$T_{stag} = T_a + \frac{-c_1 + \sqrt{c_1^2 + 4\eta_o c_2 G_t}}{2c_2} \tag{4.52}$$

4.9.1　内部压力测试

对集热器进行压力测试旨在评估其在运行过程中可能承受的压力水平。对于金属集热器，压力测试时间为10min，压力大小应以制造商规定的最大压力或者其规定的集热器最大运行压力的1.5倍这两者中较低者为准。

由有机材料制成的集热器（塑料或弹性塑料），在测试温度达到最高温度时，集热器处于滞止状态，这是由于有机材料对温度具有依赖性。表4.6中给出的其中一个参考条件必须根据集热器运行时的天气状况用于确定试验温度。当测试压力为制造商所规定最大运行压力的1.5倍时，测试时间应保持至少1h。

按照制造商的说明，空气集热器的测试压力应当是集热器最大工作压差的1.2倍（高于或低于大气压力），测试时间持续10min。

4.9.2　耐高温测试

该测试旨在快速地评估集热器是否能承受较高水平的辐射并且不发生故障，如玻璃破碎，塑料盖破损，塑料吸收涂层融化，或由于集热器材料的排气造成集热器表面产生沉淀物等。该测试的温度应为集热器滞止温度，且在达到稳定状态后，测试应持续至少1h。测试所需的环境要求如表4.6所示，其中还涵盖了周围的空气速度（空气速度应低于1 m/s）。

表4.6　耐高温测试的气候基准条件

	A级	B级	C级
气候参数	温和	一般日照	超强日照
集热器表面的总太阳辐照度（W/m^2）	950～1049	1050～1200	>1200
环境空气温度（℃）	25～29.9	30～40	>40

4.9.3　曝光测试

集热器的老化是在长时间段内自然发生的，通过曝光测试可以以较低的成本判断出集热器老化的迹象。此外，经过曝光测试的集热器可变得较为“稳定”，这样，在随后的资格测试中，更可能得到重复的结果。空的集热器被安装在室外，所有流体管都被密封起来以避免通过空气的自然循环进行冷却。但有一根管保持着开放状态，以便集热器的空气发生自然膨胀。根据集热器运行时的天气状态，必须使用表

4.7 中给出的其中一个参考条件的设置。对于每个级别的参考条件，都是集热器暴露在最小辐射状态下至少 30 天（不一定连续）得出的结果。

4.9.4 外部热冲击试验

在炎热的晴天，集热器不时会遇到暴雨，由此会给集热器造成严重的外部热冲击。该测试旨在对集热器是否能承受这类热冲击且不发生故障的能力进行评估。该试验中将用到之前测试中用到的空集热器。为使水流能均匀喷洒在集热器上，特别安装了一排水喷嘴。在开启喷水装置之前，应使该集热器保持在稳态运行条件下，并接受 1h 的高强度太阳照射。在进行检查之前，先向其喷水 15min，使其冷却。这里再一次用到表 4.7 中的选择设置参考条件。此外，传热工质的温度不得高于 25 ℃。

表 4.7　曝光测试及外部和内部热冲击试验的气候基准条件

	A 级	B 级	C 级
气候参数	温和	一般日照	超强日照
集热器表面的总太阳辐照度（W/m^2）	850	950	1050
集热器表面的每日总太阳辐射（MJ/m^2）	14	18	20
环境空气温度（℃）	10	15	20

注：表中给出的值为最小测试值。

4.9.5 内部热冲击试验

在炎热的晴天，集热器有时会突然遇到冷却的传热工质进入的状况，由此对集热器内部造成严重的冲击。例如，关机一段时间后，当集热器处在其滞止温度，重新开启设备时，便会发生这样的状况。该测试旨在评估集热器在承受这样的热冲击状态下而不发生故障的能力。该试验中将用到之前测试中用到的空集热器，根据测试操作时的天气条件，可利用表 4.7 中给出的相同的参考条件，此外，传热工质的温度不得高于 25 ℃。

4.9.6 雨水渗透测试

雨水渗透测试旨在对对集热器充分抵御雨水渗入的程度进行评估。集热器通常不会让自然下落的雨水通过半透明密封圈或通风孔及排水孔进入其内部。在这项测试中，集热器流体管的进口及出口必须是密封的。制造商建议将集热器放置在试验台上，并且保持与水平面倾斜角度最小。如果对该角度没有特殊规定，那么便可将集热器与水平面呈45°（或更小）放置。对于集热器与屋顶一体化的结构设计，集热器必须安装在一个模拟屋顶上，且其底面必须有保护措施。其他集热器则采用常规的开放式安装方式。在测试的4h期间，必须使用喷雾嘴或淋浴设备在集热器的各边进行喷洒。

可以称重的集热器，必须在测试之前和之后测量重量。测试结束后，必须把集热器的外表面擦拭干净后再称重。在擦拭、运输、到将其放置在称重机上的过程中，集热器的倾斜角度都不能有明显的改变。对于不便称重的集热器，渗入集热器内部的水量只能通过目测来确定。

4.9.7　耐冻结测试

耐冻结测试旨在对集热器热水系统的耐冻结性能进行评估。本测试不适用于充满防冻液的集热器。测试包含如下两个过程：将具有耐冻结性能的集热器注满水，另一个则是将具有耐冻结性能的集热器中的水排光。

对于具有耐冻结性能的集热器，将其安装在一间温度极低的冷室内。根据制造商的建议令集热器与水平面的倾斜角度最小。如果制造商没有指定角度，那么该集热器必须和水平面间保持30°的倾斜角度。没有玻璃盖板的集热器必须在水平位置进行测试，除非生产商对此项内容不做要求。接下来，集热器在运行压力状态下注满水。冷室内的温度是循环的，在每一次循环即将结束时，集热器都会在运行压力状态下被重新注满水。

对于可以在排光水后具有耐冻结性能的集热器（即，该集热器有一个排水系统以防止结冰）。集热器被安装在一间温度极低的冷室内，且其倾角与以上的规定相同。将集热器注满水，在运行压力条件下运行10min，然后使用生产商安装的设备进行排水。在循环冷冻过程中，集热器内部温度保持在 −20 ± 2 ℃，在循环解冻过程中将温度上升到10 ℃以上，这一过程至少需要30min，且集热器必须经受三次冻融循环。

4.9.8　耐冲击性试验

耐冲击性试验是一个可选性试验，它旨在评估集热器所能承受的强烈冲击的影响程度，例如轻微的人为破坏或可能发生在安装过程中的冲击。冰雹也有可能造成巨大的冲击。

集热器应被牢固地安装在垂直或水平方向的支撑物上，这样在受到冲击时，支撑位所产生的变形可以忽略不计。用一个150g的钢珠模拟冲击，如果集热器被安装在水平方向上，那么钢珠就会垂直掉落，如果集热器被安装在垂直方向上，那么撞击的方向可通过钟摆装置安装在水平方向上。

冲击点必须在距离集热器边缘5cm以内，且距离集热器盖板的角落不超过10cm的位置。每次钢珠掉落后，冲击点的间距应当仅为几毫米。钢球必须从第一个测试高度上掉落到集热器上10次，然后再从第二个测试高度上掉落到集热器上10次，如此反复直到达到最大的测试高度。当受到钢珠从最大试验高度掉落10次的冲击后，无论集热器是否出现损坏，都应停止该测试。测试高度从0.4m至2m，每次升高20cm。

除了前述的质量测试，ISO为太阳能集热器制定了一系列的材料及产品质量标准。目前已经制定的材料测试标准如下：

（1）ISO 9553：1997《太阳能集热器用预成型橡胶密封件及密封胶料的试验方法》。

（2）ISO9808：1990《太阳热水器吸热体、连接管及其配件所有弹性材料的评价方法》。

（3）ISO/TR 10217－1989《太阳能热水系统与内部腐蚀相关的材料选择指南》。

4.10 欧洲标准

在欧洲标准化委员会（CEN）的框架内，人们成立了一个专门处理太阳能集热器和系统运行的技术委员会。确切地说，为了回应欧洲太阳能热利用产业联盟（ESTIF）对CEN中央秘书处的要求，CEN/TC 312—热太阳能系统和元件于1994年建立。CEN/TC 312的工作范围是编制一个涵盖热太阳能系统和组件的术语、一般要求、特性及测试方法的欧洲标准。

欧盟标准的主要目的在于通过消除技术性贸易壁垒，为商品和服务的交换提供便利。工业，社会及经济合作伙伴可自愿使用欧盟标准，除非该标准涉及欧洲相关法规（指令）。此外，对于太阳能项目从国家/地区对可再生能源系统支持方案中获得补贴，符合这类标准可能只是一个假设（Kotsaki，2001）。

在制定欧洲技术标准时，人们已经将相关的国家文件以及国际标准（ISO）考虑在内。需要注意的是，与现行标准相比，正在审核中的欧盟标准也有了明显的进展，比如加入了一些如质量和可靠性要求的新特征。

在2011年4月，CEN开始着手筹建一系列与太阳能集热器及系统测试相关的标准，随着这些欧洲标准的出版，与同一主题相关的所有的国家标准及发生冲突的规定都（或必须）被欧盟成员国家撤回。其中一些标准在2006年进行了修订，现在他们正在进行第2个5年期的系统审查。这些标准的完整列表如下：

• **EN 12975-1：2006 + Al：2010.** 热太阳能系统及元件——太阳能集热器——第1部分：总体要求。该标准对液体加热太阳能集热器的耐久性（包括机械强度）、可靠性和安全性做出了要求。其中还包括对这些要求的符合性评估的规定。应注意的是，在标准参考编号中，Al：2010表示一个较小的修正，这个修正是在2010年做出的，当时对标准的范围做了修改，扩大了其应用范围，使其也适用于聚光型集热器。

• **EN 12975-2：2006.** 热太阳能系统及元件——太阳能集热器——第2部分：测试方法。该标准建立一个测试方法，旨在验证EN 12975-1中指定液体加热设备的耐久性，可靠性和安全性要求。其中也包括3种用于液体加热集热器热性能表征的测试方法。

• **EN 12976-1：2006.** 热太阳能系统及元件——工厂制造系统——第1部分：总体要求。该欧洲标准规定了工厂生产的太阳能系统的耐久性，可靠性和安全性的要求。它还包括对这些要求的符合性的评价的规定。

• **EN 12976-2：2006.** 热太阳能系统及元件——工厂制造系统——第2部分：测试方法。该标准建立的测试方法旨在验证在EN 12976-1中指定的工厂制造的太阳能系统的要求。该欧洲标准还包括了两种通过整个系统测试，测试热性能表征的测试方法。

• **EN 12977-1：2012.** 热太阳能系统及元件——定制的系统——第1部分：太阳能热水器及热水采暖系统的总体要求。对用于住宅建筑和类似用途的、具有传热工质的小型和大型定制的太阳能加热和冷却系统，该欧洲标准对系统的耐久性、可靠性以及安全性做出了要求。标准还包含对大型定制系统的设计工艺要求。

• **EN 12977-2：2012.** 热太阳能系统及元件——定制的系统——第2部分：太阳能热水器及热水采暖系统的测试方法。该欧洲标准适用于住宅建筑和类似用途、具有传热工质的小型和大型定制的太阳能加热系统。标准指定了在EN 12977-1中规定的需求验证的具体测试方法。其中还包括一种借助组件测试和系统仿真，用于热性能表征和小型定制系统的性能预测方法。

• **EN 12977-3：2012.** 热太阳能系统及元件——定制的系统——第3部分：太阳

能热水器性能试验方法。该欧洲标准指定了在 EN 12977-1 中规定的用于小型定制系统的存储性能表征的测试方法。

- **EN 12977-4：2012.** 热太阳能系统及元件——定制的系统——第 4 部分：太阳能采暖的性能测试方法。该欧洲标准指定了在 EN 12977-1 中规定的用于小型定制系统中的存储性能表征的测试方法。根据本文件，存储测试常被用于太阳能采暖系统。
- **EN 12977-5：2012.** 热太阳能系统及元件——定制的系统——第 5 部分：控制设备的性能测试方法。该欧洲标准指定了用于控制设备以及控制设备的精度、耐久性和可靠性的要求的性能测试方法。
- **EN ISO 9488：1999.** 太阳能——词汇（ISO 9488：1999）。该欧洲国际标准对与太阳能有关的基本术语进行了定义，并对 ISO 中的共同标准进行了详尽地阐述。

通过欧洲相关方的广泛合作，如生产商、研究人员、测试机构、标准化机构，人们对这些标准进行了详尽的阐述。此外，这些标准将促进市场上的太阳能设备生产商之间的公平竞争。而且，整个欧洲具有可比性的统一测试报告，客户将更容易识别低质量/低价格的产品。

这些标准提高了公众在环境方面的意识，保证了产品质量水平，从而为消费者在新的太阳能加热技术和产品的使用上提供更多的信心。

4.10.1 太阳能 keymark 认证

“Solar Keymark”认证项目是由 ESTIF 发起的，旨在避免因国家补贴计划和规定中的不同要求而导致欧洲内部出现的贸易壁垒。

在欧洲标准和 Solar Keymark 认证建立前，太阳能热利用产品必须根据不同国家的标准和要求进行测试并经过认证。Solar Keymark 认证只需要一个测试和一个证书就可以满足所有欧盟成员国的所有要求。

Solar Keymark 认证项目已经被引入，便于使各国在欧洲的太阳能热产品方面的要求相统一。一旦通过测试并取得认证，产品将被允许进入到各国市场。这一目标目前已经实现，除了少数几个成员国的一些次要的补充要求。

CEN Solar Keymark 认证是一个自愿性泛欧洲认证标志，该项目起始于 2003 年，现已在欧洲的太阳能热产品中应用。该认证旨在向用户和消费者证明产品符合欧洲相关标准（Nielsen，2007）。

Solar Keymark 认证专门应用于太阳能集热器和系统，说明符合以下欧洲标准：

- EN12975. 热太阳能系统及元件——太阳能集热器

- EN12976. 热太阳能系统及元件——工厂制造系统。

Solar Keymark 认证对欧洲市场至关重要是因为：

- 具有 Solar Keymark 认证的产品可以进入所有欧盟成员国的国家补贴计划。
- 一些成员国（如，德国）强制要求太阳能集热器贴上 Keymark 标识。
- 人们认可 Solar Keymark 认证；大多数出售的集热器贴有 Keymark 标识。

Keymark 认证的主要因素为：

- 依据欧洲标准的类型测试（测试样本由独立的检查员进行抽样）。
- 工厂生产控制的初步检验（ISO 9001 级质量管理体系）
- 监督：工厂生产控制的年度检验。
- 每两年一次的“监督检验”：产品的详细检查。

4.11　数据采集系统

今天，大多数科学家和工程师都使用个人电脑，进行实验室研究中的数据采集，测试，测量及工业自动化。执行本章概述的测试以及整个系统测试需要一个计算机数据采集系统（DAS）。

许多应用程序使用插件板来获取数据并直接传送到计算机内存。其他一些使用 DAS 硬件通过并行、串行连接，或 USB 端口的 PC 进行远程控制。通过一台具备下列任何一项系统元素的 DAS 的 PC，获得正确的结果。

- 个人电脑；
- 转换器；
- 信号调节；
- DAS 硬件；
- 软件。

将个人电脑集成到包括复杂的图形，采集，控制和分析等数据记录的各个方面，连接到互联网或内部网络的调制解调器可以从任何地方轻而易举地访问并遥控个人计算机的数据记录系统。这非常适合于实际的太阳能系统的监测。

几乎所有类型的转换器和传感器都具有能够和计算机兼容的接口，当转换器被集成到系统中时，它便开始失去自身的特性，其中包括线性化，偏移校正，自校正等。这样就消除了有关信号调整和基本的转换器输出放大等细节问题。

许多工业领域通常在控制或计算机数据处理系统中采用信号发射机，从而将主传感器的信号输出转换为兼容的普通信号。然而，对于本章所描述的系统，在进行各种测试时需要按照仪器精度标准要求对系统进行设置。

DAS 硬件具有的宽泛的选择性，这给 DAS 的配置带来了困难。存储器大小，记录速度和信号处理能力等因素是在判断正确的记录系统中应重点考虑的问题。热量、机械性、电磁干扰、可移植性及气象因素也会对选择产生影响。

数字 DAS 必须包含一个涉及一个或多个在多路输入或多路复用器状态下的模拟-数字转换器的系统接口。在现代系统中，该接口还提供了传感器励磁，校准和单位转换。许多 DAS 被设计成为后续记录和分析快速提供数据并存储大量数据记录。一旦输入信号被数字化，数字数据便从本质上不受噪音影响，并可以远距离传输。

热电偶是一种最常用的温度传感器。这些通常都以基于 PC 的 DAS 监测温度。热电偶式温度计非常坚固且廉价，可以在较为宽松的温度范围内运行，当两个不同类金属相互接触，并在接触点产生一个较小的开路电压（温度的函数）时，热电偶便会出现。热电压也被认为是塞贝克（Seebeck）电压，该电压由 Thomas Seebeck 于 1821 年发现，并根据他的名字命名。热电压和温度呈非线性的关系，但当温度的变化较小时，电压近似于线性的。

$$\Delta V \approx S\Delta T \tag{4.53}$$

其中，

ΔV = 电压变化；

S = 塞贝克系数；

ΔT = 温度的变化。

塞贝克系数（S）随着温度的变化而变化，导致热电偶输出电压在其运行范围内呈非线性。很多类型的热电偶都是可用的，这些热电偶用表示其组成的大写字母加以规定，例如，J 型热电偶有一个金属导体和一个康铜（铜镍合金）导体。

来自转换器的信息由一个作为脉冲序列的接口被转移到计算机记录器中，数字数据被转移到任意一个 0 序列或并行模式中。在序列传输方式表示数据作为一个脉冲系列按照 1bit 每次进行发送。虽然比并联系统慢，但串行接口只需要两根导线，这就降低了布线成本。是根据传输速率，串行传输的速率是额定的。在并行传输中，全部数据字在同时传输。为了达到这个目的，每个比特的数据字都必须有它自己的传输线，其他途径需要进行时钟控制和控制管理。并行模式被用于短距离传输或有高数据传输需要的时候。串行模式必须用于布线成本高昂的远程通信。

目前在数据传输中常用的接口总线标准是 IEEE 488 及 RS232 串行接口。根据 IEEE 488 总线系统的数据传输方式，其总线电缆长度不超过 20 米。RS232 系统可以在两条线路上连续传输数据，每次1bit，因此其传输距离可能超过300米。在较远距离的情况下，通过RS232接口连接调制解调器可以通过标准电话线发送数据。局部区域网络也可以用于传输信息，采用适当的接口，传感器数据可以从任何一台连接到本地网络的电脑上获得。

4.11.1　便携式数据记录仪

便携式数据记录仪一般将电子信号（模拟或数字）存储到内部存储器中。来自连接的传感器的信号通常是以固定的时间间隔存储到内存，信号采样率从MHz到每小时范围之间。许多便携式数据记录仪可以进行线性化、放大、信号调整，并可读取瞬时值或平均值。大多数现代便携式数据记录仪都有内置时钟，可记录时间和日期，连同传感器信号信息。便携式数据记录仪范围包括从单通道输入到256个多个通道不等。一些通用设备可以接受大量的模拟或数字输入或两者兼备；还有设备可用于专门测量（如一种具有内置数据记录功能的便携式太阳辐射计）或用于特定用途（例如，温度，相对湿度，风速，太阳辐射测量与太阳能系统测试应用的数据记录）。存储的数据一般都是从便携式数据记录仪，使用串口或USB接口连接到个人电脑上下载，远程数据记录仪还可以通过电话线连接调制解调器下载数据。

练习

4.1　有7台串联的集热器，每台面积为$1.2m^2$。当流量为$0.015\ kg/sm^2$，$F_{R1}U_{L1} = 7.5\ W/m^2℃$，$F_{R1}(\tau\alpha)_1 = 0.79$时，如果水在集热器中循环，对收集到的有用能量进行评估，有效的太阳辐射为$800\ W/m^2$，$\Delta T(= T_i - T_a)$等于5 ℃。

4.2　假设天气条件相同，重复计算例4.2在9月15日的结果。

4.3　某集热器，其面积为$2.6m^2$，下表为该集热器的小时测试结果，试找出，$F_R(\tau\alpha)_n$及F_RU_L。

Q_u（MJ）	I_t（MJ/m^2）	T_i（℃）	T_a（℃）
6.05	2.95	15.4	14.5
1.35	3.05	82.4	15.5

4.4　某集热器的$F_R(\tau\alpha)_n = 0.82$，$F_RU_L = 6.05\ W/m^2℃$，当$T_i = T_a$时，求出瞬时效率。如果瞬时效率等于0，$T_a = 25$ ℃，$T_i = 90$ ℃时，落在集热器表面的太阳辐射值是多少？

4.5　下表为集热器的实际测试数据。当集热器面积为 1.95m^2，试验流量为 0.03 kg/s 时，找出集热器特性 F_R（$\tau\alpha$）$_n$及 $F_R U_L$。

4.6　某集热器面积为 5.6 m^2，在 $F'=0.893$，$U_L=3.85$ W/m^2℃，（$\tau\alpha$）$_{av}$ = 0.79，流量 =0.015 kg/m^2s 时，求出当水温升到 35℃，环境温度为 14.2 ℃时的 $F_R U_L$和效率，且在 1 小时的 I_t为 2.49 MJ/m^2。

编号	G_t（W/m^2）	T_a（℃）	T_i（℃）	T_o（℃）
1	851.2	24.2	89.1	93.0
2	850.5	24.2	89.8	93.5
3	849.1	24.1	89.5	93.3
4	855.9	23.9	78.2	83.1
5	830.6	24.8	77.9	82.9
6	849.5	24.5	77.5	82.5
7	853.3	23.9	43.8	52.1
8	860.0	24.3	44.2	52.4
9	858.6	24.5	44.0	51.9

4.7　有一用于加热水的集热器，其面积为 2 m^2，F_R（$\tau\alpha$）$_n$ = 0.79，$F_R U_L$ = 5.05 W/m^2℃。如果测试流量为 0.015 kg/m^2s，当通过集热器的流量减半时，找出修正后的集热器的特性。

4.8　有一用于加热水的集热器，F_R（$\tau\alpha$）$_n$ = 0.77，$F_R U_L$ = 6.05 W/m^2℃，且 b_o = 0.12。集热器全天运行，其特性如下表所示。试求出每 1h 内，单位采光口面积收集到的有效能量及集热器效率，并对每天的效率进行评估。

时间	I_t（KJ/m^2）	T_a（℃）	T_i（℃）	θ（°）
8 ~ 9	2090	18.5	35.1	60
9 ~ 10	2250	20.3	33.2	47
10 ~ 11	2520	22.6	30.5	35
11 ~ 12	3010	24.5	29.9	27
12 ~ 13	3120	26.5	33.4	25
13 ~ 14	2980	23.9	35.2	27
14 ~ 15	2490	22.1	40.1	35
15 ~ 16	2230	19.9	45.2	47
16 ~ 17	2050	18.1	47.1	60

4.9　对于单层盖板集热器，其 $KL=0.037$ 且 $\alpha_n=0.92$；盖板由玻璃制成，且 $n=1.526$。试估计在垂直入射和 $\theta=60°$时，基于（$\tau\alpha$）的入射角修正常数（b_o）。

参考文献

[1] ANSI/ASHRAE Standard 93，2010. Methods of Testing to Determine the Thermal Performance of Solar Collectors.

[2] BIPM，IEC，1FCC，ILAC，ISO，IUPAC，IUPAP，OIML，2008. Evaluation of Measurement Data-Guide to the Expression of Uncertainty in Measurement. http：//www. bipm. org/utils/common/documents/jcgm/JCGM_ 100_ 2008_ E. pdf.

[3] Duffie，J. A.，Beckman，W. A.，1991. Solar Engineering of Thermal Processes. John Wiley & Sons，New York.

[4] ISO 9806-1：1994，1994. Test Methods for Solar Collectors，Part 1：Thermal Performance of Glazed Liquid Heating Collectors Including Pressure Drop.

[5] ISO 9806-2：1995，1995a. Test Methods for Solar Collectors，Part 2：Qualification Test Procedures.

[6] ISO 9806-3：1995，1995b. Test Methods for Solar Collectors，Part 3：Thermal Performance of Unglazed Liquid Heating Collectors（Sensible Heat Transfer Only）Including Pressure Drop.

[7] Kalogirou，S. A.，2004. Solar thermal collectors and applications. Prog. Energy Combust. Sci. 30（3），231－295.

[8] Kalogirou，S. A.，Eleftheriou，P.，Lloyd，S.，Ward，J.，1994. Design and performance characteristics of a parabolic- trough solar-collector system. Appl. Energy 47（4），341－354.

[9] Kotsaki，E.，2001. European solar standards. Refocus 2（5），40－41.

[10] Mathioulakis，E.，Voropoulos，K.，Belessiotis，V.，1999. Assessment of uncertainty in solar collector modeling and testing. Sol. Energy 66（5），337－347.

[11] Morrison，G. L.，2001. Solar collectors. In：Gordon，J.（Ed.），Solar Energy：The State of the Art. James and James，London，pp. 145－221.

[12] Müller-Schöll，C.，Frei，U.，2000. Uncertainty analyses in solar collector measurement. In：Proceedings of Eurosun 2000 on CD ROM，Copenhagen.

[13] Nielsen，J. E.，2007. The key to the European market：the solar keymark. In：Proceedings of ISES Solar World Conference.

[14] Press, W., Teukolsky, S. A., Vetterling, W. T., Flannery, B. P., 1996. Numerical Recipes, second ed. Cambridge University Press, Oxford.

[15] Sabatelli, V., Marano, D., Braccio, G., Sharma, V. K., 2002. Efficiency test of solar collectors: uncertainty in the estimation of regression parameters and sensitivity analysis. Energy Convers. Manage. 43 (17), 2287 – 2295.

第5章　太阳能热水系统

太阳能热水系统相对简单且可行性高，因此在生活热水领域有着最为广泛的应用，这类太阳能系统属于低温加热应用。

据估计，全球商用的低温热消耗量每年约为10 EJ，相当于$6\times10^{12}m^2$的集热器产生的热量（Turkenburg，2000）。2005年，大约有$1.4\times10^{8}m^2$的太阳能集热器投入运转，但仅占潜在能量的2.3%（Philibert，2005）。

太阳能热水器由集热器阵列、能量传输系统和储蓄装置组成。其中最主要的部分是太阳能集热器阵列，它能将的吸收太阳能辐射转化为热能。之后，热能被流经集热器的传热工质（水、防冻液或空气）所吸收，从而被储存或直接使用。众所周知，太阳能系统的一部分是暴露在空气中的，因此必须防止低能量需求时高强度的日晒带来的过冷和过热问题。

目前主要有两种太阳能热水系统：

- 一是直接或开环系统。这种系统是可在集热器中直接加热饮用水。
- 二是间接或闭环系统。这种系统中，传热工质在集热器中被加热后通过热交换器将热量转移从而加热家庭或工业用水。

根据传热工质的传输方式，系统可以分为：

- 自然循环式（被动）
- 强制循环式（主动）

热虹吸管的自然对流是产生自然循环的动力，而强制循环系统则要使用泵或风机来使传热工质在集热器中循环。除了热虹吸系统和集热蓄能一体化系统（ICS）不需要控制外，家用太阳能的热水系统由差动恒温器控制。一些系统也在便携式饮用水和热水箱之间使用负荷侧热交换器。

太阳能系统有7种类型可以用于家用热水和工业用水，如表5.1所示。由于热虹吸系统和ICS系统都未使用泵，也被称为被动式系统，而其他使用泵或风机来循环液体的系统，称之为自动系统。防冻、再循环和排放等功能都直接应用于太阳热水系统，回流功能被间接地用于供热热水系统。

表 5.1　太阳热水系统

被动式系统	自动系统
热吸虹系统（直接和间接）	直接循环（或开放回路）系统
ICS 系统	间接循环（闭合回路）系统，内部和外部热换器 空气系统 热泵系统 泳池热水系统

太阳热水系统使用的集热器有各种类型，如平板型、真空管和复合抛物面型。除了这些类型的集热器外，大型的系统需要使用更高级的集热器，如槽式太阳能集热器。

太阳能热水器产生热水量的多少取决于系统的大小和类型、当地可获得的太阳光以及季节性的热水需求。

5.1　被动式系统

有两种类型的太阳能热水器，它们产生热水量的多少取决于系统的大小和类型、当地可获得的太阳光以及季节性的热水需求，即热虹吸系统和 ICS 系统，以下小节将介绍这两种集热器。

5.1.1　热虹吸系统

如图 5.1 为热虹吸系统的原理图，热水或交换液通过自然对流从集热器进入到储水箱。随着温度的上升，水的密度下降，从而产生了热虹吸管效应。因此，通过吸收太阳辐射，集热器中的水被加热膨胀，从而密度降低。上水时，热水从集热器进入顶部的储水箱，储水箱的冷水再流入集热器。只要太阳一直照射，这种循环就能一直持续。由于推动力的产生源于较小的密度差，因此需要管道的尺寸较大从而将管道摩擦力降到最低。连接线路也必须隔热以防出现热损失，并且要倾斜放置防止气泡的形成，因为气泡会导致循环中止。

热虹吸系统的优点是不依赖于泵和控制器，而且更加可靠，相比强制循环系统，其寿命更长。此外，该系统不需要电能供应来维持运转，就能够自然地调节循环流量，与辐射水平保持同步。

热虹吸系统的主要缺点是，由于储水箱的放置要高于控制器，且二者都放置在相对较高的位置，因此不够美观。热虹吸系统分为加压型和非加压型。在加压的热虹吸机组中，补给水来自城市的主要输水管道，或是压力机组，集热器和储水箱必

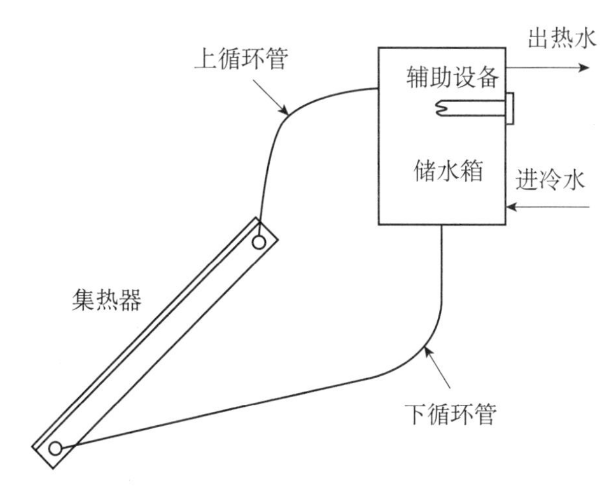

图 5.1　热虹吸式太阳能热水系统原理图

须能够承担系统的运转压力。当系统直接使用自来水时，压力就会减小。在这时的机组压力要大于控制器和储水箱的运转压力，所以必须安装安全阀来保护系统。在城市供水经常间断的地方通常要安装重力系统，冷水储罐安装于太阳能集热器顶部，供应热水和所需的冷水。

该系统的另一个缺点与用水的质量有关。随着系统开启后，硬质水或强酸水会导致流体通道堵塞或腐蚀。

典型的集热器配置包括平板式（图 5.2（a））和真空管集热器（图 5.2（b））。

对于热虹吸系统，可在集热器联箱下部放泄阀或加热器温度较低处安装防冻装置，利用防冻液作为工质在集热器和贮水箱之间自然循环实现防冻（Morrison，2001）。

热吸虹太阳能热水器的性能指标

许多的研究人员对热吸虹太阳能热水器的性能指标进行了广泛的研究。在最初，有 Close（1962），Gupta 和 Garg（1968）为无负载自然循环太阳能热水器的热力性能建立了最初的模型。通过傅里叶序列，他们描述了太阳辐射和环境温度，并预测出集热器在一天的性能表现，他们采用的预测方法在本质上也与实验相同。

Ong 展开了两项研究（1974；1976）以评估太阳能热水器的性能。他对一个相对较小的系统进行了检测，在水管底部的表面安装了 5 个热电偶，在集热器平板的底部表面安装了 6 个热电偶。他还将 6 个热电偶插入到储水箱中，并采用了示踪剂流量计进行检测。Ong 似乎是最早进行详细的热力学系统研究的学者。

(a) 平板式集热器

(b) 真空管集热器

图 5.2　热虹吸系统结构图

Morrison 和 Braun（1985）研究了配有立式储水箱或卧式储水箱的热虹吸太阳能热水器的建模和操作特点。他们发现当集热器的日常体积流量接近于日常的负载流量时，热虹吸系统的性能达到最大，同时卧式储水箱的系统性能不如立式储水箱系统。这个模型已经被 TRNSYS 模拟系统所采用（见第 11 章，11.5.1 节）。根据这一模型，热虹吸系统由一个平板式集热器和一个分层水箱组成，假定该水箱在稳定的状态中运行。系统化分为 N 个与流动方向垂直的部分，同时可将 Bernoulli 的不可压缩流体方程应用于每一部分。在稳定的条件下，任意一段的压降总和为：

$$\Delta P_i = \rho_i g h_{\mathrm{fi}} + \rho_i g H_i \tag{5.1a}$$

回路周围的压力变化总和为 0，即，

$$\sum_{i=1}^{N} \rho_i h_{\mathrm{fi}} = \sum^{N_{i=1}\rho_i} H_i \tag{5.1b}$$

式中，

ρ_i = 根据局部温度计算得出的任何节点的密度（kg/m^3）；

h_{fi} = 穿过某一组件的摩擦落差（m）；

H_i = 组件的垂直高度（m）。

每一次热虹吸管的流量间隔必须满足方程（5.1 b）

通过将其划分为 N_c 个同样大小节点，建立集热器的热性能模型。任何集热器模型 k 的中心点温度：

$$T_k = T_a + \frac{I_t F_R(\tau\alpha)}{F_R U_L} + \left(T_i - T_a - \frac{I_t F_R(\tau\alpha)}{F_R U_L}\right)\exp\left(-\frac{F' U_L A_c}{\dot{m}_t c_p} \times \frac{(k-1/2)}{N_c}\right) \quad (5.2)$$

式中，

$\dot{m}_t$ = 热虹吸流量（kg/s）；

A_c = 集热器面积（m^2）。

通过方程（4.18）测试集热器的流量 $F'U_L$，从测试数据得出了集热器的参数 $F_R U_L$。此外，在测试流量中使用了新的符号：

$$F' U_L = \frac{-\dot{m}_T c_p}{A_c} \ln\left(1 - \frac{F_R U_L A_c}{\dot{m}_T c_p}\right) \quad (5.3)$$

最后，集热器的有用能量为：

$$Q_u = r A_c [F_R(\tau\alpha) I_t - F_R U_L (T_i - T_a)] \quad (5.4a)$$

方程（4.17a）中的 r 可表示为：

$$r = \frac{F_R(\dot{m}_t)}{F_R(\dot{m}_T)} = \frac{\dot{m}_t\left[1 - \exp\left(-\frac{F' U_L A_c}{\dot{m}_t c_p}\right)\right]}{\dot{m}_T\left[1 - \exp\left(-\frac{F' U_L A_c}{\dot{m}_T c_p}\right)\right]} \quad (5.4b)$$

通常温度沿着集热器的进出口管道有略微地降低（短距离，上下循环管道），这两处管道可以被视为单一的节点，其热容可以忽略不计。根据第一定律分析，出口管道的温度（T_{po}）：

$$T_{po} = T_a + (T_{pi} - T_a)\exp\left(-\frac{(UA)_p}{\dot{m}_t c_p}\right) \quad (5.5)$$

摩擦落差损失为：

$$H_f = \frac{fLv^2}{2dg} + \frac{kv^2}{2g} \quad (5.6)$$

式中，

d = 管道直径（m）；

v = 流体速度（m/s）；

L = 管道长度（m）；

k = 拟合损失系数；

f = 摩擦系数。

摩擦系数 f 等于：

$$f = 64/\mathrm{Re}, \mathrm{Re} < 2000 \tag{5.7a}$$

$$f = 0.032, \mathrm{Re} > 2000 \tag{5.7b}$$

通过表 5.2 中的数据可以估计电路各个部分的拟合损失系数。

在相连管道和集热器立管中流体流动产生的摩擦系数为：

$$f = 1 + \frac{0.038}{\left(\frac{L}{d\mathrm{Re}}\right)^{0.964}} \tag{5.7c}$$

集热器联箱的压降 $\mathrm{P_h}$，等于联箱进出口的平均压力变化，也等于每一根立管的流量 N：

$$s_1 = \sum_{i=1}^{N} \frac{N - i + 1}{N^2} \tag{5.8a}$$

表 5.2 热虹吸电路各个部分的拟合损失系数

参数	K 值
从水箱到连接管道，再到集热器的入口	0.5
因弯曲的连接管道而产生的损失	
90°弯曲	管道的等量长度增加了 30d Re ≤2000 或 $k=1.0$，Re ≥2000
45°弯曲	管道的等量长度增加了 20d Re ≤ 2000 或 $k=0.6$，Re >2000
在连接管道和联箱接合点横截面的变化	
突然膨胀	$k=0.667\ (d_1/d_2)^4-2.667\ (d_1/d_2)^2+2.0$
突然收缩	$k=-0.3259\ (d_2/d_1)^4-0.1784\ (d_2/d_1)^2+0.5$
从入口流入水箱	1.0

注：管道的直径，d_1 = 入口直径，d_2 = 出口直径

$$S_2 = \sum_{i=1}^{N} \frac{(N - i + 1)^2}{N^2} \tag{5.8b}$$

$$A_1 = \frac{fL_h v_h^2}{2d_h} \tag{5.9}$$

方程（5.7a），$f=64/\mathrm{Re}$（Re 基于进口联箱速率和温度）

$$A_2 = A_1 \text{ 如果，} f = 64/\mathrm{Re} \tag{5.10}$$

基于出口联箱速率和温度，

$$A_3 = \frac{\rho v_h^2}{2} \tag{5.11}$$

最后，

$$P_h = \frac{-S_1A_1 + 2(S_2A_3) + S_1A_2}{2} \tag{5.12}$$

为了模拟完整的系统，要求储水箱可进行交互。该模型需通过完全分层储水箱模型建立（见5.3.3. 小节）。

整个系统的建模程序如下：首先，对于之前时间步的流量，对热虹吸回路周围的温度分布进行估计。水箱的容积与集热器的容积相等，根据水箱底部部分的平均温度可以计算出集热器的入口温度。（见5.3.3 小节）. 在补充了入口管道的热量损失后，方程（5.6），每一个 Nc 固定节点的温度可用来描述集热器的温度曲线（由方程（5.2）估计得出）。最后，新工质流回到水箱的温度可通过集热器的出口温度以及回水管道水箱的下降温度中计算得出。然后，就可以估算出一个水箱的温度曲线（见5.3.3 小节）

由于回路密度的不同，热虹吸的压力水头可以由系统的温度曲线决定。针对流量，估计电路周围摩擦压降和热虹吸的净压力之间的差值。对于流速，摩擦和静压之间的差值，利用这些数值以及之前计算中得出的数值可以估算出新的流速。在满足方程（5.1b）前，利用计算机一直重复这一过程。

估算流速的简单方法是假定太阳能热水器是处在一个温度恒定的状态，增加流入集热器的水量，从而估算流速。对于集热器的估计增加值，这种方法将会产生温度差。利用集热器的基本性能方程（3.60）：

$$Q_u = A_cF_R[S - U_L(T_i - T_a)] = \dot{m}_t c_p(T_o - T_i) \tag{5.13}$$

解决流速问题，可得：

$$\dot{m}_t = \frac{A_cF_R[S - U_L(T_i - T_a)]}{c_p(T_o - T_i)} \tag{5.14}$$

通过假设集热器的效率因子 F' 不依赖于流速，用方程（3.58）代替 F_R，重新组合方程可得：

$$\dot{m}_t = \frac{-U_LF'A_C}{c_p \ln\left[1 - \frac{U_L(T_o - T_i)}{S - U_L(T_i - T_a)}\right]} \tag{5.15}$$

得出的流速值可以被用于估算 F'，如果存在差异，则进行二次迭代。

Close（1962）对比了澳大利亚的集热器系统的电脑计算温度和实验温度的差异。他发现当系统设计良好且无严格流速的限制时，存在着一个大约10 ℃的温度差异。关于热虹吸水头的详细内容见第11章，11.1.4 节。

热虹吸系统的反循环

在夜晚或是当集热器的温度低于水箱中的水温时，热虹吸系统将发生逆向流动，从而冷却储水箱中的水。需要注意的是，集热器回路的温度分层和低于集热器流动水平的水箱部分是热虹吸集热器回路循环的驱动力。热虹吸系统设计最大的问题是最大限度地减少因夜间热虹吸的反循环产生的热损失。Norton 和 Probert（1983）建议，为了避免反循环，水箱和集热器之间的距离应该在 200 ~ 2000 mm 之间。一种可以防止反循环发生的可行方法是将集热器置于水箱顶部大约 300 mm 的地方。

集热器的夜间热损失是周围环境温度和天空温度的函数。如果天空温度明显低于周围环境温度，冷却的集热器将会引起热虹吸流体反向流动并通过集热器。因流体的温度可能低于周围环境温度，流体反向流动进入水箱底部回水管，并和储水箱中温度较高的水相混合。不考虑顶部集热器和顶部水箱垂直分离的因素，混合后的冷却液体低于环境温度并在回流管中加热从而引起热虹吸现象（Morrison，2001）。

立式水箱 VS 卧式水箱

由于热虹吸系统的运行取决于水箱中水的温度分层，立式水箱的效率更高。当需要辅助加热时，辅助加热器要尽可能地安装在储水箱的顶部，如图 5.1 所示，这一做法有如下三个重要的理由：

（1）它能改善水的温度分层。

（2）水箱热损失随着储水箱的温度直线增加。

（3）如第 4 章所示，当集热器进口温度降低时，能够以更高的效率运行。

然而，为了降低部件的整体高度，人们通常使用卧式水箱。卧式水箱热吸虹系统的性能受到水箱顶部的高温辅助加热区和太阳能区之间的热传导以及注入节点的影响（Morrison 和 Braun，1985）。通过使用单独的太阳能和辅助水箱或利用隔热挡板分离预热区和辅助区，可以改善系统的性能（如图 5.3 所示）。两个水箱系统或分割水箱的缺点是，直到有供热需求前，太阳辐射输入不能加热辅助区域。

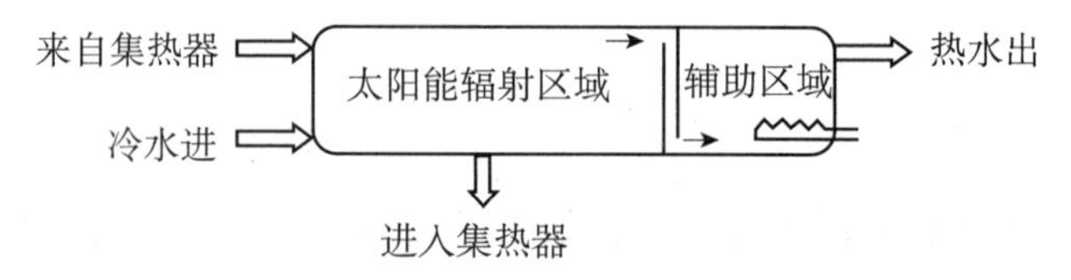

图 5.3　配有隔热挡板的分割水箱配置图

浅层卧式储水箱中的热分层现象还取决于负荷水量、补给水以及从集热器入口进入水箱水的混合程度。负荷水平应来自最大可能的点，而补给水流会通过配水管或扩散器进入水箱，这样可以在不干扰热分层现象或不混合顶部辅助区域和太阳能辐射区域的情况下，将水流引入底部的水箱。集热器的水流应该通过一个流量分配器回流进入水箱，这样在不混合中间流体层的情况下，水流就可以移动至热平衡位置。由于集热器回流温度较高，所以很多制造商在进口管做了一些弯曲或朝上的设计。

一般来说，卧式水箱的缺点是其内部较浅，水箱壁和水的传导性质会降低热分层现象。此外，水箱内的辅助系统在辅助区域和太阳能辐射区域之间会产生热传导，从而影响到太阳能的利用效率。直径大于500mm的卧式水箱与立式水箱相比，只有一小部分的性能损失。如果是直径较小的水箱，上述影响会显著增加（Morrison，2001）。

防冻措施

在气候温和的地区，开环回路的热吸虹太阳能热水器的使用最为广泛。在有防冻措施的情况下，热吸虹系统能够承受轻度的严寒环境。防冻装置可安装在排水阀、电热集热器联箱中，或安装在锥形立管中以避免立管结冰，从而避免结冰面积扩大（Xinian等人，1994）。太阳能热水器制造商已经成功地应用了这些技术，在一些适度严寒的地区证明了热水器的适用性。但是它们不适合在一些极端严寒的地区使用。在这种情况下，最适合的防冻设计就是在集热器和水箱之间安装一个热交换器，利用防冻液在集热器和热交换器间循环从而达到防冻目的。对于卧式水箱结构，应用最广泛的系统为带夹层的换热器和环形换热器（如图5.4所示）。

带夹层的换热器安装容易并且可以提供大面积的传热区域。它可以用于立式水箱和强制循环系统（见5.2.2小节）。卧式水箱的制造商通常会用尽可能大的带夹层的换热器，几乎覆盖水箱全长。这类系统中最常用到的热传导液为水乙二醇溶液。

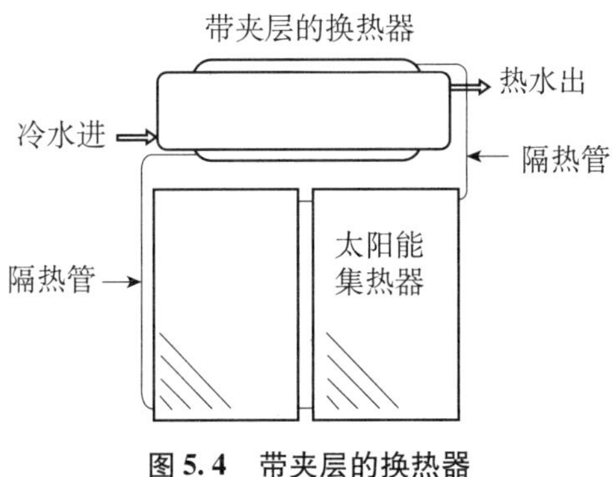

图5.4　带夹层的换热器

跟踪式热虹吸系统

对于可移动的热虹吸太阳能热水器，或是只能随着季节变化而调节倾角的热水器，作者及其合作者（Michaelides 等人，1999）对这类热水器应用的可能性进行了调查。将系统性能的改善与实现加热器移动所增加的成本相比，我们发现与传统的固定式系统相比，即使是最简单的倾角随季节变化的集热器也不具备成本效益。

5.1.2　集热蓄能一体化系统

在集热蓄能一体化（ICS）系统中，热水储箱就是集热器的一部分，储水箱的表面就是热量吸收器。和其他系统一样，为了优化分层蓄热，热水储存在储水箱顶部，而冷水从储水箱底部进入。通常情况下，为避免热损失，储水箱表面涂有选择性涂层。

为了吸收太阳辐射，储水箱的大部分表面都暴露在外部环境中，因此无法进行隔热处理。但是，这会导致大量的热损失，这也是 ICS 系统最主要的缺点。在环境温度较低的夜晚和阴天时，热量损失尤为严重。由于发生热量损失，导致水温在夜间大幅下降，特别是在冬天的时候。不过，有多项技术可以解决这个问题。Tripanagnostopoulos 等人（2002）展示了大量的实验装置，他们在截断了的对称和非对称的 CPC 反光槽中放置了单层和双层的卧式圆筒罐，从而有效降低了热量损失。如果需要 24h 热水供应，ICS 系统则只能用来预热，在这种情况下就必须与传统的热水器相连。

作者研究的 ICS 装置的详情参见 Kalogirou（1997）的报告。这个系统使用的是非成像 CPC 尖顶形集热器。带有圆柱接收器的尖顶形聚光器如图 5.5 所示。图中特殊曲线的接收半角 θ_c 为 60°，接收角为 $2\theta_c$ 即为 120°。尖顶的两侧均匀分为精确的两段，且平滑连接于与 θ_c 相对应的 P 点。第一段从接收器底部到 P 点，是接收器圆截面的渐伸线。第二段从 P 点到曲线顶部，曲线趋向与 y 轴平行（McIntire，1979）。

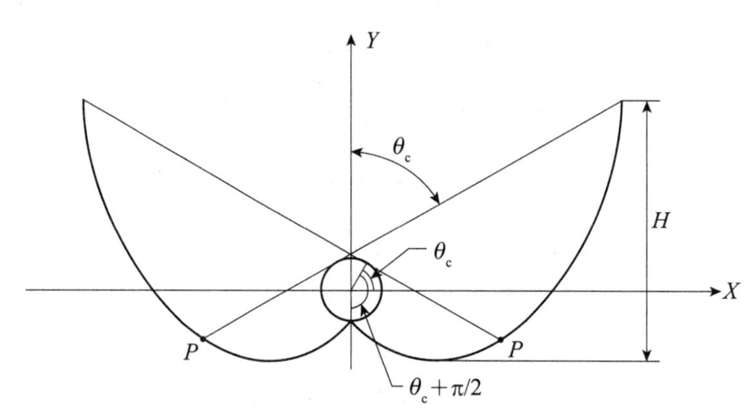

图 5.5　充分发展尖顶形聚光器

如图 5.6 所示，沿着切线从接收器到曲线，圆柱接收器的半径 R、接收半角 θ_c、距离 ρ 与半径到接收器底部和半径到切点 T 之间的角 θ 相关，两部分曲线的关系如下（McIntire，1979）。

$$\rho(\theta) = R\theta, |\theta| \leqslant \theta_c + \pi/2 \text{（此为曲线的渐伸线部分）}$$

$$\rho(\theta) = R\left\{\frac{[\theta + \theta_c + \pi/2 - \cos(\theta - \theta_c)]}{1 + \sin(\theta - \theta_c)}\right\}, \theta_c + \pi/2 \leqslant \theta \leqslant 3\pi/2 - \theta_c \quad (5.16)$$

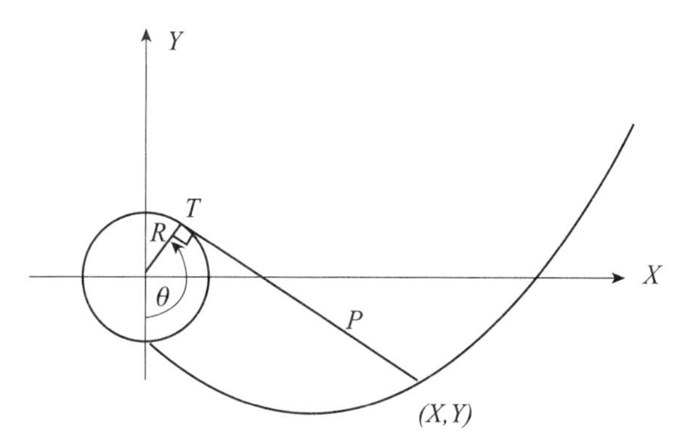

图 5.6　理想非成像尖顶形聚光器的镜像坐标

图 5.5 中 P 点处，$\rho(\theta)$ 的两个表达式等价，其中 $\theta = \theta_c + \pi/2$。通过增加 θ 值（弧度制），计算 ρ 值以及 X 和 Y 的坐标来绘制曲线，其表达式如下：

$$X = R\sin(\theta) - \rho\cos(\theta)$$
$$Y = -R\cos(\theta) - \rho\sin(\theta) \quad (5.17)$$

图 5.5 中展示了一条完整的、未经截断的曲线，它是具有最高聚光比的反光镜形状的数学表达。由于聚光器的上部不能有效利用反射材料，考虑到聚光器的成本效益，图 5.5 中所展示的反光镜的形状并不是最实用的。对于复合抛物面聚光器来说，理论得到的尖顶曲线需要被截断，使其具有更低的高度和较小的聚光比。形象地说，就是在选定的高度划一条穿过曲线的水平线，再去掉水平线以上的部分。从数学上来说，这条曲线的 θ 角的最大值小于 $3\pi/2 - \theta_c$。位于截断线以下的曲线形状不会因截断而改变。因此不管是截断的尖顶聚光器还是充分发展的尖顶聚光器，用于构建曲线的接收角相等（使用方程（5.16）计算）。

设计中的集热器采用了 75° 的大接收角，从而能最大限度地吸收漫射辐射（Kalogirou，1997）。图 5.7 即充分发展的尖顶聚光器和截断尖顶聚光器的示意图。尖顶聚光器的接收半径为 0.24 m（圆柱接收器的接收半径仅为 0.20 m）。这是为了在接收器底面和尖顶侧面之间留有间隙，从而最小化光学和传导损耗。

最终的设计如图 5.8 所示。集热器采光口面积为 1.77m²，且根据吸收器直径，其聚光度为 1.47（Kalogirou，1997）。需要注意的是，如图 5.8 所示，系统的倾角需要根据当地纬度进行调节以便有效的工作。

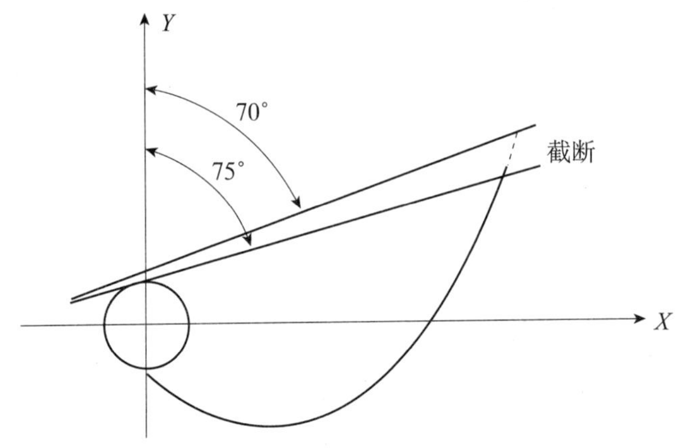

图 5.7　截断的非成像聚光器

另一个能降低夜间热量损失的设计如图 5.8 所示。Eames 和 Norton（1995）的研究成果表明，使用隔热挡板能降低玻璃盖板的空气对流，进而防止热量损失。鉴于此，可在主罐和玻璃盖板间再插入一个直径较小的圆柱罐（如图 5.8 中的虚线所示），并且在两个圆柱罐之间以及第二圆柱罐和玻璃盖板之间使用一小块隔热材料。这个设计具有若干优点，比如：存储能力可提升 30%；由于主罐没有直接暴露在天空下，顶部的圆柱罐产生了一定的隔热效果（减少辐射热量损失）；顶部圆柱罐能限制空气对流（和挡板的作用类似）；最后，第二圆柱罐可为主罐进行预加热，且补充的冷水不会直接进入主罐，整个装置的特性得到了大幅提升。额外的圆柱罐虽然使 ICS 系统的成本增加了 8%，但系统的性能则相应提升了约 7%（Kalogirou，1998）。

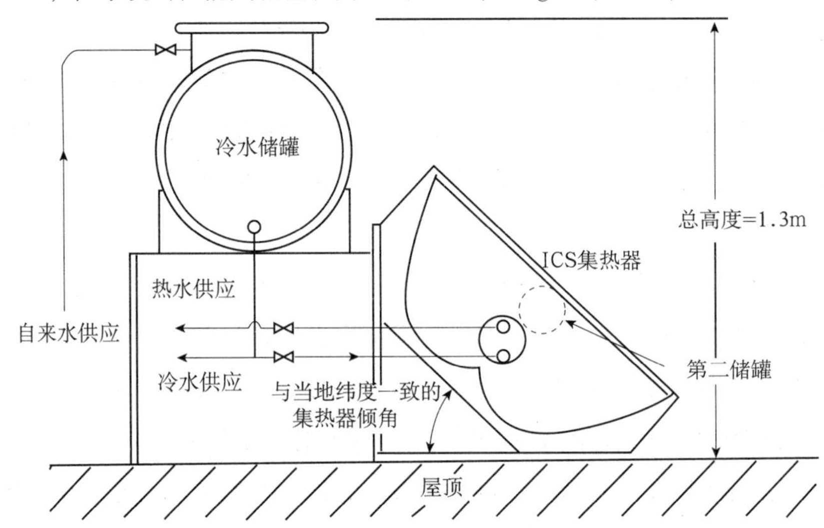

图 5.8　最终完成的太阳能 ICS 热水系统

5.2　主动系统

在主动系统中，水和传热工质被泵送到集热器。这样通常比被动系统成本更高且效率更低。在需要进行防冻处理时，这个问题尤为突出。此外，自行改进主动系统也很困难，特别是对于家里没有地下室的用户来说，尤为如此。因为改进系统需要有空间安装额外的设施，比如热水储水箱。有5种系统属于这种类别：直接循环系统、间接热水系统、空气系统、热泵系统和泳池加热系统。在详细介绍这些系统前，首先需要检验系统的最佳流量。

循环泵太阳能热水器采用较高的流速来提高热转移因子 F_R，从而最大化集热器效率。但是如果考虑到整个系统的性能，而不是将集热器作为系统的一个独立因素来看，人们发现利用低流速的集热器和分层储热罐能提升其太阳能保证率。在储热罐中使用流量扩散器并在集热器中使用循环热交换器能提升其分层能力。为了最大化系统效率，有必要将这些因素和低流量一并考虑。

系统初始成本和节能效果均受到低流量的影响。低流量对初始成本的影响主要体现在：系统需要的水泵功率更低；连接集热器的管道直径更小（廉价且易安装）；由于热阻值R取决于隔热涂层的内外直径比，所以更细的管道所需的隔热涂层更薄、成本更低；低流速系统使用的集热器循环管道直径更小，因此可以使用更柔韧且更易安装的退火铜管道，这样用手即可弯折管道来改变方向，而无需使用弯管，还可以增大压降。

根据Duff（1996）的研究，集热器循环管道中的流量应该控制在0.2～0.4 l/min・m^2（集热器采光口面积）。实际上，低流速的代价就是同样入口温度的情况下，集热器温度会更高，从而导致其效率的降低。比如，当流量从0.9 l/min・m^2降至0.3 l/min・m^2时，集热器效率会降低约6%。不过，蓄热水箱分层能力的提升会导致入口温度的降低，这就弥补了集热器效率的损失。大多数主动系统要求使用的水泵都是离心泵（循环泵），小型民用的泵机功率仅为30～50W。

5.2.1　直接循环系统

图5.9为直接循环系统的原理图。在这个系统中，当集热器收集到足够的太阳能时，水泵会将饮用水从储水箱引入集热器中加热，再将热水引回储水箱中等待使用，如此循环。微分温控器能监测并比较集热器出口和储水箱的温度，再根据特定温度差来控制水泵的启动。更多详情见本文5.5节。

因为水泵能控制水的循环，集热器可以被安装在储水箱的上方或下方。直接循环系统通常只使用一个储水箱，同时附带一个辅助加热器，不过也有用两个储水箱的。这种结构有一个重要特性，就是使用了弹簧止回阀，它可以在水泵关闭时，防止逆向热虹吸管环流的能量损失。

直接循环系统可以使用冷水储水箱提供的水，也可以直接与自来水总管道连接。不过如果自来水水压比集热器的工作水压要高的话，就需要用到减压阀和溢流阀。大量钙沉积可能会阻塞或腐蚀集热器，因此直接热水系统不能用于水质过硬或过酸的地区。

直接循环系统也不能用于频繁冰冻的地区。在极端天气下，需要从储水箱中再循环温水进行防冻处理。这样虽然会损失一些热量，但能够保护系统。这种情况下，当水泵低于一定温度时，通常使用恒温器控制水泵启动。由于再循环防冻措施会损失热量，因此只能用在偶尔发生冰冻的地区（即一年只有几次）使用。这个系统的缺陷使其不能用在发生停电的地方，因为一旦停电，水泵不能工作，就可能导致系统冻结。出于这种情况的考虑，最好在集热器底部安装一个倾泻阀以提供额外防护措施。

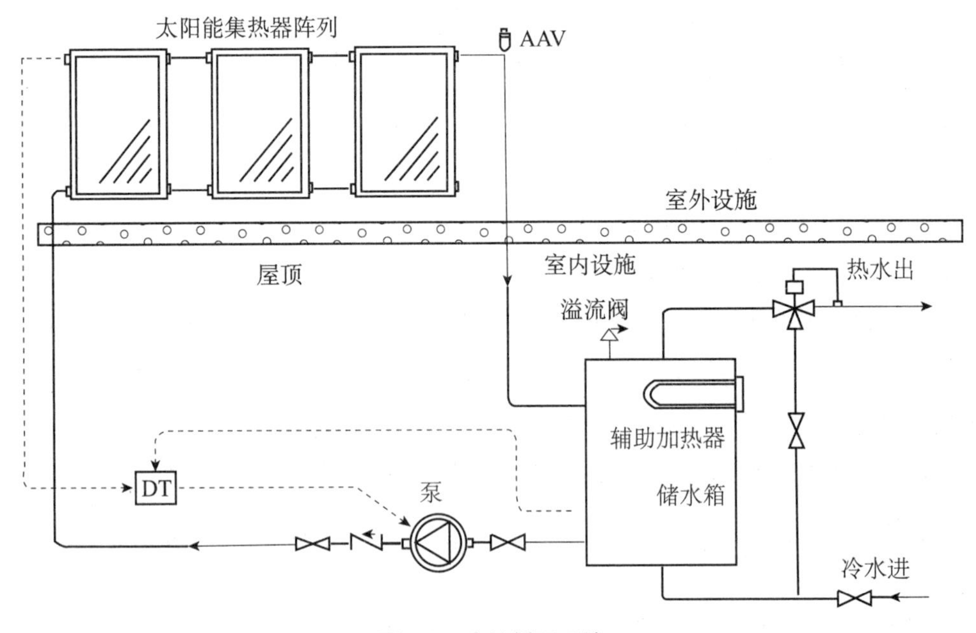

图 5.9　直接循环系统

为了防冻，直接循环系统衍生出了一种变体，叫作排放系统（drain-down system）（参见图 5.10）。在这种系统中，饮用水仍然是从储水箱泵送到集热器阵列中加热。如图5.10所示，当发生冰冻或停电时，系统启动自动排水机制，通过常闭阀（NC）阻断集热器阵列和外部管道的补充水供应，再通过两个常开阀（NO）排空其中的水。需要注意太阳能集热器和相连的管道必须保持一定的倾斜，以便在水循环停止时排空集热器外部管道中的水（见5.4.2节）。图5.10中位于集热器顶部的止回阀用于控制空气的进出，即在排水时让空气填充集热器和管道并在充满水后让空气溢出。在直接循环系统中，水压和垢沉积的问题也是通过这种方法处理的。

5.2.2　间接热水系统

间接热水系统如图5.11所示。在该系统中，运转的泵配有微分温控器（参见5.5节），传热工质穿过闭合的集热器回路，循环至热交换器，热交换器将热量转移用来加热饮用水。最常用的传热工质是乙二醇水溶液，也可以使用硅胶油和制冷剂。当工质是不能饮用的或是有毒液体时，应该食用双壁热交换器，即两个串联的热交换器。热交换器可置于水箱的内部，或在水箱周围（带夹层式水箱），或在水箱的外部（见5.3节）。需要注意的是，集热器回路是封闭的，因此必须用到膨胀水箱和压力安全阀。此外，可能需要额外的超温保护措施，以防传热工质分解或变得具有腐蚀性。

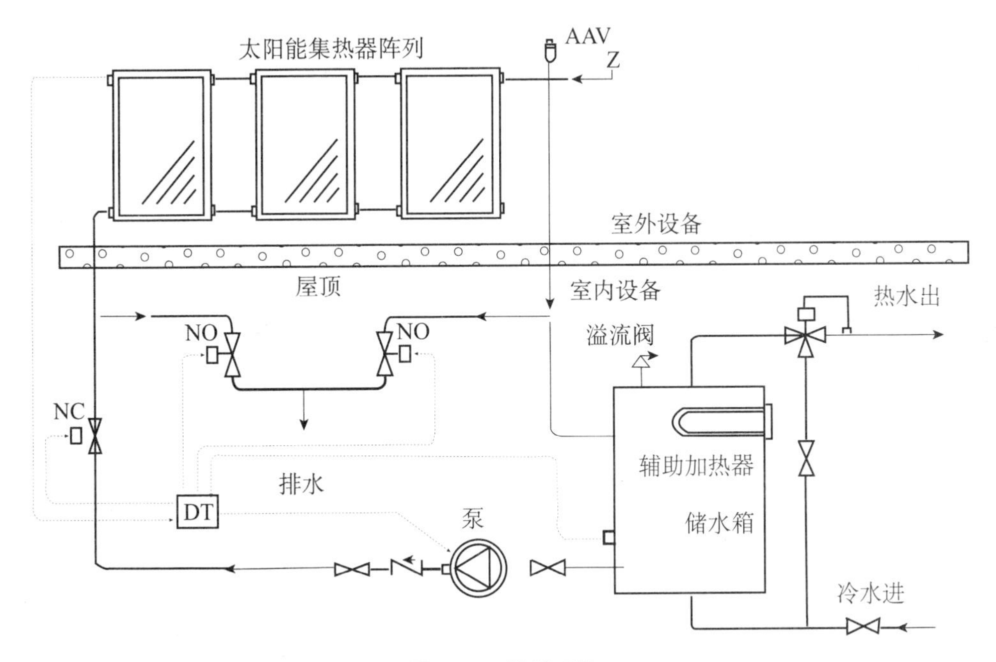

图5.10　排放系统

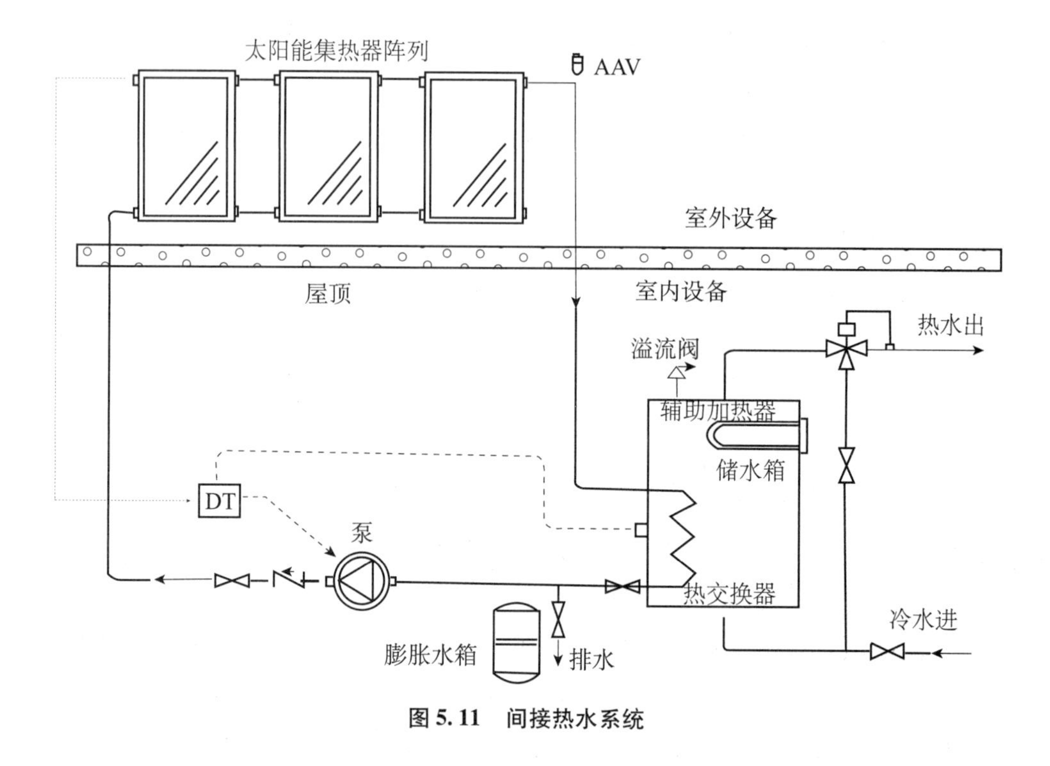

图 5.11　间接热水系统

这类使用乙二醇溶液作为工质的系统常常应用在一些容易发生冻结的区域，因为乙二醇溶液能够提供良好的防冻保护。根据溶液质量和系统温度，每年都要对溶液进行检查，且每隔几年还需进行更换，因此运行这类系统的成本非常高。

典型的集热器包括一个内部热交换器（图 5.11），一个外部热交换器（图 5.12（a）），以及一个夹层热交换器（图 5.12（b））。一般需遵循的原则是，每平方米集热器采光口，储水箱的储量应为 35 ~ 70L（一般最常用的大小为每 $50L/m^2$）。关于内部热交换器的更多详细信息见 5.3.2 小节。

为了防冻，间接热水系统衍生出了一种变体-回流系统。通常，回流系统指的就是间接热水系统，即循环水通过闭合集热器回路到达热交换器，其热量被用于加热饮用水。只要有能源供应，这种循环会一直持续下去。在循环泵停止工作时，集热器工质由于重力影响回流到水箱中。如果给系统加压，在系统运行时储水箱可以作为一个膨胀水箱使用，在这种情况下，必须用降温减压安全阀保护系统。对于一个非承压的系统（参见图 5.13），水箱是打开的，可以将压力排放到大气中。第二根管直接从集热器连接到顶部回流水箱，这样可以使空气在回流时充满集热器。

由于集热器回路是独立于饮用水，因此不需要开启排水阀，且不会有结垢的问题。然而，集热器阵列和外部管道必须要充分地倾斜，使水完全排干净。回流系统本身就具有防冻保护功能，因为在泵没有运行时，集热器和屋顶上的管道是空的。但这个系统有个缺点，当系统在启动时，为了充满集热器，系统必须要有一个高静态推力的泵。

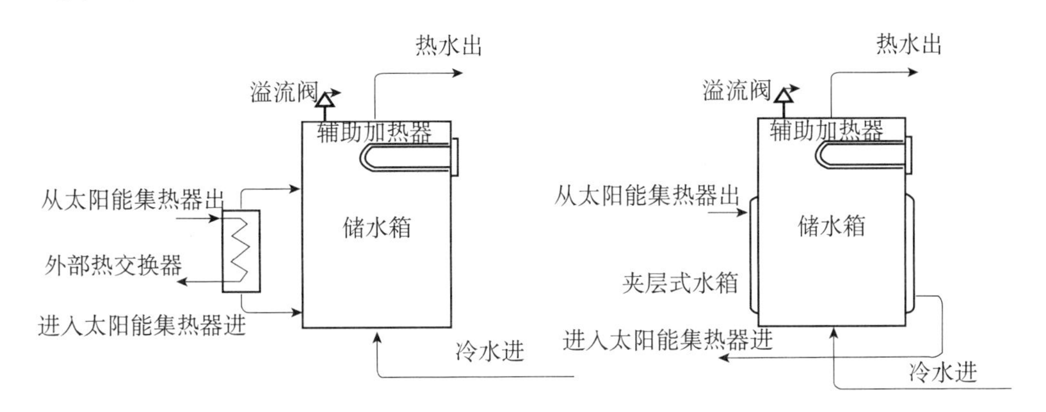

(a) 外部热交换器　　(b) 夹层式热交换器

图5.12　外部和夹层热交换器示意图

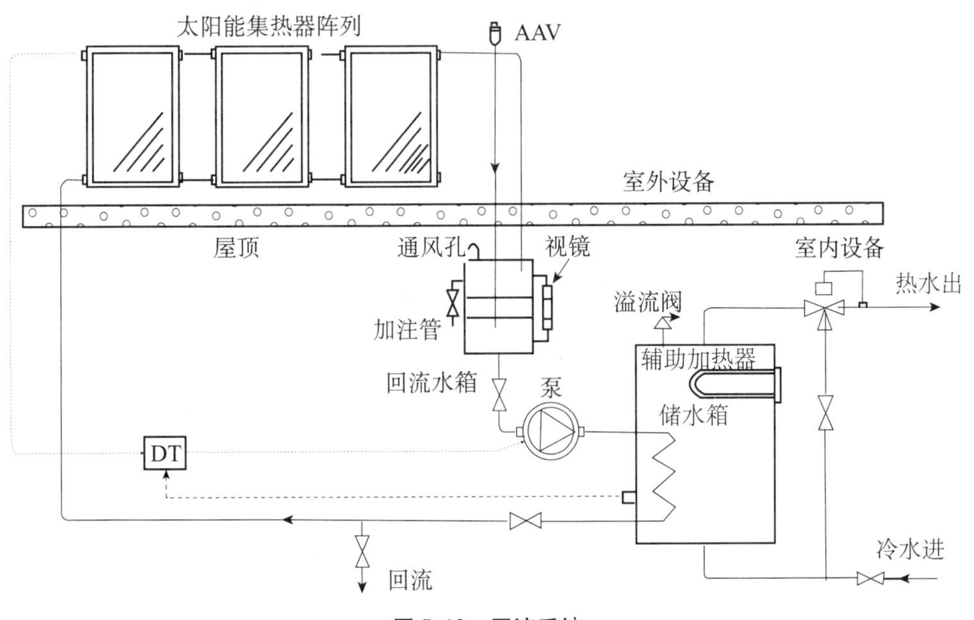

图5.13　回流系统

在回流系统中，集热器有可能在日照条件下完全排光水。当没有负荷或水箱达到一定温度导致差动恒温器无法启动太阳能泵时，就有可能发生这种情况。因此，选择能够长时间承受滞止状态的集热器就显得尤为重要。

另一种更适合小型系统的设计如图5.13所示，这样的设计可以直接排空储水箱中的水。在这种情况下，系统是开启的（无热交换器），并且不需要一个独立的回流水箱，但这个系统与图 5. 2. 1 中的直接系统都具有同样的缺点。

5. 2. 3　空气能热水系统

空气能热水系统是一种间接热水系统，因为空气在集气器内循环，通过管道系统直接到达一个空气—水热交换器。在热交换器中，热量被用来加热饮用水，饮用水可直接在热交换器中循环，并返回到储水箱中。图 5. 14 为一个双储水箱系统原理图。如图所示，空气系统一般可预热家用热水，仅有一个水箱要用到辅助加热器，因此这种类型的系统的应用较为广泛。

该系统的优点是不需要对空气采取防冻或防沸腾措施，而且空气也不具有腐蚀性，且系统也没有传热工质退化的困扰。此外，该系统更经济，因为它不需要一些安全措施或是膨胀箱。但缺点是空气处理设备（管道和风扇需要）比管道和泵需要更多的空间，空气泄露很难检测，寄生功率的消耗（电力驱动风扇）通常要高于液体系统。

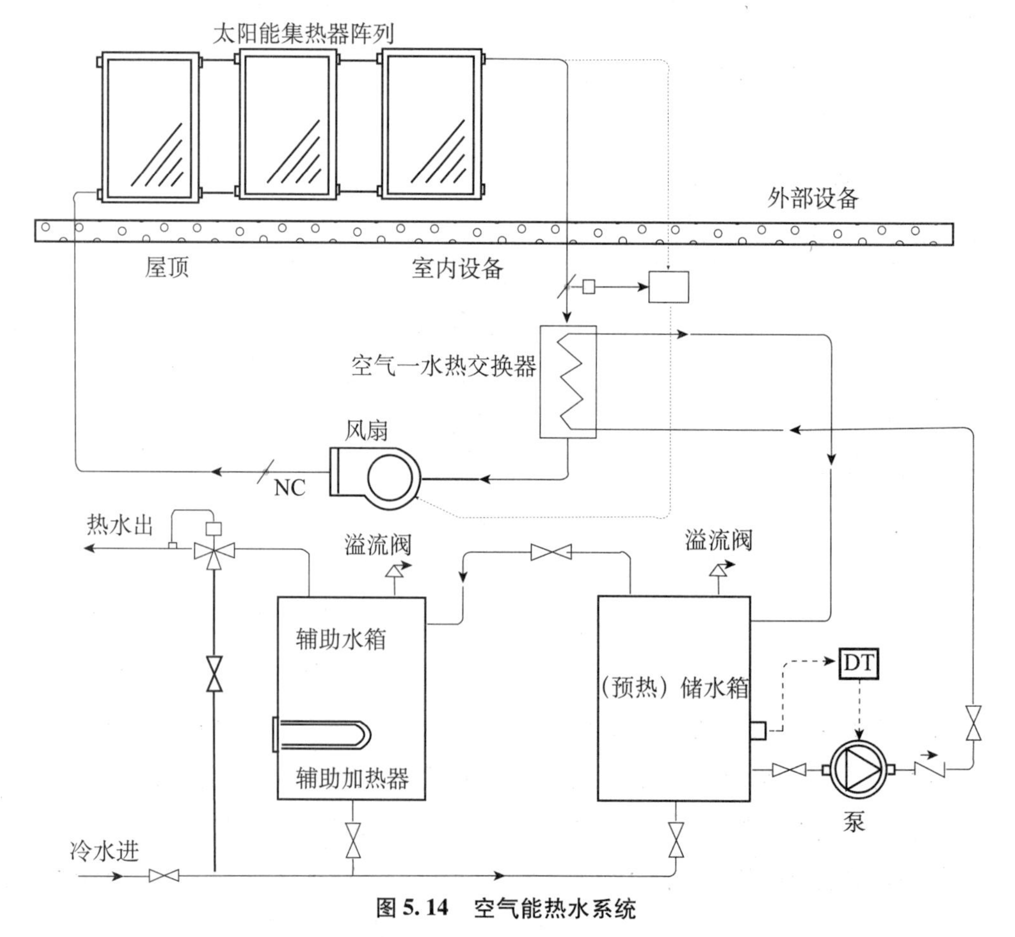

图 5. 14　空气能热水系统

5.2.4　热泵系统

热泵系统的原理是利用机械能将热能从一个低温来源转移到一个高温的水槽中。与电阻加热系统或昂贵的燃料系统相比，电力驱动热泵系统最大的优点是，热泵的性能系数（电能加热性比）要大大高于统一的加热系统，它供应给压缩机的效能为每千瓦时 9 ~ 15MJ 热量，节省了能量购买的支出。

Charters 等人（1980）已经提出的原始系统概念指的是热泵的工质可以直接蒸发的太阳能系统。热泵的冷凝器实际上是一个环绕在储水箱周围的热交换器。通过这种方式，系统的初始成本和寄生能量的需求被降到了最小。该系统的一个缺点是冷凝换热器受到水箱壁自由对流的限制，但通过利用水箱内传热的区域，可将这种限制降到最小。另一个严重的缺点是必须避开热泵制冷电路，而且系统需要充电，因此系统的安装需要特殊设备和专业人员。

利用一个紧凑的太阳能热泵系统可以消除上述的缺点。该系统储水箱的外部安装有蒸发器，且外部有自然对流空气循环。该系统需要安装在室外，如果将其安装在邻近建筑物的通风管出口，它还可以作为一个废热回收部件。该系统的优点是，它没有对寄生能量的需求；系统所有组件都在工厂中装配完成，因此系统是预先充电的。由于该系统不需要大功率的电气连接，因此它的安装和传统的电热水器的安装过程一样简单（Morrison，2001）。

5.2.5　太阳能泳池热水系统

太阳能泳池热水系统不需要单独的储水箱，因为泳池本身可以作为储水箱。在大多数情况下，泳池的过滤泵使水循环并穿过太阳能电池板或塑料管。系统运行一整天并不需要自动控制，因为在光照充足时，系统通常就能运行。如果系统应用了类似的自动控制，只要在有太阳能辐射的时候，这些自动控制可以使过滤水直接流入集热器，也可通过一个简单的手动阀实现这一过程。通常情况下，设计这些类型的太阳能系统是为了在泵关闭时，也可以排出泳池中的水，因此该系统的集热器本身就具有防冻功能（ASHRAE，2007）。

太阳能泳池热水系统集热器的主要材质为黑色聚丙烯塑料面板（见第 3 章，3.1.1 小节）。然而，这种系统需要使用较大的区域，邻近建筑的屋顶也可以满足这一要求。ISO/TR 12596：1995（1995a）的技术报告中提出了太阳能泳池热水系统设计、安装和调试的相关建议，泳池的水可直接循环到太阳能集热器中。但报告并未涉及到与太阳能的供热系统连接的过滤系统。由太阳能单独供热的系统或是同时带有传统供热的系统，报告中的内容可用于家用泳池或公共泳池等各种大小的泳池。此外，报告还包括热负荷计算的细节。泳池的热负荷，即热损耗的总量，要低于从入射辐射中获得的热量。

热损耗是由蒸发、辐射和对流产生的损耗的总和。要计算热损失，需要了解空气温度、风速、相对湿度和部分蒸汽压的信息。其他原因的热损失，一般对结果的影响较小，这些原因可能是游泳者、地面的传导（通常忽略）及降雨（大量降雨可降低泳池的温度）等因素。如果泳池温度不同于运行温度，应该考虑给泳池补给水。泳池通常在 24 ~ 32 ℃一个比较小的范围内运行。由于泳池的容积比较大，它的温度一般不会很快地发生变化。

使用游泳池盖可以减少热量损失，尤其是蒸发损耗，然而，在设计太阳能泳池热水系统时，通常不太可能知道在什么时候会用到游泳池盖。此外，游泳池盖也可能与泳池并不匹配。因此，在需要盖板时，应该采用一种保守的方法（ISO / TR 1995 a）。

蒸发热损耗

根据 ISO/TR 12596：1995（1995a），以下是关于一个静止泳池的分析。如下公式表示一个露天游泳池的蒸发损耗量与风速及池水温度和大气的蒸汽压差之间的函数关系：

$$q_{e} = (5.64 + 5.96v_{0.3})(P_{w} - P_{a}) \tag{5.18}$$

式中，

q_e = 蒸发热损耗（MJ/m^2day）；

P_w = 水温为 t_w 时的饱和水蒸气压（kPa）；

P_a = 空气中的部分水蒸气压（kPa）；

$v_{0.3}$ = 池面上方 0.3m 处的风速（m/s）。

如果无法测量池面上的风速，通过折减系数对泳池防风罩的度数进行折减，可从气候数据获得风速。通常，离地面 10m 高就可测量风速（v_{10}）；因此，

郊区的普通泳池，$v = 0.30v_{10}$

有防风罩的泳池，$v = 0.15v_{10}$

对于室内泳池，由于空气速度低，它的蒸发通常要低于室外泳池，蒸发热损耗的计算公式如下：

$$q_{e} = (5.64 + 5.96v_{s})(P_{w} - P_{enc}) \tag{5.19}$$

式中，

P_{enc} = 泳池围栏内的部分水蒸气压（kPa）；

v_s = 池面的空气速度，通常为 0.02 ~ 0.05（m/s）。

根据相对湿度，可计算出部分水蒸气压（P_a）

$$P_a = \frac{P_s \times RH}{100} \tag{5.20}$$

式中，

P_s = 空气温度 t_a时的饱和水汽压（kPa）。

饱和水汽压的计算公式如下：

$$P_s = 100(0.004516 + 0.0007178t_w - 2.649 \times 10^{-6}t_w^2 + 6.944 \times 10^{-7}t_w^3) \tag{5.21}$$

游泳者在泳池里时，蒸发率会明显增加。每 100m² 的泳池里 5 个游泳者时，蒸发率会增加 25% ~50%。每 100m² 的泳池里 20 ~25 个游泳者，蒸发率增加 70% ~100%，其蒸发率要高于静止泳池。

辐射热损耗

辐射热损耗的计算公式如下：

$$q_r = \frac{24 \times 3600}{10^6}\varepsilon_w\sigma(T_W^4 - T_S^4) = 0.0864\varepsilon_W h_r(T_w - T_s) \tag{5.22}$$

式中，

q_r = 辐射热损耗（MJ/m²day）；

ε_w = 水的长波辐射 = 0.95；

T_w = 水温（K）；

T_s = 空气温度（K）；

h_r = 辐射传热系数（W/m²K）。

辐射传热的计算公式如下：

$$h_r = \sigma(T_W^2 + T_S^2)(T_w + T_s) \approx 0.268 \times 10^{-7}\left(\frac{T_w + T_s}{2}\right)^3 \tag{5.23}$$

对于室内泳池，$T_s = T_{enc}$，Kelvins 和 T_{enc} 都是泳池周围壁面的温度，对于室外泳池：

$$T_s = T_a(\varepsilon_s)^{0.25} \tag{5.24}$$

其中，天空辐射系数 ε_s是露点温度 t_{dp}的函数（ISO，1995b）：

$$\varepsilon_s = 0.711 + 0.56\left(\frac{t_{dp}}{100}\right) + 0.73\left(\frac{t_{dp}}{100}\right)^2 \quad (5.25)$$

需要注意的是，T_s 可能在多云天空（$T_s \approx T_a$）到晴朗天空（$T_s \approx T_a - 20$）之间变化。

对流热损耗

因环境空气产生的对流热损耗为：

$$q_c = \frac{24 \times 3600}{10^6}(3.1 + 4.1v)(t_w - t_a) = 0.0864(3.1 + 4.1v)(t_w - t_a) \quad (5.26)$$

式中，

q_c = 环境空气对流热损耗（MJ/m²day）；

v = 室外泳池表面 0.3m 高处或室内泳池表面的风速（m/s）；

t_w = 水温（℃）；

t_a = 气温（℃）。

从方程（5.26）中可知，对流热损耗在很大程度上取决于风速。夏季的室外泳池热损耗可能为负值，但事实上，泳池也从空气的对流中获取了热量。

补给水

如果补给水的温度与泳池的运行温度不同，就会产生热损耗，计算公式如下：

$$q_{muw} = m_{evp}c_p(t_{muw} - t_w) \quad (5.27)$$

式中，

q_{muw} = 补给水热损耗（MJ/m²day）；

m_{evp} = 日蒸发率（kg/m²day）；

I_{muw} = 补给水的温度（℃）；

c_p = 水的比热（J/kg ℃）。

日蒸发率计算公式如下：

$$m_{evp} = \frac{q_c}{h_{fg}} \quad (5.28)$$

式中，

h_{fg} = 水的汽化潜热（MJ/kg）。

辐射得热

泳池的辐射得热计算公式如下：

$$q_s = \alpha H_t \tag{5.29}$$

式中，

q_s = 泳池的太阳辐射得热率（MJ/m^2day）；

α = 太阳吸收率（浅色泳池 $\alpha = 0.85$；深色泳池 $\alpha = 0.90$）；

H_t = 水平面上的太阳辐射（MJ/m^2day）。

应该值得注意的是，太阳吸收率 α 与泳池的颜色、深度和泳池的使用情况相关。对于频繁使用的泳池（公共游泳池），其吸收系数应该再减去 0.05（ISO/TR，1995a）。

例 5.1

在普通城郊地区，有一个大约 500 m^2 的浅色泳池，泳池面 10m 高的风速为 3 m/s。水温为 25℃，周围环境的空气温度为 17℃，相对湿度为 60%。在无游泳者的情况下，补给水的温度为 22℃，每天水平面的太阳辐射为 20.2 MJ/m^2。那么泳池需要多少太阳能供给（Q_{ss}），泳池的温度才能保持在 25℃？

解答

泳池的能量平衡计算公式如下：

$$q_e + q_r + q_c + q_{muw} - q_s = q_{ss}$$

泳池表面 0.3m 处的风速为 $0.3 \times 3 = 0.9$ m/s。通过方程（5.20）和（5.21），可得出空气和水的部分压力。空气温度为 t_a 时，空气中饱和水汽压可通过方程（5.21）得出，因此，

$$\begin{aligned} P_s &= 100(0.004516 + 0.0007178t_a - 2.649 \times 10^{-6}t_a^2 + 6.944 \times 10^{-7}t_a^3) \\ &= 100(0.004516 + 0.0007178 \times 17 - 2.649 \times 10^{-6} \times 17^2 + 6.944 \times 10^{-7} \times 17^3) \\ &= 1.936\text{kPa} \end{aligned}$$

从方程（5.20）可得，

$$P_a = \frac{P_s \times RH}{100} = \frac{1.936 \times 60}{100} = 1.162 \text{ kPa}$$

用 t_w 代替 t_a，根据方程（5.21）可得饱和水汽压，因此，

$$P_w = 3.166 \text{ kPa}$$

从方程（5.18）可得蒸发热损耗为：

$$q_e = (5.64 + 5.96v_{0.3})(P_w - P_a) = (5.64 + 5.96 \times 0.9)$$
$$(3.166 - 1.162) = 22.052 \text{ MJ/m}^2\text{d}$$

从方程（5.25），

$$\varepsilon_s = 0.711 + 0.56\left(\frac{t_{dp}}{100}\right) + 0.73\left(\frac{t_{dp}}{100}\right)^2 = 0.711 + 0.56\left(\frac{17}{100}\right) + 0.73\left(\frac{17}{100}\right)^2 = 0.827$$

从方程（5.24），

$$T_s = T_a(\varepsilon_s)^{0.25} = 290(0.827)^{0.25} = 276.6\text{K}$$

从方程（5.22）可得辐射热损耗为：

$$q_r = \frac{24 \times 3600}{10^6}\varepsilon_w \sigma(T_w^4 - T_s^4) = 0.0864 \times 0.95 \times 5.67 \times 10^{-8}(298^4 - 276.6^4)$$

$$= 9.46\text{MJ/m}^2\text{d}$$

从方程（5.26）可得对流热损耗为：

$$q_c = 0.0864(3.1 + 4.1v)(t_w - t_a)$$

$$= 0.0864(3.1 + 4.1 \times 0.9)(25 - 17) = 4.693\text{MJ/m}^2\text{d}$$

从水蒸气表 h_{fg} 可知，25℃时的水蒸发热潜热等于 2441.8 kJ/kg。因此，从方程（5.28）可得日蒸发率为：

$$m_{evp} = \frac{q_c}{h_{fg}} = \frac{4.693 \times 10^3}{2441.8} = 1.922\text{kg/m}^2\text{d}$$

从方程（5.27）可得由补给水产生的热损耗为：

$$q_{muw} = m_{evp}c_p(t_{muw} - t_w) = 1.922 \times 4.18(22 - 25) \times 10^{-3}$$

$= 0.0241\text{MJ/m}^2\text{d}$（一般不用负号，所有的值均为损耗值）

从方程（5.29）可得太阳辐射得热为：

$$q_s = \alpha H_t = 0.85 \times 20.2 = 17.17\text{MJ/m}^2\text{d}$$

因此，将泳池温度保持在 25 ℃时所的需能量为：

$$q_{ss} = q_e + q_r + q_c + q_{muw} - q_s = 22.052 + 9.46 + 4.693 + 0.0241 - 17.17$$

$= 19.06\text{MJ/m}^2\text{d}$ 或 $Q_{ss} = 9.53$ GJ/d

5.3 蓄热系统

蓄热器是太阳能系统供热、制冷和发电系统中的主要部分之一。无论在任何地方，一年中接近一半的时间都是在夜间，所以如果太阳能系统要持续地运行，那么蓄热器的存在是很必要的。对于泳池加热、日间空气加热和灌溉泵这类系统而言，间歇运行是可以接受的，但是对于其他需在夜间或阴天时使用太阳能操作，则需要系统能够持续运行。

通常蓄热器设备的设计和选择是太阳能系统中最不能忽视的部分之一。储能系统对整个太阳能系统的成本、性能和可靠性有着巨大的影响力。此外，储热系统的设计也影响着系统的其他基本组件，如集热器回路和热量分布系统。

太阳能的储罐有几项功能，其中最重要的是：

（1）通过配置热容来减轻有效太阳能和负载的失配，改善系统对意外的高峰负荷或太阳能输入损耗的响应，从而提高收集到的太阳能的利用率。

（2）传热流体快速达到高温可导致集热器效率降低，防止这一情况的发生可提高系统的运行效率。

一般来说，太阳能可储存在液体、固体或相变材料中（PCM）。水是液体系统最常用的存储介质，甚至是集热器回路也可能会用到水、油和乙二醇水溶液，或是其他传热介质。水价格低且无毒害，并具有较高的存储容量。此外，水能够很容易利用传统的泵或管道运输。热水应用服务和大多数的建筑供暖利用的水资源通常储存在圆形的水箱中，空气系统将热量储存在岩石或卵石中，但有时也利用建筑物的结构质量。

传递到系统负荷的工质温度必须适合系统预期应用，供给集热器的工质温度越低，那么集热器的效率也就越高，这是一个重要的考虑因素。

储罐的摆放位置也应当仔细地考虑。最理想的位置是室内，因为室内的热损耗是最小的。糟糕的天气状况并不会带来很大影响，如果储罐不能安置在室内，那么可安置于室外地面或屋顶上。这类储罐应该要有一个良好的隔热保护。储罐的位置应尽可能地靠近集热器，以避免使用长管道。

5.3.1　空气系统蓄热器

空气系统集热器最常见的存储介质是岩石，其他可能的介质还包括PCM、水和建筑质量。砾石也被广泛地用作存储介质，因为它数量多且相对便宜。

在系统可以经受室内气温发生较大波动的情况下，建筑物本身的结构对蓄热器来说就足够了。不需要存储装置的负荷通常是最经济的，从集热器出来的空气经过加热可直接分散到空间中。一般来说，在系统输出不超过供热需求的情况下，可不用安装存储装置（ASHRAE，2004）。

砾石存储应具有良好的保温性、透气性小和低压降，许多不同的设计都可以满足这些需求。容器通常是由混凝土、砖石、木材或这些材料组合制造而成的。气流可以是垂直的或是水平的。如图5.15所示，太阳能加热的空气从设备顶部进入，然后从底部流出。该储罐同样适用于水平式岩床。在这些系统中，在一个方向上用热

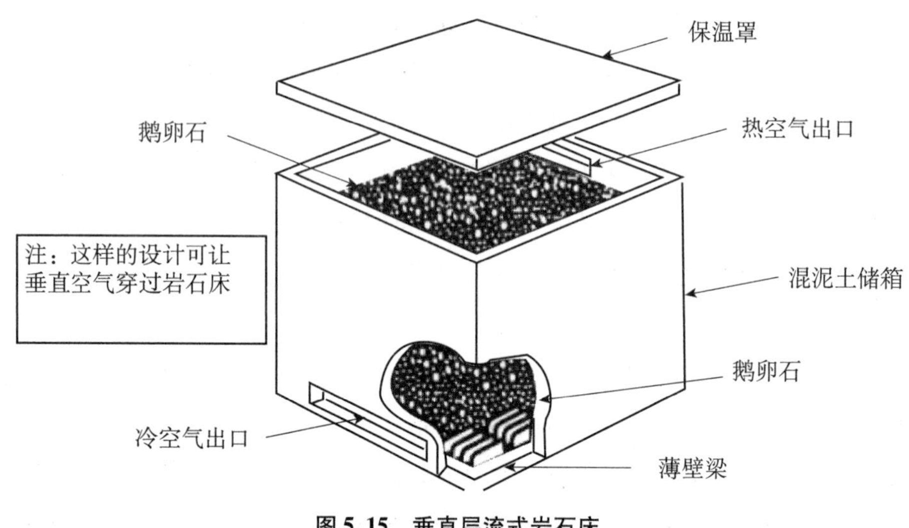

图 5.15　垂直层流式岩石床

空气加热岩床，并用反方向的气流获取热量，通过这种方式，卵石床与热交换器的作用相同。

根据气流、岩床的几何形态、和所需的压降，卵石床石块直径在 35～100mm 间。岩石的体积大小取决于集热器的输出，集热器的热量输出必须存储起来。对于住宅系统而言，每平方米集热器的存储容积通常在 0.15～0.3 m^3。对于大型系统，鹅卵石床面积相对较大，因此较大的质量和体积会给选址带来困难。

空气系统还可使用相变存储（PCM）和水存储热量。与岩石床储热相比，PCM 具有较高的体积比热，因为其体积仅为前者的十分之一（ASHRAE，2004）。

同样，水也可以用作空气集热器的存储介质，使用传统的空气—水热交换器将空气中的热量转移到水箱的水中。用水做储热介质有以下两个优点：

（1）储水的同时还可以提供热水供暖。

（2）系统相对紧凑，储水容积大约是卵石床体积的三分之一。

5.3.2　液体系统蓄热器

液体系统的储水方式有两种类型：承压型和非承压型。其他的储水方式还包括适用外部或内部热交换器和单个或多罐配置。储水箱的材质可以是铜、锌金属或混凝土。然而，无论选择哪种类型的存储容器，该存储容器应该具有良好保温功能，此外大存储罐应该可以进行内部维护。建议 $U \approx 0.16\ W/m^2K$。

承压型系统的水为自来水，是小型热水服务系统首选。该系统的存储容量大约是每平方米集热器 40～80L。在有加压存储器情况下，热交换器总是置于水箱旁边的集热器上。无论是内部还是外部热交换器配置都可以使用，也可以使用侵入式和管束热换器这两种主要的内部热交换器（图 5. 16）。

有时，由于存储容量的要求，如果大容量的储水箱不够用，则需要用多个水箱来代替大储箱。除了要提供额外的水箱来增加存储容积，还需增大热交换器的表面（在每个水箱都使用一个热交换器时）和减少集热器回路的压降（如图 5. 17 为多储箱的承压系统）。需要注意的是，热交换器与逆向回流模式连接用来改善流动平衡。

外部热交换器的流动性更强，因为可以单独选择水箱和交换器（图 5. 18）。该系统的缺点是电能形式的寄生能量损耗，当有辅加泵的情况下，就会出现损耗。

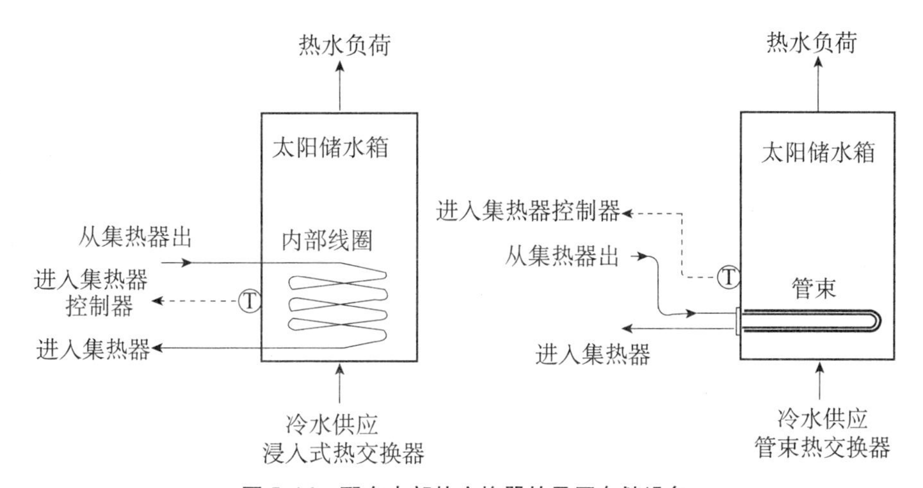

图 5. 16　配有内部热交换器的承压存储设备

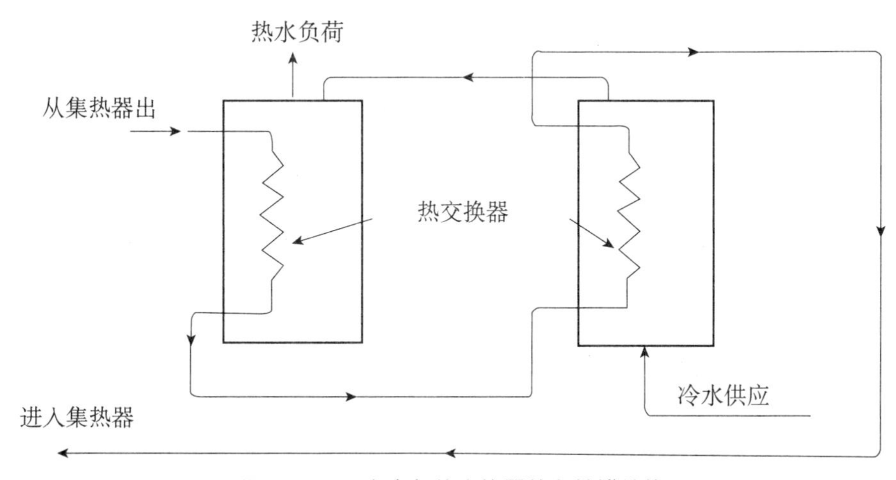

图 5. 17　配有内部热交换器的多储罐结构

小型系统通常使用内部热交换器水箱，可以防止热交换器中水冻结。然而，必须从水箱中提取能量维持水温防止结冰，因此整个系统的性能就降低了。在配有外部热交换器的情况下，可使用旁路热交换器将冷流体转移至热交换器周围，直至温度升至可接受水平（约为 25℃）（ASHRAE，2004）。当传热流体加热到这个水平后，就可以在不造成水冻结或损耗水箱热量的情况，使流体顺利地进入热交换器。如果必要，这种配置也适用于内部热交换器以改善其性能。

如果系统的体积超过 30m³，非承压存储设备通常要比承压存储设备更为经济。然而，该系统也可以用于小型家用平板式集热器系统，在这种情况下，补给水通常来自圆形热水箱顶部的冷水存储箱。

非承压存储可以和承压的城市供水系统结合起来，这意味在水箱负荷端使用热交换器，从而将高压总管中的饮用水回路与低压集热器回路隔离。配有外部热交换器的非承压存储系统如图 5. 19 所示。在此配置中，从顶部太阳能储水箱提取的热量和冷水需要返回到底部的储箱，以避免分层。

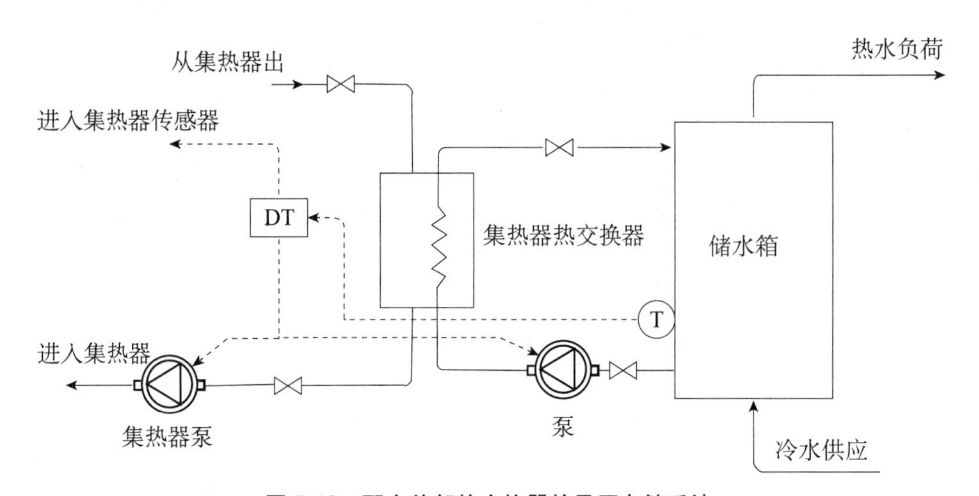

图 5. 18　配有外部热交换器的承压存储系统

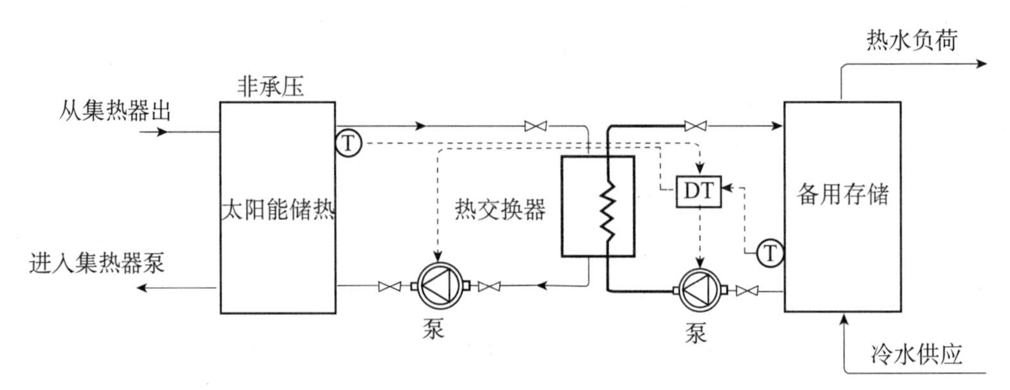

图 5. 19　配有外部热交换器的非承压存储系统

出于同样的原因，在负荷端的热交换器上，加热的水来自备用储水箱的底部，由于备用储水箱原本就有冷水，加热的水又返回到了储水箱顶部，从而出现了分层现象。传热工质在集热器回路中循环，双层壁热交换器可防止饮用水被污染。温差控制器（DTC）可控制热交换器侧面的两个泵。当使用小泵时，在无超负荷的情况下，二者同时可以被同一控制器控制。外部热交换器（图5.19）可以提供良好的系统灵活性，并能自由选择系统组件。在某些情况下，内部热交换器可降低系统成本和寄生能量的消耗。

顶部储水箱的热水和底部水箱的冷水汇集在一起导致了分层现象。这将改善水箱的性能，因为较热的水可供使用，而冷水可供应给集热器，从而提高集热器的运行效率。

另一种热水存储类型称之为太阳能联合存储（solar combistores），它主要用于欧洲家用热水和空间加热。更多详情见第6章，6.3.1节。

5.3.3　存储系统的热分析

以下对供水系统和空气系统分别进行了检测。

供水系统

对于完全混合或不分层的能量储存，在恒温下且以有限温差（ΔT_s）运行的条件下，液体存储器的存储能（Q_s）为：

$$Q_s = (Mc_p)_s \Delta T_s \tag{5.30}$$

式中，

M = 存储容量的质量（kg）。

操作过程中的要求限制了这类装置运行的温度范围。液体的蒸汽压力决定了温度上限。储水箱的能量平衡为：

$$(Mc_p)_s \frac{dT_s}{dt} = Q_u - Q_l - Q_{tl} \tag{5.31}$$

式中，

Q_u = 收集的太阳能输送到储水箱的传递率（W）；

Q_l = 能量从储水箱转移到负荷的比率（W）；

Q_{tl} = 储水箱的能量损耗率（W）。

储水箱能量损耗率为：

$$Q_{tl} = (UA)_s (T_s - T_{env}) \tag{5.32}$$

式中，

$(UA)_s$—储罐的损耗系数和面积的乘积（W/℃）；

T_{env} = 储罐所处的环境温度（℃）。

为了确定储罐的长期性能，用差分格式可将方程（5.31）表示为：

$$(Mc_p)_s \frac{T_{s-n} - T_s}{\Delta t} = Q_u - Q_l - Q_{tl} \tag{5.33}$$

或

$$T_{s-n} = T_s + \frac{\Delta t}{(Mc_p)_s}[Q_u - Q_l - (UA)_s(T_s - T_{env})] \tag{5.34}$$

式中，

T_{s-n} = 时间间隔 Δt 后新储罐的温度（℃）。

在方程中，假设在时间段 Δt. 中，热损耗一直持续。由于每小时都能获得太阳辐射数据，估计时间通常为 1h。

例 5.2

一个完全混合水的储罐中有 500kg 水，UA 为 12 W/℃，储罐所在室内的温度恒为 20℃。从早上 5 点开始时的 10h 内进行检测，Q_u分别等于 0、0、0、10、21、30、40、55、65、55 MJ。负荷是恒定的，在最初的 3h 等于 12 MJ，在接下来的 3h 等于 15 MJ，在剩下的时间等于 25MJ。如果最初的温度为 45 ℃，储罐的最终温度应为多少？

解答

估计时间间隔为 1h，使用方程（5.34）并插入相应的常数，可得：

$$T_{s-n} = T_s + \frac{1}{(500 \times 4.18 \times 10^{-3})}\left[Q_u - Q_l - 12 \times \frac{3600}{10^6}(T_s - 20)\right]$$

通过插入初始储罐的温度（45℃），根据 Q_u和 Q_l，可得表 5.3。

表 5.3　例 5.2 的计算结果

小时	Q_u（MJ）	Q_l（MJ）	T_a（℃）	Q_{tl}（MJ）
			45	
5	0	12	38.7	1.1
6	0	12	32.6	0.8
7	0	12	26.6	0.5
8	10	15	24.1	0.3
9	21	15	26.9	0.2
10	30	15	33.9	0.3
11	40	25	40.8	0.6

续表

小时	Q_u（MJ）	Q_l（MJ）	T_a（℃）	Q_{tl}（MJ）
12	55	25	54.7	0.9
13	65	25	73.1	1.5
14	55	25	86.4	2.3

所以，早上5点的第一个小时：

$$T_{s-n}=45+0.4785\ [0-12-0.0432\ (45-20)]\ =38.7℃$$

早上6点的第二个小时：

$$T_{s-n}=38.7+0.4785\ [0-12-0.0432\ (38.7-20)]\ =32.6℃$$

其余的计算结果如表5.3所示。

因此，最后储罐的温度为86.4 ℃。建议使用电子表格程序进行计算。

以下例子将讨论利用第4章中集热器的性能方程以及详细的入口流体温度信息来估算集热器每日的能量输出。

例5.3

重复例4.2，考虑当该系统有一个容量为100L完全混合的储罐且无负荷。在一天开始时，储罐的初始温度为40 ℃，而储罐所处位置环境的温度等于周围的空气温度。储罐的UA值为12 W/℃。计算出全天收集到的有用能量。

解答

通过方程（5.34），新储罐的温度可以被当作为集热器的入口温度。但只适用于本例，在实际中不一定正确，因为储罐某种程度的分层是不可避免的。

$$T_{s-n}=T_s+\frac{1}{(100\times4.18)}\left[Q_u-12\times\frac{3600}{1000}(T_s-T_a)\right]$$

表5.4　例5.3的计算结果

时间	T_a（°c）	I_t（kJ/m²）	T_l（℃）	$\Delta T/G_t$（℃ m²/W）	θ（deg.）	K_θ	Q_u（kJ）
6	25	360	40.0	0.150	93.9	0	0
7	26	540	38.6	0.084	80.5	0.393	0.0
8	28	900	37.5	0.038	67.5	0.806	719.6
9	30	1440	38.4	0.021	55.2	0.910	1653.1
10	32	2160	41.7	0.016	44.4	0.952	2738.5
11	34	2880	47.5	0.017	36.4	0.971	3702.3
12	35	3420	55.1	0.021	33.4	0.976	4269.3
13	34	2880	63.1	0.036	36.4	0.971	3089.4
14	32	2160	67.3	0.059	44.4	0.952	1698.3
15	30	1440	67.5	0.094	55.2	0.910	475.8
16	28	900	64.6	0.146	67.5	0.806	0.0

续表

时间	T_a（°c）	I_t（kJ/m²）	T_i（℃）	$\Delta T/G_t$（℃ m²/W）	θ（deg.）	K_θ	Q_u（kJ）
17	26	540	60.6	0.231	80.5	0.393	0
18	25	360	56.9	0.319	93.9	0	0
合计							18 346.3

计算结果如表 5.4 所示。需要注意的是，新储罐的温度、收集到的有用能量和之前时间步的 T_i 是可以使用的。例如在早晨 9 点：

$$T_{s-n}=37.5+2.39\times10^{-3}\ [719.6-12\times3.6\ (37.5-30)]\ =38.4\ ℃$$

式中 $Q_u=719.6$ kJ（早晨 8 点，$K_\theta=0.806$ 和 $I_t=900$ kJ/m²），$\Delta T/G_t=$（37.5－28）/（900/3.6）＝0.038.

因此，全天收集到能量为＝18,346.3 kJ。

从这个例子中可以得出，集热器的性能表现要低于例子 4.2 中的集热器，因为较高的集热器入口温度会导致集热器的效率降低。在本例子中，可使用电子表格程序估算。

水的密度（和其他液体）随着温度的升高而下降。当水从集热器顶部流出，冷水回流到集热器，储罐将由于密度的差异出现分层现象。此外，底部储罐的冷水温度较低，从而集热器入口的温度也很低，集热器的性能将增强。同时，从顶部水箱中下来的水的温度最高，将更有效地满足功能需求。储罐的分层程度由顶部储罐和底部储罐之间的温度差异衡量，这对于太阳能系统的有效运行十分关键。

目前有两种方法可以模拟蓄热储罐的温度分层现象：多节点模型（multimode）和插拴流模型（plug flow）。多节点模型是将蓄热水箱分为 N 个节点，使每个节点保持能量平衡。从中可得出一组 N 个微分方程，根据 N 个节点的温度与时间的函数关系求解出方程。插拴流模型是指将水箱分为不同的段，每段的液体具有各自的温度，模型假设段与段之间的液体通过互相推动进行移动，并且模型可以跟踪各部分的体积、温度和位置。这两种方法都不适用于手工计算，关于插拴流模型的详细介绍如下。

插拴流的模型过程由 Morrison 和 Braun（1985）共同提出。该模型产生温度分层的可能性最大。储罐最初分为三段，由于向周围环境的热损失和段与段间的传导性，储罐各段间的温度变化是可以估算的。在时间步 Δt 内，进入水箱的水量为 V_h（$=\dot{m}\Delta t/\rho$），据此可以确定集热器的能量输入。进入水箱的水处在中间的部分以此避免出现逆温层。

根据另一部分流体的体积 V_L（$=\dot{m}_L\Delta t/\rho$）和温度 T_L，负荷流量可以加入水箱底部或是在合适的温度水平时加入。随着新的负荷流量部分的加入，储箱中的液体部分向上移动。其中高于集热器回流水平的总移动距离等于负荷容积 V_L，集热器回流水平的等于集热器和负荷量之间的差（V_h-V_L）。在调整负荷流量后，可以考虑辅助输入，如果有足够的可用能量，加热高于辅助输入水平的部分到设定的温度。根据情况，将含有辅助元件的部分分割开，因而只有高于辅助元件的水箱中的部分被加热。

新的储罐中的部分返回集热器和负荷，输送到负荷的液体的平均温度为：

$$T_d=\sum_{i=1}^{i=j-1}\frac{(T_iV_i+aT_jV_j)}{V_L} \tag{5.35}$$

其中 j 和 a 必须满足：

$$V_L=\sum_{i=1}^{i=j-1}(V_i)+aV_j \tag{5.36}$$

并且 $0\leqslant a<1$。

返回集热器液体的平均温度为：

$$T_R=\sum_{i=1}^{i=n-1}\frac{(T_iV_i+bT_nV_n)}{V_h} \tag{5.37}$$

其中 n 和 b 必须满足：

$$V_R=\sum_{i=1}^{i=n-1}(V_i)+bV_n \tag{5.38}$$

并且 $0\leqslant b<1$。

该模型的主要优势在于，当出现温度分层时，可向水箱中引入小段流体。然而，区域的平均温度是由大型流体段主导的，如高于辅助加热器的温度。此外，分段部分流体的体积可用于描述随集热器的流速变化的水箱温度分层。如果集热器的流速过高，水箱的预热部分几乎不会出现分层现象，代数模型仅会产生很少的水箱分段。如果集热器的流速很低，水箱将出现分层现象。一般来说，该模型中所产生分段的数量并不是固定的，而是由很多因素决定的，如仿真时间步、集热器的大小、负荷流量、热量损耗、辅助输入。为了避免产生过多的分段，如果分段间的温度差小于0.5℃，相邻的部分就会发生合并。

空气系统

如前所述，在空气系统中，卵石床通常用于能量储存。当获得太阳辐射时，来自集热器的热空气进入储箱的顶部并加热岩石。当空气向下流动时，空气和岩石间的热交换会导致鹅卵石的温度分层，即岩床的顶部为高温，但底部为低温，这就是储存装置的充电模式。当有供热需求时，热空气从顶部出来和冷空气返回到装置的底部，从而岩床释放其储存的能量，这就是卵石岩床的非充电模式，从描述中可以发现岩床的两种模式可同时发生。不同于水储存，保持岩床储能装置中的温度分层较为容易。

在岩床储能分析中，应该考虑到在空气流动方向上岩石和空气交换的温度变化，以及岩石和空气间存在温度差。因此，岩石和空气需要独立的能量平衡方程。在该分析中，假设如下：

（1）加压气流是单向度的。

（2）系统属性不变。

（3）岩床上的热传导可以忽略不计。

（4）环境中的热损耗不会发生。

因此，岩石和空气的热性能可以通过以下两个非线性抛物方程进行描述（Hsieh，1986）：

$$\rho_b c_b (1-\varepsilon)\frac{\partial T_b}{\partial t} = h_v (T_a - T_b) \tag{5.39}$$

$$\rho_a c_a \varepsilon \frac{\partial T_a}{\partial t} = -\frac{\dot{m} c_a}{A}\frac{\partial T_a}{\partial x} - h_v (T_a - T_b) \tag{5.40}$$

式中，

A = 储水箱的横截面积（m^2）；

T_b = 岩床材料的温度（℃）；

T_a = 空气的温度（℃）；

ρ_b = 岩床材料的密度（kg/m^3）；

ρ_a = 空气密度（kg/m^3）；

c_b = 岩床的比热（J/kg K）；

c_a = 空气的比热（J/kg K）；

t = 时间（s）；

x = 岩床流动方向的位置（m）；

$\dot{m}$ = 空气的流量质量（kg/s）；

ε = 填充物的孔隙率 = 空隙体积/岩床的总体积（无量纲）；

h_v = 体积传热系数（W/m^3K）。

体积热传热系数的经验方程为：

$$h_v = 650(G/d)^{0.7} \quad (5.41)$$

式中，

G = 岩床最大截面每平方米的风速（kg/s m²）；

d = 岩石直径（m）。

如果忽略岩床内存储空气的能量，方程（5.40）可简化为：

$$\dot{m}c_a \frac{\partial T_a}{\partial x} = -Ah_v(T_a - T_b) \quad (5.42)$$

根据传质单元数（NTU），方程（5.39）和（5.42）可表示为：

$$\frac{\partial T_b}{\partial(\theta)} = \mathrm{NTU}(T_a - T_b) \quad (5.43)$$

$$\frac{\partial T_b}{\partial(x/L)} = \mathrm{NTU}(T_b - T_a) \quad (5.44)$$

式中，

L = 岩床长度（m）。

NTU，无量纲：

$$\mathrm{NTU} = \frac{h_v AL}{\dot{m}c_a} \quad (5.45)$$

参数 θ，在方程（5.43）中为无量纲：

$$\theta = \frac{t\dot{m}c_a}{\rho_b c_b(1-\varepsilon)AL} \quad (5.46)$$

对于太阳能存储系统的长期研究，两个非线性抛物方程（5.43）和（5.44），可在电脑的帮助下，通过有限差分法解出方程。

5.4 模块设计和阵列设计

5.4.1 模块设计

大多数商业和工业系统需要大量的集热器来满足供暖需求。由于只有一组集合管连接集热器，因此很难确保排水能力和较低的压降。此外，也很难平衡流量使流体以相同的流速通过所有集热器。一组集热器模块可以分为平行流和串并联组合流。平衡流模块使用较频繁，由于其具有内在的平衡性和低压降，因此排水也更方便。图5.20为两组最常见的集热器联箱设计：外部和内部集合管。

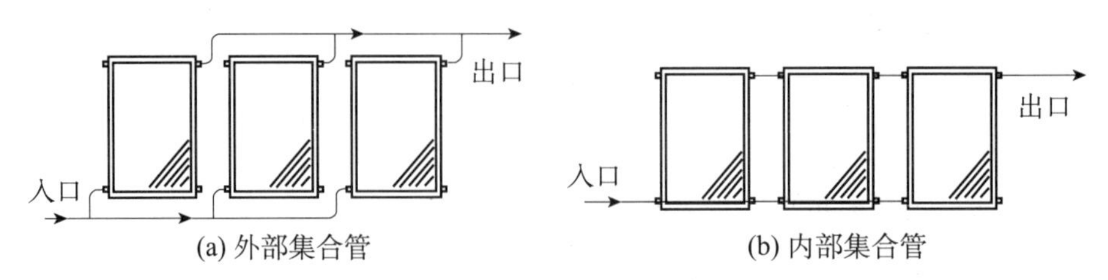

图 5.20　平行流模块集热器集合管设置

一般来说，平板式集热器可以连接到主要的管道上，在图 5.20 中所示为两种安装方法中的一种。集热器的外部集合管的管道直径较小，因为它只为一个集热器输送流量，因此每个集热器要单独地连接到集合管上。集热器内部集合管包括几个配有大型联箱的集热器，将其并排放置，可形成一个连续供应和液体可回流的管道，所以集合管是每个集热器必不可少的一部分。连接的集热器数量可根据集热器联箱的大小来决定。

集热器外部集合管一般更适合于小型系统。内部集合管是大型系统的首选，因为使用内部集合管可以避免使用额外的管道（配件）从而节省了成本，并且还能消除由外部集合管带来的热损耗，最终可增加系统的热力性能。

需要注意的是，液体是平行流动，但集热器是串联组合。当阵列必须高于一个集热板的高度时，才有可能使用串联和并联组合流（参见图 5.21）。当集热器安装在倾斜的屋顶上时，更适合使用这种设计。

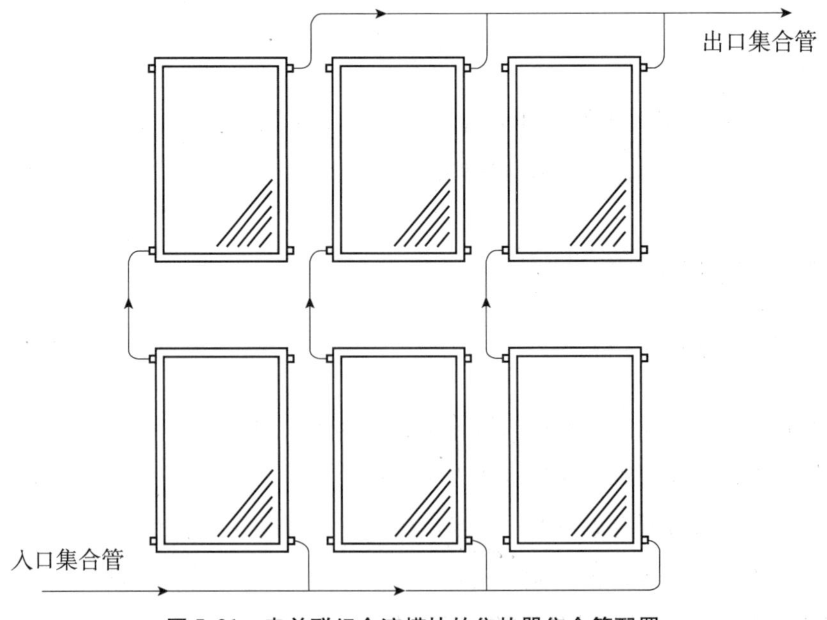

图 5.21　串并联组合流模块的集热器集合管配置

串联模块或并联流模块的选择要根据系统所需的温度来确定。并联集热器意味着所有的集热器都有相同的输入温度，但是在使用串联模块时，一个集热器（或一排集热器）的出口温度是下一个集热器的输入温度。这种设置的性能参见第 4 章，4.1.2 节中给出的方程。

5.4.2　阵列设计

一个阵列通常包括很多独立的集热器组，也称之为模块，用来提供必要的流动特性。为了保持流量平衡，应该用相同的模块组成集热器阵列。基本上有两种可用的系统类型：直接返回和逆向返回。直接返回系统如图 5.22 所示，平衡阀需要确保通过模块的流量是均衡的。平衡阀必须连接在模块的出口处，以提供必要的流动阻力，并确保启动水泵时，它所有模块得到了填充。只要有可能，模块必须以逆向返回模式连接（图 5.23）。逆向返回确保了阵列是自平衡的，因为所有的集热器是以同样的压降运行的：即是说，供应总管上的第一个集热器是回流集合管的最后一个集热器，供应总管的第二集热器是集合管上的倒数第二个，以此类推。有了合适的设计，阵列就可以将水排出，这是系统回流和预防冻结的一个重要要求。连接集热器的进出管道必须按照合适的角度倾斜放置。通常情况下，为了排水，管道和集热器必须每延米倾斜 20mm（ASHRAE，2004）。

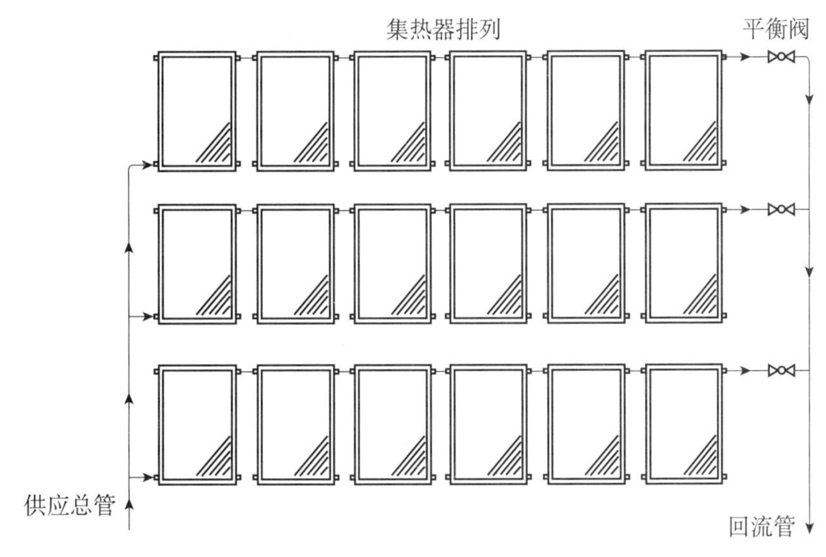

图 5.22　直接返回管道阵列

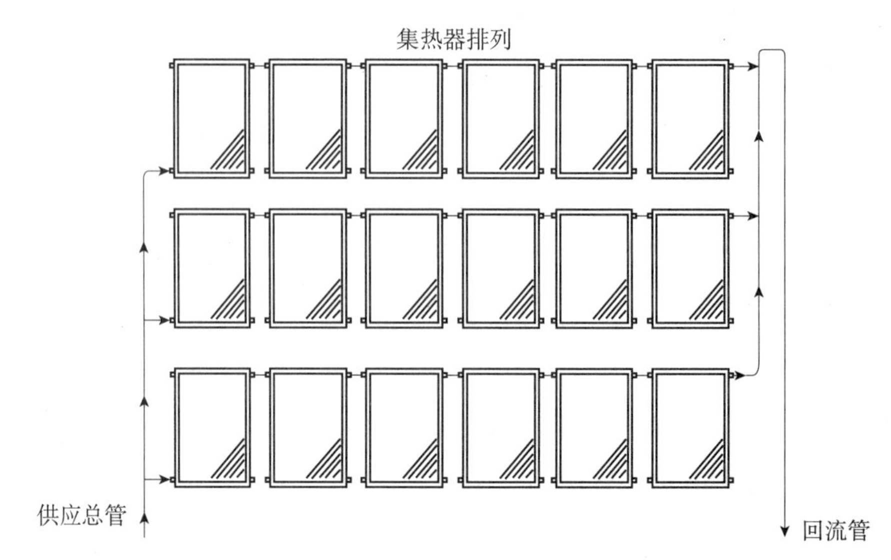

图 5.23　逆向返回管道阵列

集热器的内部和外部集合管的安装和管道设施方面有着不同的考虑。配有外部集合管的集热器模块可以水平安装，如图 5.24（a）所示。在这种情况下，较低的集热器联箱必须倾斜。上部联箱既可以水平倾斜也可以向集热器倾斜，这样就可以通过集热器排水。

内部集合管阵列在设计和安装上更具有难度。为了让集热器排水，整个储箱的倾角更小（参见图 5.24（b））。逆向返回意味着需要额外的管道，系统的排水变得困难，因此有时使用直接返回会更加地便利。

将太阳能集热器恰当的摆放和倾斜可以使其性能最大化。北半球的集热器应该面朝南方，而南半球的集热器应面朝北方。根据具体情况，集热器面朝北方或南方而立，10°的偏差是可以接受的，建议在安装时使用指南针。

根据太阳热水器所处的位置，调整倾角与当地纬度一直。为实现性能最大化，集热器的表面应该尽可能垂直于太阳光线。每年每月的最优倾角都可以通过计算得出，但是如果是固定倾角的集热器，应当选择全年中最佳的倾斜角度（参见第 3 章，3.1.1 节）。

阴影遮挡

当集热器阵列安装在平板屋顶或水平地面上时，通常有多排集热器。这些集热器之间应该有一定间隔，以免阳光角度较低时，发生前排集热器遮挡后排集热器的情况（参见第 2 章，2.2.3 节）。

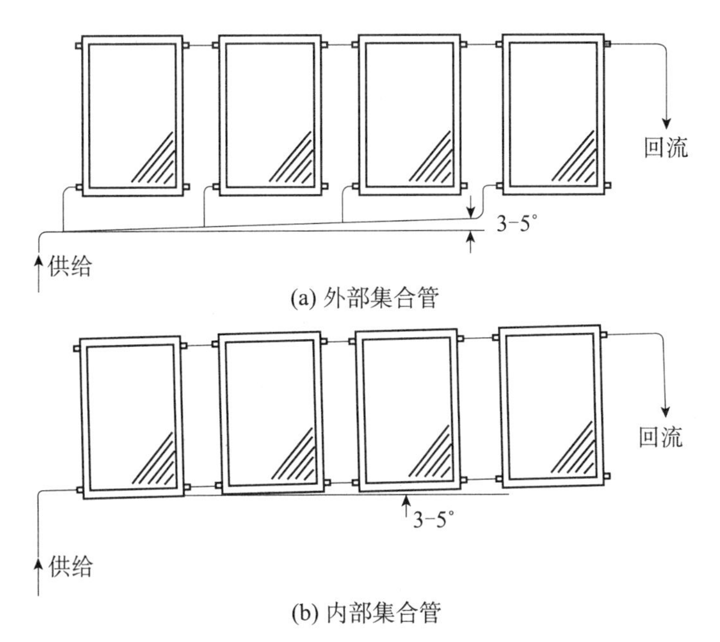

图 5.24　安装集热器回流模块

图 5.25 为集热器遮挡的情况。从图中可以看出，行间距和集热器高度之间的比率 b/a，朝南面的集热器阵列：

$$\frac{b}{a} = \frac{\sin(\beta)}{\tan(\theta_s)} + \cos(\beta) \tag{5.47a}$$

方程（5.47a）的图解法见图 5.26，如果遮光角度 θ_s 和集热器倾斜角度 β 已知，那么可以直接得到 b/a 比率。应注意的是，遮挡发生在正午时分（中午 12 点），此时的太阳方位角 z 为 0。根据太阳方位角 z 和太阳高度角 α，其他任何时候的阴影的距离为 b_s 为：

$$b_s = a\left[\frac{\sin(\beta)\cos(z)}{\tan(\alpha)} + \cos(\beta)\right] \tag{5.47b}$$

相比 a 和 b 的尺度大小，方程（5.47a）和（5.47b）并未考虑集热器的厚度。然而，如果管道高于集热板，则必须将其计算在集热器尺寸 a 里。在方程（5.47a）中唯一未知的是阴影角 θ_s。为了完全避免遮挡发生，在每年中午仰角最小的时候，通常是在 12 月 21 日中午时分，可以计算出阴影角。然而，根据所处点的纬度，这个角度会产生更大的行距（距离 b），实际上这是不是很实用。因此，在冬天的几个月里，并不能完全避免遮挡的情况发生。

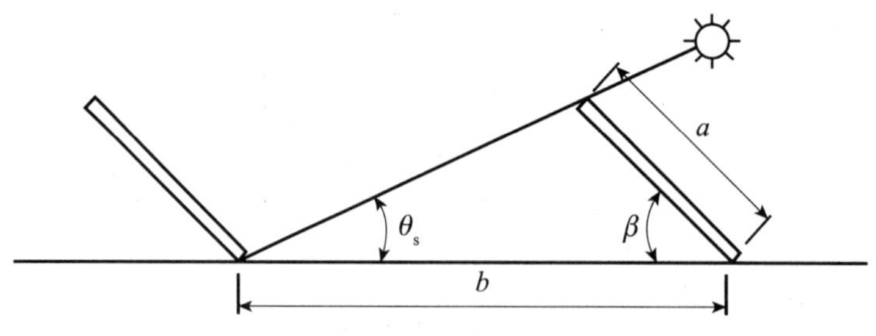

图 5.25　并排摆放的集热器遮挡示意图

热膨胀

另一个需要考虑的重要参数是热膨胀，热膨胀会影响到多个集热器阵列的安装。由于在系统运行时，温度有会变化，因此太阳能系统中的热膨胀问题值得特别的关注。并联集热器模块的热膨胀（或收缩）为（ASHRAE，2004）：

$$\Delta = 0.0153n(t_{max} - t_i) \tag{5.48}$$

式中，

Δ = 集热器阵列的膨胀或收缩（mm）；

n = 阵列中的集热器数量；

t_{max} = 集热器的滞止温度（℃），见第 4 章，方程（4.7）；

t_i = 集热器安装后的温度（℃）。

将热膨胀考虑在内是非常重要的，尤其是在安装了集热器内部集合管的情况下。这些集热器应有一个浮动的吸收版，也就是说，吸收器集合管不应固定在集热器上，可以有几毫米的移动范围。

电化学腐蚀

在工质流体中不同金属之间的电接触会导致电化学腐蚀，因此在制造集热器和管线时要使用相同的材料。例如，如果集热器的制造材料为铜，那么相应的供应和回流管道也应是铜制的。只有在不同金属间绝缘体联合可以阻止电接触时，才能使用不同的金属材料。由于铝的电势序列（参见表 5.5），它对电化学腐蚀最敏感。这表明金属间的活跃性是相对的。放置在电接触位置靠近该序列阳极端的金属与导电的溶液中（水）更靠近序列阴极端的另一个金属接触时，往往更易腐蚀。

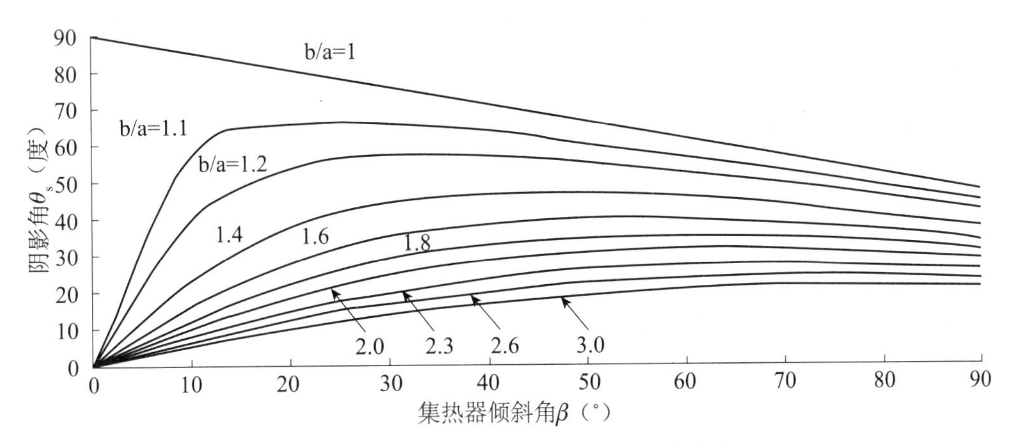

图 5. 26　集热器行距间遮挡的图形解决方案

表 5. 5　一些常见金属和合金的电势序

腐蚀端（阳极）
镁
锌
铝
碳钢
黄铜
锡
铜
青铜
不锈钢
保护端（阴极）

阵列大小

集热器阵列的大小取决于成本、可利用的屋顶和地面的面积，以及太阳能系统承担的热负的荷百分比。前两个参数非常简单，可以很容易地确定下来。然而，最后一个参数的计算则需要详细地计算，要考虑到可获得的太阳辐射、集热器的性能以及一些不那么重要的参数。这些参数的计算方法和技术，如 f-图表法，可用性分析法和其他计算机仿真程序见本书的其他章节（参见第 11 章）。

应注意的是，由于季节性的负荷波动，采用太阳能系统提供所有所需的能量是不经济的。因为在最大负荷的几个月里可正常工作的集热器阵列，其体积相当大，因此在低负荷的时期会造成浪费。

热交换器

一个热交换器的功能就是将一种流体中的热量转移到另一种流体中。在太阳能应用中，通常两种流体中的其中一种是需要加热的家庭用水。在封闭的太阳系统中，热交换器可以隔离电路，在不同的压力下运行，以及分离不应该混合的液体。就像我们在前一节中看到的，太阳能应用中的热交换器可能需要在内部或外部放置储罐。热交换器的选择需要考虑到性能（关于热交换区域），保证流体分离（双壁结构），适合的制造材料以避免电化学腐蚀，物理尺寸和配置（对于内部热交换器来说可能是一个严重的问题），压降（影响到能源消耗）和服务性（提供清洗和除垢）。

外部热交换器也需要防冻措施。对于暴露在极端寒冷条件下由防冻液保护的外部热交换器，还应该考虑到外部热交换器中有水一侧结冰的可能性，以及从储水箱中抽出热量加热低温流体而造成的性能损耗。

太阳能集热器和热交换器组合使用的表现与一个减少 F_R 的独立集热器相同。通过方程（4.3），可得太阳能集热器获取的有用能量。热交换器的结构如图 5.27 所示。方程（4.2）和（4.3）也可以写为：

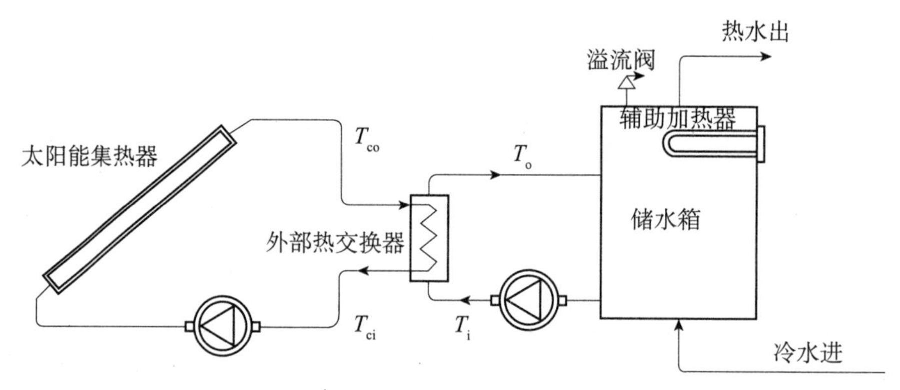

图 5.27　外部热交换器置于太阳能集热器和储水箱之间的液体系统的原理图

$$Q_u = (\dot{m}c_p)_c (T_{co} - T_{ci})^+ \tag{5.49a}$$

$$Q_u = A_c F_R [G_t (\tau\alpha)_n - U_L (T_{ci} - T_a)]^+ \tag{5.49b}$$

加号表示仅考虑正值。

除了大小和表面积，集热器的配置对于实现最大性能具有重要的意义。在忽略管道损耗的情况下，通过热交换器，穿过集热器转移到储箱的能量为：

$$Q_{Hx} = Q_u = \varepsilon (\dot{m}c_p)_{min} (T_{co} - T_i) \tag{5.50}$$

式中，

$(\dot{m}c_p)_{min}$ = 集热器和水箱边热交换器的流体电容比率中的较低者（W/℃）；

T_{co} = 热流体（集热器回路）的入口温度（℃）；

T_i = 冷流体（储水箱）的入口温度（℃）。

效率ε是实际转移热量与给定流量和流体入口温度条件下可转移的最大热量之间的比率。效率相对于温度并不敏感，但它是热交换器设计的强函数。一个设计师必须决定特定的应用所需要的热交换器效率。逆流热交换器的效率计算如下：

如果$C \neq 1$

$$\varepsilon = \frac{1 - e^{-\mathrm{NTU}(1-C)}}{1 - C \times e^{-\mathrm{NTU}(1-C)}} \tag{5.51}$$

如果$C = 1$，

$$\varepsilon = \frac{\mathrm{NTU}}{1 + \mathrm{NTU}} \tag{5.52}$$

式中 NTU = 传质单位数量：

$$\mathrm{NTU} = \frac{UA}{(\dot{m}c_{\mathrm{p}})_{\min}} \tag{5.53}$$

电容率C，无量纲：

$$C = \frac{(\dot{m}c_{\mathrm{p}})_{\min}}{(\dot{m}c_{\mathrm{p}})_{\max}} \tag{5.54}$$

对于位于集热器回路的热交换器，通常最小流量发生在集热器端而不是储水箱侧面。

根据方程（5.49a）可解出T_{ci}，然后将其代入方程（5.49b）中：

$$Q_{\mathrm{u}} = \left[1 - \frac{A_{\mathrm{c}}F_{\mathrm{R}}U_{\mathrm{L}}}{(\dot{m}c_{\mathrm{p}})_{\mathrm{c}}}\right]^{-1}\{A_{\mathrm{c}}F_{\mathrm{R}}[G_{\mathrm{t}}(\tau\alpha)_{\mathrm{n}} - U_{\mathrm{L}}(T_{\mathrm{co}} - T_{\mathrm{a}})]\} \tag{5.55}$$

根据方程（5.50）解出T_{co}，然后将其代入方程（5.55）：

$$Q_{\mathrm{u}} = A_{\mathrm{c}}F'_{\mathrm{R}}[G_{\mathrm{t}}(\tau\alpha)_{\mathrm{n}} - U_{L}(T_{\mathrm{i}} - T_{\mathrm{a}})] \tag{5.56}$$

在方程（5.56）中，集热器热转移因子考虑了热交换器因素：

$$\frac{F'_{\mathrm{R}}}{F_{\mathrm{R}}} = \left\{1 + \frac{A_{\mathrm{c}}F_{\mathrm{R}}U_{\mathrm{L}}}{(\dot{m}c_{\mathrm{p}})_{\mathrm{c}}}\left[\frac{(\dot{m}c_{\mathrm{p}})_{\mathrm{c}}}{\varepsilon(\dot{m}c_{\mathrm{p}})_{\min}} - 1\right]\right\}^{-1} \tag{5.57}$$

事实上，$F'_{\mathrm{R}}/F_{\mathrm{R}}$是集热器性能表现的结果，因为热交换器造成系统一侧的集热器运行温度高于没有集热器的类似系统的温度。这可以被看作是，随着集热器表面大小增加，要求系统的性能与无集热器时的表现一致。

例5.4

逆流式热交换器位于集热器和储水箱之间。集热器的工质为乙二醇水溶液，$c_{\mathrm{p}} = 3840$ J/kg ℃，流速为1.35 kg/s。而储水箱端的工质为水，其流速为0.95 kg/s。如果热交换器的UA值为5650 W/℃，进入热交换器的热乙二醇温度为59 ℃，水箱中水的温度为 39 ℃，试估计热交换率。

解答

首先，集热器和水箱侧的电容率，

$$C_c = (\dot{m}c_p)_c = 1.35 \times 3840 = 5184\ W/℃$$

$$C_s = (\dot{m}c_p)_s = 0.95 \times 4180 = 3971\ W/℃$$

由方程（5.54）可得，热交换器的电容率，无量纲：

$$C = \frac{(\dot{m}c_p)_{min}}{(\dot{m}c_p)_{max}} = \frac{3971}{5184} = 0.766$$

由方程（5.53）可得，

$$NTU = \frac{UA}{(\dot{m}c_p)_{min}} = \frac{5650}{3971} = 1.423$$

由方程（5.51）可得，

$$\varepsilon = \frac{1 - e^{-NTU(1-C)}}{1 - C \times e^{-NTU(1-C)}} = \frac{1 - e^{-1.423(1-0.766)}}{1 - 0.766e^{-1.423(1-0.766)}} = 0.63$$

最后，由方程（5.50）可得，

$$Q_{Hx} = Q_u = \varepsilon(\dot{m}c_p)_{min}(T_{co} - T_i) = 0.63 \times 3971(59 - 39) = 50\ 035W$$

例 5.5

重复前一例子，如果 $F_R U_L = 5.71\ W/m^2℃$，集热器面积为 $16m^2$，求 F'_R/F_R 的比值。

解答

所有使用的数据与前例相同，由方程（5.57）可得，

$$\frac{F'_R}{F_R} = \left\{1 + \frac{A_c F_R U_L}{(\dot{m}c_p)c}\left[\frac{(\dot{m}c_p)c}{\varepsilon(\dot{m}c_p)_{min}} - 1\right]\right\}^{-1} = \left\{1 + \frac{16 \times 5.71}{5184}\left[\frac{5184}{0.63(3971)} - 1\right]\right\}^{-1} = 0.98$$

这个结果表明，带有热交换器的系统，2% 以上的集热器面积输送的太阳能和同类系统但无热交换器产生的能量相等。

管道和管道损失

调整集热器性能方程，将集热器回路的热损耗考虑在内。从储水箱出口到集热器入口的下降温度为 ΔT_i，因此集热器入口的温度是 $T_i - \Delta T_i$，方程（3.60）可表示为：

$$Q_u = A_c F_R[G_t(\tau\alpha) - U_L(T_i - \Delta T_i - T_a)] - Q_{pl} \tag{5.58}$$

式中，

Q_{pl} =管道的损耗系数［W］。

通过积分，管道的热量损耗：

$$Q_{pl} = U_p \int (T - T_a) dA \tag{5.59}$$

式中，

U_p =管道的损耗系数（W/m²K）。

通常，保温效果好的管道产生的损耗较小，方程（5.59）的积分近似于：

$$Q_{pl} = U_p[A_{p,i}(T_i - T_a) + A_{p,o}(T_o - T_a)] \tag{5.60}$$

式中，

$A_{p,i}$ =管道入口面积（m²）；

$A_{p,o}$ =管道出口面积（m²）。

根据方程（3.31）右边部分估算出 T_o，代入方程（5.60）：

$$Q_{pl} = U_p(A_{p,i} + A_{p,o})(T_i - T_a) + \frac{U_p A_{p,o} Q_u}{(\dot{m}c_p)_c} \tag{5.61}$$

由于从储水箱到集热器入口会产生的热损耗，温度下降 ΔT_i（Beckman，1978）：

$$\Delta T_i = \frac{U_p A_{p,i}(T_i - T_a)}{(\dot{m}c_p)_c} \tag{5.62}$$

将方程（5.61）和（5.62）代入方程（5.58），考虑到集热器及其管道，可利用的能量为：

$$Q_u = \frac{A_c F_R \left\{ G_t(\tau\alpha) - U_L \left[1 - \frac{U_p A_{p,i}}{(\dot{m}c_p)_c} + \frac{U_p(A_{p,i} + A_{p,o})}{A_c F_R U_L} \right] (T_i - T_a) \right\}}{1 + \frac{U_p A_{p,o}}{(\dot{m}c_p)_c}} \tag{5.63}$$

通过（$\tau\alpha$）′和 U_L′的修正值，方程（5.63）可表示成与方程（3.60）同样的形式：

$$Q_u = A_c F_R [G_t(\tau\alpha)' - U_L'(T_i - T_a)] \tag{5.64a}$$

式中，

$$\frac{(\tau\alpha)'}{(\tau\alpha)} = \frac{1}{1 + \frac{U_p A_{p,o}}{(\dot{m}c_p)_c}} \tag{5.64b}$$

且

$$\frac{U_L'}{U_L}=\frac{1-\frac{U_pA_{p,i}}{(\dot{m}c_p)_c}+\frac{U_p(A_{p,i}+A_{p,o})}{A_cF_RU_L}}{1+\frac{U_pA_{p,o}}{(\dot{m}c_p)_c}} \tag{5.64c}$$

应注意的是，同样的分析可以分别应用到空气集热器的供应和回流管道。在这种情况下，可以用适当的符号来代替管道，U_d替换为U_p，$A_{d,i}$替换为$A_{p,i}$和$A_{d,o}$替换为$A_{p,o}$。

部分遮挡型集热器

在某些情况下，集热器遮挡是不可避免的，但在冬季的几天中是可以接受的，特别是对太阳能冷却应用来说，在夏季，遮挡的影响是最小的。遮挡的部分通常在集热器底部和第二排及以后的阵列。遮挡的部分只能接收到散射辐射，然而没有被遮挡的部分可同时接收直接辐射和散射辐射。当集热器被遮挡时，通过整个集热器表面的平均辐射，可以估计出集热器的整体性能。如图5.28所示，集热器两部分收到的辐射分别为G_{t1}和G_{t2}。底部的面积为A_1，入射的温度为T_i，上部的面积为A_2，温度为$T_{o,1}$，即为假设底部的热量输出。由于集热器是一个“完整的元件”，两部分的F_R和U_L值相同，然而由于两部分的入射角不同。（底部只能接收到散射辐射）两部分的（τα）不同，根据方程（3.60）：

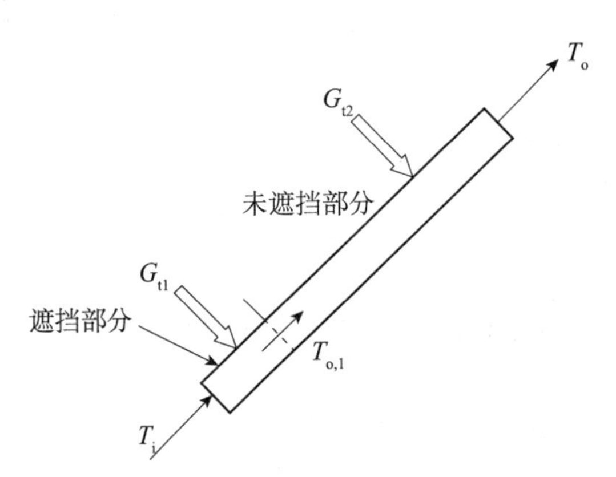

图5.28　太阳能集热器部分被遮挡示意图

集热器遮挡部分：　$Q_{u1}=A_1F_R[G_{t1}(\tau\alpha)_1-U_L(T_i-T_a)]$　(5.65)

集热器未遮挡部分：　$Q_{u2}=A_2F_R[G_{t2}(\tau\alpha)_2-U_L(T_{o,1}-T_a)]$　(5.66)

遮挡部分的可用能量率等于：

$$Q_{u1}=\dot{m}c_p(T_{o,1}-T_i) \tag{5.67}$$

可得：

$$T_{o,1} = T_i + \frac{Q_{u1}}{\dot{m}c_p} \tag{5.68}$$

通过将方程（5.68）代入（5.66）消去 $T_{o,1}$，并增加方程（5.65）和（5.66），从而得到整个集热器获得的有用能量：

$$Q_u = A_1F_R(\tau\alpha)_1(1-K_s)G_{t1} + A_2F_R(\tau\alpha)_2G_{t2} - F_RU_L[A_1(1-K_s)+A_2](T_i-T_a) \tag{5.69}$$

式中，

$$K_s = \frac{A_2F_RU_L}{\dot{m}c_p} \tag{5.70}$$

随着太阳在天空中的位置不断变化，A_1 和 A_2 是时间的函数。

过热保护

长时间的高日晒和低负荷可导致太阳能系统过热。过热会引起液体膨胀或过度的压力，这可能导致管道或储罐破裂。另外，由于乙二醇会发生分解，并在温度大于115℃时产生腐蚀性，使用乙二醇的系统容易出现更多的问题。因此，系统需要保护措施来防止这种情况的出现。例如：

- 停止集热器回路中的循环（在空气系统中）直到储罐的温度下降；
- 排出系统中过热的水，用低温水补给；
- 使用热交换器盘管防止向外界排放热能。

在下一节中，控制器可以监测到超温，从而关掉太阳能泵，以停止集热器。在回流系统中，太阳能集热器的水排出后，达到滞止温度。因此，在这些系统中所使用集热器，经过设计和测试应能承受过热现象。此外，回流面板应该能承受系统启动时的热冲击，因为相对低温度的水进入时，太阳能集热器还处于滞止温度。

在一个具有热交换器的抗冻系统的闭合回路中，如果循环停止，将会出现较高的滞止温度。正如前面所指出的，较高的温度会使乙二醇传热工质发生分解。为了防止由于高温导致设备损坏或损耗，必须在回路中安装安全阀，并采取措施防止热量散失到周围环境中。

应注意的是，当安全压力阀开启时，会释放出昂贵的防冻液，可能会破坏屋顶的防水层。因此，通过管道将液体输送到集热器中可节省防冻液。但是，由于涉及高压和高温情况，类似系统的设计必须特别注意安全问题。

另一个应该考虑问题是，如果集热器回路中有淤塞的乙二醇溶液，化学分解会提高流体的熔点，从而无法起到系统防冻的作用。

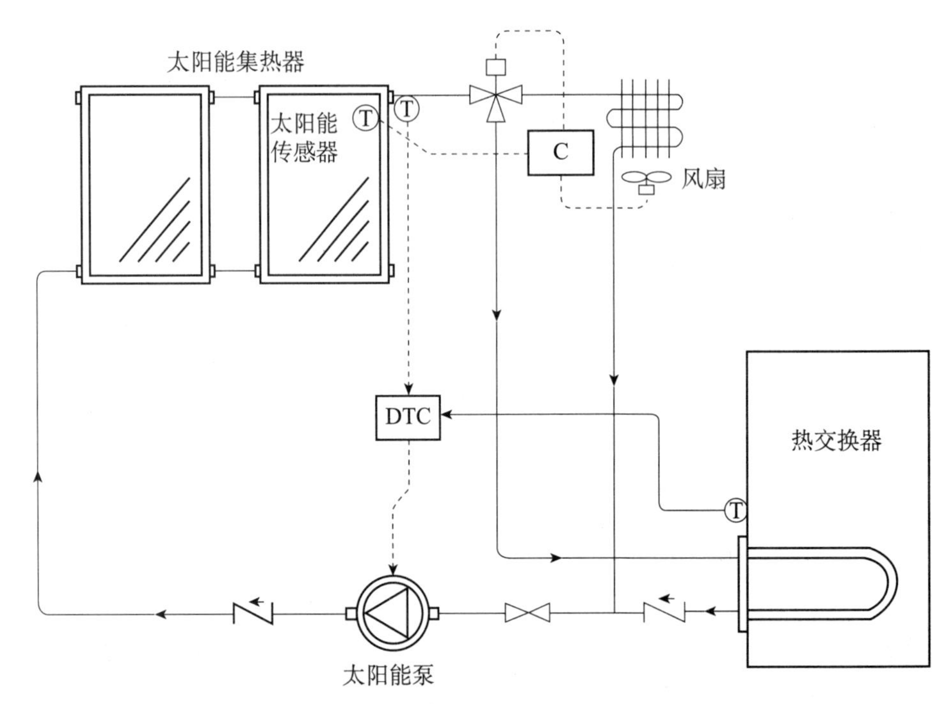

图 5. 29　使用液体—空气热交换器的太阳能系统的热消耗

之前提到的使用热交换器将热量排放到周围的空气中或其他水槽。如图 5. 29 所示，在此系统中，液体持续循环，通过液体—空气热交换器从储箱中转移出。在这个系统中，太阳能集热器吸热板使用了传感器，可以打开排热设备。当传感器达到设定的高温时，可以打开泵和风扇。这一过程将持续进行，直到过温控制器监测到温度在安全范围内并将系统重置到正常的运行状态。

5. 5　微分温控器

温度控制器是主动式太阳能系统最重要的组件之一，它的好坏对系统性能具有重要的影响。一般来说，控制系统应该尽可能简单，并使用可靠的控制器。太阳能系统设计者需要确定的关键参数之一是集热器的、储水箱、过热保护以及防冻传感器的安装位置。可靠、高质量的设备可以使系统常年无故障运行。如本章前面部分所提到的，控制系统应该尽可能地处理所有的系统操作模式，包括集热、排热、电源故障、防冻保护和辅助加热。

太阳能系统控制的基础是微分温控器（DTC），如本章前面部分的 DT 介绍图解。DTC 就是一个具有温度滞后的固定温差（ΔT）恒温器。与其他控制器相比，温差控制器至少有两个温度传感器可以控制一个或多个设备。通常，其中一个传感器位于太阳能集热器阵列的顶部，另一个传感器在储罐上（图5.30）。在非承压系统中，一些微分温控器（DTC）可以控制从储罐中获取的热量。其他大多数太阳能系统中使用的控制器类似于建筑系统服务中使用的控制器。

DTC负责监控集热器与储罐之间的温差。当太阳能集热器的温度超过储罐预先设定的温度（通常为4～11 ℃），DTC将开启循环泵。当集热器的温度下降到储罐温度的2～5℃以上，DTC将关闭循环泵。DTC不直接控制太阳能泵，它间接地通过继电控制器运行一个或多个泵，而且还可能执行其他操作，如控制阀门的驱动。

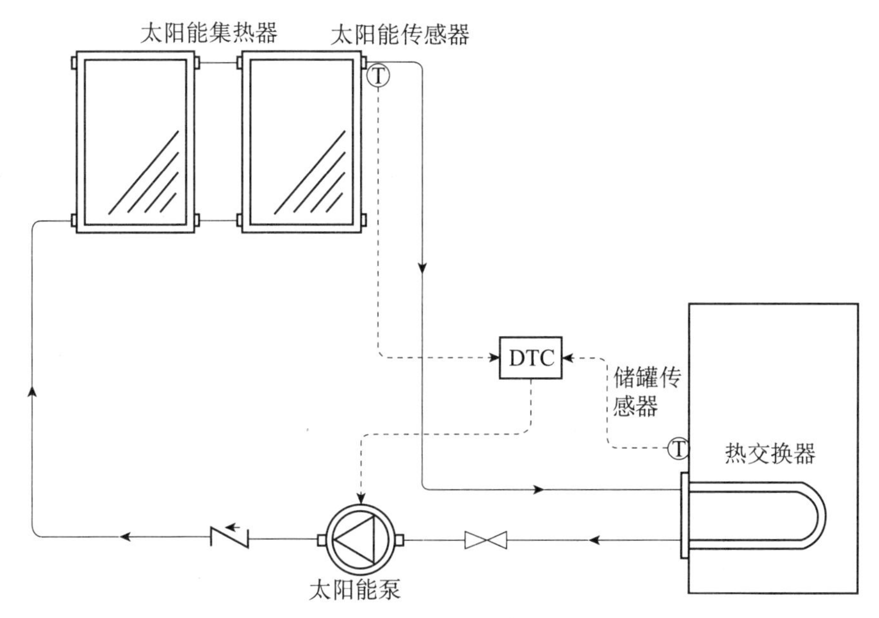

图5.30　配有温差控制器的基本集热器控制

微分温控器的设定温差可以是固定的或可调整的。如果是固定的，那么控制器的选择应该能满足太阳能系统的要求。可调整温差的控制器具有更大的灵活性，而且它还可以调整适应特殊系统或不同太阳能系统。如，夏季和冬季的系统就是不同的。由于变量和条件的变化，很难计算出最优的温差设定值。通常，启动的设置温度比关闭时的设定温度高5～9℃以上。最优设定值是使最佳集热和避免水泵短暂启动或停止之间保持平衡的点。最优的关闭温差应尽可能能的低，这取决于集热器和储罐间是否有热交换器。

频繁地启动或关闭泵，也称作短循环，必须将这类循环降到最小，因为它会导致泵过早地老化。短循环取决于太阳能集热器传感器的温度超过或低于设定值的速度和频率，而这又取决于日晒强度、泵流量、太阳能集热器的蓄热量、传感器的灵敏度、进入集热器流体的温度。在实际操作中，只要达到截止状态并停止流动，集热器中的水就开始加热。随着对水温升高，最终达到启动设定值，此时泵会开启，流体在集热器中循环。因此，集热器中热流体是被推入到回流集合管，取而代之的是来自供应集合管中温度相对较低的水，低温的水流过集热器时会被加热。泵的一个短循环可能意味着热水永远不会到达储罐，特别是在回流管道很长的情况下。避免发生短循环最常见的方法是设定一个较大的开启或关闭温度差。然而，这会导致启动泵时需要更多的日照量，在日照量较低的条件下，会给集热器造成能量损耗，泵可能永远也无法达到规定的启动设定值。因此，本节为如何正确设定提供了一些指导。

如果系统没有热交换器，设定值在1～4℃的范围是可以接受的。如果系统有热交换器，一个高的温差设定值可以有有效的传热，如两种液体之间更高的能量转换。温差最小或是温差控制器关闭时，抽取的能量成本等于泵送能量的成本。在这种情况下，管道的热损失也应考虑在内。配有热交换器的系统，通常设定值的范围在3～6℃之间。

在闭合的回路系统中，第二个温度传感器可能安装在热交换上的水箱上，用来调节泵的高低速度，因此可以在一定程度控制流体进入水箱热交换器的回流温度。Furbo 和 Shah（1997）评估了配有控制器泵的使用性能，其性能根据工质温度与流量的比例发生变化，并且他们发现该因素对系统性能的影响是最小的。

在下述的分析中，集热器传感器置于集热器的吸热板上。通过应用辐射吸收的概念，当集热器泵关闭时，集热器的有效输出为0，集热板处在平衡温度下：

$$S - U_L(T_p - T_a) = 0 \tag{5.71}$$

因此，当集热板温度 T_p 等于 $T_i + T_{ON}$，S 值为：

$$S_{ON} = U_L(T_i + \Delta T_{ON} - T_a) \tag{5.72}$$

使用方程（3.60）以及吸收的太阳能辐射，当泵在开启时，集热器的有效能量为：

$$Q_u = A_c F_R[S_{ON} - U_L(T_i - T_a)] \tag{5.73}$$

如果我们将方程（5.72）代入（5.73），

$$Q_u = A_c F_R U_L \Delta T_{ON} \tag{5.74}$$

然而，在泵开启时，有效的能量为：

$$Q_u = (\dot{m}c_p)(T_o - T_i) \tag{5.75}$$

事实上，不考虑管道的热损耗，DTC 监测的温度差是（$T_o - T_i$）。所以，通过结合方程（5.74）和（5.75），设定值必须满足下面的不等式，否则系统将变得不稳定：

$$\Delta T_{\mathrm{OFF}} \leqslant \frac{A_{\mathrm{c}} F_{\mathrm{R}} U_{\mathrm{L}}}{\dot{m} c_p} \Delta T_{ON} \tag{5.76a}$$

如果系统有集热器热交换器，可用方程（5.50）替代（5.75）：

$$\Delta T_{\mathrm{OFF}} \leqslant \frac{A_{\mathrm{c}} F_{\mathrm{R}} U_{\mathrm{L}}}{\varepsilon (\dot{m} c_p)_{\min}} \Delta T_{ON} \tag{5.76b}$$

5.5.1　传感器布置

将集热器温度传感器放置在合适的位置上对于系统正常运转具有重要意义。传感器必须与集热板或管道有良好的热接触。集热器传感器可放置在集热板上、靠近集热器的管道或是集热器的出口管道。其中最佳的位置之一是在集热板上，但这并不容易，因为需要移除或改良集热器的设置。集热器附近的管道是最简单也是最佳的位置。如图 5.31（a）所示，使用一个 T 型接头，将传感器置于其上侧以保证良好的接触；或者如图 5.31（b）所示，也可将传感器置于 T 型接头的侧面。

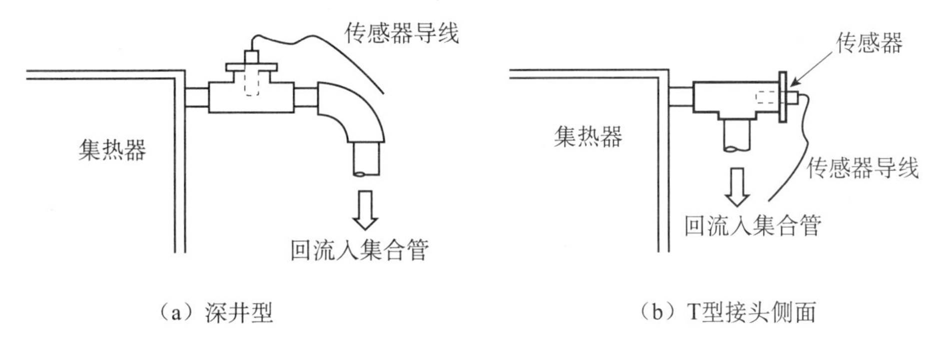

（a）深井型　　（b）T型接头侧面

图 5.31　集热器传感器的位置

储罐传感器应该置于储水箱底部，水箱高度的三分之一处。如果系统使用是内部热交换器，传感器位于热交换器上方。在理想情况下，传感器应能判断水箱中是否还有水，从而通过太阳能对水进行加热。如果传感器位置较低，即使需求极低也会产生错误的读数。如果位置较高，即使是在可获得太阳能的情况下，也有大量的水置于较低的温度下，因此要对传感器的位置做出权衡。

如果使用具有防冻保护功能的传感器，应将其置于一个可以检测到最冷液体温度的位置。可以放置在吸热板的背面和从供应集合管到集热器的入口管道。过热传感器可以置于储水箱的顶部或集热器的出口管道。对于后者，过热传感器应以安置集热器温度传感器的类似方式置于一个类似的位置。

5.6 热水需求

热水系统设计中需要考虑的最重要的参数是在特定一段时间内（每小时、每天或每月）对热水的需求。城市供应管网补给的冷水温度为 T_m，配水时的温度为 T_w，如果已知要求时间段内的体积消耗 V，那么产生生活热水所需的能量 D 为：

$$D = V\rho c_p(T_w - T_m) \tag{5.77}$$

如果在特定的应用中，已知方程（5.77）中的两个温度，则热水的消耗体积是唯一需要知道的参数。根据一段时间的调查，可以估计出该参数。例如，对于每月水需求量，可以利用下列的等式：

$$V = N_{days}N_{persons}V_{person} \tag{5.78}$$

式中，

$N_{天数}$ = 一个月的天数；

$N_{人数}$ = 热水系统服务的用户数量；

$V_{人均}$ = 人均所需的热水体积。

不同用户以及每日之间的体积消耗（V）存在着很大的差别。体积消耗与用户的习惯、地区的天气情况，以及各种社会的经济条件有关。根据热水的各种应用可以估算出体积消耗量，住宅通常的用水方式在表 5.6 中已给出。更多的细节和其他应用，如在酒店、学校等地方的消耗都可在《ASHRAE 应用手册》中找到（ASHRAE，2007）。

除了表 5.6 中所示的使用量，自动洗碗机和洗衣机也消耗了热水，但是这些热水量是在洗涤过程中通过洗衣机的电力产生的。

表 5.6 典型住宅的热水用量

用途	使用量（L）
烹饪	10 ~ 20
人工洗碗	12 ~ 18
淋浴	10 ~ 20
盆浴	50 ~ 70
手部和面部清洗	5 ~ 15

表 5.7 一个四口之家每人每日对热水的需求（L）

参考	低	中	高
正常消耗	26	40	54
最大消耗	66	85	104

表 5.6 为一个四口之家每日的用水状况，包括两次煮饭和两次洗碗，每人每天洗一次澡，清洗脸部两次和洗手多次。每人每天消耗水量的低、中和高情况如表 5.7 所示。每人每日最大的消耗水量是用每日盆浴代替淋浴用水量得出的。

例 5.6

在中等耗水量的情况下，估算一个四口之家对热水的需求。城市供应管网补给的冷水温度为 18℃，配水时的温度是 45℃。

解答

根据表 5.7，每人每日的耗水量为 40L。因此，每日需求 V 等于 160L/天，或是 16m³/天。由方程（5.65）可得：

$$D = V\rho c_{\mathrm{p}}(T_{\mathrm{w}} - T_{\mathrm{m}}) = 0.16 \times 1000 \times 4.18(45 - 18)$$
$$= 18057.6\mathrm{kJ/day} = 18.06\mathrm{MJ/day}$$

在每小时模拟中，需要知道每小时的热水需求分布。虽然热水的需求受到了不同用户以及每日之间消耗的高变异度的影响，使用一个重复的负荷曲线是较为切合实际的。在夏季时高消耗的模式下，该曲线并不完全准确。然而，在此期间，热水的温度需求没有冬季的热水需求高，因此总热能需求在全年都是相对稳定的。模拟每小时的热水需求曲线通常采用 Rand 曲线（参见图 5.32）。这里假定一个四口之家每日 50 ℃的热水消耗量为 120L（30L/人）。

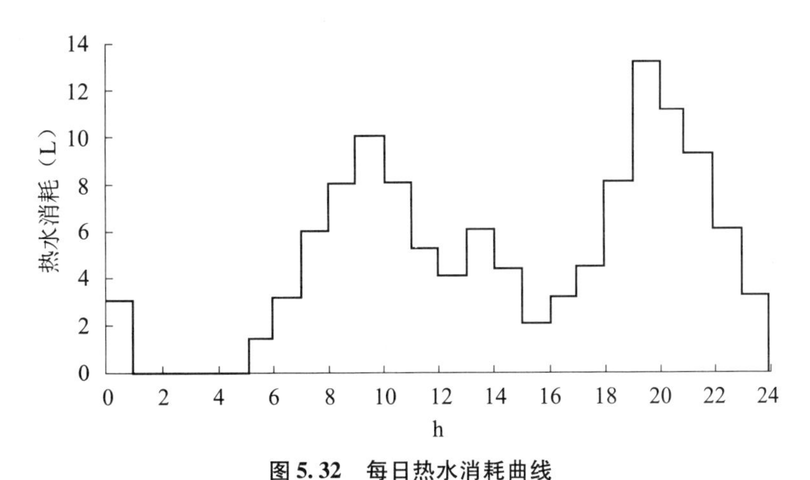

图 5.32　每日热水消耗曲线

5.7　太阳能热水器性能评估

太阳能热水器的性能测试方法有很多，测试目的也各不相同，其中主要的目的之一是预测系统的长期热性能。系统测试可作为一种诊断工具来识别系统性能出现故障的原因。此外，通过测试系统在不同的天气状况或有着不同的负荷曲线时出现的性能变化。

国际标准组织（ISO）发布了一系列的标准，从简单的测量和数据关联方法到复杂的参数识别方法。技术委员会（ISO/TC 180）制定的 ISO 9459 为国际上的各种家用太阳能热水系统进行比较提供了便利。但是，由于并没有一种适用于所有系统的普遍的性能模型，所以从一种测试方法和一组标准的测试条件中达成一个国际性共识是不可能的，因此每种测试方法都有各自的应用。

ISO 9459 包括 5 个部分，都是关于家用太阳能热水器性能测试及其使用现状：

ISO 9459-1：1993《太阳能加热 家用热水系统。第 1 部分：使用室内试验法的性能评定程序》→活跃。

ISO 9459-2：1995《太阳能加热 家用热水系统。第 2 部分：用于系统性能表征和每年一次的单一日光系统性能预测的室外试验方法》→活跃（引用 EN 12976）。

ISO 9459-3：1997《太阳能加热 家用热水系统。第 3 部分：太阳能补充系统的性能测试》→2015 年废止。

ISO/DIS 9459-4《太阳能加热 家用热水系统。第 4 部分：借助于组合测验和计算机模拟的系统性能特征》→正在制定中（ISO/FDIS 9459-4 发布于 2012 年 10 月，[FDIS = 国际标准最终草案]）。

ISO 9459-5：2007《太阳能加热 家用热水系统。第 5 部分：依赖于全系统试验和计算机模拟的系统性能特征》→活跃（引用 EN 12976）。

因此，在三个大类中，ISO 9459 有三个活跃的部分。

评级试验

- ISO 9459-1 描述了无辅助设备条件下运行的家用太阳能热水系统的性能表征的测试过程，以及在任何给定的气候和操作条件下，该系统年度性能的预测过程。该标准适合于各种类型的系统测试，包括强制循环系统、热虹吸系统、氟利昂驱动集热器系统。在相同的太阳能、环境和负荷条件下，该测试结果还可以进行比较。
- 此标准中的测试方法定义了用太阳能模拟器进行的室内太阳能热水器测试程序。ISO 9845-1：1992 对太阳能模拟器的特点做了定义（见第 4 章，4.1.3 节）。整个测试序列通常需要 3～5 天，结果为一组条件下每日的太阳能贡献率。标准中还描述了室内测试程序，其中太阳能模拟器被受控的热源取代。该项测试还未得到广泛使用。

黑盒子相关程序

- ISO 9459-2 适用于单一太阳能系统或太阳能预热系统。单一太阳能系统的性能测试是一个“黑盒”程序，会对系统产生一系列的“输入输出”特征。根据当地太阳辐射、周围空气温度和冷水温度数据以及该测试结果可预测系统的年度性能。
- 根据 ISO 9459-2 执行的测试结果允许对一系统负荷和运行条件下的性能进行预测。
- ISO 9459-2 是 EN 12976 中的性能测试方法之一。

测试与计算机模拟

- ISO/DIS 9459-4 标准草案（目前为止发布的仅作为 ISO/FDIS 国际标准最终草案）提出了一个程序用以描述年度系统性能表征，该草案还使用了电脑模拟程序 TRNSYS 中测量的组件的特性（见第 11 章，11. 5. 1 节）。除了集热器，描述系统组件的性能特征也出现在了 ISO 9459 的未来部分。ISO 9806-1（见第 4 章）中详细说明了确定集热器的性能的程序，以及其他描述储罐、热交换器（如果使用）和控制系统的性能表征测试。
- ISO 9459-5 提供了一个完整系统的动态测试过程来确定计算机模型中使用的参数。根据当地的太阳辐射、环境空气温度、冷水温度数据，该模型可以用于预测年度的系统性能。
- ISO 9459-5 规定了家用太阳能热水系统的室外实验室测试方法。这种方法也可以用于原位测试和室内测试。通过“黑盒”方法，即不需要测量系统组件或系统内部，对整个系统进行测试从而获取系统性能的特点。该标准详细说明了测量的过程，以及处理和分析测量的数据，并将其呈现在测试报告中。
- ISO 9459-5 是 EN 12976 系统性能测试中使用的方法之一。
- 根据 ISO/DIS 9459-4 或 ISO 9459-5 执行的测试结果具有直接的可比性。这些标准认可了在系统负荷和运行条件范围内的预测性能，但缺点是系统需要一个精细的计算机模拟系统。

ISO 9459-2，ISO/DIS 9459-4，和 ISO 9459-5 中定义预测系统年度性能的过程，认可在一系列的气候条件下确定的系统输出，而测试结果根据 ISO 9459-1 执行，并提供标准一天的评级。

标准 ISO 9459-2 是最常用的测试方法之一，这是因为它在设备和操作者技术上的投资要求最低。每天开始测试时，预先准备好系统，并达到所需的温度 T_c，然后在无负荷情况下运行。标准要求只测量太阳能辐射和环境温度。在单一排出期间，需要在每日测试结束时进行能源监测，监测过程可通过简单的人工控制温度和体积测量或是数据采集系统实现。在辐照量为 8 ~ 25MJ / m^2之间的晴朗和多云天气条件下，可以确定每日获取的能量，每日的（$T_a - T_c$）近似相等。然而，通过检测每天水箱的初始温度 T_c，相关参数（$T_a - T_c$）是变化的。在每日结束时，获取的有效能量 Q_u与测试结果的相关性：

$$Q_u = \alpha_1 H + \alpha_2 (T_a - T_c) + \alpha_3 \tag{5.79}$$

式中，

α_1，α_2和 α_3 = 相关系数。

在每天测量结束时的排出水期间，利用温度曲线负荷计算从而评估储罐中温度分层和溶液混合的影响。

系统的长期性能是由一个计算过程决定，其中考虑到了气候条件、日常遗留下的能量和负荷容量。此外，为了确定夜间的热损耗和每日遗留的能量，标准对 1h 时间步的测试程序进行了详细说明。

5.8 简单的系统模型

本章中给出的方程可以联立起来，用来模拟整个系统。模型包括系统的所有物理组件，如集热器、储罐、热交换器、负荷，以及系统其他组件的热损耗，如管道和储罐。详细的模型产生了一组以时间为变量的代数方程组和微分方程。这些方程的输入值为气象数据和负荷变化（如排水曲线）。这样一个模型的时间步通常是 1h，此外，年度计算需要用到计算机。关于这些模型的更多详细数据见 11 章。在本节中，我们可以通过手动计算或电子表格处理简单的模型。

根据系统配置，4.1.1 节中的方程适用于以不同于集热器性能测试中的使用的流量运行的系统；4.1.2 节中的适用于串联集热器，之前小节中的适用于在性能方程中考虑了管道损耗，部分遮挡的集热器以及在集热器回路中使用了热交换器；5.5 节则是关于以逻辑方式来考虑的微分温控器。所有的这些修改都来自方程（3.60）给出的基础集热器性能模型。通常我们从集热器的性能参数开始，对不同流量和/或串联集热器进行修改（如果需要），还要加上管道损耗，其次才是热交换器（如果存在）。一般而言，我们从集热器测试开始，然后才到储罐。

一个简单的模型要考虑用一个完全混合液体或无分层的储水箱，该储箱供应固定流速的热水和温度恒为 T_{mu}的补给水。因此，不考虑管道损耗，并认为储罐的温

度 T_s是均匀的。将方程（5.31）与（4.3）和（5.32）联立可得

$$(Mc_p)_s \frac{dT_s}{dt} = A_c F_R [S - U_L(T_s - T_a)]^+ - \varepsilon_L(\dot{m}_L c_p)_{min}(T_s - T_{mu}) - (UA)_s(T_s - T_a) \tag{5.80}$$

此方程右边中项是指通过一个负荷热交换器传递到负荷的能量，具有效能为 ε_L。如果没有使用负荷热交换器,则用 $\dot{m}_L c_p$ 项代替 $\varepsilon_L(\dot{m}_L c_p)_{min}$,在两种情况下 $\dot{m}_L$ 是负荷流量。事实上，这与方程（5.31）相同，只是其中插入了各种变化的项：

为解出该方程，需要知道集热器参数、储罐大小和损耗系数、效能和集热器的流量，以及气象参数。一旦这些参数确定了，储罐的温度作为时间的函数可以估算出来。此外，通过对一段时间内的量进行积分，可以确定个别的参数，如从集热器获取的有效能源和储罐的热损耗。为了解出方程（5.80)，可以用简单的欧拉积分将温的导数 dT_s/dt 表示为（T_{s-n}—T_s）/Δt。这类似于将方程写成有限差分形式(参见5.3.3节)。因此方程（5.80）可表示为一段时间内储水箱的温度变化：

$$T_{s-n} = T_s + \frac{\Delta t}{(Mcp)_s}$$

$$A_c F_R [S - U_L(T_s - T_a)]^+ - \varepsilon_L(\dot{m}_L c_p)_{min}(T_s - T_{mu}) - (UA)_s(T_s - T_a) \tag{5.81}$$

使用该积分格式需要选择一个较小的时间步以确保稳定性。由于气象数据在小时增量内可用，如果可以保持稳定性，那么在求解方程（5.81）时可用一小时的时间步。通过估计水的内能变化，检测储罐的能量平衡可以较好地验证计算结果，水的内能变化必须等于集热器供应的有效能的总和减去负荷能和能量损耗的总和：

$$Mc_p(T_{s,i} - T_{s,f}) = \sum Q_u - \sum Q_l - \sum Q_{tl} \tag{5.82}$$

式中，

$T_{s,i}$ = 储罐的初始温度（℃)；

$T_{s,f}$ = 储罐的最终温度（℃)。

对于这类分析，问题类似于例5.2和5.3，在这些例子中，负荷被认为是已知的，但在这里，负荷是由方程（5.81）的中间项计算得出。

例5.7

估算例5.2中的能量平衡。

解答

在例5.2中，计算表5.3中的各种变量的总和：

$$\sum Q_u = 276\text{MJ}, \quad \sum Q_l = 181\text{MJ} \quad 和 \quad \sum Q_{tl} = 8.5\text{MJ}$$

然后，应用方程（5.82）：

$$500\times4.18\ (86.4-45)\ \times10^{-3}=276-181-8.5,$$

结果为，

$$86.53\approx86.5$$

这表明计算是正确的。

5.9 实际问题

大型集热器阵列的安装会出现具体的管道问题。本节介绍了管道、支撑结构、保温、泵、阀门和仪表等安装的相关问题。除非集热器回路中循环的是有毒或非饮用的传热工质，太阳能系统中安装的一般是传统管道。系统越不复杂，操作运行中的问题越少。

5.9.1 管道、支撑结构和保温

太阳能系统的管道材料可以是铜、镀锌钢、不锈钢或塑料。除了塑料管道，所有类型的管道都适合标准的太阳能系统运行，塑料管道仅用于温度较低的系统，如游泳池加热。此外，塑料管道的膨胀系数是铜管道的 3 ~ 10 倍，在高温下会发生变形。输送饮用水的管道材料可能是铜、镀锌钢或不锈钢的。再者，不应该使用未经加工的钢管，因为它们会被快速地腐蚀。

系统管道应该与集热器管道的材质兼容，以避免电化学腐蚀，例如，如果集热器管道材质是铜的，那么系统的管道材质也应该是铜的。如果必须加入不同的金属，则要使用非传导性的接头。

管道的连接方式多种多样，如螺纹连接、扩口压接、硬焊接和钎焊。连接方法的选择需根据管道的使用类型来确定。例如，螺纹连接不适合铜管道，但它是钢管连接的首选方法。

管道通常安装在屋顶上，因此，管道布局设计应该考虑到管道的膨胀或收缩，使屋顶发生渗透的可能性降到最小，且保持屋顶的完整性和耐候性。在本章开始的部分已经提到过一种估算管道膨胀的方法，安装所选用的支撑结构可以使管道自由移动以免变形。

另一个与集热器阵列管道安装相关的问题是管道的隔热。隔热管道必须具有足够的 R 值来减少热损耗。其次应考虑隔热管道的可用性和可加工性。由于隔热管道暴露外部环境下，因此必须较高的抗紫外能力和较低的透水性。最后一个因素降低

透水性可采取合适的保护措施，如铝防水。应当注意的防渗透区域有，集热器和管道的接头、三通管和弯头的接口处，以及阀门和传感器穿过防水板的特殊地点。使用的隔热材料类型有玻璃纤维、硬质泡沫塑料和软泡沫。

5.9.2　泵

太阳能系统需要使用离心泵和循环泵。循环泵适合小型的家用系统。太阳能系统中水泵的材料取决于它的用途和回路中循环的流体。饮用水和排放系统要求使用铜质的泵，至少泵的部分要与水接触。此外，泵还必须能够在系统操作温度下正常工作。

5.9.3　阀门

在太阳能系统中正确地选择阀门以及合适的安装位置具有重要的意义。仔细地挑选并安装足够数量的阀门才能确保系统的性能符合要求，并便于日后的维护。当然也要避免使用过多的阀门，从而减少成本和压降。各种类型的阀门包括隔离阀、平衡阀、安全阀、止回阀、减压阀门、排气阀、排水阀。简要描述如下：

- 隔离阀，也称为截止阀，通常为90度回转球阀门。为了使某些组件可以在无需排空或充满整个系统的情况下进行维护，在安装隔离阀时，应当避免将集热器与减压阀隔离开。

- 平衡阀，或是流量调节阀，常用于多排设备安装从而平衡各排设备内的流量，并确保其接收到了所需的流量。在本章中已讨论过，在直接回流系统中很有必要使用这类阀门（见5.4.2节）。在系统调试阶段对这类阀门进行调整。为此，可能需要测量每一排设备的流量和压力，所以必须对系统测量方法做出规定。在调整了平衡阀后，必须锁定设置状态以避免发生意外的变动。最简单的方法就是移除这些阀杆。

- 安全阀，或压力安全阀的设计允许当系统的工作压力达到最大时，系统可以释放出一些水或传热工质。通过这种方式，系统可免于高压影响。这种阀门中装有弹簧可以使阀门保持关闭状态。当回路中的流体压力超出弹簧刚度，阀门就会打开（阀杆提起），少量的循环流体流出，从而缓解系统的压力。安全阀门有两种可选择类型：可调节性类型和预设类型。预设类型的安全阀有很多可以缓解压力的设置，而可调节型的安全阀需要进行压力测试来调整阀门弹簧的刚性适应安全阀压力。安全阀可以安装沿闭环系统的任何地方。需要注意的是，排放阀会变得很热甚至可能处于蒸汽状态，所以出口应该通到排水或容器设备中。后者是首选，因为这样可以让维修人员知道阀门已经打开，从而寻找原因和问题。

- 止回阀。止回阀的设计允许流体在一个方向流动，从而避免出现回流。这种阀门有很多种，如回转阀和弹簧阀。前者几乎不需要压差就能工作，但它并不适合垂直的管道。然而，弹簧阀需要较多压差才能运行，而且可以安装在回路的任何位置。
- 减压阀。减压阀可用来减少补给自来水的压力，从而保护系统超压。这些阀门应与止回阀一起安装，以避免将水或防冻液馈入到城市送水回路中。
- 自动排气阀。自动排气阀是一种特殊的阀门，可以在系统充满时将空气排出。它们也被用来清除闭合回路系统中的空气。这类阀门应该安装在集热器回路的最高点。自动排气阀是一种浮动式阀门，利用水和循环流体对浮球产生的浮力阻塞放气口。当空气穿过阀门时，浮球降低，从而使空气排出。
- 排水阀。排水阀用于排出系统。这种机电设备也被称为电磁阀，只有阀门连接到电源，就可以保持关闭（常开阀）。当阀门断电时，压缩弹簧打开阀门并允许系统排水。

5.9.4 仪器

太阳能系统使用的仪器有很多，从简单的温度和压力测量表、电表、数据收集到存储系统的视频监控器。通常一些数据收集仪器能够监测真实太阳能系统数据。

视频监控可以提供系统各种参数的瞬时读数，如系统不同位置的温度和压力。有时，这类设备都配备一个数据存储。通过测量两个管道中流量和温差，电能仪表可以监测和报告通过一对管道的能源时间积分数量。大多数电能表必须由人工读取数据，但有一些可以提供输出信息。

配备有多种传感器并自动记录数据的系统虽然功能强大，但是成本也非常高昂。各种传感器需要与一个中心记录器保持通电，一些记录器还能处理数据。这类系统的更多细节参见第4章，4.1.1节。如今，已有系统能够在网络上收集数据并显示结果。它们在监控系统方面非常有帮助，尽管这会增加系统的总成本。目前，一些国家要求提供有保证的太阳能数据，太阳能系统供应商要保证其太阳能系统能够运行数年。

练习

5.1　再次计算例5.1，条件为室内游泳池。

5.2　有一个100m^2的浅色游泳池，位于良好遮蔽的位置。泳池表面10米高度处的风速为4m/s。水温为23 ℃，环境温度为15℃，相对湿度为55%。泳池中没有游泳者，补给水的温度为20.2 ℃，水平面上太阳辐射为每天19.3MJ/m^2。如果用太阳能加热泳池并要求效率为45%，那么集热器应为多少平方米?

5.3　一个储水箱需要能存储足够多的能量来满足2天11kW的负荷。如果储水箱的温度最高为95 ℃，补给水的温度至少为60℃，求水箱的尺寸。

5.4　一个完全混合的储水箱可以装1000kg的水，该水箱的UA等于10W/℃，水箱安置在房间中，房间的温度恒为20 ℃。从早上7点开始的10h内，对水箱进行监测，Q_u分别等于0、8、20、31、41、54、64、53、39、29 MJ。在前3h，负荷保持不变等于13 MJ，在接下来的3h为17 MJ，接下来的2h为25MJ，在剩下的时间为20MJ。如果初始温度为43℃，求水箱的最终温度。

5.5　储水箱需满足1.2 GJ的负荷，其温度变化为30℃。如果储水箱的材料浇灌混凝土，试确定储水箱的实际体积。

5.6　假设储罐的体积为150kg，重复计算例5.3并对比两次计算的结果。

5.7　若天气条件相同，重复计算9月15日条件下的例5.3。

5.8　太阳能加热系统配有一个完全混合且容量为300L的储罐。UA值为5.6 W/℃，储罐所处位置的环境空气温度为21℃。太阳能系统的总面积为6 m^2，$F_R(\tau\alpha)=0.82$，且$F_RU_L=6.1$ W/m^2℃。按小时估算，环境温度是13.5℃，集热面板的太阳辐射为16.9 MJ/m^2。如果水箱的温度为41℃，估计小时结束时新储罐的温度。

5.9　液态太阳能加热系统使用一个热交换器将集热器回路与存储回路分离。集热器的整体热损耗系数为6.3 W/m^2℃，热转移因子为0.91，集热器面积为25 m^2。集热器回路的热容量率为3150 W/℃，存储回路的热容量率为4950 W/℃。由于使用热交换器，如果其效率为0.65~0.95，试估算热性能损失。

5.10　液态太阳能加热系统使用一个热交换器将集热器回路与存储回路分离。水的流量为0.65 kg/s，防冻剂为0.85 kg/s。防冻溶液的热容为3150 J/kg ℃，热交换器的UA等于5500 W/℃。集热器的面积为60m^2，F_RU_L = 3.25 W/m^2℃。试估计F'_R/F_R。

5.11　在安装隔热和不隔热管道的两种情况下，试对比空气集热器的性能。集热器的面积为30m^2，$F_RU_L=6.3$ W/m^2℃ 且$F_R(\tau\alpha)=0.7$。质量流率与穿过集热器的空气比热的乘积为450W/℃，入口和出口处管道的面积为8m^2。隔热管的损耗系数U_d为0.95 W/m^2℃，然而非隔热管的系数为9W/m^2℃。在两种情况下，集热器采光口接收到的总辐射为650 W/m²，入口空气温度为45 ℃，环境温度为15℃。

5.12　集热器安装时有部分表面被遮挡导致无法接收到散射辐射。阴影部分占集热器总面积的25%，接收到的入射辐照度为250 W/m²，然而其余暴露在阳光下的面积接收的辐照度为950 W/m²。通过集热器水的流量为0.005 kg/m²s，在这一流量时，集热器的 $F_R U_L$ =6.5 W/m²℃，F_R =0.94。环境温度是10 ℃，集热器入口的温度是45 ℃，而遮挡部分的 $(\tau\alpha)_{av}$ 等于0.75，未遮挡部分的 $(\tau\alpha)_{av}$ 等于0.91。当低强度范围的流体流向高强度范围时，计算集热器的出口温度。

5.13　一个7口之家，其中2人每天盆浴，剩下的人淋浴。假设这家人每天做饭两次、洗菜两次、每人每天洁面和洗手两次，试估算这个家庭的热水消耗量。

5.14　太阳能集热器要供应一家6口在6月份所有的热水需求，试确定集热器的面积。假设集热器效率为45%，每天总的辐照量为25,700 kJ/m²。需要的热水温度为60℃，补给冷水的温度为16 ℃，每人每天消耗热水量为35L。此外，试估计1月份加热水的太阳能保证率（solar fraction），其中太阳入射量为每天10,550 kJ/m²。

5.15　商业建筑水暖系统使用一个循环回路，可以快速获得循环的热水。如果热水的温度是45℃，管道UA是32.5 W/℃，储水箱的UA为15.2 W/℃，补给水的温度为17 ℃，周围环境的温度为20 ℃，试估计每周连续循环加热水所需的能量。工作日的每天需求的热水量为550L（星期一到星期五），周末的需求水量为每天150L。

5.16　太阳能集热器的总面积为10m²，F_R =0.82，U_L =7.8W/m²℃。集热器与容量为500升的储水箱相连，初始温度为40℃。储水箱的损耗系数与集热器面积的乘积为1.75 W/℃，且储水箱在室内的环境温度为22 ℃。假设负荷潮流为20 kg/h，补给水的温度为18℃。试计算下表中时段内该系统的性能，并检查水箱中的能量平衡。

小时	S（MJ/m²）	T_a（℃）
7~8	0	12.1
8~9	0.35	13.2
9~10	0.65	14.1
10~11	2.51	13.2
11~12	3.22	14.6
12~13	3.56	15.7
13~14	3.12	13.9

续表

小时	S（MJ/m^2）	T_a（℃）
14～15	2.61	12.1
15～16	1.53	11.2
16～17	0.66	10.1
17～18	0	9.2

参考文献

[1] ASHRAE, 2004. Handbook of Systems and Equipment. ASHRAE, Atlanta, GA.

[2] ASHRAE, 2007. Handbook of HVAC Applications. ASHRAE, Atlanta, GA.

[3] Beckman, W. A., 1978. Duct and pipe losses in solar energy systems. Sol. Energy 21 (6), 531～532.

[4] Charters, W. W. S., de Forest, L., Dixon, C. W. S., Taylor, L. E., 1980. Design and performance of some solar booster heat pumps. In: ANZ Solar Energy Society Annual Conference, Melbourne, Australia.

[5] Close, D. J., 1962. The performance of solar water heaters with natural circulation. Sol. Energy 6 (1), 33－40.

[6] Duff, W. S., 1996. Advanced Solar Domestic Hot Water Systems. International Energy Agency. Task 14. Final Report.

[7] Eames, P. C., Norton. B., 1995. Thermal and optical consequences of the introduction of baffles into compound parabolic concentrating solar collector cavities. Sol. Energy 55 (2), 129－150.

[8] Furbo, S., Shah, L. J., 1997. Smart Solar Tanks—Heat Storage of the Future. ISES Solar World Congress, Taejon, South Korea.

[9] Gupta, G. L., Garg, H. R, 1968. System design in solar water heaters with natural circulation. Sol. Energy 12 (2), 163－182.

[10] Hsieh, J. S., 1986. Solar Energy Engineering. Prentice-Hall, Englewood Cliffs, NJ. [11] ISO/TR 12596: 1995 (E), 1995a. Solar Heating—Swimming Pool Heating Systems—Dimensions, Design and Installation Guidelines.

[12] ISO 9806-3: 1995, 1995b. Test Methods for Solar Collectors, Part 3. Thermal Performance of Unglazed Liquid Heating Collectors (Sensible Heat Transfer Only) Including Pressure Drop.

[13] Kalogirou, S. A., 1997. Design, construction, performance evaluation, and

economic analysis of an integrated collector storage system. Renewable Energy 12 (2), 179 - 192.

[14] Kalogirou, S. A., 1998. Performance Enhancement of an Integrated Collector Storage Hot Water System, Proceedings of the World Renewable Energy Congress V, Florence, Italy, pp. 652 - 655.

[15] Mclntire, W. R., 1979. Truncation of nonimaging cusp concentrators. Sol. Energy 23 (4), 351 - 355.

[16] Michaelides, I. M., Kalogirou, S. A., Chrysis, I., Roditis, G., Hadjigianni, A., Kabezides, H. D., Petrakis, M., Lykoudis, A. D., Adamopoulos, P, 1999. Comparison of the performance and cost effectiveness of solar water heaters at different collector tracking modes, in Cyprus and Greece. Energy Convers. Manage. 40 (12), 1287 - 1303.

[17] Morrison, G. L., 2001. Solar water heating. In: Gordon, J. (Ed.), Solar Energy: The State of the Art. James and James, London, pp. 223 - 289.

[18] Morrison, G. L., Braun, J. E., 1985. System modeling and operation characteristics of thermosiphon solar water heaters. Sol. Energy 34 (4 ~ 5), 389 - 405.

[19] Norton, B., Probert, S. D., 1983. Achieving thermal stratification in natural-circulation solar-energy water heaters. Appl. Energy 14 (3), 211 - 225.

[20] Ong, K. S., 1974. A finite difference method to evaluate the thermal performance of a solar water heater. Sol. Energy 16 (3 ~ 4), 137 - 147.

[21] Ong, K. S., 1976. An improved computer program for the thermal performance of a solar water heater. Sol. Energy 18 (3), 183 - 191.

[22] Philibert, C., 2005. The Present and Future Use of Solar Thermal Energy as a Primary Source of Energy. International Energy Agency, Paris, France. Copyright by The Inter Academy Council.

[23] Tripanagnostopoulos, Y., Souliotis, M., Nousia, T., 2002. CPC type integrated collector storage systems. Sol. Energy 72 (4), 327 - 350.

[24] Turkenburg, W. C., 2000. Renewable Energy Technologies, World Energy Assessment, (Chapter 7), UNDP. Available from: www. undp. org/energy/activities/wea/drafts-frame. html.

[25] Xinian, J., Zhen, T., Junshenf, L., 1994. Theoretical and experimental studies on sequential freezing solar water heaters. Sol. Energy 53 (2), 139 - 146.

第6章　太阳能室内供暖和制冷

太阳能建筑供暖和制冷系统分为被动式和主动式两大类。被动式太阳能供暖系统可作为建筑物本身的一部分，建筑物中的某些结构可以接受、吸收、储存并且释放太阳能从而不必再借助辅助热源采暖。主动式太阳能供暖系统则是指利用太阳能集热器、储热水箱、水泵、热交换器和控制器为建筑物供暖或者制冷的系统。在此将结合第5章讨论过的要素和子系统，讨论多种太阳能建筑物供暖和制冷系统。本章会对主动式和被动式两类系统进行详细阐述，不过在此之前，首先要介绍热负荷估算的两种方法。

6.1　热负荷估算

估算建筑物热负荷时，可以在稳态热分析的基础上，通过计算热损失和得热量得到。但是，要使计算结果和能量分析更精确，必须采用瞬态分析方法。这是因为不断变化的太阳辐射产生了强烈的瞬时效应，被调节空间的得热量随着时间变化存在很大差异。估算建筑物热负荷的方法很多，其中最常见的是热平衡法、加权因子法、热网络法和辐射时间序列法。本书只对热平衡法进行简单阐述。此外，还会介绍一种确定季节能耗的简易方法——度日法。开始介绍之前，首先解释一下热负荷估算中的三个重要的基本术语。

得热量

得热量是指在室内传递或生成的能量总和，其中包括显得热和潜得热。得热形式通常有以下几种：

（1）通过玻璃窗和建筑物其他的开放部分进入的太阳辐射；

（2）对流传热以及来自建筑物内表面的辐射；

（3）显热对流和室内物体的辐射；

（4）通风和渗透；

（5）室内产生的潜热。

热负荷

热负荷是指为保持特定的温度和湿度，必须增加或者除去的室内热量。

冷负荷与得热量不同，主要是因为室内吸收了大部分来自室内表面的辐射能量以及通过建筑物开放部分进入室内的直接太阳辐射。只有当室内空气接收了对流传递的热量，并且室内各表面的温度高于室内空气温度时，这些能量才能成为冷负荷的一部分。所以，在这个过程中产生了一个时间差，这个时间差因建筑物结构和室内物体的储热性能而异，且当热容量（质量和比热容的乘积）较大时表现得尤为明显。因此，冷负荷峰值要远远小于得热量峰值，且发生时间也要比后者滞后许多。热负荷与冷负荷的作用过程相似。

散热速率

散热速率是指通过制冷和减湿设备去除室内能量的比率。当室内条件稳定且设备运行时，散热速率等于冷负荷。由于控制系统的运行会导致室内温度波动，所以散热速率也会波动，继而也会引起冷负荷波动。

6.1.1 热平衡法

热平衡法能够对建筑物的负荷进行动态模拟，是所有冷热负荷计算方法的基础。因为每个区域的能流一定是平衡的，所以必须同时解出包括墙体、屋顶和地面的内外表面以及区域空气在内的一系列能量平衡方程。能量平衡法综合运用了不同的方程，比如墙体和屋顶的瞬态传导传热方程、天气状况的计算方程或数据，以及房间内部的得热量等。

下面举例说明如何运用这一方法：假设一个房间有 6 个面，分别是 4 面墙，一个屋顶和一个地面。房间的能量来自通过窗户入射的太阳辐射以及墙体和屋顶外表面的传导得热，房间内部灯光，设备以及居住者得热。那么每一个表面的热平衡为：

$$q_{i,\theta} = \left[h_{ci}(t_{\alpha,\theta} - t_{i,\theta}) + \sum_{j=1,j\neq 1}^{ns} g_{ij}(t_{j,\theta} - t_{i,\theta})\right]A_i + q_{si,\theta} + q_{li,\theta} + q_{ei,\theta} \tag{6.1}$$

其中，

$q_{i,\theta}$ = θ 时内表面 i 的热导率（W）；

i = 表面的编号（1 ~6）；

ns = 房间内表面的数量；

A_i = 表面 i 的面积（m^2）；

h_{ci} = 内表面 i 的对流换热系数（W/m^2K）；

g_{ij} = 内表面 i 与内表面 j 之间的线性辐射换热系数（W/m^{2}K）；

$t_{\alpha,\theta}$ = θ 时房间内部空气温度（℃）；

$t_{i,\theta}$ = θ 时内表面 i 的平均温度（℃）；

$t_{j,\theta}$ = θ 时内表面 j 的平均温度（℃）；

$q_{si.\theta}$ = θ 时表面 i 吸收的从窗户进入的太阳热量（W）；

$q_{li,\theta}$ = θ 时表面 i 吸收的灯光热量（W）；

$q_{ei,\theta}$ = θ 时表面 i 吸收的设备和居住者产生的热量（W）。

如果没有方程（6.1），6个表面的热导方程就无法计算，这是因为房间内部发生的热量交换会影响建筑物内表面的状态，内表面的状态反过来也会影响房间内部的热量交换。所以，计算空间的内热负荷，必须同时解出方程（6.1）的6个方程。要给这一过程建立模型，可行的方法包括有限元数值分析法和时间序列法。由于运算速度快，一般性损失小，通常使用导热传递函数（CTF）的一般形式：

$$q_{i,\theta} = \sum_{m=1}^{M} Y_{k,mt_o,\theta-m+1} - \sum_{m=1}^{M} Z_{k,mt_o,\theta-m+1} + \sum_{m=1}^{M} F_m q_{i,\theta-m} \tag{6.2}$$

其中，

i = 内表面下标；

k = CTF 顺序；

m = 时间指数变量；

M = 不为零的 CTF 值的数量；

o = 外表面下标；

t = 温度（℃）；

θ = 时间；

Y = 墙体内 CTF 值；

Z = 房间内 CTF 值；

F_m = 历史通量系数。

导热传递函数系数通常被称为响应系数，它受到墙体或屋顶材料的物理性质以及计算方式的影响。通过这些系数，某给定时间的输出函数与某给定时间以及之前一个时间段的一个或多个驱动函数值得以联系起来（ASHRAE，2005）。Y（墙体内 CTF）值指的是现在和之前的由于外部条件引起的墙体内的能量流动，Z（房间内 CTF）值指的是房间内部空间状态，F_m（历史通量）系数则指的是现在和之前的房间内的热通量。

方程（6.2）运用了传递函数概念，是对严格的热平衡计算程序的简化，该方程可以在下面情况中用来计算传导传热。

需要注意的是，内表面温度 $t_{i,\theta}$同时出现在了方程（6.1）和（6.2）中，因此必须同时予以计算。此外，还必须同时解出房间内空气的能量平衡方程。根据冷负荷方程：

$$q_\theta = \left[\sum_{i=1}^{M} h_{\mathrm{ci}}(t_{i,\theta} - t_{\alpha,\theta})\right]A_{\mathrm{i}} + \rho c_{\mathrm{p}} Q_{\mathrm{i},\theta}(t_{\mathrm{o},\theta} - t_{\alpha,\theta}) + \rho c_{\mathrm{p}} Q_{\mathrm{v},\theta}(t_{\mathrm{v},\theta} - t_{\alpha,\theta}) + q_{\mathrm{s},\theta} + q_{1,\theta} + q_{\mathrm{e},\theta} \tag{6.3}$$

其中，

$t_{\alpha,\theta}$ = θ 时房间内部空气温度（℃）；

$t_{\mathrm{o},\theta}$ = θ 时房间外部空气温度（℃）；

$t_{\mathrm{v},\theta}$ = θ 时通风空气温度（℃）；

ρ = 空气密度（kg/m^3）；

C_{p} = 空气比热容（J/kg K）；

$Q_{\mathrm{i},\theta}$ = θ 时外部空气渗透进入房间内部的体积流率（m^3/s）；

$Q_{\mathrm{v},\theta}$ = θ 时通风空气体积流率（m^3/s）；

$Q_{\mathrm{s},\theta}$ = θ 时通过房间内空气对流对由窗户进入的太阳热量（W）；

$q_{1,\theta}$ = θ 时通过房间内空气从灯光获得的热量（W）；

$q_{\mathrm{e},\theta}$ = θ 时通过房间内空气对流从设备和居住者处获得的热量（W）。

6.1.2 传递函数法

传递函数法（TFM）是 ASHRAE 能源需求工作小组开发的一套通用程序。该方法能够计算建筑物各部分的初始负荷，以及冷、热负荷，而且还简化了计算过程。

该方法以一系列导热传递函数（CTF）和房间传递函数（RTF）为基础。前者用于计算墙体或屋顶热导，后者用于含有辐射成分的负载元件的计算，比如灯和电器。这些函数实际上是一系列响应时间序列，把当前变量与其过去值以及前 1h 内的其他变量联系起来。

墙体和屋顶的传递函数

TFM 用导热传递函数表示墙体、屋顶、隔墙、天花板和地面的内部热通量，并结合了建筑物内、外表面的对流和辐射系数（内：8.3 W/m^{2}K；外：17.0W/m^{2}K）。室外条件用综合温度表示，假设室内温度恒定。那么，墙体或屋顶的热增量：

$$q_{e,\theta} = A\left[\sum_{n=0} b_n(t_{e,\theta-n\delta}) - t_{rc}\sum_{n=0} c_n - \sum_{n=1} d_n(q_{e,\theta-n\delta}/A)\right] \tag{6.4}$$

其中，

$q_{e,\theta}$ = 从壁面或顶部获得的热量，计算小时为 θ（W）；

A = 室内壁面或顶部的面积（m^2）；

θ = 时间（s）；

δ = 时间间隔（s）；

n = 总指数（由于系数的不可忽略值，每一个总和指标都包含很多项）；

$t_{e.\theta-n\delta}$ = $\theta - n\delta$ 时的综合温度（℃）；

t_{rc} = 室内连续温度（℃）；

b_n，c_n，d_n = 函数传递传导系数。

函数传递传导系数取决于壁面或顶部的物理性能，这些系数见表格（ASHRAE，1997）。系数 b 和 c 必须通过乘以 $U_{实际}/U_{参考}$ 的比值进行调整，从而对应实际的热量传递系数（$U_{实际}$）

式（6.4）中，总指数的值 n 等于 0 表示当前时间段，n 等于 1 表示前 1h，以此类推。

综合温度为：

$$t_e = t_0 + \alpha G_t/h_0 - \varepsilon\delta R/h_0 \tag{6.5}$$

其中，

t_e = 综合温度（℃）；

t_0 = 干球温度计上的即时温度（℃）；

α = 表面太阳能辐射吸收比；

G_1 = 入射的太阳能负荷总量（W/m^2）；

δR = 天空和周围环境入射至表面的长波辐射和户外气温条件下黑体放射出的辐射之间的差值（W/m^2）；

h_0 = 通过建筑物传导的热量传导系数（W/m^2K）；

$\varepsilon\delta R/h_0$ = 长波辐射系数 = 水平表面为 −3.9 ℃，垂直表面为 0 ℃。

由于表面是浅色的，方程（6.5）中的 α/h_0 数值在 0.026 m^2K/W 和最大值 0.053 m^2K/W 之间变化。建筑物热量传递系数为：

$$h_o = 5.7 + 3.8V \tag{6.6}$$

隔墙、天花板及地板

只要空气调节房间内的温度与邻近空间的温度相近，将综合温度替换为邻近空间的温度，即可用方程（6.4）计算出隔墙的热转移。

如果邻近空间（t_b）的温度是恒定的，或是该温度的变化比邻近空间与室内温度变化之间的差异小，那么隔墙、天花板及地板的得热率（q_p）可以用下列方程计算：

$$q_p = UA(t_b - t_i) \tag{6.7}$$

其中，

A = 分析元素的面积（m^2）；

U = 总传热系数（W/m^2K）；

（$t_b - t_i$）= 邻近空间室内温差（℃）。

玻璃

通过玻璃传入的热量总比率是透射太阳辐射的总和，入射至玻璃内部被吸收的辐射，以及存在室内外温差的条件下通过玻璃传导的热量。由透射太阳辐射和入射的吸收辐射获得的得热率（q_s）为：

$$q_s = A(SC)(SHGC) \tag{6.8}$$

其中，

A = 分析元素的面积（m^2）；

SC = 遮光系数；

SHGC = 太阳能得热系数，该数值根据朝向、纬度、小时和月份的不同而有所变化。热度传导率（q）为：

$$q = UA(t_o - t_i) \tag{6.9}$$

其中，

A = 分析元素的面积（m^2）；

U = 玻璃传热系数（W/m^2K）；

（$t_o - t_i$）= 室内外温差（℃）。

人体

人体获得的热量的形式为显热和潜热。潜得热被认为是瞬时负荷，显热总额不会直接转变为冷负荷。辐射最开始被周围环境吸收，随后会根据房间的特征转移到空间内部。《ASHRAE 基本操作指南》根据不同环境编制了表格并给出了瞬时显冷负荷的得热方程：

$$q_s = N(SHG_p) \tag{6.10}$$

其中，

q_s = 人体的显冷负荷率（W）；

N = 人数；

SHG_p = 人均显热获得量（W/人）。

潜冷负荷率为：

$$q_l = N(LHG_p) \tag{6.11}$$

其中，

q_l = 人体潜冷负荷（W）；

N = 人数；

LHG_p = 人均潜热获得量（W/人）。

照明

一般来说，照明是内部负荷的主要组成部分。一些通过照明散发的能量会以辐射的形式被空间吸收，并在之后通过对流转移到空气中。照明的安装方式、空气分配系统类型和大规模结构都会在任何时候影响得热率。通常，可以用下列方式计算获得的热量：

$$q_{el} = W_l F_{ul} F_{sa} \tag{6.12}$$

其中，

q_{el} = 照明得热率（W）；

W_l = 照明总的安装瓦数（W）；

F_{ul} = 照明使用因素，使用瓦数率和总的安装瓦数；

F_{sa} = 特殊配额因素（荧光设备和金属卤化设备中光输出比）。

电器

计算电器冷负荷的可用数据很多，但前提是有必要仔细地评估每一个设备的运行时间和负载系数。一般而言，电器的显热（q_a）为：

$$q_a = W_a F_U F_R \tag{6.13}$$

或者

$$q_a = W_a F_L \tag{6.14}$$

其中，

W_a = 电器的能量输入率（W）；

F_U，F_R，F_L分别为使用系数，辐射系数和负载系数。

通风和渗入空气量

显得热（$q_{s,v}$）和潜得热（$q_{l,v}$）都来自于渗入的空气，可以通过下式估计得出：

$$q_{s,v} = m_a c_p (t_o - t_i) \tag{6.15}$$

$$q_{l,v} = m_a (\omega_o - \omega_i) i_{fg} \tag{6.16}$$

其中，

m_a = 空气质量流量（kg/s）；

c_p = 空气的比热容（J/kg K）；

（$t_o - t_i$）= 室内外空气温度差（℃）；

（$\omega_o - \omega_i$）= 室内外空气湿度差（kg/kg）；

i_{fg} = 汽化焓（J/kg K）。

6.1.3 散热速率和室内温度

在理想条件下，制冷设备必须消除等同于冷负荷的室内空气能量。这样，室内气温才能保持恒定。但是，这种理想条件几乎不可能实现。因此，传递函数则被用来描述这一过程。室内空气的传递函数如下：

$$\sum_{i=0}^{1} p_i (q_{x,\theta-i\delta} - q_{c,\theta-i\delta}) = \sum_{i=0}^{2} g_i (t_i - t_{r,\theta-i\delta}) \tag{6.17}$$

其中，

p_i，g_i = 传递函数系数（ASHRAE，1992）；

q_x = 散热速率（W）；

q_c = 各个时间的冷负荷（W）；

t_i = 用于计算冷负荷的室内温度（℃）；

t_r = 各个时间的实际室内温度（℃）。

所有系数 g 都是指一个单位建筑占地面积。同时，g_0 和 g_i 两个系数还取决向周围环境的平均热传导（UA）以及室内的渗入风和通风率。系数 p 为无量纲。

终端设备的特性通常为以下形式：

$$q_{x,\theta} = W + S \times t_{r,\theta} \tag{6.18}$$

其中，W 和 S 为描述在 θ 时设备性能特征的参数。

模型模拟的实际上是冷却盘管，以及制冷设备中使盘管负荷与空间负荷匹配的相关控制系统（恒温器）。冷却盘管能够在一定区间内的室内空气范围中提取热能。

结合方程（6.17）和（6.18）计算 $q_{x,\theta}$：

$$q_{x,\theta} = (W \times g_o + S \times G_\theta)/(S + g_o) \tag{6.19}$$

其中，

$$G_\theta = t_i \sum_{i=1}^{2} g_i - \sum_{i=1}^{2} g_i(t_{y,\theta-i\delta}) + \sum_{i=1}^{1} p_i(q_{c,\theta-i\delta}) - \sum_{i=0}^{1} p_i(q_{x,\theta-i\delta}) \tag{6.20}$$

若方程（6.19）计算得出的 $q_{x,\theta}$值大于 q_x 的最大值，则结果应等于 q_x的最大值；若小于 q_x最小值，则结果应等于 q_x的最小值。最后，结合方程（6.18）和（6.19）计算 $t_{r,\theta}$：

$$t_{r,\theta} = \frac{(G_\theta - q_{x,\theta})}{g_o} \tag{6.21}$$

应注意的是，尽管可以使用热平衡法和传递函数法对热负荷进行人工估算，但是由于整个过程需要处理大量运算，使用计算机更为适合。

6.1.4　度日法

在能量计算时，通常会要求使用简便的方法。度日法就是其中的一种，它可以用来预测季节能耗。在标准参考温度 T_b（18.3 ℃或65 ℉）以下，室外平均温度每下降一度代表一个度日。某日的度日数可以通过计算 T_b和室外平均温度 T_{av} [（T_{max} + T_{min}）/2] 的差值获得。所以，如果某日的室外平均温度是15.3 ℃，这一天的采暖度日数 $(DD)_h$就是3。某月的采暖度日数可以由单日值（只考虑正值）相加求和得知：

$$(DD)_h = \sum_m (T_b - T_{av})^+ \tag{6.22}$$

同样地，制冷度日数为：

$$(DD)_c = \sum_m (T_a v - T_b)^+ \tag{6.23}$$

许多国家气象部门都会发布采暖度日数 $(DD)_h$和制冷度日数 $(DD)_c$。附录7列举了一些国家的采暖和制冷度日数。利用度日概念，下面的方程式可以确定每月或者每季的热负荷或采暖需求（D_h）：

$$D_h = (UA)(DD)_h \tag{6.24}$$

其中 UA 表示建筑物热损特征值，可由下式计算得知：

$$(UA) = \frac{Q_h}{T_i - T_o} \tag{6.25}$$

其中，

Q_h = 设计值或显热损（kW）；

$T_i - T_o$ = 室内外设计温差（℃）。

将方程（6.25）代入（6.24），再通过 3600×24=86,400 运算将天数换算成秒数，可以得出下式，从而确定每月或者每季的热负荷或采暖需求（kJ）：

$$D_h = \frac{86.4 \times 10^3 Q_h}{T_i - T_o}(DD)_h \tag{6.26}$$

对制冷而言，标准参考温度通常是24.6 ℃。与上述过程相似，每月或每季的冷负荷或制冷需求（kJ）可由下式计算得出：

$$D_c = \frac{86.4 \times 10^3 Q_c}{T_o - T_i}(DD)_c \tag{6.27}$$

例 6.1

某建筑物峰值热负荷为 15.6 kW，峰值冷负荷为 18.3kW。若采暖度日数是 1020℃，制冷度日数是 870 ℃，冬季室内温度是 21 ℃，夏季室内温度是 26 ℃。冬季和夏季的室外设计温度分别是 7 ℃和 36 ℃，估算各季采暖和制冷需求。

解答

通过方程 6.26，可得采暖需求为：

$$D_h = \frac{86.4 \times 10^3 Q_h}{T_i - T_o}(DD)_h = \frac{86.4 \times 10^3 \times 15.6}{21 - 7}(1020) = 98.2 \times 10^6 \text{kJ} = 92.8\text{GJ}$$

同样地，通过方程 6.27 计算制冷需求：

$$D_c = \frac{86.4 \times 10^3 Q_h}{T_o - T_i}(DD)_c = \frac{86.4 \times 10^3 \times 18.3}{36 - 26}(870) = 137.6 \times 10^6 \text{kJ} = 137.6\text{GJ}$$

6.1.5 建筑传热

为建筑物设计室内采暖或制冷系统时，必须确定建筑物的热阻。热量以各种形式在建筑物各部分传递，包括传导、对流以及辐射等。通过电比拟法，建筑物各部分的传热系数可以由方程（6.28）计算得出：

$$Q = \frac{A \times \Delta T_{总}}{R_{总}} = UA \times \Delta T_{总} \tag{6.28}$$

其中，

$\Delta T_{总}$ = 室内外空气总温差（K）；

$R_{总}$ = 建筑单元总热阻，等于 $\sum R_i$（m^2K/W）；

A = 与热流方向垂直的建筑单元面积（m^2）。

从方程 6.28 可以明显看出总传热系数 U 等于：

$$U = \frac{1}{R_{总}} \tag{6.29}$$

正如第3章讲述的集热器传热过程，使用电比拟法可以很容易地评估建筑物热阻。对于一个厚度为 x（m）、导热系数为 k（W/m K）的墙体单元的传导传热，单位面积的热阻是：

$$R = \frac{x}{k} \tag{6.30}$$

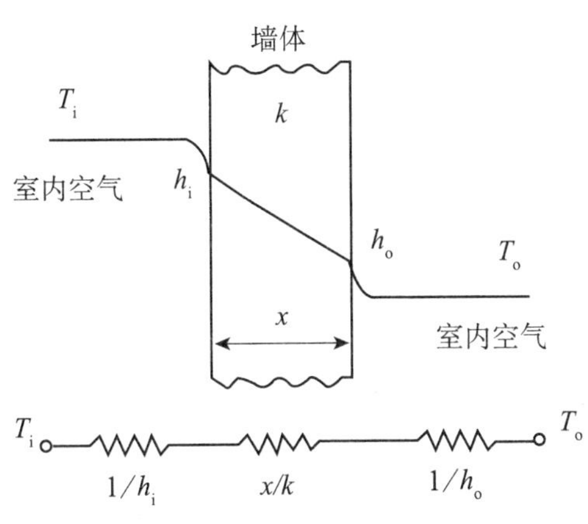

图6.1　某建筑单元的传热过程和等效电路图

对于对流和辐射传热系数为 h（W/m^{2}K）的单位面积的热阻：

$$R = \frac{1}{h} \tag{6.31}$$

图6.1描述的是一个单一的墙体单元。墙体热导过程产生的热阻为 x/k（方程6.30），墙体内外边界的热阻分别是 $1/h_i$ 和 $1/h_o$（方程6.31）。那么，从前面的讨论可知，基于室内外温差的总热阻是以下三个热阻的总和：

$$R_{总} = R_i + R_w + R_o = \frac{1}{h_i} + \frac{x}{k} + \frac{1}{h_o} \tag{6.32}$$

或者

$$U = \frac{1}{R_{总}} = \frac{1}{R_i + R_w + R_o} = \frac{1}{\frac{1}{h_i} + \frac{x}{k} + \frac{1}{h_o}} \tag{6.33}$$

h_i、h_o 和 k 的值可以从各手册中获得（如 ASHRAE，2005）。典型材料的热阻值参见附录5的表A5.4，静止气流和物体表面热阻参见表A5.5。而对于图6.2中的多层或复合墙体，可以采用下面的方程：

$$U = \frac{1}{\frac{1}{h_i} + \sum_{i=1}^{m}\left(\frac{x_i}{k_i}\right) + \frac{1}{h_o}} \tag{6.34}$$

其中，

m = 复合结构材料的数量。

对于图 6.2 中使用了三层材料的特殊例子，适用于下面的方程：

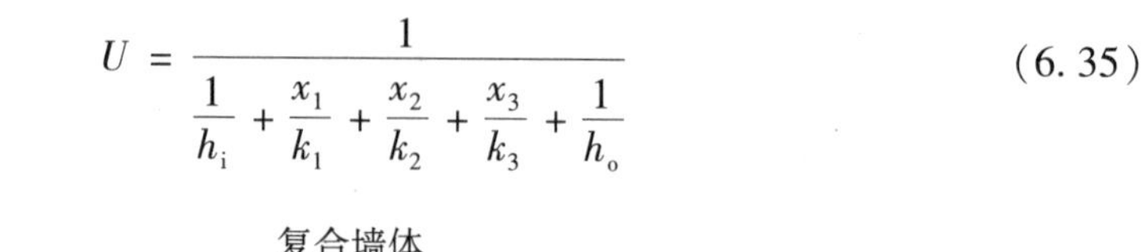

$$U = \frac{1}{\frac{1}{h_i} + \frac{x_1}{k_1} + \frac{x_2}{k_2} + \frac{x_3}{k_3} + \frac{1}{h_o}} \tag{6.35}$$

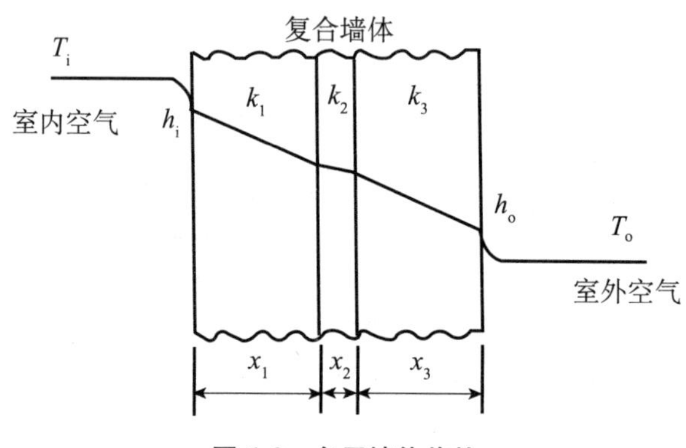

图 6.2　多层墙体传热

应注意的是，在计算时，涂料和胶水等薄层往往可忽略不计。

例 6.2

如图 6.2 所示，如果第 1 和 3 部分是厚度为 10cm 的砖块，中间部分是厚度为 5cm 的滞止气流，另外，墙体内外均涂有 25mm 厚的灰泥。请计算该结构的总传热系数。

解答

根据附录 5 中的表 A5.4 和 A5.5 提供的数据，可以获得以下热阻值：

1. 外表面热阻 = 0.044
2. 25mm 厚灰泥热阻 = 0.025/1.39 等于 0.018
3. 10cm 厚砖块热阻 = 0.10/0.25 等于 0.4
4. 50mm 厚停滞空气热阻 = 0.18
5. 10cm 厚砖块热阻 = 0.10/0.25 等于 0.4
6. 25mm 厚灰泥热阻 = 0.025/1.39 等于 0.018
7. 内表面热阻 = 0.12

总热阻 = 1.18 m^2K/W 或者 $U = 1/1.18 = 0.847$ W/m^2K

在某些国家，法律专门规定了不同建筑部分的最小 U 值，以避免建设隔热性能较差的建筑，因为这类建筑在采暖和制冷时会消耗大量的能源。

另外一种常见的情况就是图6.3中的斜屋顶。

使用电比拟法，可以从下式得出综合热阻：

$$R_{总} = R_{天花板} + R_{屋顶}$$

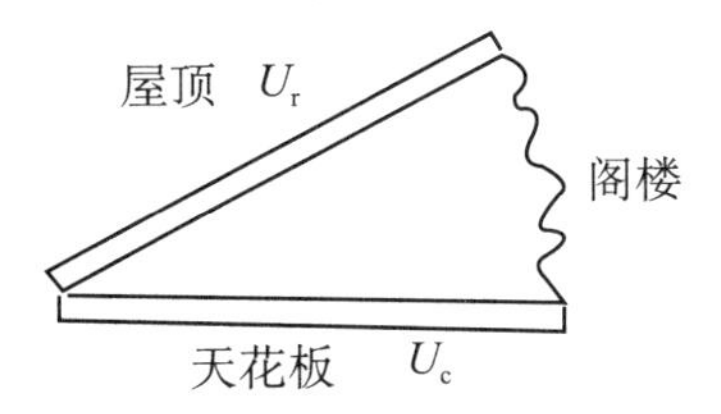

图6.3　斜屋顶布置

或

$$\frac{1}{U_R A_c} = \frac{1}{U_c A_c} + \frac{1}{U_r A_r} \tag{6.36}$$

可得：

$$U_R = \frac{1}{\frac{1}{U_c} + \frac{1}{U_r(A_r/A_c)}} \tag{6.37}$$

其中，

U_R = 斜屋顶的综合总传热系数（W/m^2K）；

U_c = 天花板单位面积的总传热系数（W/m^2K）；

U_r = 屋顶单位面积的总传热系数（W/m^2K）；

A_c = 天花板面积（m^2）；

A_r = 屋顶面积（m^2）。

6.2　被动式采暖设计

被动式太阳能采暖系统几乎不需要使用不可再生能源。从某种意义上来说，建筑物都属于被动式，因为白天建筑物吸收太阳热量，晚上吸收的热量又被散失掉。被动式采暖系统整合了太阳能采集和储存，并将能量分配到建筑物内部。在传递热量时会尽量减少或是不使用类似风扇等机械设备。被动式供暖、制冷和照明设计必须考虑建筑物围护结构和朝向、储热量、窗户的布局和设计、阳光室的使用和自然通风。

作为被动式采暖设计过程中的一个部分，必须采取预先分析措施，调查是否能够利用太阳能和相应被动式太阳能技术达到有效节能。首先要考虑的是，每一个调查案例都应该包括建筑所在地的气候数据分析和居民对舒适度的要求，以及如何满足这些要求。可以通过检验直接受益式或间接受益式系统的方式来选择被动式系统。

6.2.1 建筑物结构：蓄热效应

建筑物结构的材料能够存储热量来降低室内温度、减少制冷负荷峰值，并将热量转移到最大负荷量出现的时间。蓄热能力和储存热量的材料相关。在冬天，阳光充足的时候，能量储存在蓄热体中，以避免过热；到下午或晚上需要供暖的时候再将热量释放入建筑物中，满足部分供暖需求。夏天集热蓄热的方式和冬天一样，可减少冷负荷峰值。

从阳光房获取热量可以采用直接或间接的方式。直接受益方式是指太阳光直接通过窗户照射入室内供暖，间接受益方式则是通过太阳能辐射和热量加热建筑物内的部件从而减少热负荷。

间接受益方式太阳能建筑物朝南的墙体可吸收太阳能辐射，温度升高后以不同的方式将热量传送到建筑物内部，玻璃材料的使用改进了间接受益方式的原理（Trombe 等人，1977）。

在朝南方向安装一层玻璃隔板，重质墙体就能够在白天吸收太阳能，传导至内表面的热量就能在晚上提供辐射热。墙面以及相对较低的热扩散率会延迟室内地面供暖，并在需要的时候才会供暖。玻璃板减少了墙面散失到空气中的热量，并提升了白天的太阳能系统效率。

墙面，地板和天花板附近的通风口使得辐射热以对流传导的方式向室内传递。房间内玻璃板和重质墙体之间的空气会在太阳照射到外墙的时候瞬间升温，升温后的空气上升并通过上方的通风口进入建筑物内部。冷空气从底部开口流入，一旦有太阳照射，就能在房间内产生热量对流（参见图 6.4）。该设计也被称为“特朗伯墙”，由工程师 Felix Trombe 的名字命名，他在法国运用了这种技术。

在多数被动式太阳能系统中，通常使用遮阳板来调节进入建筑物内部的太阳能辐射量。因为操作简单，手动调控玻璃或是卷帘式百叶窗是最常见的方式。

建筑物内部固有的蓄热能力对室内温度、采暖的性能和可操作性、通风条件和空调（HVAC）系统都有着非常重要的影响。

有效地利用建筑物的蓄热能力在减少能量消耗、降低并延迟供暖和制冷高峰负荷方面有着显著的效果（Braun，1990），并且在有些情况下还能提升房间舒适度（Simmonds，1991）。通过蓄热来减少能量消耗，或许最普遍的方法就是在建筑物内采用被动式太阳能技术（Balcomb，1983）。

在建筑物供暖或制冷的设计中，可以将有效运用蓄热体考虑在内，并将其视为整体采暖系统设计中不可分割的一部分。

附加蓄热效应

若要使建筑物的温度保持在一个稳定的范围内，相比轻质房屋控温时增加或是移除的热量，重质房屋则要增加或移除更多的热量。因此，必须尽早开始控制室温或是在更大的功率下运行系统。在使用期间，由于蓄热体吸收和散失的热量比例较大，重质房屋需要的功率输出较低。

蓄热效应的优势在于，如果夜间的用电成本低，那么就能在这段时间利用空调系统，预先为建筑物降温。这样可以同时减少接下来几天的峰值和所需的总热量，但可能无法做到持续节能。

蓄热效应的利用

为了充分利用建筑物的蓄热性能，建筑物设计之初就应考虑到这个实际目的。有意地利用蓄热效应分为被动式和主动式两种。被动式太阳能加热是一种较为广泛的应用，它运用了建筑物蓄热性能，在没有太阳能的情况下为房间提供热量。被动式制冷运用了相同的原理，在白天限制温度的上升，而在夜晚，房间内流通的自然风能够吸收建筑物蓄积的热量。这项技术适用于在白天温度波动较大和相对湿度较低的温和气候地区，但该技术受到制冷率控制缺乏的限制。

建筑结构热量储存的有效利用受到下列因素的影响（ASHRAE，2007）：

（1）建筑结构物理特征；

（2）建筑物负荷的动态性；

（3）建筑墙体和区域内空气的耦合；

（4）储存热能的充电与放电策略。

一些建筑物，如框架结构建筑，其内部没有块状的结构，因此不适用于热量储存。很多其他建筑物或独立区域，如地毯、天花板、内部隔断和家具等，它们的物理特性都会影响到蓄热以及建筑墙体与区域空气间的耦合（Kalogirou 等人，2002）。

蓄热效应通常被视作区分材料集热能力和延迟建筑物组件热量转移的重要依据，这种延迟会带来三个重要影响：

（1）在室外温度改变的影响下，较慢的响应时间会减缓室内温度波动（Brandemuehl 等人，1990）。

（2）在热或冷的天气条件下，与类似的低质量建筑相比，延迟作用减少了能量消耗（Wilcox 等人，1985）。

（3）由于能量储存是通过修正质量的大小和 HVAC 系统的相互作用进行控制的，因此延迟作用将建筑的能量需求转移到了非峰值时段。

热质量造成了热流的延迟，而热质量则取决于所使用材料的热物理性能。为了高效地存储热量，建筑的材料必须具有较高的密度（ρ），热容量（C）以及导电性（k），因此热量能够在充放电的某一特定时间段内穿过所有材料。即使材料相当厚，较低的 ρCk 值表明蓄热容量较低。

热质量能够用建筑物材料的热扩散系数（a）表征：

$$a = k/\rho c_p \tag{6.38}$$

其中，c_p是指材料的比热（J/kg ℃）。

热扩散率高的材料热量传递的速度快，储热量相对较小，对温度变化的反应迅速。建筑物的蓄热效果主要根据建筑物所在地的气候，以及相对于建筑物主体的保温墙体的位置而有所变化。

热扩散率反映了瞬态热量转移情况下的控制传输性质。对于厚度为 300mm 的普通建筑材料，其热扩散时滞各有不同。普通砖要 10h，饰面砖要 6h，重混凝土材料需要 8h，木质材料则需要 20h（Lechner，1991）。集热材料能够直接储存来自建筑物围护结构的太阳辐射或从外部开口进入的太阳辐射。再者，这些材料还能用于建筑内部以储存间接辐射，如空气对流房间内部的红外辐射和热能。

利用建筑物蓄热效应的理想气候条件就是温度大幅波动的地区。建筑能够在夜间自然风的作用下降低温度，而在炎热的白天，温度又能随之上升。当室外温度达到最高值的时候，热量还没有渗入建筑物内，因此其内部可以保持低温。通常情况下，夏天和秋天的益处更大，因为此时的气候几乎接近理想状态。在热量广泛应用的气候条件下，可以有效利用蓄热效应收集和储存太阳能热或储存机械系统产生的热量，以便供暖系统在非高峰时间段正常运作（Florides 等人，2002b）。

热量分配会根据建筑物表面的朝向略有不同。根据 Lechner（1991），朝北的建筑表面需要的分配时间很少，因为它吸收的热量较少。朝东的建筑表面需要较长的时间，通常超过 14h，以便将热量转移延迟到晚上或缩短热量转移的时间。因为成本较低，这种方式更合适。朝南的建筑表面分配时滞可达 8h，将午间获得的热量延迟至晚上。朝西的建筑表面也需要 8h，因为这个方向的建筑面在太阳落山前能吸收几个小时的太阳辐射。最后，房顶需要相当长的时间，因为在一天的大部分时间里，它都暴露在太阳辐射下。然而，因为搭建重型屋顶的成本高昂，因此，通常会使用额外的保温材料代替。

建筑物蓄热效率也会随着空气调节空间内（不受 HVAC 系统的限制）合理的温度升高而提升，所以在白天光照下有机会吸收热量，又在夜间较凉爽的时候释放热量。

建筑物蓄热性能受到保温材料的影响。在主要涉及建筑物供暖的地区，保温材料在建筑物围护结构因素中具有重要的意义。在主要考虑制冷的气候条件下，假设建筑物在夜间不使用热量，白天储存的热量就能够在夜晚散发，这样就能减少能量消耗。在这种情况下，无论是自然风或是机械通风都能够在夜间使用，让户外凉爽的风吹到室内，转移来自墙面和屋顶的热量。

为建筑物围护结构的相互作用建立复杂的模型，必须采用计算机模拟。这些程序能够计算出这些组件的材料特性，建筑几何结构，建筑朝向，太阳能得热，内部热量和 HVAC 控制方案。这种计算方法通常利用一整年的每小时天气数据。

过去，许多研究人员对集热墙的效果进行了大量的模型设计（Duffin 和 Knowles，1985；Nayak，1987；Zrikem 和 Bilgen，1987）。同时，一些模拟技术也被应用于检测穿过集热墙的热流。Duffin 和 Knowles（1985）建议采用一种简单的分析模型，该模型中所有影响墙面性能的参数都需要进行分析。Smolec 和 Thomas（1993）使用了一个二维模型计算热传递。Jubran 等人（1993）在有限差分法的基础上建立了模型，从而预测出瞬时响应、温度分布和集热墙的速度场。Hsieh 和 Tsai（1988）也对特朗伯墙瞬时响应进行了调查。

集热墙的特点

集热墙（又称特朗伯墙）实际上是一个直接附设在房间墙面上的高电容量太阳能集热器。墙面吸收的太阳辐射热量以两种方式进入房间，一种是通过墙体传导到达内墙表面，再通过对流和辐射进入室内，另一种是热空气通过空气夹层进入室内。另一方面，集热墙通过玻璃盖板以传导、对流以及辐射等方式将热量散失到室外环境当中。

如图 6.4 展示了集热墙的基本结构。根据控制原理，空气夹层间内的空气可以与室内空气或者室外环境空气互换，也可以阻止空气夹层间的空气流动。一台风扇，或是热虹吸效应都可以驱动空气流动，比如空气夹层内的空气温度高于室内空气温度。对空气热虹吸效应的分析研究只关注层流的情况，不考虑进风口和出风口的压力损失。

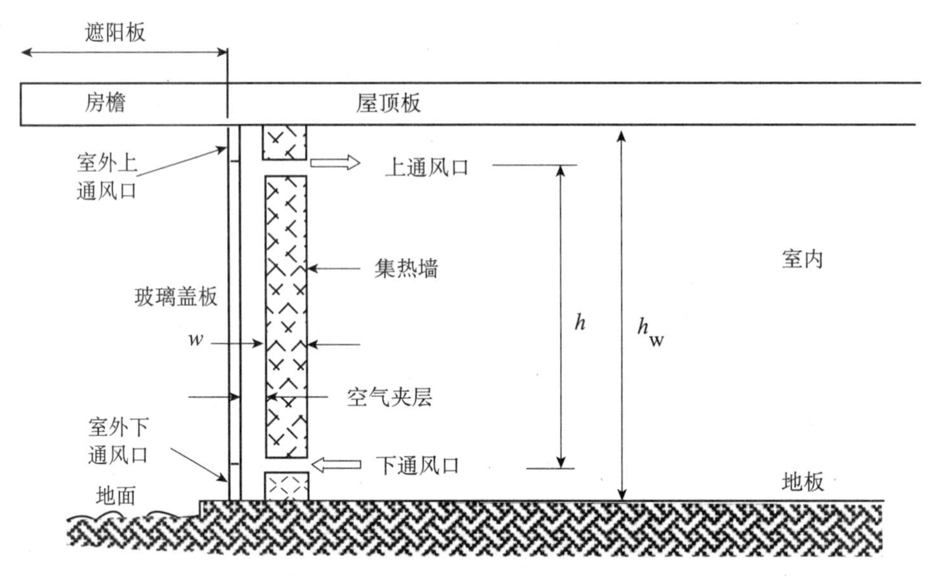

图 6.4　集热墙示意图

Trombe 等人（1977）提出了热虹吸质量流率的测量方法，该方法指出大部分的压力损失是由气流的膨胀、收缩和方向改变引起的，这些都与进风口和出风口有密切的联系。在炎热的夏季，室内空气被吸收后，上通风口关闭，玻璃盖板和集热墙之间的夹层产生的热空气通过玻璃盖板顶部的通风口（上外风口）向外界释放。或者，可以完全将房间隔绝，不必从室内吸收空气，而是通过上下风口降低集热墙的温度。

在瞬态系统（TRNSYS）中的特朗伯墙模型中（详见第 11 章，11.5.1 节），热虹吸效应引起的空气流量是通过伯努利方程计算得出的。为简便起见，假设空气夹层内空气的密度和温度随集热墙的高度呈线性变化。通过伯努利方程可得空气夹层内空气的平均流速为（Klein 等人，2005）：

$$\bar{v}=\sqrt{\frac{2gh}{C_1\left(\frac{A_g}{A_v}\right)^2+C_2}\cdot\frac{(T_m-T_s)}{|T_m|}} \tag{6.39}$$

其中，

A_g = 空气夹层横截的总面积（m^2）；

A_v = 通风口总面积（m^2）；

C_1 = 通风口压损系数；

C_2 = 空气夹层压损系数；

g = 重力加速度（m/s^2）；

T_m = 夹层内平均气温（K）。

夹层间的空气与室外环境空气还是室内空气进行互换决定了 T_s 等于 T_a 还是 T_R。$C_1\ (A_g/A_v)^2 + C_2$ 表示系统压损。$(A_g/A_v)^2$ 表示通风口空气和夹层内空气流速的差异。

当质量流率（$\dot{m}$）有限时，夹层与室内的能量流热阻（R）为：

$$R = \frac{A\left\{\left(\frac{\dot{m}c_{pa}}{2h_cA}\right)\left[\exp\left(-\frac{2h_cA}{\dot{m}c_{pa}}\right)-1\right]-1\right\}}{\dot{m}c_{pa}\left[\exp\left(-\frac{2h_cA}{\dot{m}c_{pa}}\right)-1\right]} \tag{6.40}$$

其中，

A = 墙体面积（m^2）；

c_{pa} = 空气比热（J/kg ℃）；

h_c = 夹层内空气的传热系数（W/m^2K）。

h_c 是夹层空气与墙体和玻璃盖板之间的传热系数，它取决于空气是否流经夹层（Klein 等人，2005）。当空气未流经夹层时（Randal 等人，1979），

$$h_c = \frac{k_a}{L}[0.01711\ (Gr\mathrm{Pr})^{0.29}] \tag{6.41}$$

其中，

k_a = 空气的导热系数（W/m ℃）；

L = 长度（m）；

Gr = 格拉晓夫数；

Pr = 普朗特数。

当空气流经夹层时且雷诺兹数，Re > 2000 时（Kays，1966），

$$h_c = \frac{k_a}{L}(0.0158\ \mathrm{Re}^{0.8}) \tag{6.42}$$

当空气流经夹层时且雷诺兹数，Re≤2000 时（Mercer 等人，1967），

$$h_c = \frac{k_a}{L}\left[4.9 + \frac{0.0606\ (x^*)^{-1.2}}{1+0.0856\ (x^*)^{-0.7}}\right] \tag{6.43a}$$

其中，

$$x^* = \frac{h}{\mathrm{RePr}\,\frac{2A_g}{1+w}} \tag{6.43b}$$

由图 6.4 可知，h 指上下室外通风口之间的高度差（m），w 指墙体宽度（m）。

集热墙的性能

图6.5（a）展示了装有集热墙的建筑物，图中L_m指建筑物每月的能量损失，Q_{aux}为满足负荷所需的辅助能量，Q_D指在Q_{aux}以上多吸收的能量，而且多余的能量无法存储且只能释放掉，$\bar{T}_R$指室内平均温度，也等于室内恒温器设定的低温点。Monsen等人（1982）提出了集热墙的分析方法，是为设计此类系统而开发的非应用性方法的一部分（详见第11章，11.4.2节）。

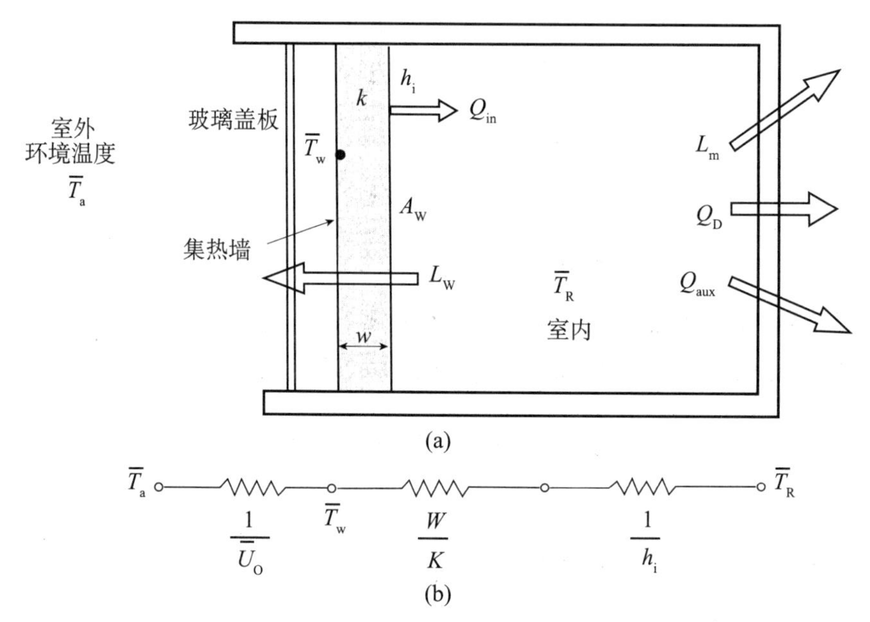

图6.5　（a）集热墙示意图，（b）墙体热流等效电路图

建筑物每月的能量损失（L_m）计算如下：

$$L_m = \int_{月}[(UA)(\bar{T}_R - \bar{T}_a) - \dot{g}]^+ \mathrm{d}t = \int_{月}[(UA)(\bar{T}_b - \bar{T}_a)]^+ \mathrm{d}t \tag{6.44}$$

其中，

(UA) =总传热系数与建筑物结构面积的乘积（W/℃）；

$\dot{g}$ =室内生热率（W）；

$\bar{T}_a$ =室外环境平均温度（℃）；

$\bar{T}_b$ =室内平均平衡温度（℃），$= \bar{T}_R - \dot{g}/(UA)$。

方程（6.44）中的积分变量是时间t，加号标志表示只考虑正值。如果（UA）和$\dot{g}$为常量，L_m可由下式计算：

$$L_m = (UA)(\mathrm{DD})_b \tag{6.45}$$

其中，

$(DD)_b$ = 根据 $\bar{T}_b$ 算得的每月度日数。

假设玻璃盖板对太阳辐射的透射系数为零，每月建筑物通过集热墙损失的能量 L_w，可由下式计算：

$$L_w = U_w A_w (DD)_R \tag{6.46}$$

其中，

A_w = 集热墙面积（m^2）；

U_w = 集热墙（包括玻璃盖板）的总传热系数（$W/m^2℃$）；

$(DD)_R$ = 根据 $\bar{T}_R$ 得出的每月度日数。

从图6.5（b）可知，集热墙（包括玻璃盖板）的总传热系数可由下式计算：

$$U_w = \frac{1}{\frac{1}{\bar{U}_o} + \frac{w}{k} + \frac{1}{h_i}} \tag{6.47}$$

其中，

w = 墙体厚度（m）；

k = 集热墙的导热系数（W/m ℃）；

h_i = 内墙面传热膜系数，=8.33 $W/m^2℃$ [=1/0.12]，数据从附录5的表A5.5获得；

$\bar{U}_o$ = 从外墙面通过玻璃盖板到室外环境的平均总传热系数（W/m ℃）。

一般情况下，通过夜间保温来减少夜间热损。这时，平均总传热系数 $\bar{U}_o$ 估测为白天和夜间值的平均值，可由下式计算：

$$\bar{U}_o = (1 - F)U_o + F\left(\frac{U_o}{1 + R_{ins}U_o}\right) \tag{6.48}$$

其中，

U_o = 未使用夜间保温时的总传热系数（$W/m^2℃$）；

R_{ins} = 保温热阻（$m^2℃/W$）；

F = 使用夜间保温的时间段。

对于单层玻璃盖板，标准的 U_o 值是3.7 $W/m^2℃$，双层玻璃盖板是2.5 $W/m^2℃$。

集热墙的月能量平衡：

$$\bar{H}_t(\overline{\tau\alpha}) = U_k(\bar{T}_w - \bar{T}_R)\Delta t + \bar{U}_o(\bar{T}_w - \bar{T}_a)\Delta t \tag{6.49}$$

其中，

$\bar{H}_t$ =照射到单位墙体面积的月平均日辐射能量（J/m^2）；

（$\overline{\tau\alpha}$）=玻璃盖板透射系数和墙体吸收率乘积的月平均值；

$\bar{T}_w$ =外墙面月平均温度，见图6.5（a）（℃）；

$\bar{T}_R$ =室内月平均温度（℃）；

$\bar{T}_a$ =室外环境月平均温度（℃）；

Δt =一天的秒数；

U_k =外墙面到室内的综合传热系数（W/m^2℃）。

由下式可计算外墙面到室内的总传热系数：

$$U_k = \frac{1}{\dfrac{w}{k} + \dfrac{1}{h_i}} = \frac{h_i k}{w h_i + k} \tag{6.50}$$

可通过方程6.49计算外墙面月平均温度：

$$\bar{T}_w = \frac{\bar{H}_t(\overline{\tau\alpha}) + (U_k \bar{T}_R + \bar{U}_o \bar{T}_a)\Delta t}{(U_k + \bar{U}_o)\Delta t} \tag{6.51}$$

最后，可由下式计算每月从集热墙到建筑物的净得热：

$$Q_g = U_k A_w (\bar{T}_w - \bar{T}_R) N \times \Delta t \tag{6.52}$$

其中，

N =每月的天数。

计算多余能量 Q_D 和辅助能量 Q_{aux} 的方法见第11章11.4.2部分。

例6.3

某建筑物朝南的墙面为集热墙，夜间保温系数 R_{ins} 为1.52 m^2K/W，隔热时间持续8h，已知下列数据，求12月份使用和未使用夜间隔热两种情况下由隔热墙到室内的传热量。

1. U_o =3.7W/m^2K；
2. w =0.42m；
3. k =2.0 W/mK；
4. h_i =8.3 W/m^2K；
5. $\bar{H}_t$ =9.8 MJ/m^2K；
6. $\overline{\tau\alpha}$ =0.73；
7. $\bar{T}_R$ = 20℃ ；
8. $\bar{T}_a$ = 1℃ ；

9. $A_w = 21.3\text{m}^2$。

解答

由方程6.50可计算U_k：

$$U_k = \frac{1}{\frac{w}{k} + \frac{1}{h_i}} = \frac{1}{\frac{0.42}{2.0} + \frac{1}{8.3}} = 3.026\text{W/m}^2\text{K}$$

下面分别对两种情况进行计算。

（1）未使用夜间保温

由方程6.51可计算外墙面温度（$\bar{U}_o = U_o$）：

$$\bar{T}_w = \frac{\bar{H}_t(\overline{\tau\alpha}) + (U_k\bar{T}_R + \bar{U}_o\bar{T}_a)\Delta t}{(U_k + \bar{U}_o)\Delta t}$$

$$= \frac{9.8 \times 10^6 \times 0.73 + (3.026 \times 20 + 3.7 \times 1)86\,400}{(3.026 + 3.7)86\,400} = 21.86℃$$

代入方程6.52可得

$$Q_g = U_K A_w(\bar{T}_w - \bar{T}_R)N \times \Delta t = 3.026 \times 21.3(21.86 - 20) \times 31 \times 86\,400 = 0.321\text{GJ}$$

（2）使用夜间保温

$F = 8/24 = 0.333$，由方程6.48可得

$$\bar{U}_o = (1 - F)U_o + F\left(\frac{U_o}{1 + R_{ins}U_o}\right)$$

$$= (1 - 0.333) \times 3.7 + 0.333\left(\frac{3.7}{1 + 1.52 \times 3.7}\right) = 2.65\text{W/m}^2\text{K}$$

由方程6.51可计算外墙面温度：

$$\bar{T}_w = \frac{\bar{H}_t(\overline{\tau\alpha}) + (U_k\bar{T}_R + \bar{U}_o\bar{T}_a)\Delta t}{(U_k + \bar{U}_o)\Delta t}$$

$$= \frac{9.8 \times 10^6 \times 0.73 + (3.026 \times 20 + 2.65 \times 1)86\,400}{(3.026 + 2.65)86\,400} = 25.72℃$$

代入方程6.52可得

$$Q_g = U_K A_w(\bar{T}_w - \bar{T}_R)N \times \Delta t$$

$$= 3.026 \times 21.3(25.72 - 20) \times 31 \times 86\,400 = 0.987\text{GJ}$$

可见，通过使用夜间保温可以极大地减少热量损失，从而使更多的能量传递到室内。

相变材料的应用

相变材料（PCM）的使用大大增强了储能效果，这类材料通过改变材料的相位（通常由固体变为液体）使能量以潜热形式储存，且这些潜热通常远远大于显热。此外，根据材料的化学成分，相变过程在恒温条件下完成。通常将相变材料微囊化并与各种建筑材料混合，比如混凝土、石膏地砖和墙板，从而增加建筑物结构的热容。石蜡是在石膏中经常使用的相变材料，石蜡含有正十八烷，熔点和溶解热分别为23 ℃和184 kJ/kg。

建筑物由于使用相变材料而发生的热量改变取决于气候条件、建筑结构设计和朝向等因素，此外，还受相变材料自身类型和数量的影响。因此，建筑物在使用相之前，必须对被设计空间的热性能进行全面的模拟检验。

一般而言，建筑物内的相变材料可以用于围护结构和建筑材料的被动式热能储存、自然冷却和自然增温，以及太阳能空气加热系统的储热。

自然冷却是指夏季夜间相变材料在夜间经过凝固储存潜冷，然后在第二天白天为室内制冷。事实上，通过与相变材料换热，建筑物内部空气得以冷却。相反，自然增温是指冬季相变材料在白天经过融化储存太阳辐射热量，然后在夜间为室内提供热量。原则上讲，如果建筑物围护材料的热物理性能处于理想范围内，那么自然冷却和增温就能够保持室内温度在全年都处于舒适的区间。目前，人们已经发现，在相变材料的帮助下，室内温度的波动幅度大大减小，室温能够保持在舒适区间，同时可以减少能量消耗。

近几年，建筑物使用相变材料进行热能存储已经成为工程界的一大热门主题。Cabeza等人（2011）回顾了相变材料在建筑中的应用，同时还介绍了该技术在应用过程中的要求、材料分类、可用相变材料以及使用相变材料相关的问题和可行措施。

另外，Zhou等人（2012）的研究也具有重要的意义，他们调查了相变材料储热在建筑中的应用、相变材料融入建筑材料的方法、相变材料在建筑中的应用及其热性能分析，并对使用相变材料的建筑物进行了数字模拟。

6.2.2 建筑外形和朝向

建筑物的光照面积关系到热量的收集和流失，与建筑物的集热能力相关。因此，建筑物的储热体积与光照面积的比率被普遍视作建筑物日间升温率和夜间降温率的指标。该指标更适合要求升温速度慢的建筑，因为控制热量增加和损失的面积是有限的（Dimoudi，1997）。

为了建筑物的供暖和制冷的供应，必须要考虑到建筑物的外形和朝向。对于供暖来说，设计师必须要仔细计算太阳能通道，也就是说，要让太阳照射到建筑物表面的时间达到最长，特别是从早上9点到下午3点这段时间是太阳光照最充足的时候。对于制冷来说，要考虑风和遮挡等因素。从理论上来说，太阳能辐射对各种建筑表面的影响可以通过相应的表格得知，这些表格根据建筑朝向汇总了一年内的数据。从这些分析中，设计师可以选择将哪一面作为光照面或是遮光面。总的来说，朝南的墙面在冬天收集的太阳能最多，楼顶的表面在夏天的问题最多。至于建筑外形，最好是矩形，且其长轴线与东西方向一致，因为南面吸收的热量是东西方向的三倍。

控制建筑物上太阳辐射量的一个方法就是利用冬天树木的落叶遮挡住阳光照射的区域，比如南面的建筑。但在夏天，这一区域会被树荫所遮挡。

6.2.3 保温隔热

保温隔热是一个需要重点考虑的参数。实际上，在考虑被动式或主动式技术之前，建筑都必须要通过隔热来减少热量负荷。建筑隔热最重要的部分就是楼顶，尤其是夏季的水平混凝土顶板。在夏天，太阳在天空中的位置更高，获得的太阳辐射量就更多，因此会导致楼顶温度的大幅上升（Florides 等人，2000）。

良好的隔热效果应该能够达到以下目的：

（1）保持健康、舒适和愉快的生活，情绪波动会改变人体的热平衡，影响舒适感；

（2）减少建筑围护结构的热量损失，从而实现节能；

（3）尽量减少供暖和制冷设备的初始安装成本；

（4）隔绝噪音，大多数保温材料都能达到良好的隔音效果；

（5）通过建筑节能来减少温室气体排放，提升环保效果。

在选择适合的保温材料时应当考虑以下因素：

（1）热特性：

a. 导热系数，k；

b. 导热系数对温度的依赖性；

c. 导热系数对湿度的依赖性（k 值随着凝聚在保温材料中的水分大幅上升）；

d. 比热；

e. 热膨胀系数。

（2）安装程序：

a. 组装材料或现场安装；

b. 保护措施（避免机械损坏或环境后果）。

（3）力学性能：

a. 压缩和弯曲应力；

b. 老化；

c. 密度；

d. 弹性和脆性。

（4）化学性能：

a. 防腐蚀、防微生物和防虫性；

b. 湿度性能（改变面积、导磁性和吸湿性）；

c. 阻燃性和最高工作温度；

d. 对紫外线辐射、各类气体、海水等的敏感性。

（5）经济因素：

a. 供应和安装费用；

b. 费用回收期；

c. 建筑整体的附加值比例。

无论保温材料是安装在建筑各个部分（墙面或顶部）的内部、外部，还是墙体中间，都有各自的优缺点。总的来说，使用内部保温时，需要供暖或制冷系统快速达到所要求的室内条件。如果不需要供暖和制冷，也就不需要考虑空间的性能。比如校园、白天时的办公室和度假小屋。

内部保温的优势包括：

（1）简单、建设快；

（2）比外部保温花费低；

（3）对加热和制冷系统的响应快；

（4）保温材料不受外部条件干扰（风力、湿度、太阳辐射等）。

内部保温的缺点包括：

（1）保温不充分和热桥（劣质施工）；

（2）供暖或制冷系统的中断会快速引起室内舒适度的变化；

（3）如果没有安装防潮层可能会导致表面凝结；

（4）无法在墙面悬挂画作，架子等物品；

（5）有效内部建筑空间减少；

（6）如果在现有的建筑上安装保温材料，在安装时会影响到建筑的正常使用。

如果在开启供暖或制冷系统后不需要室温做出快速的响应，但是这要求在空调设备关闭后，能长时间保持室内的舒适条件，那么就可以使用外部保温。

外部保温的优点包括：

（1）根据建筑物的热容量，关闭供暖或制冷系统后，可以长时间保持良好的室内条件；

（2）减少了机械设备的操作时间从而更有利于节能；

（3）室外热度的变化不会影响外部表面的膨胀或收缩；

（4）热桥最小或不存在；

（5）在现有建筑上安装不会对建筑的使用造成影响。

外部保温的缺点包括：

（1）建设费用增加；

（2）建设时要考虑安全问题（选择合适的材料和正确的安装方法）；

（3）不易在外形特征多样化的建筑上安装。

为新建筑的墙体安装保温层，更适合的方法或许就是安装在两层砖块中间，可以选择留有空隙或是不留空隙。这就克服了内部或外部保温的大部分缺点，并且还结合了两种方式在建筑物对机械供暖和制冷的响应时间方面的特点，不过热桥的问题有待解决。为了避免在建造过程中发生水分移动，在砖墙的外部和保温层中间设置风口就能阻止保温层内的水分移动。

增强建筑保温常用的另一个重要措施就是在双层玻璃窗的铝制外框上使用保温材料，尤其是在极端环境条件下，常常会用到这种铝制外框。

更多的详细信息可以在专业刊物上找到，如 ASHRAE 的系列手册。

利用方程（6.34）解释保温的内容参见 6.1.5 节，方程中包括建筑保温中使用的合适的厚度和 k 值。

例 6.4

方程 6.2 中的墙体构建需要加上 2.5cm 的泡沫聚苯乙烯保温层。试计算建造保温墙的 U 值。

解答

没有保温层的墙体的热阻值为 1.18m²℃/W（来自例 6.2）。根据附录 5 的表 A5.4，泡沫聚苯乙烯的热传导系数为 0.041 W/m℃，因此其热阻为 0.610 m²℃/W（0.025/0.041）。所以，隔热墙构建中的总热阻 $1.18+0.610=1.79$ m²℃/W，最后得出，U 值 $=1/1.79=0.559$ W/m²℃。

6.2.4 窗户：阳光间

直接受益式太阳房系统是实现被动式供暖最简单的方法。在该系统中，阳光通过窗户或者天窗射入，并被建筑物内部吸收。在这样一个系统中，集热、散热、储热和能量转移都在可居住空间内进行。从能量集聚和简易性角度来讲，该系统是所有被动式供暖系统中最为有效的方法。此外，这一系统还可以利用太阳光线（日光）照明。控制这一系统的方法非常简单，只需使用窗帘或者百叶窗即可。该系统有一个最大的缺点，就是在阳光照射下，某些材料会发生退化。

一般而言，建筑物内部的日间照明采用的都是太阳光和天空光。众所周知，日光光线会影响到视觉效果、照明质量、人体健康、工作效率和能源效率。从能源效率的角度来讲，日间照明能够大大减少能量消耗，在使用电力照明的非住宅区，这一点尤为明显。日光可以代替电灯照亮垂直窗户的周边区域和天窗透射的核心区域（Kalogirou，2007）。

要想对入射至建筑物内的日光进行控制，可采用电致变色玻璃窗。这种窗户可以根据输入电压的不同改变自身对光线的透过率，并且可以实现自动化操作。另外一种方法是使用热致变色玻璃窗，当温度达到特定的临界值时，这类窗户对光线的反射率和透过率会发生改变，且窗户材料会从半导体转变为金属。温度较低时，全部阳光可以透过窗户进入室内；当温度达到临界值以上时，太阳光线中的部分红外线则会被窗户反射。因此，热致变色玻璃窗可以极大地降低建筑物的热负荷。

不论是普通窗户还是阳光间都能使空间增热。阳光间是一个用玻璃制成的特殊空间，通常附建于建筑物的南墙上。阳光间可以集热、储热，还可以将热量传递给室内。如图 6.6 所示，阳光间有三种类型。第一种仅仅利用了建筑物的南墙，第二种使用了建筑物的南墙和部分屋顶区域，而第三种则是半独立式阳光间，在很多情况下，这种类型的阳光间可以作为温室，用来种植植物。在第三种类型中，由于阳光间相对独立于建筑物主体部分，所以能容纳比普通客厅更大的温度波动。以下将阐述窗户表面接收的能量。

设计阳光间旨在最大化利用冬季的太阳辐射，并使夏季接收的太阳辐射最小。如果阳光间位于室内，那么就必须进行良好的夜间保温，以免热量透过玻璃过多散失。如果夜间保温无法进行，则需要使用双层玻璃。阳光间最好朝南建设，向东或向西倾斜 15 度以内均可接受。阳光间最好使用垂直玻璃，而不是倾斜玻璃，因为前

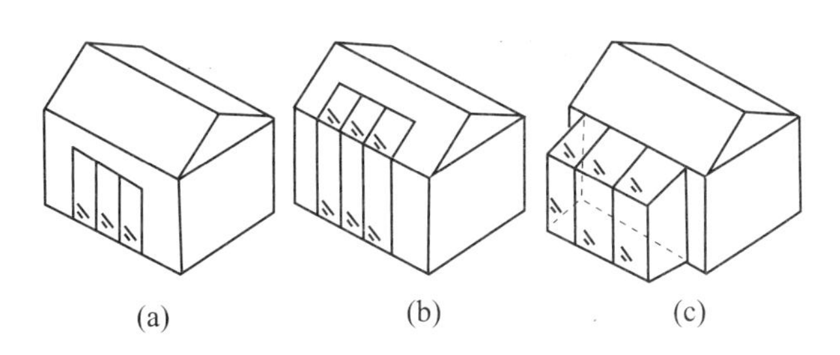

图6.6　不同类型的阳光间构造

者更利于密封，并可以避免夏季阳光间内温度过高。但是，同等面积下，与拥有最佳倾斜角度的玻璃相比，垂直玻璃的性能要低15%左右。因此可以结合使用垂直玻璃和倾斜玻璃（屋顶部分），如图6.6（b）所示。

天气炎热时，必须进行通风。所以阳光间在设计时，必须在顶部留有通风口。

6.2.5　遮阳板

遮阳板是一种遮挡太阳光的设备，在一天或者一年中的某些特定时间用来防止太阳辐射直接透过窗户进入室内。遮阳板是降低冷负荷的一种可行方法，可以避免由于房间外围过强的光线引起的不适感。夏季最好使用较长的遮阳板，并且还可以在冬季时缩短。但是，在现实环境中，遮阳板的使用不仅要考虑实用性，还需要考虑是否美观。

要评估遮阳板长度的效果，需要计算遮阳板的投影面积。要计算这一面积，可以使用第2章2.23节中估算侧视角的方法。若遮阳板足以覆盖住窗户各个边角，不考虑其负面效应，就可很容易地计算出被遮挡的窗户的阴影面积 F（$0 \leqslant F \leqslant 1$）。如图6.7所示，若 P 为遮阳板垂直投影，G 为遮阳板与窗户顶面的距离，H 为窗户高度，则可利用关系式（Sharp，1982）：

$$F = \frac{P\sin(\alpha_c)}{H\cos(\theta_c)} - \frac{G}{H} \tag{6.53}$$

其中，

α_c = 相对于窗口的太阳高度角（°）；

θ_c = 相对于窗口的入射角（°）。

阳光照射到的窗户面积：

$$FS = 1 + \frac{G}{H} - \frac{P\sin(\alpha_c)}{H_{\cos}(\theta_c)} \tag{6.54}$$

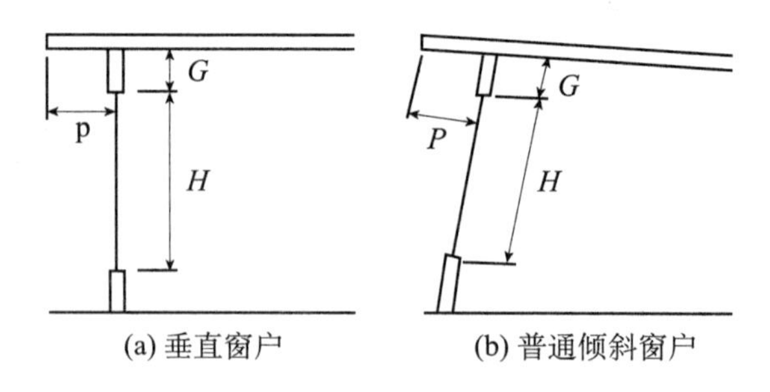

图 6.7　带有遮阳板的窗户

相对于窗口的太阳高度角和入射角分别为：

$$\begin{aligned}\sin(\alpha_c) = {} & \sin(\beta)\cos(L)\cos(\delta)\cos(h) - \cos(\beta)\cos(Z_s)\sin(L)\cos(\delta)\cos(h) \\ & - \cos(\beta)\sin(Z_s)\cos(\delta)\sin(h) + \sin(\beta)\sin(L)\sin(\delta) \\ & + \cos(\beta)\cos(Z_s)\cos(L)\sin(\delta)\end{aligned} \tag{6.55}$$

$$\begin{aligned}\cos(\theta_c) = {} & \cos(\beta)\cos(L)\cos(\delta)\cos(h) + \sin(\beta)\cos(Z_s)\sin(L)\cos(\delta)\cos(h) \\ & + \sin(\beta)\sin(Z_s)\cos(\delta)\sin(h) + \cos(\beta)\sin(L)\sin(\delta) \\ & - \sin(\beta)\cos(Z_s)\cos(L)\sin(\delta)\end{aligned} \tag{6.56}$$

其中，

β = 窗户表面的倾斜角度（°）；

L = 纬度（°）；

δ = 偏角（°）；

Z_s = 窗户表面的方位角（°）。

对于如图 6.7（a）所示，有一垂直窗户，其倾斜角为 90°，角 α_c 等于太阳高度角 α；因此方程（6.55）和方程（6.56）分别等于方程（2.12）和方程（2.19）。

例 6.5

某一朝南窗户，高 2m、位于纬度为 40°的地区。其遮阳板足够宽，且作用已知其长度为 1m，比窗户顶部高 0.5m，不考虑其负面作用。窗户相对于垂直的倾斜角度为 15°。分别计算 6 月 16 日太阳时上午 10 点和下午 3 点的阴影遮挡的部分。

解答

从例 2.6 可知，在 6 月 16 日当天，$\delta = 23.35°$。上午 10 点钟的时角为 −30°，下午 3 点钟的时角为 45°。已知 $P = 1$ m，$G = 0.5$ m，$H = 2$ m，$\beta = 75°$，$Z_s = 0°$。因此，

由方程6.55和方程6.56可得：

上午10点：

$$\sin(\alpha_c) = \sin(75)\cos(40)\cos(23.35)\cos(-30) - \cos(75)\cos(0)\sin(40)\cos(23.35)\cos(-30) - \cos(75)\sin(0)\cos(23.35)\sin(-30) + \sin(75)\sin(40)\sin(23.35) + \cos(75)\cos(0)\cos(40)\sin(23.35) = 0.7807$$

$$\cos(\theta_c) = \cos(75)\cos(40)\cos(23.35)\cos(-30) + \sin(75)\cos(0)\sin(40)\cos(23.35)\cos(-30) + \sin(75)\sin(0)\cos(23.35)\sin(-30) + \cos(75)\sin(40)\sin(23.35) - \sin(75)\cos(0)\cos(40)\sin(23.35) = 0.4240$$

因此，由方程6.53可得

$$F = \frac{P\sin(\alpha_c)}{H\cos(\theta_c)} - \frac{G}{H} = \frac{1 \times 0.7807}{2 \times 0.4240} - \frac{0.5}{2} = 0.671 \text{ 或 } 67.1\%$$

下午3点：

$$\sin(\alpha_c) = \sin(75)\cos(40)\cos(23.35)\cos(45) - \cos(75)\cos(0)\sin(40)\cos(23.35)\cos(45) - \cos(75)\sin(0)\cos(23.35)\sin(45) + \sin(75)\sin(40)\sin(23.35) + \cos(75)\cos(0)\cos(40)\sin(23.35) = 0.6970$$

$$\cos(\theta_c) = \cos(75)\cos(40)\cos(23.35)\cos(45) + \sin(75)\cos(0)\sin(40)\cos(23.35)\cos(45) + \sin(75)\sin(0)\cos(23.35)\sin(45) + \cos(75)\sin(40)\sin(23.35) - \sin(75)\cos(0)\cos(40)\sin(23.35) = 0.3045$$

因此，由方程6.53可得

$$F = \frac{P\sin(\alpha_c)}{H\cos(\theta_c)} - \frac{G}{H} = \frac{1 \times 0.6970}{2 \times 0.3045} - \frac{0.5}{2} = 0.895 \text{ 或 } 89.5\%$$

假设漫射反射和地面反射是各向同性的，那么能够计算窗户表面（部分被阴影遮挡）接收的平均太阳辐射的方程近似于方程2.97：

$$I_w = I_B R_B F_w + I_D F_{w-s} + (I_B + I_D)\rho_G F_{w-g} \tag{6.57}$$

其中B、D、G分别表示窗户表面接收的直射辐射、散射辐射和地面反射辐射。

方程（6.57）中第一部分中的F_w指直射辐射的阴影，在得出所有有太阳光照射时间F的平均值后，该值可由方程（6.53）得出。方程（6.57）的第三部分是指地面反射辐射，在不考虑遮阳板下表面反射的情况下，该值等于［1 - cos（90）］/2，即0.5。方程（6.57）的第二个部分指散射辐射，窗户的辐射角系数F_{w-s}包含了遮阳板的效果。应注意的是，对于一个没有遮阳板的窗户，F_{w-s}的值等于［1 - cos（90）］/2，即0.5。在有遮阳板的情况下，其值见表6.1，其中e指窗户两侧与遮阳板的相对宽度，g 是指窗户顶面与遮阳板之间的相对距离，w 是指窗户的相对宽度，p 是指遮阳板的相对投影，这些数值可以通过比较实际尺寸与窗户高度获得（Utzinger 和 Klein，1979）。

表 6.1　窗口辐射视角因子

g	w	$p=0.1$	$p=0.2$	$p=0.3$	$p=0.4$	$p=0.5$	$p=0.75$	$p=1.0$	$p=1.5$	$p=2.0$
$e=0.00$										
0.00	1	0.46	0.42	0.40	0.37	0.35	0.32	0.30	0.28	0.27
	4	0.46	0.41	0.38	0.35	0.32	0.27	0.23	0.19	0.16
	25	0.45	0.41	0.37	0.34	0.31	0.25	0.21	0.15	0.12
0.25	1	0.49	0.48	0.46	0.45	0.43	0.40	0.38	0.35	0.34
	4	0.49	0.48	0.45	0.43	0.40	0.35	0.31	0.26	0.23
	25	0.49	0.47	0.45	0.42	0.39	0.34	0.29	0.22	0.18
0.50	1	0.50	0.49	0.49	0.48	0.47	0.44	0.42	0.40	0.38
	4	0.50	0.49	0.48	0.46	0.45	0.41	0.37	0.31	0.28
	25	0.50	0.49	0.47	0.46	0.44	0.39	0.35	0.27	0.23
1.00	1	0.50	0.50	0.50	0.49	0.49	0.48	0.47	0.45	0.43
	4	0.50	0.50	0.49	0.49	0.48	0.46	0.43	0.39	0.35
	25	0.50	0.50	0.49	0.48	0.47	0.44	0.41	0.35	0.30
$e=0.30$										
0.00	1	0.46	0.41	0.38	0.33	0.33	0.28	0.25	0.22	0.20
	4	0.46	0.41	0.37	0.34	0.31	0.26	0.22	0.17	0.15
	25	0.45	0.41	0.37	0.34	0.31	0.25	0.21	0.15	0.12
0.25	1	0.49	0.48	0.46	0.43	0.41	0.37	0.34	0.30	0.28
	4	0.49	0.47	0.45	0.42	0.40	0.34	0.30	0.24	0.21
	25	0.49	0.47	0.45	0.42	0.39	0.33	0.29	0.22	0.18
0.50	1	0.50	0.49	0.48	0.47	0.45	0.42	0.39	0.35	0.33
	4	0.50	0.49	0.47	0.46	0.44	0.39	0.34	0.27	0.26
	25	0.50	0.49	0.47	0.46	0.44	0.39	0.34	0.27	0.22
1.00	1	0.50	0.50	0.49	0.49	0.48	0.47	0.45	0.42	0.40
	4	0.50	0.50	0.49	0.48	0.48	0.45	0.43	0.38	0.34
	25	0.50	0.50	0.49	0.48	0.47	0.44	0.41	0.35	0.30

经 Elsevier 授权，翻印自 Utzinger 和 Klein（1979）

计算一个月内有阴影的直射辐射与无阴影的直射辐射之和，可得 F_w 的月平均值：

$$\bar{F}_w = \frac{\int G_B R_B F_w \, dt}{\int G_B R_B \, dt} \tag{6.58}$$

因此，一个被遮挡的垂直窗户的月平均辐射和窗户表面接受的平均辐射可由与方程 2.107 相似的方程计算得知：

$$\bar{H}_{w} = \bar{H}\left[\left(1 - \frac{\bar{H}_{D}}{\bar{H}}\right)\bar{R}_{B}\bar{F}_{w} + \frac{\bar{H}_{D}}{\bar{H}}F_{w-s} + \frac{\rho_{G}}{2}\right] \tag{6.59}$$

计算 $\bar{H}_D/\bar{H}$ 和 $\bar{R}_B$ 的方法在第2章2.3.8部分进行了阐述。一个简便的计算方法是使用方程6.53，并且得到每月建议选取日的所有阳光照射时间范围内的 F 的平均值，该值在表2.1中给出。

例6.6

一个长2m宽8m的窗户，其遮阳板两边突出部分均为0.5m，遮阳板距离窗户顶部0.5m，投影为1m。如果已知 $F_w=0.3$，$R_B=0.81$，$I_B=3.05\ \mathrm{MJ/m^2}$，$I_D=0.45\ \mathrm{MJ/m^2}$，且 $\rho_G=0.2$，求窗户表面接收的平均太阳辐射。

解答

首先，计算得出所需相关数据，

$$e=0.5/2=0.25,\ w=8/2=4,\ g=0.5/2=0.25,\ p=1.0/2=0.5$$

由上文可知，$F_{w-g}=0.5$。根据表6.1可知，$F_{w-g}=0.40$。由方程6.57可得：

$$I_w=I_BR_BF_w+I_DF_{w-s}+(I_B+I_D)\rho_GF_{w-g}$$

$$=3.05\times0.81\times0.3+0.45\times0.40+(3.05+0.45)\times0.2\times0.5 = 1.27\mathrm{MJ/m^2}$$

6.2.6　自然通风

为了使房间更为舒适，其中一种方式就是通过通风口的空气流动增加人体的蒸发散热。在世界上的很多地区，每年都有几个月份都可以通过自然通风实现建筑物冷却。自然通风还可以排出一些建筑物吸收的热量，使冷负荷的减少40%到90%不等。在气候炎热潮湿的地区，这一减少量偏低，而气候暖和干燥的地区，该值较高。但自然通风也有一些缺点：如安全、噪音和灰尘问题。

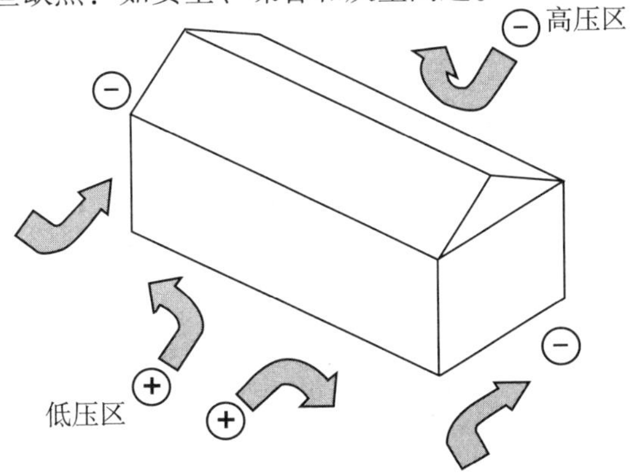

图6.8　建筑物周围的气流形成气压

自然通风的主要目的是让建筑物温度降低而不是让居住者本身感到凉爽。若通风口的面积占建筑面积的 10%，则其每小时可使温度变化约 30 次，这样就能消除大部分的建筑热量。在一些情况下，例如办公楼中的自然通风会在晚上办公室关闭的时候开启，以散发多余的热量，这样用于次日早晨的制冷的能量消耗就会减少。如 6.2.1 小节所述，这种方法结合了建筑物的蓄热效应，在夜间通过自然通风尽可能多地散发墙体和建筑楼顶的热量，从而减轻白天的冷负荷。

在设计自然通风系统的时候需要重点考虑建筑周围的空气流动方式。如图 6.8 所示，通常情况下，风吹向建筑物，迎风面形成正压，侧面形成负压，也就是吸力。建筑的背风面也会形成小量的吸力。因此，一个有效的通风系统是在迎风面和背风面开口，从而产生良好的对流通风。在建筑中通常会安装防虫纱窗避免蚊虫进入室内，安装纱窗的位置要尽量远离窗框，因为纱窗会阻碍等量的空气流入，减少室内空气流通。

应注意的是，在两面墙上都安装窗户并不能确保良好的对流通风，除非有足够的压力差。此外，如果是只在一边外墙安装了窗户的建筑，即便窗外狂风直入也很难实现通风。在这种情况下，要实现通风就需要两扇窗户尽量远离，并使用翼墙等装置，如图 6.9 所示，建筑物外部用固定或移动的结构安装的翼墙，该结构旨在一面窗户形成正压区，而在另一面窗户形成负压区。

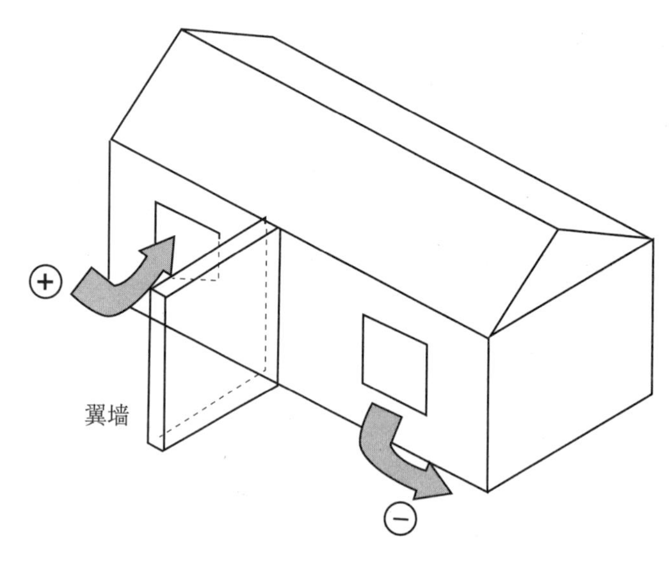

图 6.9　在墙面的同一侧安装翼墙有助形成自然通风

如果进风窗口设置在墙面中部，进入的气体射流还保持着原来的形状，且其长度大约等于窗口的尺寸，然后完全消散。然而，如果进风窗口位于侧墙附近，气流会靠近墙面。如果窗户与地板或是天花板非常接近也可以达到同样的效果。在气候炎热地区，通风的目的就是要将气流引入温度较高的房间表面（墙面和天花板）来达到制冷。相应的出口窗位置不论高低都不会大幅影响气流量。为了达到更好的通风效果，将室外空气引入室内是一种较好的方法，因此，出风窗口的位置应能够让空气在流出房间前改变方向。

为了达到更高的通风速度，进风窗口应当比出风窗口小。但是，若要使气流最大化，则使用大小相同的两扇窗户。

6.3 太阳能室内供暖和制冷

室内供暖系统和我们在前面的章节中描述的热水供暖极为相似，两种系统都综合考虑了辅助热源、阵列设计、过热和过冷、温度控制等方面的因素，在这里就不再赘述。最常见的传热流体就是水、水和防冻液混合物、空气。虽然建立一个能够满足设定负荷的需求的太阳能供暖或制冷系统在技术层面上来说是可能的，但是实际上却不可行的，因为在大多数情况下都会发生超负荷。

有效的太阳能空间供暖系统使用太阳能集热器来加热流体，储存元件可收集太阳能，再通过分配设备以控制方式向需要供暖的房间提供太阳能。此外，一个完整的供暖系统需要泵或风扇将热能传输到储存部件或负载，这就需要不可再生能源具有持续可利用性，一般是以电的形式。

负荷可用于房间制冷、供暖或是将这两者和热水供应相结合。如果与传统供暖设备结合，太阳能供暖同样可以提供同样的舒适度、温度稳定性和可靠性。

在白天，太阳能系统通过集热器吸收太阳辐射，再通过合适的流体将热量储存，并在建筑物需要时提供热量。太阳能系统由温差控制器控制（参见第5章，5.5节）。在一些可能出现冰冻天气的地区，可以在集热器上安装低温传感器，当达到预设温度时，可用传感器控制太阳能水泵。这个过程会浪费一些储存的热量，但是能够防止太阳能集热器发生严重的损坏。另一种方法在之前的章节有所介绍，例如，可以根据系统的开放或关闭情况，使用排放和回流系统。

建筑物太阳能制冷是一种十分吸引人的概念，因为太阳能辐射的可用性和冷负荷是同相的。此外，和单方面的供暖相比，太阳能制冷和供暖的结合大幅提升了太阳能集热器的使用系数。实现太阳能空气调节可采用两种类型的系统：吸收循环式和吸附（干燥剂）循环式。其中的一些循环过程也在太阳能制冷系统中运用。应注意的是，如果系统兼具供暖和制冷，那么则可以使用相同的太阳能集热器。

Hahne（1996）和 Florides 等人（2002a）分别对各种太阳能供暖和制冷系统和太阳能和低能耗制冷技术进行了总结和回顾。

6.3.1 房间供暖和热水供应

根据系统在不同时间的情况，太阳能系统通常有 5 种基本的运行模式：

（1）太阳能充足而建筑物不需要供暖时，将太阳能存储在储热器中。

（2）太阳能充足而建筑需要供暖时，利用太阳能为建筑物供暖。

（3）没有充足的太阳能但又需要供暖的时候，如果储热器中有热量，则利用储存的热量满足供暖需求。

（4）没有充足太阳能但建筑物需要供暖，而储存的热量耗尽了，这时则要利用辅助热能。

（5）储热装置已满，不需要更多热量，且集热器还在吸收热量，则废弃掉多余的太阳能。

要实现最后这种模式，需要使用减压阀，或是使用空气集热器（其中滞止温度不会对集热器的材料产生不利影响）。当气体停止流动，集流器的温度升高直到吸收的能量通过热量流失被消耗掉。

除了上述的运行模式，太阳能系统通常也提供生活用热水。这些模式通常由恒温器控制，所以，如第 5 章 5.5 节中所述，若是集热器的温度比储热器高，根据系统的用途（供热、制冷或热水），恒温器无法满足需求时就会发出信号并使水泵运转。因此，通过恒温器能够结合各种模式，并在同一时间运行多种模式。有些系统无法通过太阳能集热器直接为建筑供暖，但常常将收集的热量从集热器转移到储热器，并在需要供暖的时候通过储热器传送热量。

欧洲的太阳能供热系统结合了房间供暖和加热水，这类系统中使用的储水箱被称作联合储存箱（combistores）。很多这种联合储存箱都有一个或多个直接浸入储存流体中的热交换器。沉浸式热交换器的功能很多，包括通过太阳能集热器或热水器充电，或是提供家用热水和房间供暖放电。

对于联合系统（combisystems），热储存是关键的部分，因为它可以用在太阳能短期储存和使用燃料或木材燃烧热水器的缓冲储存中。太阳能联合储存系统中的储存介质通常是室内供暖回路中的水，而不是传统家用太阳能热水储存中使用的自来水。自来水会根据需求加热，并通过热交换器传输，热交换器可以放置在供暖回路水箱的内部或外部。当热交换器与储存介质直接联通时，自来水流出时的最大温度跟储存器中的水温相近。热交换器内的自来水容量从几升（沉浸式）到几百升（水箱式）不等。

三种典型的多功能储存器见图6.10。图6.10（a）中，储热器的内部表面和顶部都装有沉浸式热交换器。图6.10（b）中，热水供应建立在自然循环热交换器（热虹吸作用）的基础上，热交换器位于储热器上半部分。图6.10（c）中，主水箱中安装了一个锥形的热水箱，如图所示，锥形水箱的底部几乎靠近储存器的底端。三个水箱中热交换器里的自来水量分别为15、10和150～200L（Druck和Hahne，1998）。

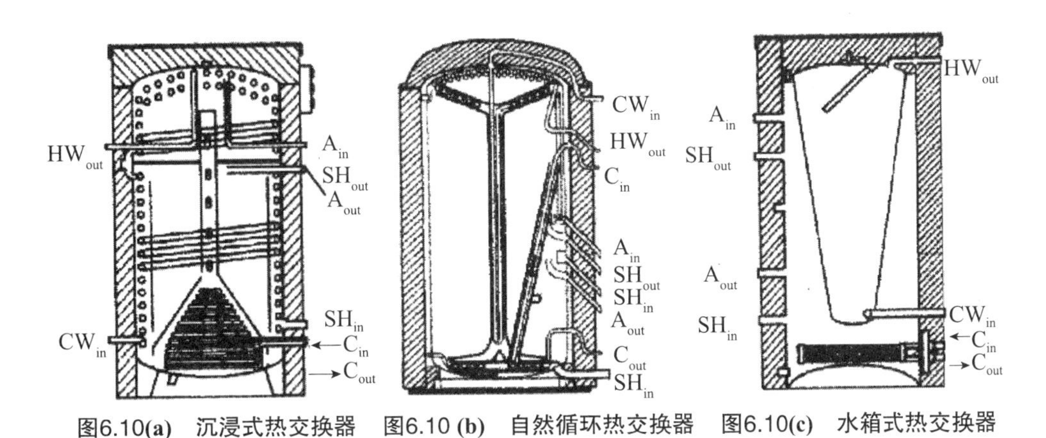

图6.10(a)　沉浸式热交换器　图6.10 (b)　自然循环热交换器　图6.10(c)　水箱式热交换器

图例：CW＝冷水，HW＝热水，C＝控制器，A＝辅助器，SH＝房间供暖

在太阳能房间供暖系统设计的开始阶段需要考虑很多因素，其中之一就要考虑系统是采用直接供暖还是间接供暖，还有就是在太阳能系统和热量输送系统中是否要使用不同的流体。首先要判断该地区出现冰冻的可能性。总的来说，设计师必须意识安装热交换器会导致传输至系统的有效能量减少5%～10%。因此，装有热交换器的系统，其集热器的面积要相应加大，才能与没有热交换器的系统的传输能量相同。

还有一个重要因素就是要考虑负荷与太阳输入的时间匹配。在每年的季节性循环中，建筑物的能量需求并不是恒定的。在北半球，大约从10月份开始会需要供暖，供暖负荷最大的时间是1月或2月，大概在4月底才结束供暖季。因为纬度的原因，制冷需求在5月开始，最大负荷会出现在7月底，然后在9月底结束制冷供应。家庭用热水几乎都是连续供应的，只是根据水温的不同略有差异。虽然设计一个能够满足建筑热负荷总需求的系统是可能的，但这需要一个很大的集热器和储热器，因此这样的系统从经济上来说是不可行的。此外，由于系统规模过大，其收集的热量在全年大多数时间都不会使用。

从以上信息中可知，负荷在一年中并不是恒定的，供暖系统有可能在一年中的几个月份里都不工作，在夏天这会导致太阳能集热器产生过热的问题。为了避免这样的问题，我们需要结合使用太阳能制冷系统与供暖系统，从而在一年中最大化地利用太阳能系统。本小节对太阳能供暖系统进行了描述，太阳能制冷系统的相关内容见 6.4 小节。

房间供暖系统可使用空气或是液体集热器，但是能量传输系统可能会使用同样的或是不同的介质。通常空气系统使用空气作为集热、储热和传热系统的介质；但是液体系统可能会使用水或水和防冻剂的混合物来实现集热循环，用水储热，以及水（例如地板供暖系统）和空气（例如，水气热交换器和空气处理装置）进行热量传输。

6.3.2 空气系统

图 6.11 展示了配备有卵石床蓄热组件和辅助加热源的太阳能空气加热系统，在这种系统中，可采用调节阀实现不同的运行模式。通常，在空气加热系统中同时增加和移除储存的热量是不实际的。如果集热器或储热器中供应的热量无法满足需求，可以使用辅助热能以满足建筑物热量负荷。如图 6.11 所示，可以在集热器和储热器中设置一个旁路管道直到没有阳光且储热箱中的热量完全耗尽，单独使用辅助热量满足需求。图 6.12 详细介绍了如何利用空气加热系统与子系统为家庭供应热水。热水供应需要使用空气—水换热器。通常也会使用图中的预热箱，详细的控制说明参见图 6.12。此外，该系统可以使用空气集热器和循环加热供暖系统，并采用与第 5.2.3 节和图 5.14 中类似的空气加热系统配置。

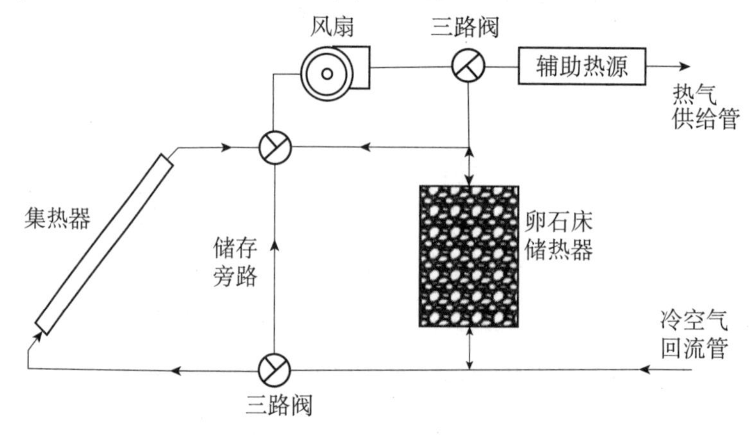

图 6.11　基本热空气系统示意图

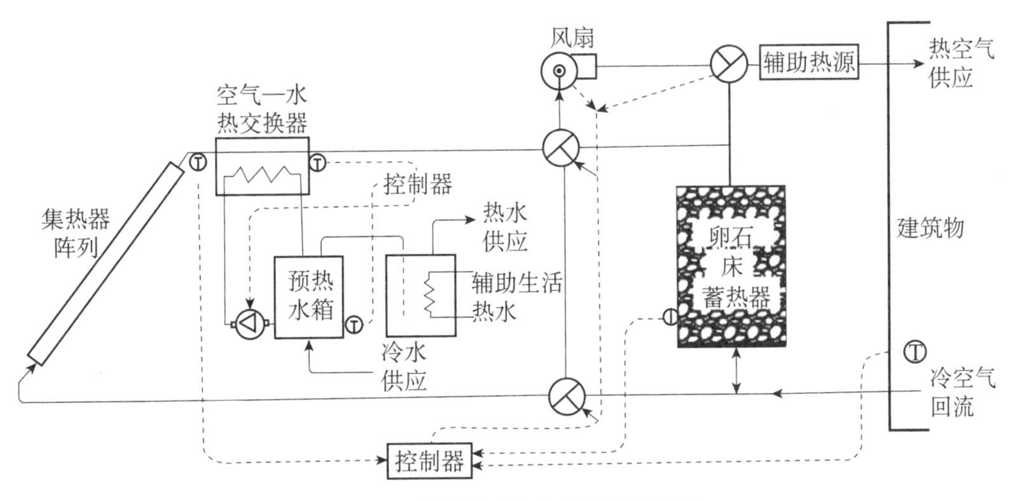

图 6.12　太阳能空气加热系统示意图

用空气作为传热工质的优势在热水空气系统（5.2.3 部分）中已有说明。包括温度分层在内的其他优势可降低集热器的入口温度。此外，由于传热工质是空气，因此这类热空气供暖系统以及应用于系统中的控制设备常用于建筑服务行业。热水供暖空气系统的劣势（见 5.2.3 节）就是不易在系统中添加太阳能空气调节，储热成本高以及运行噪音的问题。还有一个劣势就是空气集热器的运行所需的流体电容率低，因此其 F_R 值比液体供暖集热器低。

通常情况下，室内供暖系统中的空气加热集热器在固定的空气流量条件下运行，所以通风口在一天中的温度各异。因此，通过改变空气流量，可以使集热器在固定的通风口温度条件下运行。当流速降低的时候，F_R 减少，从而降低集热器的性能。

6.3.3　热水系统

提供太阳能室内供暖和热水供应的系统有多种类型，但基本的配置和 5.2.1 ~ 5.2.2 小节中描述的太阳能热水系统的结构相似。如果同时使用房间供暖和热水服务，太阳能集热储热和储热辅助负荷循环可独立控制，因为热水从储水箱流出满足建筑物负荷的同时，太阳能热水会进入储水箱。储热箱周围通常都安装有一个支流管道以避免储热箱过热，这种结构的系统尺寸较大，并带有辅助加热器。

图 6.13 为太阳能供暖和热水系统的示意图，太阳能供暖系统的控制基于两个恒温器：集热储热差动恒温器和室内恒温器。集热器的运行采用一个差动恒温器，参见第 5 章 5.5 节。当室内恒温器感觉到低温时，负荷泵被激活，从而将主储热箱中的热水泵送以满足热量需求。如果储存的热量无法达到所需的负荷量，那么

恒温器会激活辅助加热器来提供热量，达到供暖需求的平衡。通常，当储热箱中的热量耗尽的时候，控制器图 6.13 中所示的三通阀，让流体完全穿过辅助加热器。

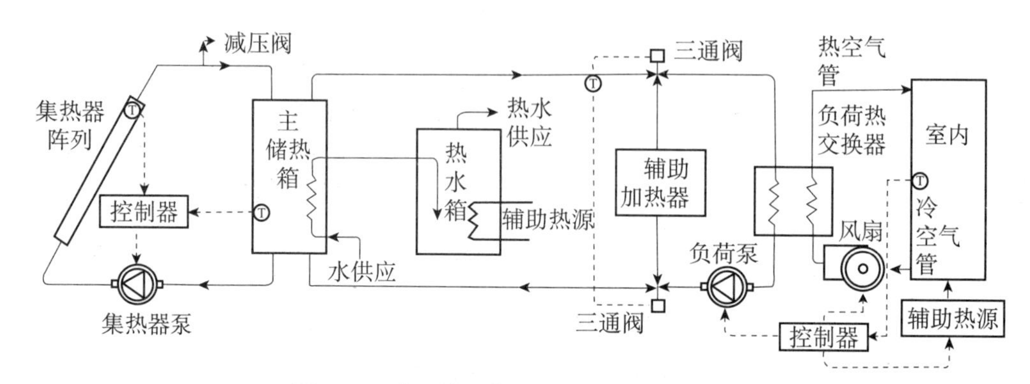

图 6.13　太阳能室内供暖和热水系统示意图

图 6.13 中所示的太阳能供暖系统不具有耐冻结的功能。若是在冰冻环境下使用，该系统需要完整和可靠的集热器排水系统。通过周围空气温度控制自动放泄阀可以实现防冻结的目的，此外也可采用通风口。这是排放系统中常用的结构，参见第 5 章 5.2.1 节的内容，其中，集热器里的水会被系统作为废水排出。另一方面，也可以使用第 5 章 5.2.2 节描述的回流系统，其中集热器里的水会在太阳能泵停止运行的时候流回到储热器中。当系统中的水分耗尽后，空气通过通风口进入集热器。

如果是在温度经常低于冻结温度的地区，则有必要在集热器的闭合回路中使用防冻剂。集热热交换器安装在集热器和储热箱之间，这样便能够集热器回路中使用防冻液。防冻液一般是水和乙二醇的混合溶液。如果存在温度过高的现象，也需要通过减压阀将多余的热量释放。为了从太阳能系统中获得充足的能量，就需要采用辅助加热器。应注意的是，可以通过调整储热箱的管道连接从而增强温度分层，也就是说，冷水管道要连接在水箱底部，而热水管道连接在顶部。这样一来，较冷的水或是流体就能供应给集热器，从而使集热器保持最高效率。这种类型的系统中，辅助加热器永远不会在太阳能储热箱中直接使用。

在集热器传热工质和储存水中间的转热器使两边产生了温度差，这样储热箱的温度就会降低。这是该系统性能的一个缺点，但是这种系统适合用在经常出现冰冻气候的地区，能够避免自动排水系统出现故障。

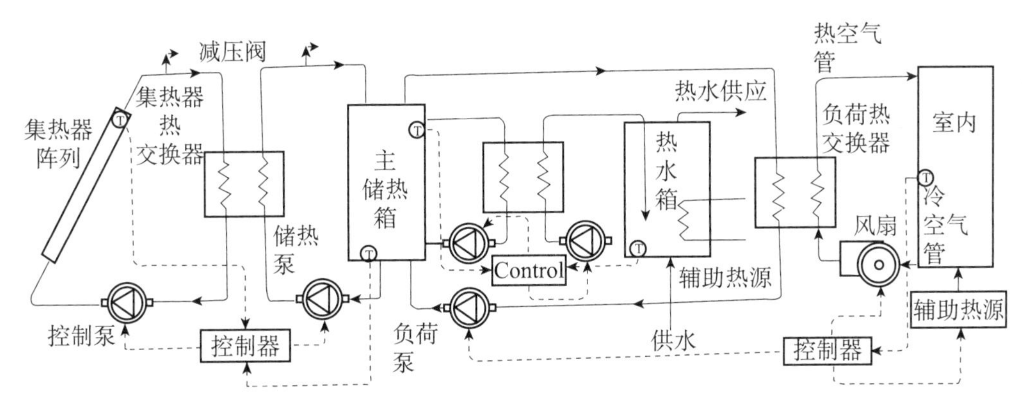

图6.14　具有防冻功能的太阳能室内供暖和热水系统示意图

如图6.14所示，从储热箱将热量转移到加热的空间内需要使用负荷热交换器，需要注意的是负荷热交换器必须是合适的尺寸，从而避免随着水箱和集热器温度的升高而产生过大的温降。

液态供暖系统的优势就是集热器的 F_R 值高，需要的储热空间小。同时，该系统与吸收式空调的连接相对简单（见6.4.2节）。

这些系统分析与第5章中所述的热水供暖系统相似。当同时考虑室内供暖和加热水时，方程（5.31）中的负荷（Q_l）被 Q_{ls} 代替，即来自负荷热交换器的太阳能提供的室内负荷。Q_{lw} 代表家用热水热交换器提供的加热负荷，如下列方程所示，其中不考虑储热箱的温度分层：

$$(Mc_p)_s \frac{dT_s}{dt} = Q_u - Q_{ls} - Q_{lw} - Q_{tl} \tag{6.60}$$

Q_u 和 Q_{tl} 可分别从方程（4.2）和（5.32）中获得

根据以下方程，室内供暖负荷，Q_{hl}（只计算正值）：

$$Q_{hl} = (UA)_l (T_R - T_a)^+ \tag{6.61}$$

其中，

根据（6.25），$(UA)_l$ = 室内热损失系数与室内面积的乘积。

负荷热交换器的最大热量转换率 $Q_{le(max)}$：

$$Q_{le(max)} = \varepsilon_l (\dot{m}c_p)_a (T_s - T_R) \tag{6.62}$$

其中，

ε_l = 负荷热交换器效力；

$(\dot{m}c_p)_a$ = 空气流路质量流率和比热的乘积（W/K）；

T_s = 储热箱温度（℃）。

应注意，方程（6.62）中水—空气热交换器的空气一侧的比热容量是作为最小值来计算的，因为空气的 c_p（1.05 kJ/kg ℃）比水的 c_p（4.18 kJ/kg℃）低得多。

室内负荷 Q_{ls}（只计算正值）：

$$Q_{ls} = [\min(Q_{le(max)}, Q_{hl})]^{+} \tag{6.63}$$

家用热水负荷 Q_w：

$$Q_w = (\dot{m}c_p)_w(T_w - T_{mu}) \tag{6.64}$$

其中，

$(\dot{m}c_p)_w$ = 家用热水流量和比热的乘积（W/K）；

T_w = 需要的热水温度，通常为 60 ℃；

T_{mu} = 从主机获得的补给水温度（℃）。

家用热水负荷由热水热交换器上的太阳能提供，Q_{lw}的效力 ε_w的计算方法如下：

$$Q_{lw} = \varepsilon_w(\dot{m}c_p)_w(T_s - T_{mu}) \tag{6.65}$$

最后，满足家用热水和室内负荷所需的辅助热量 Q_{aux}为（只计算正值）：

$$Q_{aux} = (Q_{hl} + Q_{aux,w} + Q_{tl} - Q_{ls})^{+} \tag{6.66}$$

其中，满足家用热水负荷的辅助热量 $Q_{aux,w}$（只计算正值）：

$$Q_{aux,w} = (\dot{m}c_p)_w(T_w - T_s)^{+} \tag{6.67}$$

例 6.7

室内温度保持在 T_R = 21 ℃，$(UA)_1$ = 2500 W/℃。周围环境温度为 1 ℃，且储热箱温度为 80 ℃。根据以下条件，试估计室内负荷，家用热水负荷和辅助热量：

1. 热交换器效力 = 0.7；
2. 热交换器周围空气流量 = 1.1 kg/s；
3. 空气比热 = 1.05 kJ/hg ℃；
4. 储热箱周围温度 = 15 ℃；
5. 储热箱的 UA 值 = 2.5 W/℃；
6. 家用水质量流量 = 0.2 kg/s；
7. 所需的家用水温度 = 60 ℃；
8. 补给水温 = 12 ℃。

解答

由方程（6.61）可得，室内供暖负荷 Q_{hl}：

$$Q_{hl} = (UA)_l(T_R - T_a)^+ = 2500 \times (21 - 1) = 50\text{kW}$$

由方程（6.62）可得，负荷热交换器的最大热量转换率 $Q_{le(max)}$：

$$Q_{le(max)} = \varepsilon_1 (\dot{m}c_p)_a(T_s - T_R) = 0.7 \times (1.1 \times 1.05) \times (80 - 21) = 47.7\text{kW}$$

由方程（6.63）可得，空间负荷 Q_{ls}：

$$Q_{ls} = [\min(Q_{le(max)}, Q_{hl})]^+ = \min(47.7, 50)^+ = 47.7\text{kW}$$

由方程（5.32）可得，储热箱的热量损耗：

$$Q_{tl} = (UA)_s(T_s - T_{env}) = (2.5) \times (80 - 15) = 162.5\text{W} = 0.16\text{kW}$$

由方程（6.64）可得，家用热水负荷 Q_w：

$$Q_w = (\dot{m}c_p)_w(T_w - T_{mu}) = 0.2 \times 4.18 \times (60 - 12) = 40.1\text{kW}$$

由方程（6.67）可得，满足家用热水负荷所需的辅助热量率：

$$Q_{aux,w} = (\dot{m}c_p)_w(T_w - T_s)^+$$

$= 0.2 \times 4.18 \times (60 - 80) = -16.7\text{kW}$（所得结果为负数，因此不作考虑）

从方程（6.66）中可算出家用热水和室内负荷所需的辅助能量 Q_{aux}：

$$Q_{aux} = (Q_{hl} + Q_{aux,w} - Q_{tl} - Q_{ls})^+ = 50 + 0 + 0.16 - 47.7 = 2.46\text{kW}$$

应注意的是，在所有使用热交换器的情况中，热交换器的使用产生的热量损失可根据方程（5.57）得出。

例 6.8

室内供暖和热水系统的集热器，其 $F_R U_L = 5.71\ \text{W/m}^2℃$，面积为 16 m^2。当集热器中防冻液的流量为 0.012 kg/s m^2，水的流量为 0.018 kg/s m^2，储热交换器的效力为 0.63，水的 c_p 为 4180 J/kg ℃，防冻液的 c_p 为 3350 J/kg ℃时，$F'R/F_R$ 的比率是多少？

解答

首先，需要获得集热器和水箱侧面的热容率：

$$C_c = (\dot{m}c_p)_c = 0.012 \times 16 \times 3350 = 643.2\text{W/℃}$$

$$C_s = (\dot{m}c_p)_S = 0.018 \times 16 \times 4180 = 1203.8\text{W/℃}$$

因此，最小值为：

$$(\dot{m}c_p)_{min} = (\dot{m}c_p)_c = 643.2\text{W/℃}$$

由方程（5.57）可得：

$$\frac{F'_R}{F_R} = \left\{1 + \frac{A_c F_R U_L}{(\dot{m}c_p)_c}\left[\frac{(\dot{m}c_p)_c}{\varepsilon(\dot{m}c_p)_{min}} - 1\right]\right\}^{-1} = \left[1 + \frac{16 \times 5.71}{643.2}\left(\frac{643.2}{0.63(643.2)} - 1\right)\right]^{-1}$$

$$= 0.923$$

6.3.4 辅助加热器的位置

对于储热箱来说，关键问题在于选择辅助加热器的安装位置，这对太阳能室内供暖系统来说尤为重要，因为室内供暖通常都需要大量的辅助能量和大规模的储热箱。为了尽可能地利用辅助热源所提供的能量，能量输入的位置应该位于负载处而不是储热箱处。储热箱提供的辅助能量毫无疑问会提高进入集热器的液体温度，这样会导致集热器性能的减弱。当液体太阳能系统与热空气室内供暖系统联用时，供应辅助能量最经济的方法就是使用化石燃料的热水器。在天气不佳的时候，热水器可以代替全部的热负荷。

当液体太阳能系统与水加热室内供暖系统共同联用，或是给吸收式空调装置提供热水时，辅助加热器可以（串联或并联）安装在储热负荷回路中。当使用辅助能量提高太阳能热水的温度时，就能够最大化地利用储存的太阳能。然而，连接辅助供应装置会引起储热箱温度升高，因为从负载流回的水温可能比储热箱的温度更高。通过辅助热量增加储热箱温度会导致集热器效能的降低，不过这取决于供暖系统温度的控制，因此就需要一种低温系统。水—空气热交换器可以达到这种效果，通过空气处理机组或是在每个需要供暖的房间安装风机盘管。这个系统的优点是与室内制冷系的统连接简单，例如，吸收式系统（参见 6.4 节）。通过使用这种类型的系统，太阳能可以得到更加充分地利用。因为高温系统意味着热水储存会保持较高的温度，所以太阳能集热器的工作效率会很低。

还有一个可能性就是使用地下供暖或是配合使用传统供暖散热器的全水系统。在下面的案例中，需要在设计阶段做好系统在低温下运行的准备，这就意味着要使用更大的散热器，这样的系统中也适合改造使用。

图 6.15（b）展示的安装方法能够使辅助加热回路和储热箱分离。太阳能加热的储存水仅用于在温度适宜的时候满足负荷需求。当储热器温度降低到要求的水平以下时，储热箱中的循环将停止，辅助加热器中的热水仅用于满足室内供暖需求。这种连接辅助热源的方法避免了辅助能量引起的储水温度升高。然而，它的缺点就是储存的低温太阳能热量没有得到充分利用，并导致热量的流失（通过外壳散发）。

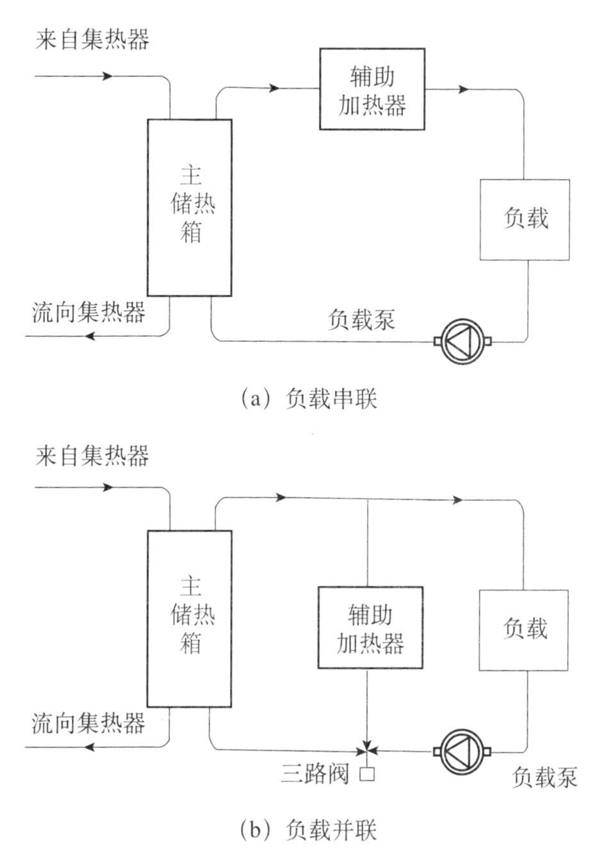

图6.15　液体系统中的辅助能量供应

6.3.5　热泵系统

主动型太阳能系统也能够与热泵连接，用于室内供暖或提供生活用水。在居民区供暖中，太阳能系统可以与热泵并联使用，并能够在日落之后提供辅助热能。另外，因为生活用水系统需要高温热水，热泵可以与太阳能储热箱串联使用。

热泵是一种将低温水泵送到高温水槽中的装置。热泵通常是蒸汽压缩制冷机器，其中，蒸发器能够在低温条件下将热量输入系统，同时冷凝器能够在高温时阻止热量的流失。在供暖模式中，热泵通过与太阳能供暖的连接，从冷凝器中提取热能并传输到室内供暖。在制冷模式下，蒸发器从空气中抽取热量，并限制热量从冷凝器中流入大气层。在这里，太阳能不提供制冷所需的能量。关于这类整合型太阳能辅助热泵系统的性能特征见 Huang 和 Chyng（2001）的报告。

热泵用机械能将热能从低温热源中转移到较高温度的热源中。电力驱动热泵供暖系统与电阻供暖或昂贵的燃料供暖相比有两大优势。首先，如第 5 章中 5.2.4 节所述，热泵的供暖性能和电能（COP）比率较高，足以产生 9 ~ 15MJ 的热量，这样能节约能量的采购费用。第二就是具有实用性，在夏天可进行空气调节。水-空气热泵也是一种可供选择的辅助能量来源，它将储水箱中太阳能加热的水作为蒸发器的能量来源。水的使用还涉及耐冻性的问题，因此需要仔细考虑。

在居民区和商业区，人们已经将热泵与太阳能系统联合在一起使用。该系统的子系统具有较高的性能系数并可在较低的温度下运行，这也就弥补了系统引起的其他复杂问题和额外费的缺陷。常见的家用热泵类型见图 6. 16。

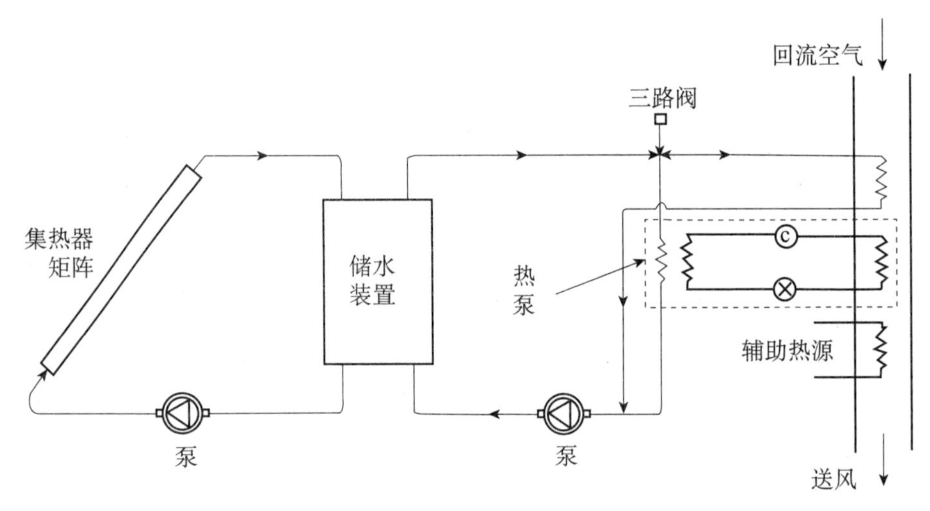

图 6. 16　家用水—空气热泵系统示意图（串联结构）

图 6. 16 中的系统设计是一个串联结构，其中热泵蒸发器的热量是由太阳能系统提供的，这被称之为水—空气热泵。正如我们所看到的，当储热器中的水温升高时，能量从集热系统直接传输到需要的建筑物中。当储热箱的温度不能满足热力负荷时，热泵就会启动；它得益于温度相对较高的太阳能系统，太阳能系统的温度比周围温度都高，并且会增加热泵的 COP 值。并联结构也是可行的，其中热泵是太阳能系统种独立的辅助能量来源（图 6. 17）。这种情况下会使用水热泵。

串联配置通常更受欢迎，因为这样可以让所有太阳能收集的能量都得到利用，将储热箱维持在低温状态下，而太阳能系统能够在第二天更加高效地运行。与此同时，热泵比高温蒸发器的性能更高。该系统的另一个优点就是太阳能系统使用的是液态集热器和储水箱。该戏通还可以使用双源热泵，并且在储热箱的热量完全耗尽的时候使用另一种可再生能源。

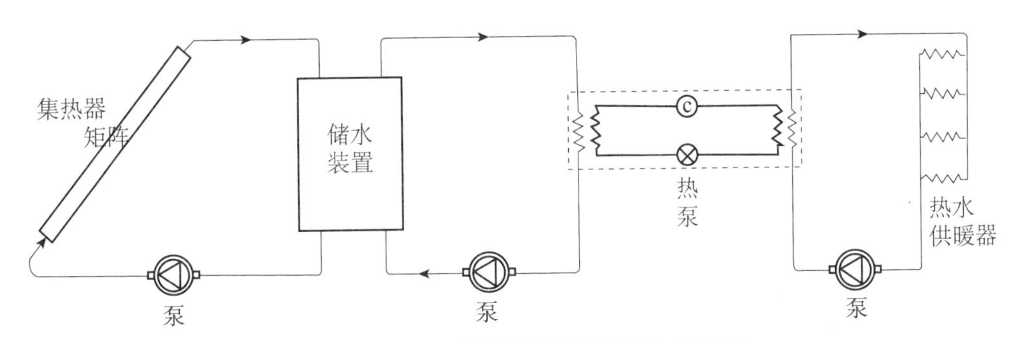

图6.17　家用水对水热泵系统示意图（并联）

6.4　太阳能制冷

寻求安全舒适的生存环境一直都是人类最关注的事情之一。在古代，人们通过多年累积的经验，利用各种资源去打造最好的宜居环境。集中供暖最先由罗马人发明，他们将这种技术应用在双层楼房中，让燃烧的烟气通过地板下的空心柱，以此达到供暖的目的。同时，在罗马时期，人们首次用云母或玻璃等材料制成窗户上。这样一来，光线进入房间的同时又阻挡了风和雨水（Kreider 和 Rabl，1994）。另一方面，伊拉克人利用盛行风在夜晚输送凉爽的空气，这样在白天室内的温度也会稍微降低（Winwood 等人，1997）。与此同时，流水也能通过蒸发达到一定的制冷效果。

虽然到了20世纪60年代，才有少数人拥有舒适的室内温度条件。但从那时起，随着机械制冷的发展和人们生活水平的提高，很多国家开始普遍使用中央空调系统。20世纪70年代的石油危机引发了大规模的研究，旨在减少能源消耗。同时，全球变暖、臭氧破坏以及过去数年来化石燃料消耗的不断增长迫使政府和企业重新审视建筑设计和调控的方法。从节约燃料的角度来说，节能具有十分重要的意义。

近年来，科学研究都希望通过科技发展来减少能源消耗、峰值电力需求以及能源成本，并且保证目前人们要求的舒适生活水平。人们开发了其他在多种天气条件下可以应用于住宅区和商业区的制冷技术，包括利用通风达到夜间制冷、蒸发制冷、除湿制冷以及平板制冷（slab cooling）。但是，运用低能耗制冷技术的建筑有一定困难，因为要实现有效运行需要具有先进的模拟和控制技术。

另一种减少能量消耗的方法就是地面冷却。该方法基于建筑物将热量散失到地面的原理，让建筑物在夏天的温度比周围环境低。热量消退可以通过建筑物围护结构和地面的直接连接，或是将经过地面空气热交换器的空气送入建筑物中（Argiriou，1997）。

设计师和建筑师的作用非常重要，尤其是在太阳能控制、热质量应用以及建筑物自然通风等方面，如6.2.6节所述。有效的太阳能控制必须减少夏季热量收集，而在冬天，则要尽可能地收集太阳能。通过适宜的建筑朝向和外形，恰当地运用遮光设备以及合适的建筑材料可以达到这种效果。利用热质量，尤其是在气候炎热且日间气温变化超过10℃的条件下，可以减少瞬时制冷负荷以及能量消耗，同时降低室内温度变化幅度。适当的通风可以同时加强太阳能控制和热质量的作用。

建筑结构的再审查，资金分配的再调整，也就是说，在节能方面的投资可能会对热量负荷产生重要的影响，改进设备和维护可以尽可能地减少能量消耗，提升人的舒适度。

在炎热干燥的气候下，在季节过度的时候使用蒸发制冷可以节约能源。然而在夏季，由于高温的影响，仅靠低能耗制冷技术不能满足室内整体的制冷需求。正因如此，我们需要使用主动式制冷系统。蒸汽压缩制冷系统的使用较为频繁，它由电力驱动，但价格昂贵且需要依靠化石燃料。在这种气候条件下，可获得的大量资源就属太阳能，在太阳能吸收循环的基础上，可以将其作为主动式太阳能制冷系统的动力。太阳能吸热机的问题是，与蒸汽压缩机相比，它的价格更高，目前还无法在小范围的室内制冷中运用这些太阳能机器。减少传统的蒸汽压缩空调系统的使用也会降低其对全球变暖和臭氧层破坏的影响。

建筑围护结构与吸收式系统的结合可以更好地控制内部环境。氨水和溴化锂（LiBr）水是两种基本的吸收装置。后者更适用于太阳能应用，因为它们的操作（发电机）温度更低，因此更容易获得低成本的太阳能集热器（Florides等，2001）。

建筑物太阳能制冷是一个很有吸引力的概念，因为制冷负荷和太阳能辐射的有效性是同相的。与此同时，和单独的供暖相比，太阳能制冷和供暖的结合大幅提升了集热器的利用率。太阳能空调可以通过三种系统类型实现：吸收循环、吸附（干燥剂）循环和太阳能机械过程。其中一些循环也在太阳能制冷系统中使用，详细内容会在接下来的章节中介绍。

人们认为太阳能制冷有两种相关用途：食物和药品冷藏，以及提供舒适的制冷环境。太阳能制冷系统通常是间歇性周期运转，其产生的温度（冰）比空调更低。当应用于室内制冷时，同样的系统会连续循环运转。太阳能制冷采用的循环过程分为吸收式和吸附式。在循环的制冷过程中，制冷剂蒸发之后被再次吸收。在这些系统中，吸收器和发电机是两个分离的部分。发电机可以作为集热器的一个不可分割的部分，结合热虹吸和蒸汽泵使制冷剂吸收剂溶液在集热器管道中循环。

将太阳能与制冷过程整合有许多不同的选择，即可以通过使用太阳能集热器提供的热量源来实现，也可以利用光伏电板提供的电能。实现这一过程要运用热量吸附或吸收装置，或者是由光伏电板驱动的常规蒸汽压缩制冷设备。太阳能制冷技术目前主要用于在没有公用电的地区保存疫苗。

虽然光电制冷使用标准制冷设备，这是它的优势，但它没有得到广泛应用是因为光电池效率低、花费高。光电驱动的蒸汽压缩系统的运行和公共事业系统并无差别。本书并没有涉及该部分内容，仅在后面的章节详细介绍了太阳能吸附和吸收装置。

太阳能制冷对于北半球的南边国家和南半球的北边国家来说很有吸引力，且尤其适合用在每年大多数时间都有大量制冷需求的大型建筑（如商业区）中。该系统和太阳能供暖的结合可以让太阳能集热器的使用更加高效，在较冷的季节尤为理想。不过总的来说，和太阳能供暖相比，太阳能制冷方面的经验还比较缺乏。

太阳能制冷系统可以分为三类：太阳能吸附制冷、太阳能机械系统和太阳能相关系统。以下小节对这几种系统做了简要的介绍（Florides 等人，2002a）。

太阳能吸附制冷

吸附剂是一种能够吸收并保持其他气体或液体的材料。干燥剂的原理与吸附剂类似，可以吸收水。吸收和保持水分的过程可以根据干燥剂在吸收水分时是否会产生化学变化分为吸收或吸附。吸收会改变干燥剂的状态，例如，桌上的盐吸收了水分之后会从固体变为液体。但吸附并不会改变干燥剂，只有水蒸气会增加干燥剂的重量，就像用海绵吸水的原理是一样的（ASHRAE，2005）。

与普通的制冷循环相比，吸收系统的基本概念就是要避免压缩功。要做到这点需要使用合适的工质对：制冷剂和吸收制冷剂的溶液。

吸收系统和蒸汽压缩空调系统相似，但是在增压阶段不同。总的来说，蒸发制冷剂是被低压侧的吸收剂所吸收。包括溴化锂－水（$LiBr-H_2O$）和氨水－水（NH_3-H_2O）系统，其中水蒸气和氨气分别是上述两种系统的制冷剂（Keith 等人，1996）。

吸附制冷指的是吸附式空调系统，它利用介质（吸附剂）吸收空气中水分（或烘干任何其他的气体或液体），然后用蒸发制冷效应达到制冷的目的。固体吸附剂包括硅胶、沸石、合成沸石、活性氧化铝、碳和合成聚合物（ASHRAE，2005）。液体吸附剂有三甘醇、氯化锂和溴化锂溶液。

太阳能机械系统

太阳能机械系统利用太阳能发动机驱动普通的空调系统，通过光电设备将太阳能转换成电能，然后利用电机驱动蒸汽压缩机。不过光伏平板的效率较低，根据使用的电池类型，效率约为10% ~15%之间，这样会导致系统总体的效率较低。

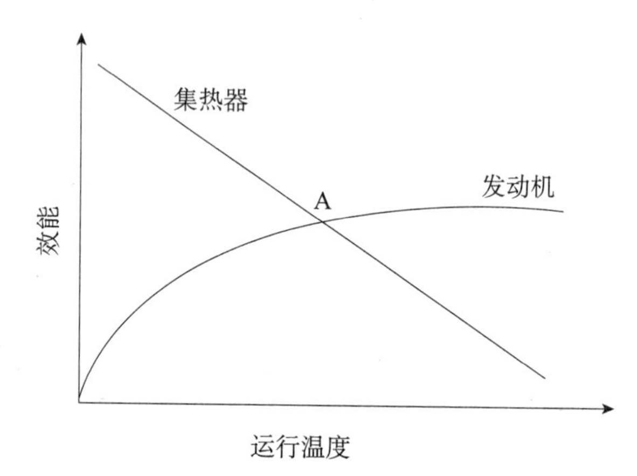

图6.18　集热器和动力循环效能与运行温度的函数关系示意图

太阳能动力发动机也是朗肯发动机。在特定系统中，集热器中的能量会先储存，然后转移到热交换器中，最后能量用于驱动热力发动机（见第10章）。热力发动机驱动蒸汽压缩机，用蒸汽机产生制冷效果。如图6.18所示，太阳能集热器的效率随着运行温度的升高而降低，而热力发动机的效率会随着温度的升高而提升。当两种效率达到一个点（表6.18中的A），就是机器稳定运行的最佳温度。这种综合系统的整体效率在17%到23%之间。

由于系统的昼夜循环，制冷负荷和储热箱温度会在一天中有所变化。所以，设计这种系统有明显的困难。当一个朗肯热力发动机和匀速空调组合在一起时，发动机的输出很少能与空调的输入要求相匹配。所以，当发动机输出达不到需求时，就要提供辅助能量，否则过剩的能量可能会用于其他供电。

太阳能相关的空调

为建筑物供暖安装的一些系统部件也可以用于制冷，而不需要直接使用太阳能。例如，热泵、岩石床蓄热器和其他的制冷技术或被动式系统。热泵在6.3.5部分已经介绍了，以下是另外两种方法的简要介绍。

（1）岩石床蓄热器。太阳能空气加热系统中的岩石床（或卵石床）蓄热装置可以在夏天的夜晚制冷，储存“冷气”以供第二天使用。制冷过程可在夜间完成，当温度和湿度较低时，让空气经过任意的蒸发制冷器，穿过岩石床并排出，以此达到制冷效果。在白天，穿过岩石床的室内气体可以降低建筑物温度。根据 Hastings（1999）的观点，很多设备可以安装岩石床储存太阳能。对于这些系统，在不影响岩石床性能的条件下，空气流量应该控制在最小的范围内以尽量减少风扇的电力需求。因此，最优的过程应该作为设计的一部分。

（2）其他制冷技术或被动式系统。被动式制冷是用自然方式将热量从建筑物转移到环境中，例如晴朗的天空、大气、地面和水。热量转移可以是辐射、自然风、温差产生的气流、地面传导或是水传导和对流。这通常取决于设计师，他们会根据每一项应用选择最合适的技术种类，根据气候类型做出选择。

6.4.1　吸附装置

多孔固体作为一种吸附剂能够物理吸附或可逆吸附大量蒸汽，也就是吸附质。虽然人们在19世纪就发现了这种太阳能吸附现象，但它在制冷领域的实际运用却相对较晚。固体吸附剂中吸附的蒸汽浓度是工质对温度的函数，即吸附剂和吸附质的混合物，以及后者的蒸汽压。在恒定的压力条件下，吸附质的浓度取决于温度，这种依赖关系使得我们可以通过改变不同的混合物温度吸附或解吸吸附质。这就是太阳能驱动的间歇性蒸汽吸收式制冷循环过程中的基本应用原理。

一对太阳能制冷中的吸附剂—制冷剂工质对应具备以下特点：

（1）具有大量蒸发潜热的制冷剂；

（2）具有高热力学效应的工质对；

（3）在设想的操作压力和温度条件下，解吸附作用的热量低；

（4）低热容量。

氨水一直是应用最广泛的吸附式制冷工质对，也有相关研究致力于太阳能冰箱工质对。这类系统的效能受冷凝温度的限制，如果没有先进和昂贵的技术就无法降低冷凝温度。例如，使用冷却塔或是除湿床制造冷水或是在较低的压力下压缩氨。使用水和氨作为工质的其他缺点就是需要使用大口径的管道和管壁以承受高压，氨的腐蚀性和精馏问题。也就是说，在形成的过程中要将水蒸气从氨中抽走。人们对很多固体吸附剂工质对进行了研究，如沸石-水，沸石-甲醇和活性炭-甲醇，并试图找出最优的组合。事实证明，活性炭-甲醇工质的效率最高（Norton，1992）。

很多循环系统都采用吸附式制冷和冷却（Dieng 和 Wang，2001）。图6.19已经描述了这种典型系统的原理。图6.20中的湿度图是根据图6.19中的步骤1至9的描述进行绘制的。从步骤1到2，环境空气经过干燥器加热和干燥，在步骤2到3中再生冷却，在 3 到 4 中蒸发制冷，然后引入建筑物中。建筑物中排出空气在步骤 5 到 6 中蒸发冷却，在第 7 步时，被再生器中供给空气的热量加热，在第 8 步通过太阳能或其他热源加热，然后流经干燥剂，从而实现干燥剂的再生。

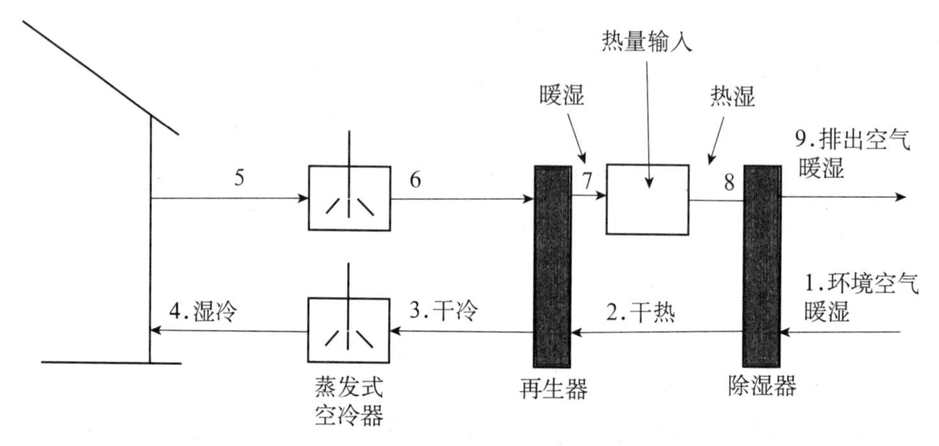

图 6.19　太阳能吸附系统图解

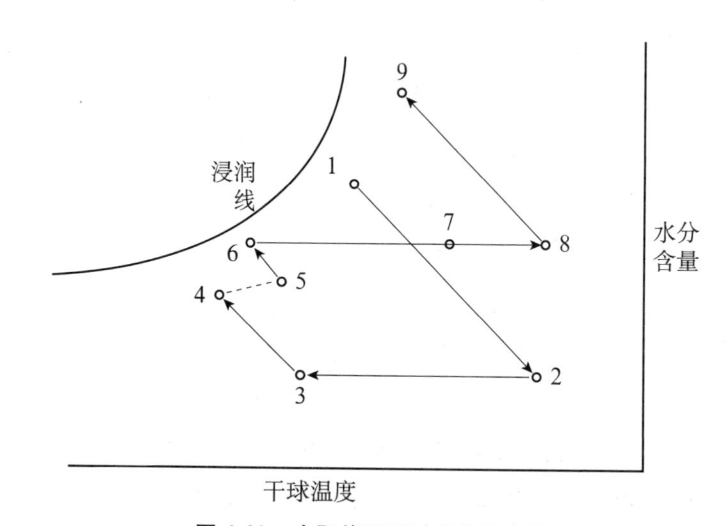

图 6.20　太阳能吸附过程的湿度图

吸附介质的选择取决于湿负荷的大小和应用。

持续降低空气湿度常采用转轮式固体除湿系统。干燥剂转轮穿过两种不同的气流，在第一个气流中，工艺空气通过吸附作用干燥，这不会改变干燥剂的物理特性；在第二个气流中再活化或再生空气首先被加热，将干燥剂变干。图 6.21 是一种可行的太阳能吸附式系统原理图。

当干燥介质是液体时，例如，三甘醇，将其喷入吸收建筑物内空气湿度的吸收器中。之后，将其泵送经过显热交换器，再转入分离柱喷入太阳能加热空气中。高温空气可将乙二醇中的水分蒸发掉，再转回热交换器和吸收器中。热交换器用于获得显热，并尽可能提高分流器中的温度，将吸收器中的温度降到最低。这种循环类型可进行商业化推广，并运用在医院和大型设备中（Duffle 和 Beckman，1991）。

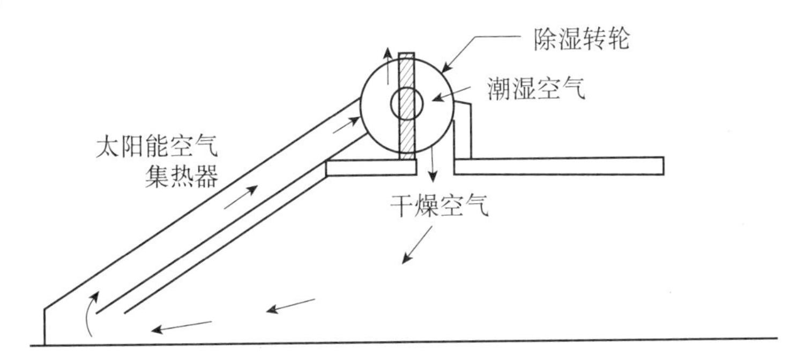

图 6.21　太阳能吸附式制冷系统

这些系统的能量性能取决于系统配置、除湿器的几何构造、吸附剂介质的性能等，但总的来说，这种技术的性能系数（COP）在 1.0 左右。不过需要注意的是，在干燥炎热的气候条件下，可能不需要系统中的干燥剂。

因为只能获得几个潜在工质对的完整的物理性能数据，所以哪种的性能最佳，目前还无法得知。除此之外，太阳能冰箱的操作条件，即发电机和冷凝器温度会根据地理位置的不同而变化（Norton，1992）。

太阳能生物质吸附式空调系统和冷藏系统的发展由 Critoph（2002）提出。其中所有的系统采用的都是活性炭—氨吸附式循环，他还对系统的操作原理和性能预测进行了说明。

Thorpe（2002）提出了一种吸附热泵系统，该系统使用氨和一种颗粒状的活性吸附质。这种系统的性能系数较高，适用于高温（150 ~ 200 ℃）太阳能集热器的热量循环。

6.4.2　吸收装置

吸收的过程就是通过干燥剂吸收并保持湿度。干燥剂就是吸附剂，这种材料能够吸收并保持其他类似于水的气体或液体。在吸收过程中，干燥剂在吸收水分时产生一种化学变化。结合干燥剂和水分的特性，干燥剂在化学分离的过程中具有重要的作用（ASHRAE，2005）。

吸收器通过热力激活，不需要高输入轴功率。因此在电力缺乏或电价昂贵的地方，或是有废物、地热，或是太阳能热量的地方，吸收器能够提供可靠、安静的制冷效果。吸收系统跟蒸汽压缩空调系统相似，但是在加压阶段有所不同。最常见的液体组合包括溴化锂-水（$LiBr-H_2O$）以及氨水-水系统，其中水蒸气和氨分别为这两种系统的制冷剂。

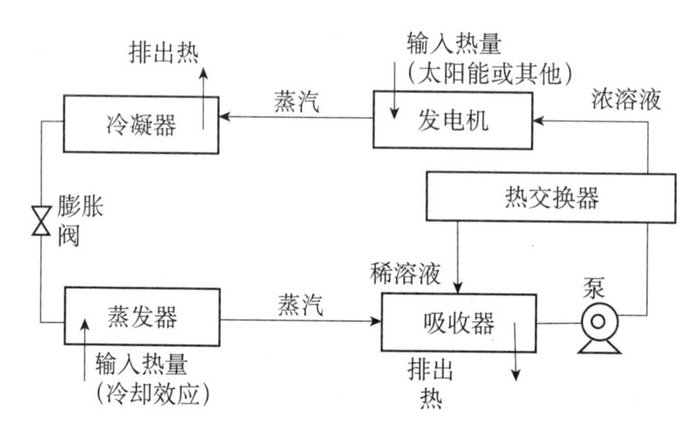

图 6.22　吸收式空调系统的基本原理

吸收式制冷系统建立在早期制冷工业的广泛发展和经验累积的基础上，特别是冰块生产技术。从最开始，其发展就和高额的能源价格联系在一起。然而最近，人们开始关注这类技术，这不仅是因为能源价格的提升，主要是由于社会和科学界对环境恶化的担忧，而环境恶化又与能源生产息息相关。

在吸收器中，加压是通过溶解吸收剂中的制冷剂实现的（图 6.22）。随后，用普通液体泵将溶液泵送到高压条件下。用发电机的余热将溶液与低沸点制冷剂分离。用这种方法，制冷剂蒸汽的压缩就不需要使用大规模的机械能。

其余的系统由冷凝器、膨胀阀和蒸发器构成，系统的功能和蒸汽压缩式空调系统类似。

溴化锂-水吸收系统

溴化锂-水系统运行时发生器温度在 70℃ 至 95℃ 之间，水在吸收器和冷凝器中充当冷却液，该系统的 COP 比氨气-水系统更高，位于 0.6 到 0.8 之间。溴化锂-水系统的一个不足之处是当温度比 5℃ 过低时，该系统的蒸发器将无法运行，这是由于制冷剂是水蒸气的缘故。商业用的空调吸收式制冷机通常在水中加入溴化锂，以蒸汽或者热水作为热源。目前市面上可用的制冷机有两种：分别是单效型和双效型。

单效吸收式制冷机主要应用对象是建筑冷负荷，其冷冻水温要求位于 6℃ 到 7℃。根据热源和冷却水温度的不同，COP 也会出现小幅度变化。单效制冷机能够使用温度位于 70℃ 到 150℃ 的增压热水运行（Florides 等人，2003）。

双效吸收式制冷机分离制冷剂和吸收剂需要经过两个阶段。因此，从本质上讲，驱动高级发生器所需的热源温度（155℃到205 ℃之间）要高于单效制冷机所需热源温度。双效制冷机的COP更高，约为0.9~1.2（Dorgan等人，1995）。尽管双效制冷机的效率比单效制冷机更高，但是采购价格也更高。不过，在考虑单个应用时也应该视情况而定，因为单效制冷机节约下来的资金成本可以很大程度上抵消双效制冷机额外的资金消耗。

在美国，开利公司（Carrier Corporation）率先研发了溴化锂吸收式制冷技术，1945年前后，早期的单效制冷机问世。由于产品取得了巨大的成功，很快其他公司纷纷开始加入生产行列。直到1975年，吸收式制冷行业发展得如火如荼。之后，由于人们普遍认为天然气供应的减少导致美国政府限制在新建筑中使用天然气，再加上用电成本低廉，吸收式制冷市场开始萎缩（Keith，1995）。现如今，人们需要对不同制冷技术间的经济成本进行权衡，从而决定特定应用所需要的系统类型。通常吸收式制冷机运行成本较低，但是采购费用比蒸压式制冷机更高。假设所需热量的运行成本低于电力成本，回收期主要取决于燃料和电力的相对成本。

20世纪60年代初期，该技术从美国传入日本，为进一步改进和提升吸收式制冷系统，日本生产商制定了研发项目，结果开发出了具有更好热性能的直燃式双效机组。

燃气吸收式制冷机在全世界商用空间制冷领域占据了半壁江山，而美国的市场占有率却不足5%，在美国电力驱动的蒸压式制冷机承担着主要的制冷任务（Keith，1995）。

许多研究人员已经开发了太阳能辅助吸收式制冷系统。大部分生产还处于试验阶段，并且他们还编写了计算机代码来模拟这些系统。在这里展示了一部分相关设计。

Hammad和Audi（1992）对非存储、连续式太阳能吸收式制冷循环进行了阐述。该系统最大理想性能值被定为1.6，最大实际性能值实为0.55。

Haim等人（1992）对两个开放循环吸收式制冷系统进行了一次模拟分析。和传统单级制冷机一样，两个系统都包含有一个封闭式吸收器和蒸发器。循环的开放部分是蓄冷器，通过太阳能重新浓缩吸收剂溶液。分析过程是通过一个计算机代码执行的，目的是对不同循环结构下（开放式和封闭式循环系统）和含有不同工作液的吸收式系统进行组合式模拟。基于特殊的设计特征，计算机代码会计算每个系统的运行参数。结果显示直接再生系统比间接再生系统具有明确的性能优势。

Hawlader 等人（1993）开发了一个装有 11m × 11m 集热蓄热装置的溴化锂吸收式制冷系统。他们同时还建立了一个计算机模型，这一模型验证了真实的实验值，得到一致认可。实验结果显示再生效率在 38% 到 67% 之间变化，相应的制冷能力则在 31 ~ 72 kW 区间内变动。

Ghaddar 等人（1997）阐述了贝鲁特的一个太阳能吸收式系统的建模和模拟。结果显示每吨制冷量需要面积不小于 23.3m^2 的集热器，其最大储水容量在 1000 ~ 1500L 之间，单依靠太阳能每天运行约 7h。太阳能占每月制冷消耗总能量的比重为太阳能集热器面积和储箱容量的函数。经济分析显示太阳能制冷系统只有当其与室内水暖结合时才略显优势。

Erhard 和 Hahne（1997）模拟并测试了一个太阳能吸收式制冷机。设备的主要部分是安装在聚光式太阳能集热器中的一个吸收-解吸装置。他们对实地测试获得的结果进行了讨论，并和为此开发的一个模拟项目的结果进行了比较。

Hammad 和 Zurigat（1998）阐述了一个 1.5t 太阳能制冷装置的性能。该装置具有一个 14 m^2 的平板式太阳能集热器系统和 5 个管壳式换热器。该装置于 4 月份和 5 月份在约旦进行了测试。测试获得的实际性能系数的最大值是 0.85。

Zinian 和 Ning（1999）描述了一个太阳能吸收式空调系统，该系统使用了 2160 个总区孔径为 540 m^2 的真空管集热器和一个溴化锂吸收式制冷机。集热器排对空间制冷的热效率是 40%，对空间采暖是 35%，对室内水暖是 50%。研究发现整个系统的制冷效率约为 20%。

Ameel 等人（1995）通过使用一些吸收剂对开放吸收式制冷系统的可替代低成本吸收剂进行了性能预测。该预测认为最具潜力的吸收剂是两种元素的混合物：氯化锂和氯化锌。单位吸收剂面积的估测性能是 50% ~ 70%，低于溴化锂系统。

最近，Calise（2012）在耦合抛物方程的基础上，通过使用带有双级溴化锂-水吸收式制冷机的集热器，阐述了一个创新型太阳能采暖和制冷系统（SHC）的动态模型，在该系统中，制冷和采暖的辅助能源通过生物质燃烧加热器提供。非可再生能源的消耗仅仅是一些辅助设备消耗的少量电能。同时还有一个案例分析，其中 SHC 全年为一个小型的大学礼堂提供空间采暖和制冷以及室内热水。研究人员通过 TRNSYS 程序，对 SHC 系统和建筑物进行了动态模拟。同时还对一个相似的 SHC 系统进行了分析，在该系统中生物质加热器被燃气加热器代替，目的是为了评估生物质对系统总经济和能源性能的影响。

Winston 等人（1999）开发出一项新的 ICPC 系列设计使一个新的制造方法得以

应用，并且解决了许多之前ICPC设计的运行问题（见3.1.3节）。使用一个无需追踪的低浓度比率和一个现成的20t双效溴化锂直燃吸收式制冷机，经改良后可以用热水工作。新的ICPC设计和双效制冷机能够通过集热场为建筑物提供制冷能量，集热场尺寸约为较传统的集热器和制冷机的一半。

Florides等人（2003）提出了一个设计、建造和评估单级溴化锂-水吸收式制冷机的方法。在该方法中，具体阐述了必要的热量和质量转化关系以及描述工作液特质的合适方程。同时还说明了设计溴化锂-水吸收式装置换热器的相关信息。单通垂直管换热器已经用来制造吸收器和蒸发器。溶液换热器被设计成为一个单通套管换热器。利用水平管换热器对冷凝器和发生器进行设计。溴化锂-水系统性能另外一个价值是EES程序（工程方程求解器），该程序也可以用来解决设计这一系统所需的各种方程（Klein，1992）。

如果考虑发电效率，吸收式制冷的热力效率与电力驱动的压缩式制冷系统的热力效率非常相近。然而考虑到环境污染因素时，太阳能制冷系统的益处就十分明显。这一点可以从该系统的总当量变暖影响（TEWI）看出。正如Florides等人（2002）在一项室内尺寸系列研究中证明的那样，吸收式制冷系统的TEWI比传统制冷系统小1.2倍。

热力学分析

相较于普通制冷循环，吸收式制冷系统的基本观点是通过使用合适的工质对避免压缩功。工质对包括制冷剂和能够吸收制冷剂的溶液。图6.23中显示了溴化锂-水吸收式制冷系统的一个更为具体的流程（Kizilkan等人，2007），图6.24显示的是一个压力温度示意图。

吸收式制冷系统的主要构成部分包括发生器、吸收器、冷凝器和蒸发器。在显示的模型中，Q_G指从热源到发生器的热输入率，Q_C和Q_A分别指从冷凝器和吸收器到散热片的散热率，Q_E指从冷负荷到蒸发器的热输入率。

参考图6.23所示的数字体系，在点1时，制冷剂中的溶液含量很高，一台水泵将液体通过换热器泵送至发生器（1~2）。换热器中的溶液温度升高（2~3）。在发生器中，热能增加，制冷剂将溶液沸溶。制冷剂蒸汽（7）流入冷凝器，在冷凝器中，当制冷剂冷凝时，热量散失。冷凝后的液体（8）通过限流器流入蒸发器（9）。在蒸发器中，来自负荷的热量将制冷剂蒸发，再流回吸收器（10）。一小部分制冷剂作为溢出液体离开蒸发器（11）。在发生器出口（4），蒸汽包含吸收剂-制冷剂溶液，该溶液在换热器中冷却。从点6到点1，溶液从蒸发器吸收制冷剂蒸汽，通过换热器散热。这一过程也可以用杜林（Duhring）曲线图呈现（图 6.25）。这一曲线图是一个压力-温度表，其中对角线表示连续溴化锂质量分数，左侧是纯净水线。

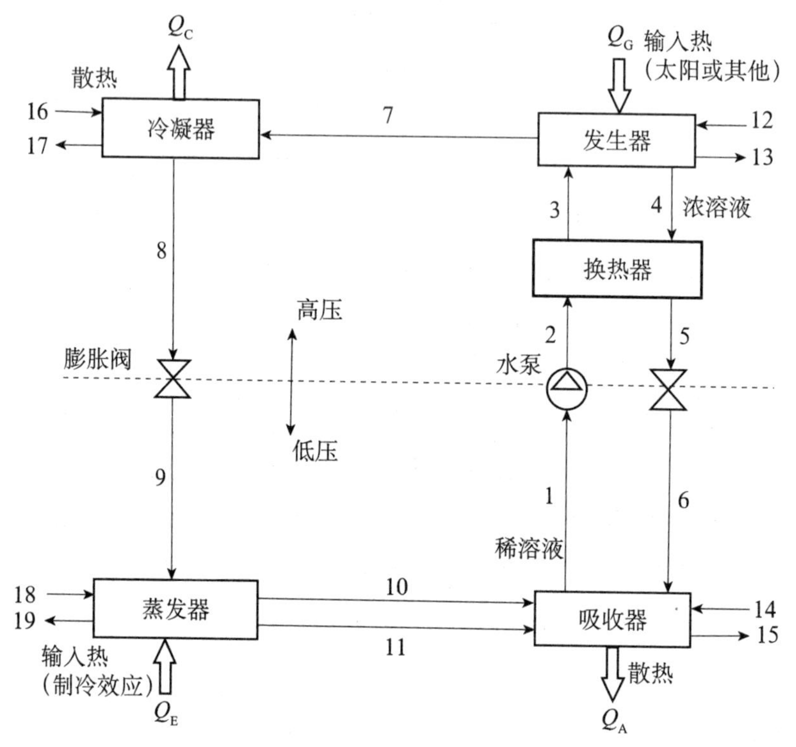

图 6.23　吸收式制冷系统示意图

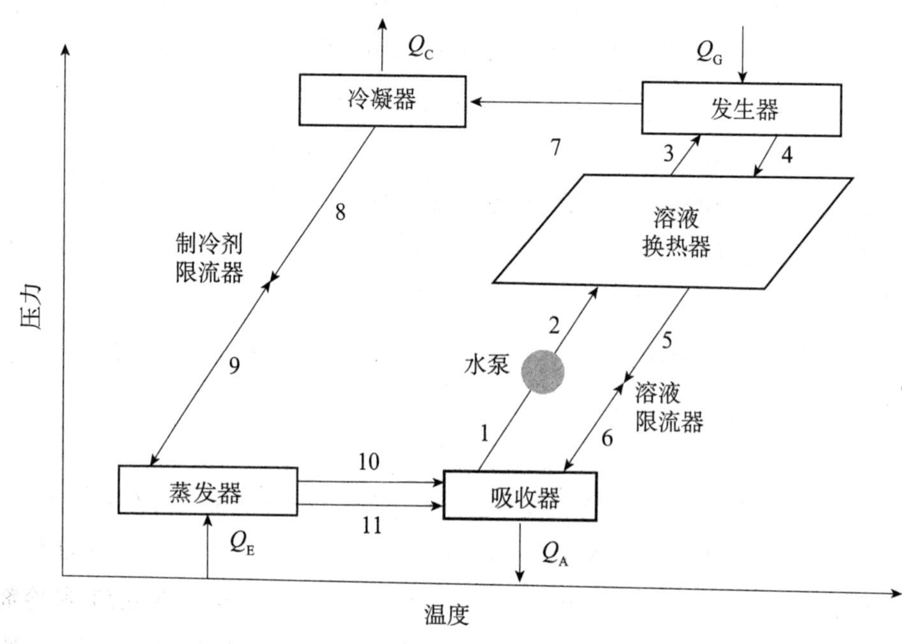

图 6.24　单效溴化锂-水吸收式制冷循环压力-温度图

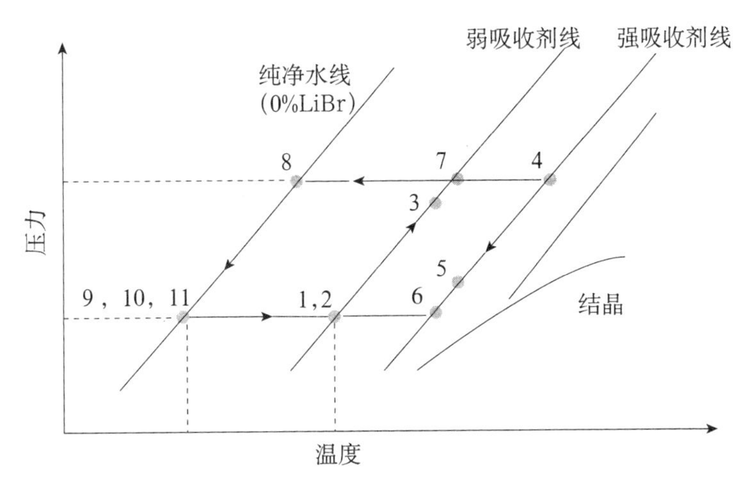

图6.25　溴化锂-水吸收式制冷循环的杜林曲线图

对于吸收式制冷系统的热力分析，应用质量守恒原则和热力学第一、第二定律来分析系统的各个部件。每个部件可以被认为是一个有入口流和出口流、传热和工作交互的控制卷。在该系统中，质量守恒包括溶液中每种物质的质量平衡。稳态、定流系统的质量控制方程和材料保护类型如下（Herold 等人，1996）：

$$\sum \dot{m}_{i} - \sum \dot{m}_{o} = 0 \tag{6.68}$$

$$\sum (\dot{m} \cdot x)_{i} - \sum (\dot{m} \cdot x)_{o} = 0 \tag{6.69}$$

其中，m 为质量流率，x 为溶液中溴化锂的质量浓度。通过热力学第一定律，吸收式制冷系统各构成部分的能量平衡如下：

$$\sum (\dot{m} \cdot h)_{i} - \sum (\dot{m} \cdot h)_{o} + \left(\sum Q_{i} - \sum Q_{o} \right) + W = 0 \tag{6.70}$$

该系统的总能量平衡要求发生器、蒸发器、冷凝器、和吸收器换热的总和必须为0。如果吸收式制冷系统模型假定该系统处于一个稳定状态，泵站和环境热损忽略不计，能量平衡公式如下：

$$Q_{C} + Q_{A} = Q_{G} + Q_{E} \tag{6.71}$$

一个吸收式制冷系统各部分构件的能量、质量浓度和质量平衡方程在表6.2（Kizilkan 等人，2007）中给出。表6.2中的方程可以用来评估溴化锂-水系统的能量、质量浓度和质量平衡。除这些方程以外，还要求评估溶液换热器效益，由下式可得（Herold 等人，1996）：

$$\varepsilon_{SHX} = \frac{T_{4} - T_{5}}{T_{4} - T_{2}} \tag{6.72}$$

图6.23显示的吸收式制冷系统为制冷应用提供冷冻水。此外，图6.23中的系

统也可以通过同一种方式对工质进行循环为采暖应用提供热水。两种应用的运行差异在于该系统有用的输出能量和运行温度和压力水平。对于采暖应用，在给发生器提供输入能量时，该系统的有用输出能量是吸收器和冷凝器散热的总和。而对于制冷装备，该系统的有用输出能量是通过蒸发器从环境吸收的热量（Alefeld 和 Radermacher，1994；Herold 等人，1996）。

表 6.2　吸收式制冷系统各部分的能量和质量平衡方程

系统构成	质量平衡方程	能量平衡方程
水泵	$\dot{m}_1 = \dot{m}_2$，$x_1 = x_2$	$w = \dot{m}_2 h_2 - \dot{m}_1 h_1$
溶液换热器	$\dot{m}_2 = \dot{m}_3$，$x_2 = x_3$ $\dot{m}_4 = \dot{m}_5$，$x_4 = x_5$	$\dot{m}_2 h_2 + \dot{m}_4 h_4 = \dot{m}_3 h_3 + \dot{m}_8 h_8$
溶液膨胀阀	$\dot{m}_5 = \dot{m}_6$，$x_5 = x_6$	$h_5 = h_6$
吸收器	$\dot{m}_1 = \dot{m}_6 + \dot{m}_{10} + \dot{m}_{11}$ $\dot{m}_1 x_1 = \dot{m}_6 x_6 + \dot{m}_{10} x_{10} + \dot{m}_{11} x_{11}$	$Q_A = \dot{m}_6 h_6 + \dot{m}_{10} h_{10} + \dot{m}_{11} h_{11} - \dot{m}_1 h_1$
发生器	$\dot{m}_3 = \dot{m}_4 + \dot{m}_7$ $\dot{m}_3 x_3 = \dot{m}_4 x_4 + \dot{m}_7 x_7$	$Q_G = \dot{m}_4 h_4 + \dot{m}_7 h_7 - \dot{m}_3 h_3$
冷凝器	$\dot{m}_7 = \dot{m}_8$，$x_7 - x_8$	$Q_C = \dot{m}_7 h_7 - \dot{m}_8 h_8$
制冷剂膨胀阀	$\dot{m}_8 = \dot{m}_9$，$x_8 = x_9$	$h_8 = h_9$
蒸发器	$\dot{m}_9 = \dot{m}_{10} + \dot{m}_{11}$，$x_9 = x_{10}$	$Q_E = \dot{m}_{10} h_{10} + \dot{m}_{11} h_{11} - \dot{m}_9 h_9$

吸收式制冷系统性能的制冷系数定义为蒸发器中的热负荷发生器中的单位热负荷，其表达式如下（Herold 等人，1996；Tozer 和 James，1997）：

$$COP_{制冷} = \frac{Q_E}{Q_G} = \frac{\dot{m}_{10} h_{10} + \dot{m}_{11} h_{11} - \dot{m}_9 h_9}{\dot{m}_4 h_4 + \dot{m}_7 h_7 - \dot{m}_3 h_3} = \frac{\dot{m}_{18}(h_{18} - h_{19})}{\dot{m}_{12}(h_{12} - h_{13})} \tag{6.73}$$

其中，

h = 每个对应状态点工质的比焓（kJ/kg）。

吸收式制冷系统的采暖 COP 是指从吸收器和冷凝器获得的和发生器增加的复合热容量比，其表达式如下（Herold 等人，1996；Tozer 和 James，1997）：

$$COP_{采暖} = \frac{Q_C + Q_A}{Q_G} = \frac{(\dot{m}_7 h_7 - \dot{m}_8 h_8) + (\dot{m}_6 h_6 + \dot{m}_{10} h_{10} + \dot{m}_{11} h_{11} - \dot{m}_1 h_1)}{\dot{m}_4 h_4 + \dot{m}_7 h_7 - \dot{m}_3 h_3}$$

$$= \frac{\dot{m}_{16}(h_{17} - h_{16}) + \dot{m}_{14}(h_{15} - h_{14})}{\dot{m}_{12}(h_{12} - h_{13})} \tag{6.74}$$

因此，通过方程 6.71，采暖 COP 也可表示为：

$$COP_{采暖} = \frac{Q_G + Q_E}{Q_G} = 1 + \frac{Q_E}{Q_G} = 1 + COP_{制冷} \tag{6.75}$$

方程（6.75）显示采暖 COP 在任何情况下都大于制冷 COP。

热力学第二定律也可用来计算基于有效能的系统性能。火用分析结合了热力学第一和第二定律，它是指与周围环境相关的物质或能量流的最大工作电位量（Kizilkan 等人，2007）。液流有效能的表达式如下（Kotas，1985；Ishida 和 Ji，1999）：

$$\varepsilon = (h - h_o) - T_o(s - s_o) \tag{6.76}$$

其中，

ε = 温度为 T 时的液体比能（kJ/kg）。

h 和 s 是指液体的焓和熵，h_o 和 s_o 是指环境温度为 Ta 时液体的焓和熵（在所有情况下，绝对温度均使用开尔文温度）。每个构成部分的有效能损失可表示为：

$$\Delta E = \sum \dot{m}_i E_i - \sum \dot{m}_o E_o - \left[\sum Q \left(1 - \frac{T_o}{T}\right)_i - \sum Q \left(1 - \frac{T_o}{T}\right)_o \right] + \sum W \tag{6.77}$$

其中，

ΔE = 运行过程中的火用损失和不可逆能量（kW）。

方程（6.77）等号右边的前两项是指控制卷进口流和出口流的火用。第三个和第四项是指恒定温度为 T 时与热源传递的热量相关的火用。最后一项是指控制卷增加的机械工作的火用。该项在吸收式制冷系统中可以忽略，原因在于溶液泵对电力的要求十分低。系统的等效可用性流量平衡参见图 6.26（Sencan 等人，2005）。吸收式制冷系统的总火用损失为系统每个部分火用损失的总和，其表达式如下（Talbi 和 Agnew，2000）：

$$\Delta E_T = \Delta E_1 + \Delta E_2 + \Delta E_3 + \Delta E_4 + \Delta E_5 + \Delta E_6 \tag{6.78}$$

吸收式制冷系统的热力学第二定律效率由火用效率 η_{ex} 衡量，η_{ex} 是指从系统中获得的有用能量与供应给系统的能量的比。因此，吸收式系统的制冷的火用效率为蒸发器冷冻水火用与发生器热源火用的比值，其表达式如下（Talbi 和 Agnew，2000；Izquerdo 等人，2000）：

$$\eta_{ex,制冷} = \frac{\dot{m}_{18}(E_{18} - E_{19})}{\dot{m}_{12}(E_{12} - E_{13})} \tag{6.79}$$

吸收式供暖系统的火用效率为吸收器和冷凝器联合供应的热水火用与发生器的热源火用的比，其表达式如下（Lee 和 Sherif，2001；£ engel 和 Boles，1994）：

$$\eta_{ex,采暖} = \frac{\dot{m}_{16}(E_{17} - E_{16}) + in_{14}(E_{15} - E_{14})}{\dot{m}_{12}(E_{12} - E_{13})} \tag{6.80}$$

单效溴化锂 - 水吸收式制冷系统的设计

要评估一个单效水 - 溴化锂吸收式冷却器的设备尺寸和性能，必须考虑基本的假设和输入值。参考数据 6.23 - 6.25，通常做出如下假设：

（1）稳态制冷剂是纯净水。

（2）除通过限流器和抽水泵时，没有压力变化。

（3）在点 1、4、8 和 11 处，只有饱和液体。

（4）在点 10 处，只有饱和蒸汽。

（5）限流器是隔热的。

（6）水泵等熵。

（7）没有夹套热损失（jacket heat losses）。

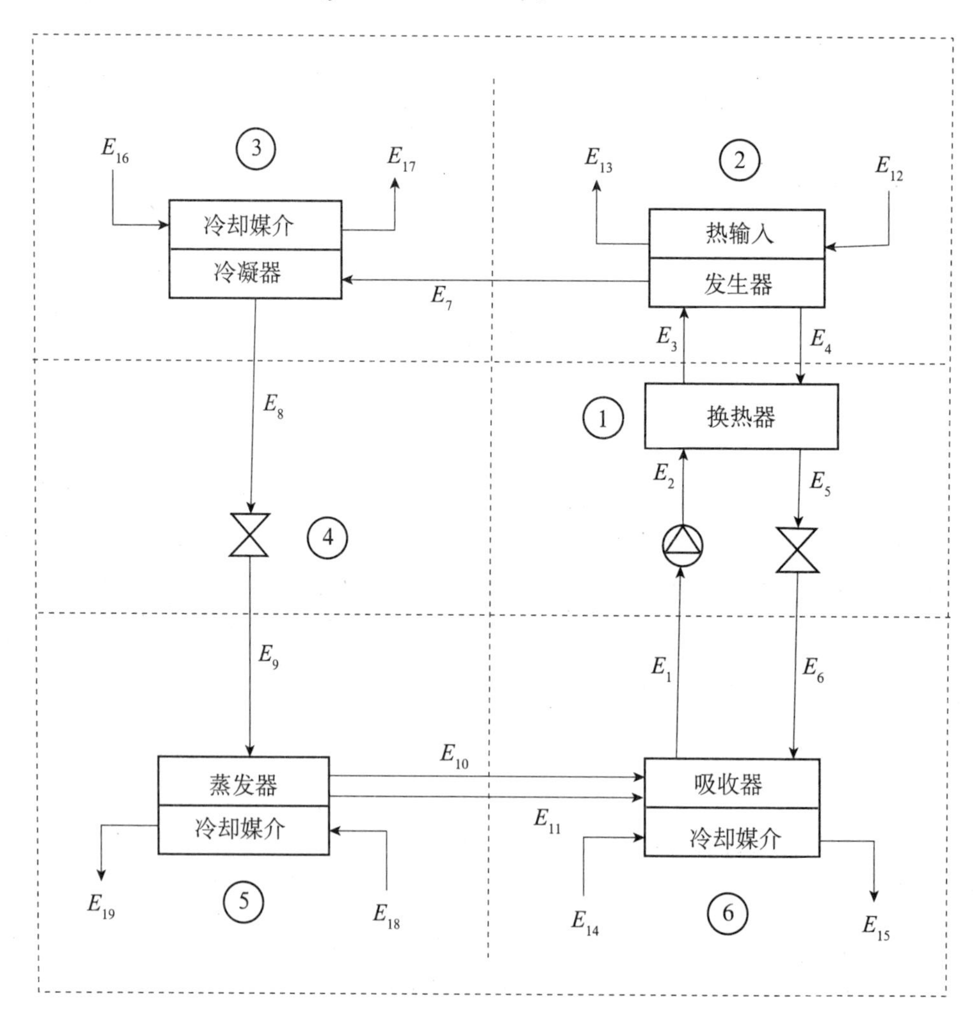

图 6.26　吸收式制冷系统的可用流量平衡

作者和同事共同设计并建造了一个1 kW的小型制冷机（Florides等人，2003）。要设计这一系统，设计（或者输入）参数必须精确。表6.3列出了1 kW制冷机的相关参数。

表6.2的公式可以用来估算溴化锂－水系统的能量、质量浓度和质量平衡。一些细节会在下面的段落中陈述，从而使读者了解设计这样一个系统所需的程序。

在蒸发器中，因为制冷剂是饱和水汽，温度（T_{10}）是6℃，所以点10的饱和压力为0.9346 kPa（由蒸汽表得出），焓为2511.8 kJ/kg。在点11时，因为制冷剂是饱和液体，所以其焓为23.45 kJ/kg。点9处的焓由制冷剂限流器的节流过程决定，结果为$h_9=h_8$。

表6.3　单效溴化锂-水吸收式冷却器的设计参数

参数	符号	数值
容量	$\dot{Q}_E$	1.0 kW
蒸发器温度	T_{10}	6 ℃
发生器溶液出口温度	T_4	75 ℃
稀溶液质量分数	X_1	55% LiBr
浓溶液质量分数	X_4	60% LiBr
溶液换热器出口温度	T_3	55 ℃
发生器（解吸器）蒸汽出口温度	T_7	70 ℃
蒸发器遗留液体	$\dot{m}_{11}$	$0.025\dot{m}_{10}$

要确定h_8，必须确定该点的压力。在点4，因为溶液的质量分数为60%的溴化锂，在饱和状态下的温度假定为75℃，所以溴化锂－水图表（参见ASHRAE，2005）给出饱和压力为4.82 kPa，$h_4=183.2$kJ/kg。考虑到点4的压力和点8一样，所以$h_8=h_9=131.0$ kJ/kg。一旦与蒸发器连接的所有端口的焓值是已知，如表6.2所示的质量和能量平衡就可以用来计算制冷剂的质量流和蒸发器的传热率。

吸收器的传热率可以由每个连接状态点的焓值确定。在点1，假设所处状态是与蒸发器相同压力（0.9346 kPa）的饱和液体，焓值由输入质量分数（55%）确定。点6处的焓值是由节流模型确定的，得出$h_6=h_5$。

点5处的焓值未知，但可以假设有一个绝热壳，根据溶液换热器的能量平衡得知，公式如下：

$$\dot{m}_2h_2+\dot{m}_4h_4=\dot{m}_3h_3+\dot{m}_5h_5 \tag{6.81}$$

点3处的温度是输入值（55℃），且从点1到点3处的质量分数是一样的，所以在这一点上的焓值可确定为124.7kJ/kg。事实上，点3处的状态可能是过冷液体。在这种情况下，压力对过冷液体的焓值和同温度下的饱和值有很大影响，且质量分数可能是很接近的近似值。

点2处的焓值可以由表6.2显示的水泵的方程或者等熵泵模型来确定。因此最小输入功（w）可由下式获得：

$$w = m_1 v_1 (p_2 - p_1) \tag{6.82}$$

在方程6.82中，假定从点1到点2，液体溶液的比容（v，m^3/kg）不发生明显改变。液体溶液的比容可以由密度曲线拟合获得（Lee等人，1990），注意 $v = 1/\rho$：

$$\rho = 1145.36 + 470.84x + 1374.79x^2 - (0.333393 + 0.571749x)(273 + T) \tag{6.83}$$

当 $0 < T < 200$ ℃ 且 $20 < x < 65\%$ 时，该方程有效。

点5处的温度可以由焓值确定。因为在这一点上的温度是一个输入值，所以点7的焓可以确定。总体而言，点7的状态是过热的水蒸汽，且一旦压力和温度已知，焓值便可以确定。

表6.4　在发电机温度为75 ℃、溶液换热器出口温度为55℃的前提下，溴化锂-水吸收式制冷系统的计算

点	h（KJ/Kg）	$\dot{m}$（kg/s）	P（kPa）	T（℃）	% LIBr（x）	注释
1	83	0.00517	0.93	34.9	55	
2	83	0.00517	4.82	34.9	55	
3	124.7	0.00517	4.82	55	55	过冷液体
4	183.2	0.00474	4.82	75	60	
5	137.8	0.00474	4.82	51.5	60	
6	137.8	0.00474	0.93	44.5	60	
7	2612.2	0.000431	4.82	70	0	过热蒸汽
8	131.0	0.000431	4.82	31.5	0	饱和液体
9	131.0	0.000431	0.93	6	0	
10	2511.8	0.000421	0.93	6	0	饱和蒸汽
11	23.45	0.000011	0.93	6	0	饱和液体

描述	符号	功率
容量（蒸发器输出功率）	Q_s	1.0 kW
排放到环境中的吸收器热量	Q_A	1.28 kW
发生器热输入	Q_G	1.35kW
排放到环境中的冷凝器热量	Q_C	1.07kW
性能系数	COP	0.74

制冷器各部分条件的总结如表6.4所示；各点编号如图6.23所示。

氨-水吸收式系统

与需要高质量的电能才能运行的压缩式制冷机相反，氨-水吸收式制冷机采用低质热能。而且，由于热源的温度通常不需要那么高（80～170℃），许多过程的余热可以为吸收式制冷机提供能量。此外，氨-水制冷系统使用的是天然物质，不会造成臭氧层消耗。出于所有这些原因，这项技术已被列为环保技术（Herold等人，1996；

Alefeld 和 Radermacher，1994）。

氨-水系统比溴化锂-水系统更复杂，原因在于氨-水系统需要一个精馏塔以确保没有水蒸气进入蒸发器，因为水蒸气在蒸发器中会冻结。氨-水系统要求发生器温度位于 125～170℃之间，有风冷式吸收器和冷凝器，当水被冷却时，温度要求在 80～120℃之间。用平板集热器时这些温度无法得到。性能系数的定义为冷却效果与热输入的比率，在 0.6 和 0.7 之间。

单级氨-水吸收式制冷系统循环由四个主要组成部分：冷凝器、蒸发器、吸收器和发生机。如图 6.27 所示。其他辅助部件包括膨胀阀、泵、整流器和换热器。低压稀溶液通过在高压下工作的溶液换热器从吸收器经由泵到达发生器。通过使氨蒸发，发生器将水和氨二元溶液分离，整流器将氨蒸汽净化。高压氨气通过膨胀阀进入蒸发器成为低压液氨。来自发生器的高压输送流体（水）通过溶液换热器和膨胀阀返回到吸收器。蒸发器中的低压液氨用于冷却指定空间。在冷却过程中，液氨蒸发，输送流体（水）吸收氨蒸气，在吸收器中形成浓氨溶液（ASHRAE，2005；Herold 等人 1996）。

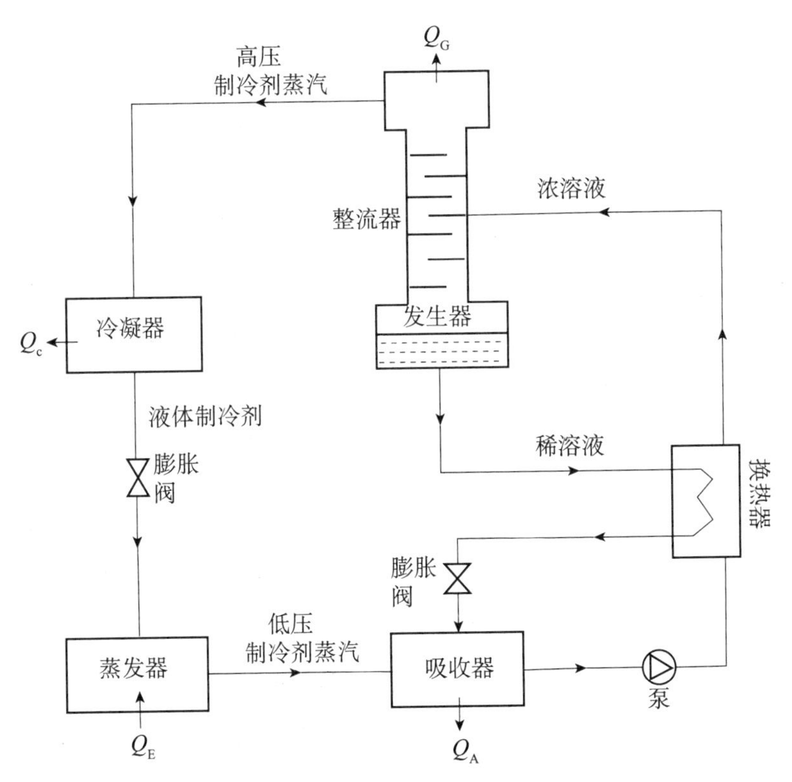

图 6.27　氨-水制冷系统循环示意图

在某些情况下，冷凝水预冷器可用来蒸发大量液相。事实上，这是一个位于膨胀阀前换热器，低压制冷剂蒸气经过其中，除去一些高压和温度相对较高（40℃）的氨的热量。因此，一些液体蒸发，蒸汽流被加热，所以有额外的冷却能力，可进一步冷却液体流，从而增加 COP。

6.5 太阳能吸收式制冷系统

为避免过热危险，在夏季必须对大部分集热器进行遮挡或者切断连接，这是太阳能供暖系统存在的一个最大的缺点。要避免这一问题，提高太阳能系统的可用性，可采用空间采暖和制冷系统与家用热水供应系统相结合的形式。

在经济上，这种使集热器兼具采暖和制冷双重功能的方法是可行的。平板式太阳能集热器普遍用于太阳能空间采暖。高质量的平板式集热器可以达到适合于溴化锂吸收式系统的温度。另一种替代方法是使用可以提供更高温度的真空管集热器；这样就能够使用需要更高操作温度的氨-水系统。

太阳能吸收式制冷系统原理如图 6.28 所示。制冷循环与 6.4.2 部分所描述的循环过程相同。相较于传统的燃油式系统，该系统的不同之处在于供给发生器的能源来自于图 6.28 左侧的太阳能集热系统。由于可用太阳能具有间歇性，所以需要一个储热水箱，把收集的能量首先存储起来，并在需要时作为发生器的能量来源为浓溶液加热。这便是太阳能采暖系统使用储热水箱的目的。当储热水箱温度较低时，辅助加热器可以将其加热到发生器所需温度。当然，该空间采暖系统的辅助加热器可以在不同设置温度使用。如果储热水箱的热量耗尽，为避免使用辅助能源提高储水箱温度，则要像空间采暖系统那样避开存储过程，从而避免使用辅助能源提高储水箱温度，并且使用辅助加热器来达到发生器所需的加热负荷。在空间采暖系统中，辅助加热器可以与储热水箱平行，也可以串联。换热器也可以用来使集热器液体与储热水箱内的水分离（间接系统）。

值得注意的是，在溴化锂-水吸收式制冷系统中，供给发生器的热水的工作温度应该处于 70 到 95℃之间。之所以设置温度下限，是因为热水必须在足够高的温度（至少 70℃）时才能有效地将发生器溶液中的水分蒸发。同时，浓缩后返回吸收器的溴化锂溶液的温度也必须足够高，才能防止溴化锂结晶。太阳能系统通常都会安装无压水箱，因此约 95℃的上限是为了防止水发生沸腾。对于这类系统，发生器的最佳温度为 93℃（florides 等人，2003）。

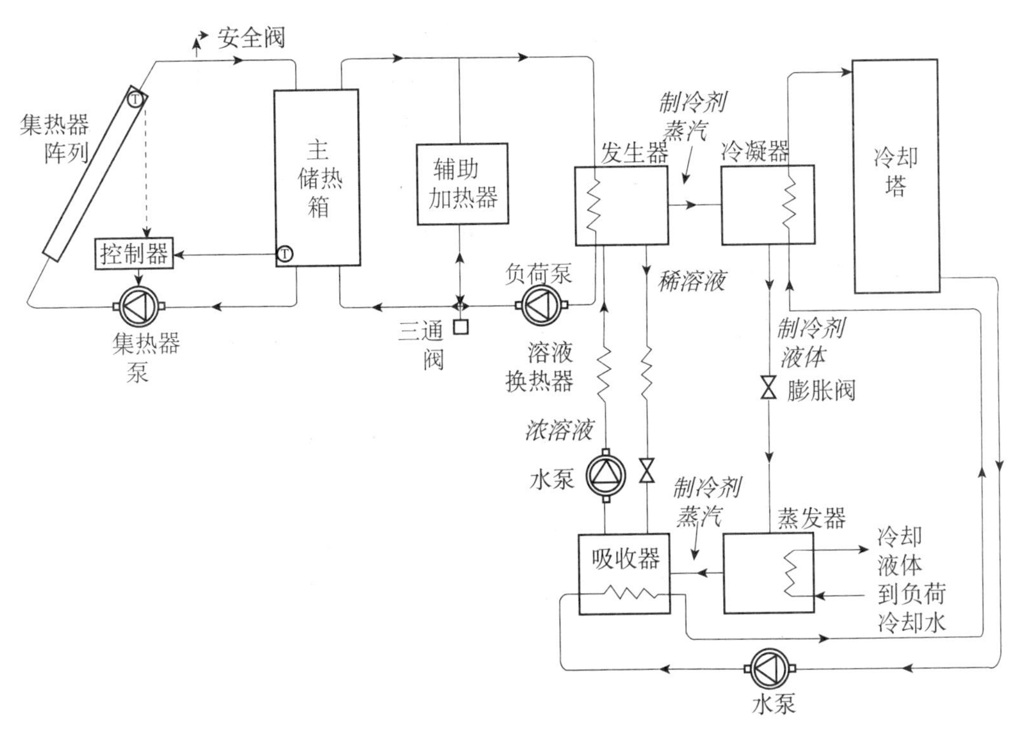

图 6.28　太阳能吸收式制冷系统示意图

需要指出的是，考虑到空间和维护的要求，在一个小型住宅系统内使用冷却塔存在一定困难，因此，只要有可能，可以使用井水或者地热换热器。如图 6.28 所示，基本系统的一个变化是除去热储热水箱和辅助加热器，直接给吸收式系统发生器提供太阳能加热后的液体。这种结构的优点是，晴天能够获得更高的温度，可以提升发生器性能。缺点则是缺乏用于夜间和阴天制冷的存储能量，而且随着太阳能输入的变化，制冷负荷也会发生改变。为了尽量减少因为缺少热水储存箱而存在的间歇性影响，让系统更加高效，可以使用冷却水箱。可行的方法之一是使用吸收式制冷机产生冷却水，然后存储起来以备冷却使用（Hsieh，1986）。这样方法具有的优势是热增益率低（在该案例中实际上是损失），这是因为冷却水和周围环境之间的温差较小。然而，该方法还存在一个缺点，就是相较于储热水箱，冷却水箱的温度范围更小；因此，需要存储更多的冷却水才能储存与储热水箱相同的能量。由于太阳能采暖系统都会使用储存箱，所以图 6.28 所示的结构是首选。

练习

6.1　某建筑最大采暖负荷是 18.3 kW，最大制冷负荷是 23.8 kW。如果采暖度日数是1240℃·d，制冷度日数是980℃·d，冬季室内温度是23 ℃，夏季室内温度是25 ℃，冬季室外计算温度为2 ℃，夏季为39 ℃。求季节性采暖和制冷需求。

6.2　某墙面组成如下：外墙面灰泥2 cm；砖20 cm；空气间隙2 cm；聚氨酯保温层3 cm；砖10 cm；内墙面灰泥2 cm。计算该墙面的总传热系数。

6.3　将练习6.2中墙体内厚度为10 cm的砖替换为同等厚度普通密度的水泥，计算该墙面的总传热系数。

6.4　将练习6.2中墙体内的空气间隙和聚氨酯保温层替换为厚度为5 cm的聚氨酯保温层，计算该墙面的总传热系数。

6.5　某斜坡屋顶，面积为65 m^2，天花板 U = 1.56W/m^2K；屋顶 U = 1.73 W/m^2K，屋顶坡度为35°。计算该屋顶的U值。

6.6　某建筑南面为储热墙。夜间保温 R_{ins} = 1.35 m^2K/W，保温时间为6 h。分别计算有、无夜间保温两种情况下1月份通过墙体进入室内的传热量。下列数据已知：

U_o = 6.3 W/m^2K.；

w = 0.31 m.；

k = 2.2 W/m K；

h_i = 8.3 W/m^2K；

$\bar{H}_t$ = 11.8MJ/m^2K；

$(\overline{\tau\alpha})$ = 0.83；

$\bar{T}_R$ = 21℃；

$\bar{T}_a$ = 3℃；

A_w = 25.1 m^2。

6.7　某房间位于北纬35°，有一个高度为1.8m的朝南窗户。遮阳板足够宽，其副作用可忽略不计，其长度为0.9 m，位于窗户顶面之上0.6 m处。分别计算7月17日上午11点和下午2点一个面朝正南的垂直窗户和一个同样面朝正南倾斜10°的斜式窗户的阴影部分面积。

6.8　某建筑坐落于 $\bar{K}_T$ = 0.574，h_{ss} = 80°，$\bar{R}_B$ = 0.737，$\bar{H}$ = 12.6 MJ/m^2，$\bar{F}_w$ = 0.705的某区域，有一个朝南窗户，高为2.5 m，宽为5 m。地面反射系数为0.3. 若没有阴影，窗户两侧有距离为0.625 m，宽为0.5 m的遮阳板，且投影为1.25 m，计算该窗户每月接收到的单位面积平均辐射。

6.9　某太阳能空间采暖和热水加热系统有一集热器，$F_R U_L$ =6.12 W/m^2℃，面积为20 m^2。集热器－蓄热式换热器内防冻液和水的流率为0.02 kg/s m^2，换热器效率为0.73。若水c_p的为4180 J/kg ℃，防冻液的c_p为3350 J/kg ℃，求$F'R/F_R$的比。

6.10　某房间保持在恒定温度（T_R）22 ℃，且（UA）$_m$ =2850 W/℃。环境温度为2 ℃，储存箱温度为75 ℃。按照下列条件，求空间负荷、室内热水负荷和辅助能源比率。

换热器效率 =0.75；

换热器空气流率 =0.95 kg/s；

空气比热 =1.05 kJ/hg ℃；

储存箱所处环境温度 =18 ℃；

储存箱（UA） =3.4 W/℃；

室内热水质量流率 =0.15 kg/s；

室内要求水温 =55 ℃；

补给水温度 =14 ℃。

6.11　某液体太阳能加热系统有一个面积为16m^{2}的集热器，用于预热温度为12℃的城市自来水。若储存箱充分混合，换热器集热器一侧的电容为890W /℃，储存箱一侧的电容为1140W /℃，计算储存箱内下午3点的最终温度以及在以下参数和条件下系统的能量平衡：

F_R（$\tau\alpha$） =0.79；

$F_R U_L$ =6.35 W/m^2℃；

换热器效率 =0.71；

储存箱容量 =11 001；

储存箱 UA =4.5 W/℃；

储存箱初始水温 =40 ℃。

下表为气象条件和负载流量：

时间	I_t（MJ/m^2）	T_a（℃）	负荷流量（kg）
9－10	0.95	13	160
10－11	1.35	15	160
11－12	2.45	18	80
12－13	3.65	22	0
13－14	2.35	23	80
14－15	1.55	21	160

6.12　使用上一问题的数据，评估换热器效率增加至0.92、城市自来水温度为增加到16 ℃时的影响。两种变动情形应分别考虑，并与上一问题结果进行比较。在每个案例中，都必须对能量平衡进行核对。

参考文献

[1] Alefeld, G., Radermacher, R., 1994. Heat Conversion Systems. CRC Press, Boca Raton, FL.

[2] Ameel, T. A., Gee, K. G., Wood, B. D., 1995. Performance predictions of alternative, low cost absorbents for open-cycle absorption solar cooling. Sol. Energy 54 (2), 65-73.

[3] Argiriou, A., 1997. Ground cooling. In: Santamouris, M., Asimakopoulos, D. (Eds.), Passive Cooling of Buildings. James and James, London, pp. 360-403.

[4] ASHRAE, 1997. Handbook of Fundamentals. ASHRAE, Atlanta.

[5] ASHRAE, 1992. Cooling and Heating Load Calculation Manual. ASHRAE, Atlanta.

[6] ASHRAE, 2005. Handbook of Fundamentals. ASHRAE, Atlanta.

[7] ASHRAE, 2007. Handbook of Applications. ASHRAE, Atlanta.

[8] Balcomb, J. D., 1983. Heat Storage and Distribution Inside Passive Solar Buildings. Los Alamos National Laboratory, Los Alamos, NM.

[9] Brandemuehl, M. J., Lepore, J. L., Kreider, J. F., 1990. Modelling and testing the interaction of conditioned air with building thermal mass. ASHRAE Trans. 96 (2), 871-875.

[10] Braun, J. E., 1990. Reducing energy costs and peak electrical demand through optimal control of building thermal storage. ASHRAE Trans. 96 (2), 876-888.

[11] Cabeza, L. F., Castell, A., Barreneche, C., De Gracia, A., Fernández, A. I., 2011. Materials used as PCM in thermal energy storage in buildings: a review. Renewable Sustainable Energy Rev. 15 (3), 1675-1695.

[12] Calise, F., 2012. High temperature solar heating and cooling systems for different Mediterranean climates: dynamic simulation and economic assessment. Appl. Therm. Eng. 32, 108-124.

[13] Cengel, Y. A., Boles, M. A., 1994. Thermodynamics: An Engineering Approach. McGraw ~ Hill, New York.

[14] Critoph, R. E., 2002. Development of three solar/biomass adsorption air conditioning refrigeration systems. Inc Proceedings of the World Renewable Energy Congress VII on CD-ROM, Cologne, Germany.

[15] Dieng, A. O., Wang, R. Z., 2001. Literature review on solar adsorption technologies for ice making and air conditioning purposes and recent development in solar technology. Renewable Sustainable Energy Rev. 5 (4), 313 - 342.

[16] Dimoudi, A., 1997. Urban design. In: Santamouris, M., Asimakopoulos, D. (Eds.), Passive Cooling of Buildings. James and James, London, pp. 95 - 128.

[17] Dorgan, C. B., Leight, S. P., Dorgan, C. E., 1995. Application Guide for Absorption Cooling/Refrigeration Using Recovered Heat. ASHRAE, Atlanta.

[18] Druck, H., Hahne, E., 1998. Test and comparison of hot water stores for solar combisystems. In: Proceedings of EuroSun' 98—The Second ISES-Europe Solar Congress on CD-ROM, Portoroz, Slovenia.

[19] Duffle, J. A., Beckman, W. A., 1991. Solar Engineering of Thermal Processes, second ed. Wiley & Sons, New York.

[20] Duffin, R. J., Knowles, G., 1985. A simple design method for the Trombe wall. Sol. Energy 34 (1), 69 - 72.

[21] Erhard, A., Hahne, E., 1997. Test and simulation of a solar-powered absorption cooling machine. Sol. Energy 59 (4 ~ 6), 155 - 162.

[22] Florides, G., Kalogirou, S. A., Tassou, S., Wrobel, L., 2000. Modelling of the modem houses of Cyprus and energy consumption analysis. Energy Int. J. 25 (10), 915 - 937.

[23] Florides, G., Kalogirou, S. A., Tassou, S., Wrobel, L., 2001. Modelling and simulation of an absorption solar cooling system for Cyprus. Sol. Energy 72 (1), 43 - 51.

[24] Florides, G., Tassou, S., Kalogirou, S. A., Wrobel, L., 2002. Review of solar and low energy cooling technologies for buildings. Renewable Sustainable Energy Rev. 6 (6), 557 - 572.

[25] Florides, G., Tassou, S., Kalogirou, S. A., Wrobel, L., 2002. Measures

used to lower building energy consumption and their cost effectiveness. Appl. Energy 73（3—4），299－328.

[26] Florides，G.，Kalogirou，S. A.，Tassou，S.，Wrobel，L.，2002. Modelling，simulation and warming impact assessment of a domestic-size absorption solar cooling system. Appl. Therm. Eng. 22（12），1313－1325.

[27] Florides，G.，Kalogirou，S. A.，Tassou，S.，Wrobel，L.，2003. Design and construction of a lithium bromide-water absorption machine. Energy Convers. Manage. 44（15），2483－2508.

[28] Ghaddar，N. K.，Shihab，M.，Bdeir，F.，1997. Modelling and simulation of solar absorption system performance in Beirut. Renewable Energy 10（4），539－558.

[29] Hahne，E.，1996. Solar heating and cooling. In：Proceedings of EuroSun 96，vol. 1，pp. 3－19. Freiburg，Germany.

[30] Haim，I.，Grossman，G.，Shavit，A.，1992. Simulation and analysis of open cycle absorption systems for solar cooling. Sol. Energy 49（6），515－534.

[31] Hammad，M. A.，Audi，M. S.，1992. Performance of a solar LiBr-water absorption refrigeration system. Renewable Energy 2（3），275－282.

[32] Hammad，M.，Zurigat，Y.，1998. Performance of a second generation solar cooling unit. Sol. Energy 62（2），79－84.

[33] Hastings，S. R.，1999. Solar Air Systems-Built Examples. James and James，London.

[34] Hawlader，M. N. A.，Noval，K. S.，Wood，B. D.，1993. Unglazed collector/regenerator performance for a solar assisted open cycle absorption cooling system. Sol. Energy 50（1），59－73.

[35] Herold，K. E.，Radermacher，R.，Klein，S. A.，1996. Absorption Chillers and Heat Pumps. CRC Press，Boca Raton，FL.

[36] Huang，B. J.，Chyng，J. P.，2001. Performance characteristics of integral type solar-assisted heat pump. Sol. Energy 71（6），403－414.

[37] Hsieh，J. S.，1986. Solar Energy Engineering. Prentice-Hall，Englewood Cliffs，NJ.

[38] Hsieh，S. S.，Tsai，J. T.，1988. Transient response of the Trombe wall

temperature distribution applicable to passive solar heating systems. Energy Convers. Manage. 28 (1), 21 -25.

[39] Ishida, M., Ji, J., 1999. Graphical exergy study on single state absorption heat transformer. Appl. Therm. Eng. 19 (11), 1191 -1206.

[40] Izquerdo, M,, Vega, M., Lecuona, A., Rodriguez, P, 2000. Entropy generated and exergy destroyed in lithium bromide thermal compressors driven by the exhaust gases of an engine. Int. J. Energy Res. 24, 1123 -1140.

[41] Jubran, B. A., Humdan, M. A., Tashtoush, B., Mansour, A. R., 1993. An approximate analytical solution for the prediction of transient-response of the Trombe wall. Int. Commun. Heat Mass Transfer 20 (4), 567 -577.

[42] Kalogirou, S. A., 2007. Use of genetic algorithms for the optimum selection of the fenestration openings in buildings. In: Proceedings of the 2nd PALENC Conference and 28th AIVC Conference on Building Low Energy Cooling and Advanced Ventilation Technologies in the 21st Century, September 2007, Crete Island, Greece, pp. 483 -486.

[43] Kalogirou, S. A., Florides, G., Tassou, S., 2002. Energy analysis of buildings employing thermal mass in Cyprus. Renewable Energy 27 (3), 353 -368.

[44] Kays, W. M., 1966. Convective Heat and Mass Transfer. McGraw-Hill, New York.

[45] Keith, E. H., 1995. Design challenges in absorption chillers. Mech. Eng. CIME 117 (10), 80 -84.

[46] Keith, E. H., Radermacher, R., Klein, S. A., 1996. Absorption Chillers and Heat Pumps. CRS Press, Boca Raton, FL, pp. 1 -5.

[47] Kizilkan, O., Sencan, A., Kalogirou, S. A., 2007. Thermoeconomic optimization of a LiBr absorption refrigeration system. Chem. Eng. Process. 46 (12), 1376 -1384.

[48] Klein, S. A., et al., 2005. TRNSYS Version 16 Program Manual. Solar Energy Laboratory, University of Wisconsin, Madison.

[49] Klein, S. A., 1992. Engineering Equation Solver. Details available from: www.fchart.com.

[50] Kotas, T. J., 1985. The Exergy Method of Thermal Plant Analysis. Butterworth

Scientific Ltd, Borough Green, Kent, Great Britain.

[51] Kreider, J. F. , Rabl, A. , 1994. Heating and Cooling of Buildings—Design for Efficiency. McGraw-Hill, Singapore, pp. 1 – 21.

[52] Lechner, N,, 1991. Heating, Cooling and Lighting. Wiley & Sons, New York.

[53] Lee, R. J. , DiGuilio, R. M. , Jeter, S. M. , Teja, A. S. , 1990. Properties of lithium bromide-water solutions at high temperatures and concentration. H density and viscosity. ASHRAE Trans. 96, 709 – 728.

[54] Lee, S. F. , Sherif, S. A. , 2001. Thermodynamic analysis of a lithium bromide/water absorption system for cooling and heating applications. Int. J. Energy Res. 25, 1019 – 1031.

[55] Mercer, W. E. , Pearce, W. M. , Hitchcock, J. E. , 1967. Laminar forced convection in the entrance region between parallel flat plates. J. Heat Transfer 89, 251 – 257.

[56] Monsen, W. A. , Klein, S. A. , Beckman, W. A. , 1982. The unutilizability design method for collector-storage walls. Sol. Energy 29 (5), 421 – 129.

[57] Nayak, J. K. , 1987. Transwall versus Trombe wall: relative performance studies. Energy Convers. Manage 27 (4), 389 – 393.

[58] Norton, B. , 1992. Solar Energy Thermal Technology. Springer-Verlag, London.

[59] Randal, K. R. , Mitchel, J. W. , Wakil, M. M. , 1979. Natural convection heat transfer characteristics of flat-plate enclosures. J. Heat Transfer 101, 120 – 125.

[60] Sencan, A. , Yakut, K. A. , Kalogirou, S. A. , 2005. Exergy analysis of LiBr/water absorption systems. Renewable Energy 30 (5), 645 – 657.

[61] Sharp, K. , 1982. Calculation of monthly average insolation on a shaded surface of any tilt and azimuth. Sol. Energy 28 (6), 531 – 538.

[62] Simmonds, P. , 1991. The utilization and optimization of building's thermal inertia in minimizing the overall energy use. ASHRAE Trans. 97 (2), 1031 – 1042.

[63] Smolec, W. , Thomas, A. , 1993. Theoretical and experimental investigations of heat-transfer in a Trombe wall. Energy Convers. Manage 34 (5), 385 – 400.

[64] Talbi, M. M., Agnew, B., 2000. Exergy analysis: an absorption refrigerator using lithium bromide and water as working fluids. Appl. Therm. Eng. 20 (7), 619-630.

[65] Thorpe, R., 2002. Progress towards a highly regenerative adsorption cycle for solar thermal powered air conditioning. In: Proceedings of the World Renewable Energy Congress VII on CD-ROM, Cologne, Germany.

[66] Tozer, R. M., James, R. W., 1997, Fundamental thermodynamics of ideal absorption cycles. Int. J. Refrig. 20 (2), 120-135.

[67] Trombe, F., Robert, J. F., Cabanot, M., Sesolis, B., 1977. Concrete walls to collect and hold heat. Sol. Age 2 (8), 13-19.

[68] Utzinger, M. D., Klein, S. A., 1979. A method of estimating monthly average solar radiation on shaded receivers. Sol. Energy 23 (5), 369-378.

[69] Wilcox, B., Gumerlock, A., Bamaby, C., Mitchell, R., Huizerza, C., 1985. The effects of thermal mass exterior walls on heating and cooling loads in commercial buildings. In: Thermal Performance of the Exterior Envelopes of Buildings III. ASHRAE, pp. 1187-1224.

[70] Winston, R., O'Gallagher, J., Duff, W., Henkel, T., Muschaweck, J., Christiansen, R., Bergquam, J., 1999. Demonstration of a new type of ICPC in a double-effect absorption cooling system. In: Proceedings of ISES Solar World Congress on CD-ROM, Jerusalem, Israel.

[71] Winwood, R., Benstead, R., Edwards, R., 1997. Advanced fabric energy storage. Build. Serv. Eng. Res. Technol. 18 (1), 1-6.

[72] Zhou, D., Zhao, C. Y., Tian, Y., 2012. Review on thermal energy storage with phase change materials (PCMs) in building applications. Appl. Energy 92, 593-605.

[73] Zmian, H. E., Ning, Z., 1999. A solar absorption air-conditioning plant using heat-pipe evacuated tubular collectors. In: Proceedings of ISES Solar World Congress on CD-ROM, Jerusalem, Israel.

[74] Zrikem, Z., Bilgen, E., 1987. Theoretical study of a composite Trombe-Michel wall solar collector system. Sol. Energy 39 (5), 409-119.